PLANNING·ENVIRONMENT·CITIES　规划·环境·城市丛书

世界城市规划：全球化与城市政治
（原著第二版）

Planning World Cities: Globalization and Urban Politics

［美］　彼得·纽曼
　　　安迪·索恩利　　著

叶齐茂　倪晓晖　译

中国建筑工业出版社

著作权合同登记图字：01-2013-1785 号

图书在版编目（CIP）数据

世界城市规划：全球化与城市政治（原著第二版）／（美）纽曼，
索恩利著；叶齐茂，倪晓晖译．—北京：中国建筑工业出版社，2015.10
（规划·环境·城市丛书）
ISBN 978-7-112-18391-3

Ⅰ.①世… Ⅱ.①纽…②索…③叶…④倪… Ⅲ.①城市规划－研究－
世界 Ⅳ.① TU984

中国版本图书馆 CIP 数据核字（2015）第 202970 号

Planning World Cities / Peter Newman and Andy Thornley

Copyright © Peter Newman and Andy Thornley
Translation Copyright © 2016 China Architecture & Building Press

First published in English by Palgrave Macmillan, a division of Macmillan Publishers Limited under
the title Planning World Cities by Peter Newman and Andy Thornley. This edition has been translated
and published under licence from Palgrave Macmillan.The authors have asserted their right to be
identified as the authors of this Work.

责任编辑：姚丹宁　　　责任校对：陈晶晶　赵　颖

规划·环境·城市丛书

世界城市规划：全球化与城市政治
（原著第二版）

［美］彼得·纽曼
　　　安迪·索恩利　著

叶齐茂　倪晓晖　译

*

中国建筑工业出版社出版、发行（北京西郊百万庄）
各地新华书店、建筑书店经销
北京嘉泰利德公司制版
北京中科印刷有限公司印刷

*

开本：880×1230毫米　1/32　印张：11⅝　字数：322千字
2016年8月第一版　2016年8月第一次印刷
定价：45.00元
ISBN 978-7-112-18391-3
　　　　（27624）

目录

插图一览

致谢

  当我们第一次构思本书的时候，本书的评审人之一曾经说过，这本书的设想有些雄心勃勃，当然，果真完成还是很有意义的。这位评审人的两个观点都是正确的。在我们 1995 年完成《欧洲城市规划》（Routledge 出版社）一书时，就想过扩大我们的地理视野范围，覆盖欧洲之外世界其他部分的城市规划。这本有关世界城市的著作孕育了很长时间，所以，我们对一直都对帮助我们完成本书编撰的人们心存感激，当然，我们对这个研究成果承担全部责任。如此宏大的空间范围还意味着，我们一直都在寻求得到深刻了解他们自己城市的那些学者和实际工作者的指导。我们想感谢花费了大量时间和精力来帮助我们的那些人们，当然，我们也有些愧疚，因为我们不能在这里列举每一个人的名字。许多年以来，我们一直都得到世界各地学生们的支持，这些优秀的学生来自我们伦敦经济学院"区域和城市规划研究硕士课程"，向我们提供了他们的看法，贡献了他们的热情，我们要感谢他们对这本书的奉献。我们的研究得到了许多资金来源的支持，以下我们会逐一表示感谢，这些资金让我们有可能花费一些时间去近距离地观察我们所探讨的城市。

  本书中有关北美区域的观点来自在北美大陆举行的许多次学术讨论会。许多支持我们的同事们帮助我们建立了一个城市规划部门研究者和实践工作者的网络。许多年以来，彼得·纽曼与罗宾·博伊尔（Robin Boyle）、迈伦·莱文（Myron Levine）、彼得·迈耶（Peter Meyer）、保罗·坎特（Paul Kantor）和汉克·萨维奇（Hank Savitch）之间的交谈一直都是很有帮助的。这本书中所讨论的那些北美城市都具有明显的特征，但是，较之于其他城市，纽约的特征更为直接和明显一些。我们已经看到世界城市的"曼哈顿模式"

出现在其他大陆城市规划师的想像之中。纽约激起了许多人的热情。吉尔·西蒙·格罗斯（Jill Simone Gross）和罗斯玛丽·魏克曼（Rosemary Wakeman）毫无倦意地与我们保持通信，对"魅力区"和"纽约的其他部分"做了介绍。在多次逗留纽约期间，彼得·纽曼对这座城市和纽约州官员们的热情帮助总是充满感激之情，包括哈得逊河公园的罗伯特·拉康德兰（Robert Balachandran）。我们多次对北美地区的访问都得到了威斯敏斯特大学"职工发展基金"的支持。

我们那些研究成就卓著的同事们一直都在支撑着我们对欧洲的研究，他们在此之前还帮助过我们完成《欧洲城市规划》一书。在巴黎，与让－克洛德·博耶（Jean-Claude Boyer）、克劳德·克兰（Claude Chaline）、吉尔斯·韦尔皮雷特（Gilles Verpraet）、多米尼克·勒孔特（Dominique Lecomte）和德尔菲娜·帕潘（Delphine Papin）的交谈帮助我们澄清了巴黎正在变化的方向。梅拉妮·图阿尔（Melanie Tual）帮助我们收集了巴黎北郊的信息。与帕特里克·勒·盖尔斯（Patrick Le Galès）的多次交谈帮助我们形成了对欧洲的一般看法。我们对柏林规划问题的理解源于彼得·纽曼与埃雷丝·豪斯维特（Iris Hauswirth）和塔西·赫雷斯科尔（Tassilo Herrschel）一起承担的研究项目。我们的同事们所承担的许多研究项目成为我们伦敦研究的基础。在了解伦敦新政府时，一个合作团队具有特别重要的作用。安迪·索恩利正是这个团队的一员，这个研究团队得到了英国"经济与社会研究基金"的支持（资助号，000223095），研究了新伦敦行政管理第一年的工作。我们非常感激这个项目的同事们的支持，伊冯娜·赖丁（Yvonne Rydin）、凯丝·斯坎伦（Kath Scanlon）和卡伦·维斯特（Karen West）以及我们访谈过的许多政治家和官员。与伦敦的研究者们的多次交谈帮助我们提高了我们对伦敦的认识，特别是彼得·约翰（Peter John）、伊恩·戈登（Ian Gordon）、克里斯蒂娜·怀特黑德（Christine Whitehead）和托尼·特拉弗斯（Tony Travers）。

我们对亚太区域的调查研究得到了"伦敦经济学院职工发

展基金"的支持，这些资金支持使安迪·索恩利能够去访问新加坡、悉尼和上海。许多人帮助我们研究了亚太区域，我们特别要提到的有克里斯·奥兹（Kris Olds）、迈克尔·博纳茨（Michael Bounds）、格伦·塞尔（Glen Searle）、彼得·马克图里奥（Peter Marcotullio）和唐波。彼得和唐波还阅读了我们的草稿，对此提出了非常有价值的意见。我们对香港的了解源于唐波自己的研究。我们要感谢"大和日英基金"提供给安迪·索恩利的资助，安迪·索恩利在2001年春季对东京进行了研究。东京联合国大学提供了食宿，彼得·马克图里奥对这项研究做了周密的安排，而且，他还引荐了东京的专家们。没有这些支持，这项有关东京的研究是不可能完成的。了解东京对于任何一个来自其他世界城市的人来讲都是一项艰巨的任务，所以，我们特别要感谢东京那些希望与我们分享他们经验的人们。我们还要特别感谢东京城市研究所的富雄吉川（Tomio Yoshikawa）、城市规划局的局长山下智久（Yamashita）以及他在东京都政府的同事们，他们花费了大量时间来回答我们的问题。我们要感谢所有花费时间来帮助我们形成我们观点的人们，很遗憾，人数太多，我们难以逐一在这里列举了。当然，我们要特别表达我们对安德烈·索伦森（Andre Sorenson）、浩矢作川（Hiroshi Yahagi）、平本一夫（Kazuo Hiramoto）、保罗·瓦利（Paul Waley）、大西（Ohnishi）教授、市川市（Ichikawa）、町村信孝（Machimura）、多哥（Togo）、柯达曼（Kodama）和加茂（Kamo）。另外一位对我们东京研究非常重要的人物是安里斋藤（Asato Saito）。安里斋藤帮助我们的方式十分不同，安里斋藤指导我们获取相关文献，那些文件必须经过翻译后我们才能理解，特别是那些有关东京的研究文献，安里斋藤既是一个翻译，也与我们进行过观念上的交锋。

　　最后，我们非常感谢所有帮助我们把所有工作集中到一起的那些朋友们。这本书包括了大量的参考文献，我们十分幸运地得到了古斯塔夫·维瑟（Gustav Visser）和罗默拉·奈克－辛格茹（Ramola Naik-Singru）的帮助。伦敦经济学院设计小组的米娜·莫什科雷（Mina Moshkeri）为本书绘制了很好的图示。帕尔格雷夫－麦克米伦出版社的编辑史蒂芬·肯尼迪（Steven Kennedy）在本书的编辑中投入了他的大量精力，他和泰勒给我们提出了许多很有价值的改进意见，让我们学术风格的写作方式更容易让读者接受。我们的系列编辑伊冯娜·赖丁也通读过本书的手稿，提出了很有价值的意见。我们要感谢史蒂芬·肯尼迪和伊冯娜·赖丁在我们完成这一工作中给予我们的热情鼓励和支持。

彼得·纽曼

安迪·索恩利

第二版前言

当我们坐下来思考修订本书第二版的手稿时，我们首先想到的是过去五年里发生的重大变化。从全球层面上讲，正在发生金融和经济危机，在国家和地方层面上讲，已经发生了很多重大政治事件，如奥巴马（Obama）在美国的胜利和鲍里斯·约翰逊（Boris Johnson）在伦敦的胜利。过去我们研究的那些城市的城市政策和规划都发展了，而且常常是以创新方式去实现其进步的。学术界从未停歇下来，因而出现了大量的新的参考文献。我们把所有这些都吸收到了我们的新版中，所有的章节都逐一进行了大幅修改。当然，从另外一个层面上讲，我们也发现有些事情并没有多大变化。我们所要传达的一般信息和一般结论依然如五年前一样具有参考价值。从许多方面讲，全球化继续影响着城市。当然，政治依然是个问题，它产生了复杂性，各式各样的规划依然在城市中对此作出反应。我们还感觉到，本书原来的结构已经证明是分析世界城市的一个可靠框架。在概括性章节之后，我们从三个全球核心区域出发去考察城市：北美、欧洲和亚洲太平洋。在每一个区域里，我们首先提供了一个区域概览，随后使用一章专门研究一个领跑城市，接下来再研究这个区域中对世界城市地位具有竞争性的城市。在我们选择对世界城市地位产生竞争的城市上，我们做了不少改动，当然，领跑世界城市维持不变，纽约、伦敦和东京，不过，东京的世界城市地位岌岌可危。我们认为，最近这些年来出现了两个主要倾向，我们需要在这个新版中凸显出来。全球化可能对领跑世界城市的影响最大，而对其他城市的影响相对次之。全球化的过程还在持续，所以，全球化的过程会渗透到更多的城市中去。这样，过去五年里，我们已经看到了许多城市都出现了追逐世界城市的愿望，都发展了这类政策，例如迪拜和那些在这三个全球核心区域之外的城市。特别值得关注的是"全球南营"城市出现的规划矛盾，它们努力参与全球经济，成为了"门户城市"。所以，我们写了一个新的章节，来讨论新的正在全球化的城市。这五年出现的第二个主要倾向是，中国城市持续奇迹般地兴起。对此作出反应的文献雨后春笋般地出现了。我们扩大了有关中国城市的内容，包括北京。最近这些年来，北京的世界城市地位明显提高。

如同我们的第一版一样，我们要感谢很多人，他们对他们自己城市的认识远远比我们的认识要深刻。在这种情况下，我们要特别感谢宗利耶（音，Lye Chong）、吉尔·西蒙·格拉斯、克里斯蒂安·勒菲弗（Christian Lefèvre）、珍妮·鲁宾逊（Jenny Robinson）、辛许邦（Hyun Bang Shin）、菲利普·萨巴拉（Philippe Subra）、唐波、姆巴拉·亚尔青唐（Murat Yalcintan）和三木安井（Miki Yasui）。在参考文献上，我们非常幸运地得到了索兰·库基（Solenne Cucchi）的帮助，她从头至尾都在积累着这些文献。最后，我们要感谢我们的编辑斯蒂芬·温汉姆（Stephen Wenham），他给我们提出了出版本书第二版的建议，在整个修订过程中，给予了我们热情的鼓励。

彼得·纽曼
安迪·索恩利
2010 年 10 月 26 日于伦敦

第一章
导　论

　　20世纪80年代以来，世界大城市都处在变革中。无论我们走到哪里，都能够看到正在开发的城市中心、滨水地区和正在增高的新天际线，这些发展具有某种相似性。城市都在争先恐后地建设起世界上最高的建筑。特别是在摆脱了20世纪70年代的困境以后，纽约一直都成为"世界城市"追逐和效仿的模式。巴黎正在繁荣起来的拉·德芳斯办公区也被打上了"塞纳河畔的曼哈顿"这样一个标签。当日本经济日益强大起来，东京开始声称东京具有世界城市地位时，拉·德芳斯办公区又被冠以"塞纳河畔的东京"这样一个标签。对金融市场管制的放松，伦敦码头地区的迅速转变，伦敦在文化产业发展上出现的新亮点，都让伦敦成为全球领跑城市的一员。萨斯基亚·萨森（Saskia Sassen）[1] 在1991年出版的那本颇具影响的著作中，把伦敦、纽约和东京并列称为"世界城市"。经济上的全球化推动着这种变化。过去的"世界城市"，或是由它们的帝国地位决定的（如维也纳、柏林），或是根据人口规模确定下来的。与此不同，新的世界领跑城市都是那些在全球化中发挥着重大经济影响力的城市，它们都在新经济秩序中成为金融中心。正如随后我们会看到的那样，许多人根据城市在新经济秩序中的地位提出了城市层级体系的概念。约翰·弗里德曼（John

---

　　[1]　萨斯基亚·萨森是哥伦比亚大学社会学教授，伦敦经济学院的政治经济学方向的客座教授，创造了"全球城市"（Global city）这一术语，是"规划理论"这一学术分支的经典作家，也是"全球化"社会学研究方向的创始人之一。"规划理论"不是关于"设计"的理论，而是关于规划的价值观和社会制度的理论。因为历史的原因，国内规划界对此重视不够，而随着市场机制的建立，谁来管住这双"看不见的手"，谁来协调各方利益，按照"规划理论"所论证的那样，规划必然要承担起这个重任。萨斯基亚·萨森最近出版的《世界经济中的城市》（2011）和《全球化社会学》（2007）很值得一读。——译者注

Friedmann，弗里德曼，1982；1986）堪称先锋①。当然，城市在新经济秩序中的地位并非一成不变。在本书涉及的时间范围内，我们看到了中国城市的发展，看到了挂上了世界城市桂冠的香港、上海和北京，它们的天际线更是令人惊叹不已的城市景观。

经济全球化似乎是城市发展的推动力量，然而，全球化的过程果真能够说明一切吗？城市真的必然遵循相同的发展途径吗？世界城市都是朝着相同的方向和顺应全球化的需要而发展着，果真如此？本书的核心目标就是探讨这种观点。事实上，世界不同城市对经济全球化因素的反应呈现出巨大的差异。有些城市积极地吸纳了这些经济全球化的因素，而另外一些城市则削弱、转移甚至抵制这些经济全球化的因素。通过这本书里的案例城市，我们要考察世界城市对经济全球化因素的反应，讨论世界城市如何沿着不同的途径发展，尤其关注这些城市所实施的战略规划究竟产生了的什么后果。

城市政治和政策无疑正面临着全球化的多种挑战。国家、区域或地方政治领导人的决策有可能改变城市的未来。许多城市领导人集中关注如何让他们的城市更具有竞争性，这种对全球化具有局限性的看法和应对方式使他们决定建设能够占据世界经济优势的设施。城市领导人必须敏感地对待国际资本的需要和意图，

---

① 弗里德曼是英属哥伦比亚大学社区和区域规划学院的荣誉教授。他曾经是加州大学（洛杉矶）建筑与规划研究生院的创建者、教授和院长。2008年被中国城市规划设计院聘请为荣誉顾问。弗里德曼堪称20世纪下半期出现的一代规划宗师，特别是在"规划理论"方向上，具有无争议的泰斗地位，弗里德曼教授最近一部《揭竿而起：规划理论文集》汇集了1973年至2010年期间有关"规划理论"的具有里程碑意义的文章和一些书的核心章节，本书可以说是他毕生探索规划理论的思想发展历程和思想结晶：互动的规划方式、激进的规划、美好城市的概念、公民社会、重新思考贫困和规划文化的多样性，等等。研究城市规划的人中几乎没有谁没有看过他的这些心迹。规划理论领域的后起之秀都不否认弗里德曼的这些论述在他们学术生涯中的启蒙作用和深刻影响。一直以来，希望通过翻译约翰·弗里德曼教授"规划理论"方面的著作，让国内同行和学生系统了解市场机制国家的"规划理论"。实际上，随着"和谐社会"的建设，"社会公平正义"和"公共利益"的问题越来越突出，社会参与和如何建立政府、社会和企业在城市发展方面的合作关系越来越紧迫，而"规划理论"涉及的正是这类问题。可惜国内至今未翻译他的著作，仅《国际城市规划》出过一期弗里德曼专刊（2005年5期），收入了他的七篇文章。——译者注

同时，也要敏感地看到地方居民的需要和诉求。在我们看来，从政治上控制这种全球－地方相结合的方式是决定世界城市之间差异程度的关键因素。这样，在分析不同世界城市的相似性和差异性时，我们把重点放在全球化的因素和城市政治反应之间的相互作用上，我们如何应对这些挑战，我们如何从城市政治[①]的角度去看待各种各样的问题。

有关全球化和世界城市发展的争议常常出现在抽象的层面上。有些人提出，当全球化摧毁了地方特征时，城市也就丧失了它们的重要性。"超级流动性"的空间，特别是相关于资金流的空间，取代了地理空间。但是，经济活动和人总是处在一个实实在在的地方。在我们看来，作为全球活动落脚点和产生具有经济竞争性的城市更为重要。为了推进这些讨论和说明不同的观点，我们认为，有必要把争论点落脚到某个城市的城市政治的特殊性上，分析这些城市的特殊政策。战略性的城市规划政策的任务是协调比较广泛意义上的经济压力和地方需要，战略性的城市规划政策就是我们所说的城市特殊政策，涉及管理全球－地方的关系。所以，通过研究城市管理过程，我们的分析把考察经济全球化的推动因素转移到考察影响战略规划特定形式和内容的社会因素及利益上。通过广泛的全球化和管理方面的文献，我们建立起一个分析框架，

① 城市政治是关于城市的政治，或者说是城市研究领域里的政治科学分支，涉及出现在城市地区的多样性的政治体制问题，包括城市、郊区和城市等方面。目前，西方发达国家学术界有关城市政治研究一般包括（1）政治权利体制，包括城市政府、对城市决策具有影响的社会集团和市民，（2）城市和郊区的种族、民族、阶层、性别关系，（3）空间和空间关系的政治学等三个主题。当然，这本书并非城市政治学的一般教科书，而是一本有关世界城市规划政治比较的专门著作。读者可以通过本书的第三章第二节"城市的政治和管理"略见作者所讨论的城市政治之一斑。编制城市规划和推进城市发展都不可能离开政治，不可能不协调城市的各种利益攸关者的利益。如果读者对城市政治有兴趣，以下作者的著作均为了解城市政治研究进展的重要参考书：John Friedmann, Heather Campbell, Leonie Sandercock, Susan S. Fainstein, Patsy Healey, Jean Hillier, Susan Saegert, James Jennings, Hugo Priemus, Iris Marion Young, Nicholas Low, Robert W. Burchell, Dennis R. Judd, William Goldsmith, Bruce Katz, Todd Swanstrom, Douglas W. Rae, Scott A. Bollens, Robert Gottlieb, Peter Dreier, Alice O'Connor, Helen Jarvis, John R. Logan, Lawrence J. Vale, Setha Low, Jon Coaffee, Iwan J. Azis。——译者注

以此研究特殊城市对全球化的反应。

有关"世界城市"这个术语的起源，许多人都提到了彼得·霍尔（Peter Hall）1966年出版和再版三次的那本名著《世界城市》（霍尔，1966，1977，1984），当然，霍尔本人则把这一概念的起源回溯到帕特里克·格迪斯（Patrick Geddes）1915年的《发展中的城市》（帕特里克·格迪斯，1915）。因为霍尔的著作集中讨论了这类世界城市的规划方式问题，所以，霍尔的《世界城市》与我们所要讨论的问题关系更为紧密一些。然而，霍尔的《世界城市》写于目前我们经历的这个全球化阶段之前，他对"世界城市"的定义不同于我们当前争论中所使用的定义。霍尔把"世界城市"描述为那些通常具有政治权力的主要行政管理中心，国家政府的所在地，有时，他还把那些国际组织和国际事务管理机构所在地认定为"世界城市"。这类城市集聚了大型专业机构、工会、雇主联盟、文化和知识中心、主要工业组织的总部等等。霍尔没有详细讨论他如何把他的有关"世界城市"的定义与他对这类城市的选择联系起来。当然，正如我们在第三章中所要看到的那样，更为严格定义下的"世界城市"概念已经与新出现的经济全球化过程联系起来了。这种"世界城市"概念引起了我们将要探讨的不能忽视的争论。有关这类重要城市及其他在全球网络中所发挥作用的讨论林林总总。许多作者试图构造一个有关这类城市重要性的层级体系来，人们在认定纽约、伦敦和东京的特殊重要性上，把它们看成当今世界城市之首。人们对这种认定形成了普遍的一致意见。巴黎这类城市可能试图挑战这些顶级城市的支配地位，而类似迈阿密这类城市则在它们所在区域的经济中发挥着重要作用。还有一些学者进一步做了分类，以说明不同城市在全球经济中的作用，如"门户城市"、"全球媒体城市"，或"区域首府"。许多作者讨论过"全球化的"城市，他们提出了这样一种观点，几乎所有的城市都在一定程度上与全球因素发生着相互作用。这种情况并非是静态的。在以经济联系为基础的世界城市层级体系中，城市的重要性能够消长起伏。例如，我们讨论了东京是否丧失了它在世界城市体系中的领跑地位的问题，我们也讨论了墨西哥城或上海是否正在世界上发挥着更为重要作用。这些正在冉冉升起的城市是否对老牌世界城市构成了新的压力？纽约是否还能够把它自己称为"世界的首都"？

全球核心区域

　　正如我们在第二章中所要探索的那样，最近有关全球化问题的文献都讨论了日益增强的世界联系这样一种现象。发生在世界一个部分的经济活动同样会对世界其他部分产生影响。当然，这种全球网络和流动并非均衡展开。世界的一些地方在经济上可能与世界其他地方的经济存在很大的相互作用，而另外一些地方可能在经济上相对孤立。甚至在那些联系十分紧密的部分，我们也会看到有关这个部分在多大程度上形成一个单一全球经济实体的争论，或讨论这个部分在多大程度上成为它们自己所在的具有内部凝聚力的全球核心区域的一个组成部分。例如，20 世纪 90 年代末发生在东亚地区的经济危机，自从 2008 年以来发生在北美和欧洲的经济危机，据说这类国际经济周期性的危机都对那些区域的城市产生重大影响。对最近发生的经济危机的一项评估提出，经济的确是跨国化了，但是，并非全球所有经济都是跨国化的（汤姆森，2010）。这个评估支撑了这样一种对世界的看法，世界可能正在全球化，但是，世界同时具有不同的经济区域。我们所探索的问题之一是，每个全球区域的历史和传统在什么程度上将导致世界城市的不同结果。欧洲、北美、亚洲太平洋地区都可以称之为全球核心区域，它们承载着已经建立起来的"世界城市"，伦敦、纽约和东京。在每一个全球核心区域中，城市、人和货币之间具有紧密的相互联系。我们使用三个全球核心区域的观点来安排我们在本书中讨论的城市（图 1.1）。我们将特别关注伦敦、纽约和东京，当然，我们也要关注这些区域里的其他 20 个在世界上发挥重要影响的城市，它们都与全球经济有着联系。

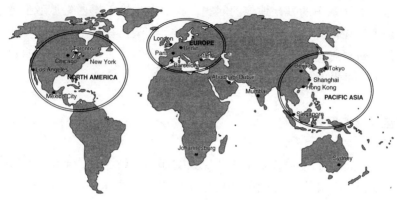

图 1.1　世界主要城市（3 个全球核心区域和 19 个城市）

　　所以，在选择打算讨论的城市时，我们是以城市被纳入全球经济的程度为基础的。世界上还有些最大的城市或城市群并不在这三个核心区域之内。纯粹的人口规模不一定会导致全球经济联系，所以，我们的研究并不涉及这类城市。然而，最近这些年出现了这样一种现象，世界上一些不发达区域的重要城市之间的联系正在增加。我们已经看到"金砖四国"（BRIC）（巴西、俄国、印度和中国）或"基础四国"（BASIC）（巴西、南非、印度和中国）日益增加的经济影响，以及它们在全球管理体制中的重要作用。因此，我们也要简要地提及这些城市，它们正在日益成为这些子区域与世界经济联系的"门户"。我们把中国城市放到亚太区域中来考察，当然，我们也要探索在孟买、约翰内斯堡、阿布扎比、迪拜、悉尼和伊斯坦布尔这些城市中所出现的新的战略规划问题。我们的确能够在城市制定战略规划的方式上找到相似之处，但是，高度贫困和向城市里移民的不发达国家能够产生出不同的城市政治和城市政策压力。例如，罗伊（2008）提出，"不发达国家的城市正在迅速增长，所以，这些城市采用了相当不健康的城市规划形式，城市贫困的犯罪化，发展的高度私有化，国家支持的蔓延式的郊区城市化……"（罗伊，p.253）。

　　我们的看法是，通过这些城市所处的区域背景，经济全球化的影响才得以发生。正如我们已经说过的那样，我们还要考虑管理和政治方面的问题。"世界城市"并非简单地在全球金融流、人流和媒体形象的大潮中出现和变化。地方决策影响着这些城市变化的方向和公共政策。城市的命运依赖于全球因素、区域的影响和地方的选择。我们对经济全球化产生不可避免的影响这一观点提出挑战，这种观点已经支配了政策目标。为了说明这一点，我们认为，分析经济因素和政治决策之间的联系是必不可少的。只有通过多方位的分析，我们才能看到和理解全局。我们采用的研究框架把经济全球化、有关世界城市的变化的争论和政治选择联系起来，这是一种把全球化过程、"世界城市"的变化和城市管理综合到一起的研究。我们使用这样一种框架来分析我们所研究城市的不同战略规划反应。我们认为，这种多层面和大范围的方式提供了一种有关"世界城市"正在再生的命题。这个命题具有独创性。

为了避免简单地罗列所要解释的事物，在作比较研究时，我们有必要小心翼翼地注意我们所使用的方法。一个关键问题是，比较方法是否会影响到结论。例如，与我们把研究重点放到全球经济影响上的方式相比，当我们把研究重点放到特殊城市的文化和历史条件上时，结论很有可能是，城市呈现更大的多样性。按照我们的研究方式，我们试图把一般因素和特殊因素结合起来，也就是说，把全球因素与地方上的人和条件结合起来。我们的这个比较研究框架从经济全球化的结构关系开始。我们认为，针对比较研究的结构性方式需要理解政府和不同政治力量之间的文化差异，不同政治力量能够对城市政策的方向实施监督。当然，把全球因素与地方因素区分开来并非易事。我们借鉴了蒂莉（1984）在比较研究中采用的"普遍性"和"特殊性"的方式，建立起这样一种研究框架，沿着历史、文化和地方发展的线索，考察对世界城市状态和经济竞争的一般影响，历史、文化和地方发展可能会显现城市间的差异，允许不同城市采用不同的发展方式。相对于某些研究而言，我们采用更多的角度去考察那些引起相似性和差异性的因素。我们旨在揭示城市间的变异，同时，也不丧失掉把全球化、世界城市和管理联系在一起的比较广泛的理论框架。这种综合的方式把重心放在不同城市竞争世界城市地位的管理上，并把世界城市的管理与各式各样的观点联系起来，例如，把城市政策与全球化衔接起来的观点。

基于我们所要采用的研究方法，我们决定探索最近的 30 年或者说经济全球化因素发生新变革时期的世界城市。我们特别关注经济竞争和当今"世界城市"的萌动时期，因此，在考察许多城市时，我们把时间回溯到了 20 世纪 80 年代。20 世纪 80 年代末，冷战时期形成的东西方二元世界体系逐步联系起来，全球化的观点越来越多地出现在学术和政策研究中。我们没有仅仅关注当前，而是把注意力放在中期上，目的在于回答，在全球和区域经济压力面前，城市如何适应全球和区域经济压力以及全球和区域经济的变化。

空间管理层面

我们认为，城市发展与政治问题相联系。当然，政治出现在若干相互联系的空间管理层面上。我们必须跨空间管理层面地研究城市管理，包括全球的、区域的、国家的和地方的等若干空间管理层面。在全球层面上，我们需要认识经济全球化的必然性，认识经济全球化对城市产生影响的方式。在区域层面上，我们需要探索全球区域的变化，例如，在北美、欧洲和亚太这些全球核心区域中，国家干预有着不同的传统。我们还需要研究国家层面上的问题，国家是否还在对受到全球化影响的城市发挥作用，探索有关国家对城市发展的作用这类十分复杂的问题。在地方层面上，我们需要认识交织在一起的地方利益如何影响着全球力量和区域因素呈现的方式，需要认识交织在一起的地方利益如何进入到地方决策过程中去。

全球管理机构，如国际货币基金组织（IMF）、联合国人居署

（UN-HABITAT）和世界银行（WB），建立起了一系列有关城市的标准。"联合国气候变化大会"同样对国家政策和城市政策产生着重大影响。当然，国际货币基金组织这类机构以及美国政府，都对全球化有着它们的特殊看法，形成了一种有时称之为"华盛顿共识"的方式。全球管理机构是国家经济适应新的全球经济的必然产物。全球管理机构对全球化的认识能够看成约束其他方式的一种意识形态。最近这些年中，这种观点和行动一直遭到越来越多的反对，已经受到经济危机的打击。1976 年，7 个最大的经济实体（美国、加拿大、日本、德国、英国、法国和意大利）形成了 7 国集团（G7），它们的财长每年举行若干次会议，讨论经济政策。但是，2009 年，随着国际金融危机的出现，G20 替代了 G7。这个更大集团的出现表明了其他国家在全球经济中的作用越来越重要，如中国、印度和巴西。这些国家的财长，同时还包括国际货币基金组织和世界银行的代表，定时举行例会，讨论全球经济。G20 各国合计的国民生产总值（GNP）占世界总量的 85%，而人口大约仅占世界人口的 66%。作为一种具有影响力的机构，举办 G20 会议的城市每每在会议期间发生大规模的街头示威。民间社会也全球化了。

在我们研究的三个全球区域中，都已经建立起了它们各自的区域管理机构，如北美自由贸易协议（NAFTA）、欧盟（EU）和东盟 +3（ASEAN+3）。最近这些年以来，这些区域组织已经成为协调这些区域经济政策的一种机构。这样，这些国家分别把它们各自国家的某些权利转移到了更高的层面上。当然，三个全球区域组织之间存在着很大的差异。欧盟最为发达，它具有在欧盟各国实施广泛政策的法定权利，领导了全球气候变化的讨论，而北美自由贸易协议和东盟 +3 比较局限于贸易方面的问题，它们对国家 – 市场关系有着很不同的看法。

在国家层面上，讨论有关国家属性的变化对于我们的研究甚为重要。规划通常是一种国家行动，所以，国家对生产力布局的任何重新安排都会对城市规划产生重大影响。新自由主义 – 私有化、权力下放几乎已经扩散到了国家之下的所有层面的政府。管理层面之间的相互作用，包括中央、区域和地方的国家功能，成为我们研究框架的核心内容。这样，我们所关注的核心问题是，任何发生在不同空间管理层面之间的相互作用方式的变化。有关全球化的讨论包括对未来国家属性的讨论。有些作者提出，我们正在目击国家作用的弱化。另一方面，国家正在协商着国际条约，特别是在欧洲，国家的福利状态和规划制度正面临着国际压力。正是国家在应对发生在 2008 年的银行危机时起到了领导作用。正如我们在以后若干章节中将会看到的那样，有些作者提出了重建国家的主张，他们认为，有些国家职能将转移到全球区域层面，而另外一些国家职能则下放到地方政府层面，国家可能承担起一些新的职责。这个过程明显成为决定决策权力分配的中心问题，决策权力归属于哪个层面将影响到城市的战略规划目标。对这种变化的一种解释是，地方层面的城市政府将变得更为重要了。有些城市领导正在发展他们自己的国际网络，寻求对世界城市问题具有更大的话语权，例如，在全球气候变化的讨论中，寻求在"最佳实践"的交流中扮演更为积极的角色。

城市管理是理解任何城市战略规划方式的中心。战略规划的目标是通过政治决策表达出来的。当然，市长和其他公共机构并非置身于城市政治之外。其他一些利益也会影响城市政治。例如，一些国际商务会要求优先考虑世界城市问题，敦促政治家吸纳国际经济因素。另一方面，城市内部的或国家范围的各类社会运动也可能反对这类看法。在一些城市，战略规划决策可能导致社会冲突爆发。在民间社会活跃程度上，在提供给民间社会的参与范围和机会上，城市与城市有所不同。洛杉矶的城市财政和政府体制可以通过全民公决的方式决定，而中国的中央政府指导着中国城市的发展，所以，在世界城市的管理上存在着差异。城市的市长似乎变得更为显眼了，世界城市需要强有力的和引人注目的领导吗？

利益和城市规划目标之间的相互作用并不仅限于城市政治领

域。城市政治本身是受到多重压力的。这些压力可能来自政治、经济、环境和文化。地方政治与国家的、区域的和全球的政治相互作用。许多寻求影响地方战略的经济利益集团也活跃于国家的、区域的和全球的多个层面上。许多环境压力来自城市之外，涉及环境问题的各类团体活动于全球尺度上。文化传统可能也对城市的发展目标和决策方式具有重要影响。这样，为了全面地认识战略规划目标所受到的影响，我们需要探索地方政治，我们也需要研究外部因素对城市的影响方式。城市也有可能影响到国家的、区域的和全球的层面。如果世界城市对国家经济的成功具有重要影响的话，那么，在城市层面所做出的决策也将影响到国家的、区域的和全球的层面。

城市战略规划目标

如同过去的帝国首都一样，"世界城市"意识到它们在当代世界经济中的作用。"世界城市"这个术语是城市领导在他们制定的公共政策中和推销他们城市的活动中广泛使用的词汇。要被人们认定为一个"世界城市"，这个城市一定具有竞争优势。如果经济全球化使得所有的城市不由自主地卷入到经济大潮中来，那么，"世界城市"似乎具有比较好的位置来维持自身的稳定性，"世界城市"的状态成为了一种精神。我们探索这种对经济全球化的理解如何支配着城市政策目标。"世界城市"可能具有可以觉察到的经济优势，但是，"世界城市"也有可能存在潜在的弱势。由经济竞争性所推动的经济全球化和公共政策是否会排挤掉其他的城市目标呢？正如我们将要看到的那样，一些"世界城市"分析家提出要增加对社会问题的关注，另外一些"世界城市"分析家则提出，过热的城市经济损坏了环境。

本书是在全球压力的背景下和区域背景下分析城市规划的，特别关注影响城市政治和政策的因素。我们期待发现，究竟是什么原因导致了不同城市在城市规划上的相同点和相异点。全球经济因素在什么程度上推动所有城市沿着相同的城市发展路径发展。正如我们在许多"世界城市"里所看到的那样，形成"世界城市"地位是否一定要把竞争、地方资源的流动和城市的市场地位混合起来？如果存在差异，造成这种差异的因素和机制是什么？可以做出哪些选择？新自由主义的观念[1]已经在世界范围兴起了，新自由主义的观念给全球化提供了一个特殊的角度。但是，我们也对全球－地方联系的其他解释有兴趣，例如，环境的角度和社会的角度，它们都可能影响着城市规划。

我们认为，作为这种特殊方式，战略规划是城市应对经济全球化的一个至关重要的标志。正如我们在有关城市政治争议的第四章和城市案例研究中所要看到的那样，每座城市的管理体制和管理过程都与规划方式相关。例如，新加坡这样一个城市国家的体制与欧洲城市的体制背景具有很大差异。经济全球化的因素必定要经过城市政治的过滤和产生不同的政策而发生作用。我们探索"世界城市"的背景，识别不同的利益及其代表在制定战略规划政策中的作用。通过对规划方式的观察，我们研究"世界城市"在不同具体情况下表现出来的差异和产生这些差异的原因。

我们需要缕清究竟什么是战略性的城市规划。"伯纳姆的芝加哥规划"[2]（1909）、"阿伯克龙比的大伦敦规

---

① 新自由主义假定，在以私人房产权、自由市场和自由交易为特征的社会体制内，通过个人的创业自由和技能发展，提高人的生活福祉。此外，对于那些不存在市场的事物（如土地、水、教育、医疗卫生、社会保障或环境污染）来讲，必须通过国家行动来管理。——译者注

② 曾经因设计1893年芝加哥世界博览会场馆而享有盛誉的建筑师伯纳姆（Daniel Burnham）在芝加哥世界博览会之后的一段时间里，分别主持编制了华盛顿特区、克里夫兰、旧金山、菲律宾的马尼拉等地的规划。据此影响，芝加哥商会1906年邀请伯纳姆主持编制了"芝加哥规划，1909"。这个规划的目标是从形体上改善迅速发展的芝加哥。这个规划包括6个主要方面：改善滨湖地区、区域公路系统、改善铁路车站、在城市边缘建设新的公园、新的街道体制、市政和文化中心。当然，对此规划的批判之声不绝于耳，核心论点是认为这个规划只注意基础设施建设，而忽视了芝加哥的社会需要和财政承受能力。直到今天，到芝加哥的湖边，便可以亲身感受到伯纳姆100年前所指定的这个规划的无穷魅力。当时的设想似乎有些"乌托邦"，然而，现在它已经成为现实。——译者注

划"①（1944），都是大都市规划艺术上的里程碑，当然，这种制定规划的历史时刻也许十分罕见。战略规划一般都是比较具有弹性的。首先，我们所指的城市战略是城市范围内的政策。其次，这些政策具有空间意义，对城市中的特定地理区域产生影响。这种城市范围的战略性的空间政策能够表现为多种形式。从"城市 – 区域"规划，通过远景或目标表达的城市总体规划或战略政策纲要，到围绕大型开发项目而展开的相对独立的规划。最后，我们重点关注优先发展目标的确立：我们更为关心战略规划的目的和目标以及总体协调，而非个别政策的细节。我们探索经济、环境和社会目标的相对重要性。我们分析协调不同压力和利益影响的方式。换句话说，我们要考察如何制定城市战略规划。

我们的目标旨在探索全球、区域、国家和地方各管理层面如何结合起来对"世界城市"发展和战略规划优先发展目标的选择产生影响。不同目标之间如何实现协调？这些目标间的关系如何？例如，经济目标是否劫持了环境目标？环境目标是否有选择地用来支撑经济目标？在"世界城市"的全球形象中，经济、社会和环境因素各居何种位置？正如我们已经提出的那样，我们是在"全球 – 地方"相互作用的角度上去考察城市战略规划的。城市战略规划既要对支撑经济未来和城市当前经济发展需要做出反应，也要对地方社区和利益集团的需要做出反应。在全球和地方压力之间，在经济、社会和环境问题之间，如何实现平衡呢？我们认为，全球、区域、国家和地方管理层面的相互作用以及这种相互作用对全球经济因素的反应方式和重新在全球背景上呈现城市的方式，

---

① 规划师和建筑师阿伯克龙比教授（Patrock Abercrombie）应英国公共工程部之邀主持编制的"大伦敦规划，1944"。这个规划旨在控制伦敦的扩张，对伦敦的改造和发展做出安排。其基本要点是，建立围绕伦敦的绿带，严格限制越过绿带的基础设施建设和住宅开发；在大伦敦地区之外建设新城，吸纳伦敦内城地区拥挤的人口；扩建当时伦敦周边的小城镇；改善居民的卫生条件，如每千人4英亩公共空间的标准，衔接所有公园绿地的绿色道路网等。这个规划成为英国战后伦敦重建的战略文件，对伦敦的发展产生了影响的深远，迄今余音绕梁，而它对城市规划专业的影响跨越了半个世纪。——译者注

将一起决定一个城市的特殊的战略规划。

本书的结构

这样，我们正在多种不同文献和争议的框架内探索影响城市战略规划的因素。全球化、世界城市和管理等三个因素构成了这个框架。我们以若干方式探索这些因素。第一，每一种影响城市战略规划的因素都引起了有争议的问题和不同的观点，我们需要对这些有争议的问题和观点进行分析和讨论。第二，这些影响城市战略规划的因素之间存在着联系和影响。我们需要探索这些联系。第三，我们要对影响战略规划的相关因素进行分析。对相关的文献和争议的研究构成本书的第一部分（第一章至第五章），为以后的研究提供一个理论基础。本书的后续章节都是在这个理论框架下展开的，具体研究特定城市及其他们的战略规划。

全球层面是第二章的出发点。我们概括地说明了过去 30 年的全球经济转型，从理论上解释"全球化"的过程。然后，我们考察涉及全球环境和全球民间社会指标的全球管理体制。我们提出了这些全球过程对国家功能的影响。全球因素对城市发展具有重大影响。城市本身的经济和社会变化又将对有关战略规划目标的选择产生重大影响。当然，人们对全球化对城市产生影响这一观点看法不一，因此，在第三章中，我们集中研究了这些争议。我们详细讨论了"世界城市假定"以及各种城市分析方式。我们考察了对"世界城市"概念的多种反映和未来发展的方式。对于第二章和第三章中讨论过的全球化因素来讲，我们能够做些什么？为了回答这个问题，我们在第四章中探讨了有关管理和政策的争议。我们需要回到国家属性的变化以及中央政府与城市政府的新的关系上。在国家范围内，政府的尺度是否已经发生了变化？城市或城市区域的政府已经拥有了更大的权力。关键问题是这些管理层面之间责任和权力的变化。第四章还将研究在城市政治中不同利益的相对重要性，概括出战略规划所面临的主要挑战。本书

第一部分的最后一章提出，尽管全球核心区域里的大部分相互联系的城市受到全球化的影响最大，但是，全球化对大部分城市都是存在影响的。在这一章中，通过对约翰内斯堡和孟买为例的发展中国家世界城市和全球化文献的研究，我们分析了有关全球化和世界城市相关性的争议。并非所有追逐"世界城市"地位的城市都在这三个全球核心区域中，在这一章中，我们对迪拜和悉尼这两个积极追求世界城市地位的城市做了简要的描述。通过说明这些城市尖锐的规划矛盾，这一章不仅研究了"全球化城市"这一概念，还提出了本书随后几章所要深入探索的规划问题。

在第二章至第五章中，我们考察了大量理论文献，进而让我们对世界城市有了一些认识。在随后几章里，我们利用这些认识去探索案例城市及其城市规划。根据全球核心区域的划分，我们的研究也分三个部分展开：北美、欧洲和亚太地区。每个区域的研究都从一个总论开始，探讨这个全球核心区域的经济倾向、政策争议、管理方式以及这些管理方式对城市所产生的影响。我们利用相关区域的一组城市来探索20世纪80年代以来出现的全球压力以及在规划上的反应，讨论这些城市所在全球核心区域的一般问题。随后，我们深入探索那个区域最重要的世界城市：纽约、伦敦和东京。这些详细研究涉及每个城市受到经济全球化影响的方式和它们在政策上作出的反应。我们考察了那些城市不同利益攸关者和机构的作用，以及主导战略规划目标的政策类型。在涉及每一个全球核心区域的最后一章里，我们重新回到对那个区域其他城市的研究上来，当然，我们仅仅有选择地研究了正在产生世界城市作用或追求成为全球网络中主要区域枢纽的那些城市。这类城市可能对纽约、伦敦和东京这类城市的世界城市地位构成挑战。在这些章节里，我们还探索了经济压力、改变管理方式和影响战略规划目标的因素之间的相互作用。对美国而言，我们认为洛杉矶和芝加哥是主要竞争者，我们也把多伦多和墨西哥城看成"北美自由贸易协议"区的主要城市。对欧洲而言，相对于巴黎，伦敦依然维持着自己的世界城市领跑地位，巴黎仅仅具有成为竞争顶级世界城市的可能。当然，欧洲的其他城市的功能正在向专门化方向转化，我们用柏林、巴塞罗那和伊斯坦布尔为例来说明这一点。就太平洋区域而言，随着东京世界城市支配地位的衰落，这个区域主导世界城市的竞争愈演愈烈。所以，那里出现了若干个我们需要考虑的重要的世界城市。新加坡和香港都得益于东京世界城市地位的衰退，它们已经上升为主要世界城市。同时，我们不能忽略中国城市的挑战。近几年，中国城市的发展可能是当前世界城市发展的最重要的特征，因此，我们研究了上海和北京。

在本书的最后一章里，我们概括了每个区域全球化世界城市管理动态机制的主要特征。通过研究跨区域问题，我们进一步扩大了这项研究的范围。这样，我们就可以提出我们的关键问题，对"世界城市"的跨区域分析在多大程度上支撑世界范围内城市发展趋同的观念，或者说，三个区域在多大程度上遵循着不同的世界城市生长途径？我们能够在不同区域模式对全球化作出的反应上察觉出意识形态上的差异吗？不同的制度决定了"世界城市"管理过程的变化？每个区域的国家体制改革是否采用了不同途径？最后，我们概括了这些问题对城市的影响，"世界城市"战略规划方式在多大程度上存在差异？我们发现了城市重建和规划优先目标具有相似过程的例证。当然，每座城市同时还有它自身的特征，这种自身的特征导致了不同的战略规划方式。最后，我们讨论了城市规划中的全球趋同程度。这样，我们试图说明城市政治家和规划师能够对城市未来产生影响的可能性。

第二章

全球转型

　　这一章探讨有关全球化的争论，尤其是探讨那些全球化与城市相联系的观点。我们认为，经济活动的全球化以及经济活动全球化的社会后果是对城市形体发展产生最大影响的一个方面，所以，我们集中关注经济活动的全球化以及经济活动全球化的社会后果。我们研究了最近这些年出现的有关全球经济危机的一些解释，还研究了与国际社会仍在关注的气候变化和适当反应相关的一些争议。我们在这一章的第二部分里集中关注涉及经济与环境问题的国际机构，以及这类全球城市管理对"世界城市"的意义。我们的研究以分析全球化争论和当代城市变化的方式展开，这种分析方式决定了我们如何选择随后要做详细研究的城市。在这一章里，我们把有关当前正在影响城市环境的各种讨论集中到了一起，为我们分析世界城市规划提供了一个总体框架。本章的第一部分将探讨全球化文献中的争议和不同观点。

全球化论争

　　"全球化"是确定城市如何发展的核心概念之一。许多学者通过学术文献分析探索了"全球化"这一术语的使用情况（如克拉克，1997；布希，2000），他们发现，自 20 世纪 80 年代以来，"全球化"这一术语在相关文献中出现的频率大幅上升。20 世纪 70 年代和 80 年代期间，恰恰是"去工业化"[①] 这一概念重新确定了发达工业化国家的城市发展方向。现在，"全球化"已经逐步取代了有关"去工业化"的讨论，我们已经朝着进一步考虑更多因素的方向迈

---

　　① "去工业化"（de-industrialization）是用来描述一种与工业化相反过程的术语，"去工业化"是因为一个国家或区域的工业生产能力的减少，特别是重工业或制造业生产能力的降低，而引起的社会和经济变化过程。——译者注

进，包括经济变化、技术进步的影响和国际移民。有关"全球化"文献的一个特征是，跨越经济学、政治学、国际关系、社会学和管理学等传统社会科学学科的界限。从这样一个跨学科的研究文献出发，不出我们所料，有关"全球化"的定义相当纷繁。当然，这些定义都是围绕 20 世纪 70 年代出现的一个过程展开的，这个过程已经发展到不能忽略的程度。我们首先使用赫德（Held）及其同事综合形成的全球化定义作为我们讨论的起点。赫德等人把"全球化"定义为"当代社会生活所有方面的世界范围联系日益扩宽、加深和加速"（赫德等，1999，p.2）。受到全球化影响的社会生活方面不仅包括经济结构调整，还包括"社会分化"[①]、国际犯罪、占主导地位的文化、国际移民模式和管理。当我们把"全球化"的解释当作"万物之理"时，我们需要慎之又慎，因为按照以上定义所认识到的许多现象正在发生重大变化，值得我们去分析和讨论。

我们会看到，尽管存在多种关于"全球化"性质和"全球化"影响的不同观点，但是，所有这些不同观点都有某种共同的基础。最近几十年间，世界区域之间的经济联系日益增加。通信和计算机技术的发展使我们能够更快和更大规模地交换信息和知识。按照卡斯特（Castells，1996）的观点，随着技术进步，我们现在生活在一种称之为"网络世界"的新的全球社会组织中，"信息时代的主要功能和过程日益通过网络组织起来。网络构成了我们社会的新的社会形态，网络机制的扩散从本质上改变了生产、实践、权利和文化过程的运行以及由此而产生的结果"（1996，p.467）[②]。在这个网络社会中，通过先进的空中交通和新的通信及计算机技术产生了"电子空间"的巨大优势，物质在全球尺度上的运动比

---

① "社会分化"（social polarization）描述的是因为收入分配不公、房地产波动、经济变更，进而导致社会群体之间差异日趋增大的社会现象。——译者注
② 卡斯特（Manuel Castells）是南加利福尼亚大学通信和新闻学院通信和技术教授。他最近出版的《网络城市的社会结构》和《信息的城市》等书都在西方学术界产生了很大影响，尤其是他用"流"替代"空间"的概念，对以"空间"为规划对象的传统城市规划思维模式构成了范式性的挑战。——译者注

较容易了。在经济层面，一个特定国家的经济发生问题时，例如俄国、印度尼西亚或巴西，会波及整个世界经济，这就从一个方面证明了网络社会相互联系属性的存在（格雷，1998）。金融危机，如20世纪90年代末发生在泰国的金融危机，不可能仅仅约束在泰国境内，实际上，泰国的金融危机影响到了东亚地区的经济。美国次贷市场所引起的地方危机波及了全球经济领域，导致了金融市场的崩溃，需要全球政治干预。卡斯特（1996）提出，在这个新的相互联系的信息时代，社会的"流的空间"已经替代了"场所的空间"，现在，世界上的人流、信息流、资本流、观念流、形象流和服务流支配着社会。按照不同尺度，阿帕杜莱（Appadurai，1996）对这些流做了划分，当然，他承认这些尺度不同的流是相互联系的。他用不同的"景观"称谓这些流：族裔景观涉及人的迁徙，如旅游者、移民、难民和跨国上下班者；分享信息和技术的跨界技术景观；货币市场、投机和金融革新的金融景观；倡导全球形象的媒体景观；通过国家或社会运动发布的政治信息所构成的意识形态景观。这种分类所传达的信息是，在世界网络中传递的流，能够承载不同种类的材料，有些是具体的，有些则是以人的形式出现的。它们共同的特点是，技术使得这些交流更为容易。空中交通既便宜也频繁，更大规模地使用日益复杂的通信。它们另外一个共同特点是，技术进步使得通信更为快捷和地理范围更为广阔。哈维（Harvey，1989b）称之为"时空压缩"。我们能够重新安排时间以克服空间上的限制，或相反，重新安排空间以克服时间上的限制。这样，时间缩短，空间"收缩"。在有关全球化的论争中，我们能够看到许多极具影响力的想像，它们似乎从根本上影响了城市。

当然，流和网络的观念也受到了批判。例如，厄尼（Urry，2002）提出我们需要对网络的类型进行区分，例如，支持跨国商务的网络和反对全球化的网络。另外一个重要观点是，这种相互联系常常是不完善的。一些国家的政府还在努力制定电子网络规则和反对国际犯罪。流的"空间"可能是连续的，即受到许多地方因素的影响，所以，还在发展中。厄尼赞成采用"全球复杂性"的角度，强调全球化的不可预测性和正在进行时的性质。在全球化的文献中还存在其他一些认识上的差异，例如，全球化是否已经被用来作为一种意识形态因素，全球化是否果真如它被描述的那样广泛，全球化是否能够得到控制，等等。

在 20 世纪 90 年代期间，通过金融期刊和大众读物，全球化的概念日益流行起来 ①。人们常常十分乐观地去说明它，把它看成社会的不可避免的倾向。这类看法的基础是，日益增加的全球竞争将带来更大的经济效益，全球"撒芝麻盐儿"将会让每一个人得到一些牙慧。这类作者（例如，奥马，1990，1995）认为，单一的全球市场既是不可避免的，也是充满希望的。"超级全球化者"（格雷，1998；赫德等，1999），"全球梦呓"（迪肯等，1997），或"新狂人"（魏斯曼，1998）都是给这种观点贴上的标签。有关全球化的这类观点遵循的是新自由主义政治观，推崇的世界范围的自由市场观。他们把跨国公司看成变化的中介，这些跨国公司进驻具有市场优势的地方，无论它们在世界的那个角落，不对任何特定的国家表现出忠诚。这种观点深刻地影响了政治和商业精英们。我们将要探讨的核心问题之一是，这种观点是否已经支配了世界城市管理者和规划师的思维。这种流行的观点来自管理权威们和世界银行这类国际组织的经济学家们。商务和管理学院（例如，奥马，1990；1995）处于形成这种乐观观点的核心，思里夫特（Thrift，1999；2000）曾经提出，最近，通过管理咨询活动，学术交流和卓有影响的著作的销售，这些观念传播到了全球。正如莱申（Leyshon）所说，"尽管全球化的观念可能存在瑕疵，不尽人意的社会科学，言过其实的表述以及公司的一厢情愿混合起来形成了这种观念的基础，然而，全球化之所以能够成为一个讨论焦点是因为它在国际商界的办公室里和董事会上有着广泛的听众"

---

① 对中国大众读者影响最大是纽约时报的专栏作家托马斯·弗里德曼的《世界是平的》，主张把国家的一些经济主权交给全球机构，如资本市场和跨国公司。——译者注

（1997，p.144）。正如莱申指出的那样，夸张的全球化观念力图成为对现实世界变化的解释，同时，也成为一种特殊的实施项目（参见皮芬，1995；迪克等，1997）。这种言过其实的观点在学术文献中已经受到了有力的批判。哈维（2000）强调了这种观念的意识形态意义，指出"全球化及其相关的观点都包含着政治意义（p.53），毫无疑问地是美国支持的地理圣战的结果"（p.68）。其他的政府和政治领导人推崇这种全球化的观点，并且把这种全球化观点"引进"了他们本国的政治事务中（迪尔洛夫，2000）。

　　人们常常给那些批判超级全球化的观点打上"怀疑论"的标签。赫斯特和汤姆森（Hirst and Thompson，1996，1999）曾经对超级全球化发起攻击。他们认为，全球化是出于意识形态的需要而传播的一种神话，实际上，从来就有某种国际贸易制度存在，19世纪末的经济国际化并不亚于现在的全球化。这种看法表明，对全球化的全面分析需要探索经济的不同方面，如贸易、生产、服务等等。这样，在讨论贸易时，情况可能如赫斯特和汤姆森所说那样，国家间的商品交换并未增加多少。从另一方面看，几乎没有谁会否认，通过全球金融市场的发展，资本的流动性剧增。金融机构正在开发新的信息技术，处于"时空压缩"的前沿。"怀疑论"批判提出的第二个问题是历史的角度。大量文献对20世纪70年代前后期进行了比较，通常认为，20世纪70年代是全球化过程的开端。当然，赫斯特和汤姆森对更长的时期进行了分析。这种历史的角度成为"世界系统"分析学派中一些研究的基础（沃勒斯坦，1984；阿瑞吉，1994）。"世界系统"分析学派提出，全球化是资本主义从地理上构造自己的方式。泰勒（Taylor，2000）依据这种方式，把全球化置于美国长期"领导权周期"之中，这个"领导权周期"起始于1900年，那时，英国领导的工业领导权正在衰退。他认为，1945年至20世纪70年代之间，美国的领导权达到了巅峰，然后，进入衰退期。泰勒的命题是，我们需要把全球化看作资本主义从地理上构造自己的长期过程的一个部分，在此基础上对全球化进行分析。阿瑞吉（Arrighi，1999）认为英国的领导权周期结束于 20 世纪 30 年代。他也同样把目前这个时期看成是美国领导权周期处于危机中的一个部分，是美国周期的一个最终阶段。他断言，尽管东亚区域在 20 世纪 90 年代遭遇了经济危机，但是，我们可能正处在新的东亚世界领导权的边缘上。他认为，这个区域正在追逐比美国更为经济和可持续的发展途径，而中国以后可能支配这个区域，当然，我们必须承认亚太经济和美国经济之间的相互联系（何峰，2009）。这种世界系统理论采取了宽阔的视野。它对全球化现象的新特征提出了疑问，而不是把全球化看成美国长期资本主义霸权的一个部分。

2008 年发生的经济危机显而易见地威胁了美国的"领导权"。这种"有毒"产品的全球贸易起源于信贷市场，而这个信贷市场破坏了主要银行的资产负债表，需要国家对金融机构实施救助，还要求重新规范金融市场的国际合作和国民经济振兴计划。汤姆森（2010）提出，无论是想象一个完善的全球化的经济制度，还是想象一个跨国区域上相对国际化的体制，对处于危机之中的国际社会或国家来讲，发展总是重要的。对全球经济危机做出这些反应的一个重要因素是，国家的中央政府认识到它们国家主要城市的重要性，认识到国家的经济计划在决定城市命运方面的作用。所有全球区域的城市命运既在全球繁荣中也在全球破产中变化着。

许多作者都对全球变化统一性的看法提出了挑战。例如，虽然卡斯特把流的空间看成社会的主要方面，但是，他并不认为所有这些流都能够同等程度地到达全球所有空间上。有些集团和地理区域并非很好地与这个新的网络联系在一起。在他看来，"经济发达和经济不发达，社会包容和社会排斥，实际上同时成为了信息的、全球的资本主义崛起的特征"（1998，p.82）。那种认为全球化把其收益均分到世界所有地方的观点一直都受到继续存在的南北世界划分的挑战（赫斯特和汤姆森，1996，1999；格雷，1998）。卡斯特同样认为，世界的贫困和苦难还在增长，而并没有出现超级全球化论者所预言的在全球范围内财富"撒芝麻盐儿"从而惠及到每一个人的现象，实际上，国家内部的社会分化仍在加剧。他还指出（1998），社会分化并非有一个标准模式，过去20年间的美国、英国、俄国和巴西，过去10年间的瑞典和日本，国内收入不公平水平都增加了。然而，世界有些地方的收入不公平的确缩小了，如马来西亚、新加坡、中国香港和韩国。对于一些研究者来讲，比较富裕的发达的城市能够与"南营"城市形成鲜明对比，但是，对这些"南营"城市的分析可能需要不同的分析方法，这样才能认识南亚、东亚、非洲或中东城市的变化（罗伊，2009）。从这个角度所得到的信息是，城市问题和导致这些城市问题的因素必须作详尽的分析，进而探索出它们的变异。

对超级全球化论者的另外一个批判是，赫斯特和汤姆森（1996，1999）揭示出这样一个事实，过去20年以来，全球相互联系不如特定区域内部独立国家之间相互联系增长得快。在对2008年发生的金融危机的分析中，汤姆森提出，2008年发生的金融危机并非全球危机，而是以北美和欧洲为基础的"北大西洋"的危机（汤姆森，2010）。赫斯特和汤姆森认为，贸易、投资和金融流主要集中在欧洲、日本和北美这样一个三角中。还有一些研究者也提出了"区域化"的过程。伦敦、纽约和东京分别是这三个区域中的主导城市，当然，这些区域内部相互联系的金融流和人流正在产生出复杂的发展中的城市网络（罗伊，2009）。在超级全球化论者看来，跨国公司是在"无国界的世界"上，以全球为尺度，操作其运行的。证据显示，与超级全球化论的看法相反，并没有多少真正的跨国公司，大多数跨国公司依然植根于它们的本土国家。在全球市场中，并不存在完全竞争和信息。在风险跌宕的情况下，地方因素和文化因素依然十分关键，例如，公司使用非常特殊的地理位置来从事它们的研究和开发活动（赫斯特和汤姆森，1996；斯托波，1997）。

到目前为止，我们的讨论揭示出，尽管传媒界和商界青睐超级全球化的观点，但是，超级全球化的观点蕴涵着许多令人怀疑的假设。怀疑超级全球化观点的价值恰恰在于打开了一扇

争议的大门。对超级全球化观点持怀疑态度的人们认为，超级
全球化观点包含了一些具有价值取向的假定，与特定的经济政
策观点相联系。他们还对超级全球化论者所提出的全球化规模
表示怀疑，对全球化是否真有什么创新表示怀疑。要回答这些
问题，我们需要详细分析全球化概念背后所隐藏的因素。另一
方面，对超级全球化观点持怀疑态度的大量研究一直都陷入对
超级全球化论题做出被动的反应上，他们也许淡化了目前技术
条件下所发生的变化程度，忽视了"金砖四国"（BRIC）（巴西、
俄国、印度和中国）或"基础四国"（BASIC）（巴西、南非、印
度和中国）日益增长的影响。

　　在全球经济危机发生之后，更多的注意力放到了另外一种相
反的呼声上，特别是"去全球化"的看法。例如，贝洛（Bello，
2005）提出，世贸组织（WTO）和国际货币基金没有把比较贫穷
的国家纳入到全球经济中来，比较分散的经济管理体制将会更好
地认识不同的需要和发展途径。经济错误要求我们及时地重新考
虑新自由主义的超级全球化的看法。

　　我们还在有关全球化的文献中发现了第三种观点。这种观点
对我们的研究很有价值。这种观点认为，全球化不是一个独立过程，
而是一个多维的复杂系统。一旦我们接受全球化不是一个独立过程
的观点，那么，就意味着我们承认，全球化中多种复杂因素有可
能存在着矛盾。这样，全球化就是多重因素交织在一起的复杂过
程，包括了不均衡的经济、社会和文化过程，我们需要按照全球
化所在地区和历史条件对全球化过程分别进行评估（佩克和蒂克
尔，1994；阿明，1997；迪克等，1997；哈伊和马什，2000；杰索普，
2000；厄里，2002）。当我们把全球化作为一个不同过程综合体来
逐一识别和分析时，需要研究的一个方向就是跨空间尺度的相互
作用。这一研究方向对我们追溯全球因素、国家规划制度和城市
层面的规划政策之间的联系至关重要。卡斯特提出的"流的空间"
（卡斯特，1996）模糊了不同尺度之间的界限。当然，我们也会说，
卡斯特用"流的空间"来描绘全球化，有些抽象，过于笼统，没有"对

不同尺度间的相互联系进行考察"（杰索普，2000，p.324）。现在，有关全球化过程和重新构造不同空间尺度之间关系的研究文献正在增加（如斯温格都，1997；布伦纳，1999；克尔，2010）。对于杰索普（Jessop，1999，2000）来讲，不同空间尺度之间关系存在矛盾。杰索普认为这种"不合逻辑的全球化"是发展的资本主义试图创造出一个单一的世界市场，这个单一的世界市场具有彼此分离的资本流，同时需要把这些资本固定在空间上，以满足资本生产和再生产的需要（参见布伦纳，1999）。在第四章中，我们将考察国家和城市政策制定者对全球变化做出可能反应时，还会深入研究这个问题。这里，我们需要注意全球化并非一个单独的因素，我们需要从国家和地方尺度上对所有影响规划的因素有个比较完整的认识，我们需要认识城市如何在市场中发挥积极的作用，维持对全球化产生影响的网络和联系。

我们必须接受在全球层面上出现的新进展，而全球层面本身是由许多不同的链组成，这些链都具有它自己的内在机制和地理渗透程度。从一定意义上讲，正是因为存在这种复杂性，我们的看法与这样一些分析家的观点是一致的，把全球转型看成一个具有多种途径的过程（吉登斯，1994，1998，2000；拉什和厄里，1994；厄里，2002）。当然，这种看法与超级全球化论形成鲜明对比。超级全球化论认为，全球化确定无疑的是一件好事。我们不能同意这样一种看法。这样，就出现了一个重大问题，我们如何可以控制和调整全球化的倾向。如果全球化产生了我们所不希望的结果，我们能够防止这样的结果出现吗？如果存在出现多种结果的可能性，那么，我们能够影响这些结果吗？当然，这就提出了这样一个问题，在新的全球条件下，有多么大的政治选择存在？全球化已经给政治决策建立起新的条件，在这些条件中，存在一定程度的选择，我们的研究将跟随获得这种认识的作者。正如哈伊（Hay）和马什（Marsh）所说，"全球化是人类相互作用的产物，创造历史的主体的产物，但是，全球化并非处在它的创造者能够做出选择的状态下"（2000，p.13）。这是对马克思观点的一种复述。

我们认为有必要探讨国家和城市管理具有多大程度的政治自主性。超级全球化谈论"掏空"国家，而跨国公司不需要与政府互动而横行全球。我们相信，这是一种最简单的方式，在下一节里，我们将进一步探讨这个问题。我们采用的方式旨在从不同的尺度上，把管理看成面对全球转型的正在进行中的重建过程。随着全球化强度的增加，全球化对于以次国家级的、区域的和超国家级的经济区形式出现的社会－经济活动重新区域化产生压力（赫德等，1999，p.28）。

为了对全球化提供一个完整的分析，我们需要详细研究全球化的不同层面。全球化常常被用来作为解释其他社会变化的一个因素，全球化有可能影响到城市。我们的目标是，通过研究全球化和城市规划的相互作用，完善详细分析全球化的方式。这种研究存在许多方面。我们在下一节中将探讨国际管理的影响。而在第三章中，我们将研究全球转型对城市的冲击和对城市规划构成的压力。这个讨论的核心是围绕世界城市所产生的争论而展开的。意识形态在有关世界城市的争论中十分重要，它涉及如何解释意识形态的影响，意识形态本身也在变，它还涉及城市决策者在什么程度上把他们的行动置于一种对全球化的特殊表达上，如他们的行动是以超级全球观为基础的。

全球管理？

我们倾向于避免使用直接的因果关系去理解全球因素、政府体制和管理过程之间的关系。我们很快就会面对复杂和微妙的命题，处理变化的国家形式，不同层面的相互交叉和有关民间社团的新观念。如果全球化在经济上势在必行的话，那么，我们需要理清全球化如何通过各种机构和政治介入进来的途径。

在新的全球压力下，无论这种全球压力源于金融危机还是源于环境灾难的威胁，管理体制都能够随之而发生变化。国际组织已经发展成为一种重要力量，有关国家的作用和其他层面上的干预等问题的争议日新月异。如果那些把世界城市和世界城市区域置于全球经济中心的分析是正确的话，我们毫无悬念地会发现所有层面的政府都对城市事务产生了新的兴趣。尽管一些作者专注"掏空"国家的观点，然而，还是其他一些人正在谈论国家功能的重建问题，国家的一些权利向上移至跨国区域的管理机构。这就是我们在这一节所要讨论的多层面管理的问题。

在全球化文献中有一个主题，考察在世界尺度上运行的政治组织的兴起，有时这个主题涉及跨世界管理问题（赫德等，1999；肖尔特，2000）。这些组织具有超级地域管理机构的特征，它们的资金来自全球，制定适用于全球的规则和政策。世界银行、国际货币基金组织和世界贸易组织可能都是最具影响力的组织。它们采用超级全球观看待全球化进程，其行动旨在全球范围内推行自由市场方式的新自由主义政策。这些组织，尤其是国际货币基金组织，在主动干预主权国家的政策上发挥着的作用。经济合作与发展组织（OECD）是另外一个跨国组织，它在对主权国家的政策进行评论和提出变化建议方面有着重要作用。经济合作与发展组织特别关注全球化中的城市，主张采用那些让城市区域能够在全球竞争和创业方面更为有力的方式（OECD，2006）。联合国人居署（UN–HABITAT）通过世界城市论坛、世界城市报告和资助项目，影响发展中国家的城市。

过去20年里，这些国际组织在世界范围内的影响，特别是对主权国家经济政策的影响越来越大，严格地限制了主权国家的自由（萨森，1996）。虽然这些国际组织是通过主权国家的行动来发挥作用的，但是，一旦主权国家的行动发生，在全球化的标签下，这些国际组织从主权国家之外对其发生进一步的影响。

这些国际组织已经受到了很多批判。最为直接的问题是，现存的国际性的管理似乎不能良好运行。当这些国际性机构卷入国际合作和协调事务时，政治学家让－埃里克·莱恩（Jan–Erik Lane）把它们不能运行的现象称之为"沉重的体制赤字"（2006）。合作受到限制，目标之间存在冲突。人们认为世界银行和其他国际组织的所作所为是不适当的。这种机构需要跟上变化的步伐。赫德（2008）认为，目前通过世界银行、国际货币基金组织、联合国所形成的全球管理体制前景不佳，存在内部冲突，缺少目标归属，缺少对体制能力和问责等问题的认定。从2001年开始，世界贸易组织举办了"多哈多边会谈"，而在2008年，在世界贸易下滑的背景下，这一会谈因为达不成一致意见而无果而终（兰米，2010）。我们可以把主要经济体组成的G20峰会看成是旧G7峰会在体制上的变更。当然，大多数观察家都同意，国际合作只能在国家贸易保护主义和欧盟区域保护主义的背景下才会发生。按照赫德的意见，国家主权和跨国法律之间，在商业法和环境法之间，还有许多悬而未决的问题。

> 全球管理所面临的挑战并不局限于经济政策层面。现在，"全球管理体制还不能对无边界所产生的一系列问题做出适当反应"。（拉马钱德兰，2009，p.348）

除了安全问题之外，对全球环境衰退的关注，如臭氧层、全球变暖、气候变化和生物多样性，也推进了跨国环境协议的迅速出现。这些对环境问题的关切源于这样一种看法，地球是一个相互联系的生态系统，需要在全球范围内，统筹制定一个全球政策。人们使用环境公共资源的概念（奥斯特罗姆，1990）来表达对全球生态系统的共享关系，全球生态系统并非处在任何一个国家的主权之下。1992年联合国在里约热内卢举办的"可持续发展大会"体现了人类在全球环境思考方面的重大转变，这次大会形成了迄今最综合的全球协议，建立起国家执行项目，满足全球环境目标的要求。使用全球公共资源的概念意味着对国家和城市的政策选择形成约束。尽管执行过程缓慢，然而，以上所提到的国际组织，如世界银行、国际贸易组织、经济合作与发展组织，也同样提出了环境问题。自从里约热内卢大会以来，联合国麾下的一系列会议都坚持了全球环境目标，当然，随着有限的实际步骤的展开，欧洲和美国之间的分歧，在令人沮丧的 2009 年哥本哈根会议上，发达国家和欠发达国家之间的分歧，均逐一显露出来（贝利，2010）。现有国家并没有尽全力去面对"绿色国家"的挑战。"绿色国家"是由埃克斯利（2004）提出来的，"绿色国家"有责任保护它的公民免遭环境灾害，有责任参与多种环境机构。当人们对能源安全或跨国环境问题的关注可能导致政治目标时，这类政治性的反应一般优先考虑自己国家的利益。

全球民间社团

来自下层体制改革的压力可能对国际合作和国际机构有所影响。有关"全球民间社团"作用的呼声也出现了。当然，"全球民间社团"这一概念可以从许多方面来解释（安海尔等，2001）。"全球民间社团"能够包括那些反对全球资本主义的社团，那些用来扩散民主与发展的民间机构，或对穷人和被压迫者进行声援的社会运动。尽管跨国网络早已存在了，如天主教会、国家联邦，但是，从 20 世纪 90 年代以来，就人与人之间在全球范围内的相互联系而言，通过互联网技术的使用，跨国网络在规模上的扩张十分抢眼。"全球民间社团"既能孕育也能影响其他形式的全球化。日益增加的非政府组织（NGO）、跨国活动团体、各种社会运动和网络，都构成了一种国际政治背景，这种国际政治背景能够在城市决策层面上产生影响（参见萨森对这些组织的看法，2002b）。史密斯（Smith，2001）使用了"跨国城市主义"这一术语来描述这样一种方式，社会成员之间的跨越国界的联系能够与特定时间特定地点的特定实践活动产生互动。一个新的国际反对派政治团体，"世界社会论坛"，已经发出了其呼声，反对资本家的"世界经济论坛"，它利用举行国际事件的机会，在承办城市进行抵制行动（卡尔多，2002）。这样，一些城市卷入了政治斗争，当然，这些斗争并非起源与地方。对于萨森（2001b，2002b）来讲，这种现象可能是一种新型的"全球政治"，一种落脚在全球网络场所上的政治。有些城市已经成为国际恐怖主义的特定打击目标。当然，作为首都的城市总是国家表达其有关国际事务政治主张的地方，也是政治示威（甚至暴力事件）的地方。对非地方政治表演而言，利用世界城市可能不足为怪。从不同角度看，世界银行和国际货币基金组织认为，与民间团体合作，对于商务活动并非一件坏事（爱德华，2001）。这类民间团体建立起了跨国界的联系，它们对大型商业机构的活动提供了制衡，特别是在国家本身难以规范跨国公司运作时，更是如此。

新的政治理论已经开始对有关全球化和民间团体之间关系的争论进行整理。与"生态公民"或争取"环境公平"（斯奇洛斯伯格，1999）相关的新的权力正在从全球生态可持续观中产生出来（德兰提，2000a）。在生态、文化和其他一些领域，出现了这样一种讨论，作为反对"源于上层的"主张自由经济秩序的全球化的一种力量，"源于底层的"全球化能够产生什么样的作用。从这个角度上讲，全球化政治落脚于全球背景下的特定城市，与这个全球背景相对立的是国家背景，国家之外因素决定有关公民的新观念。萨森（1996）提出，在寻找那种面对全球经济市场时能够让公民问责和实施控制的相反力量上，有三个途径可以探索。第一条途径是存在于全球协议中的机会，如世界贸易组织中的那些协议，推进更为公众导向的目标。第二条途径是让国家参与更多的国际协议，如有关环境问题的协议，期待这些国际协议能够"有利于形成追逐更具社会公正性的跨国发展纲领"（p.57）。第三条途径是通过"积极的活动和意识形态，阻止对公民权的削弱"（p.57）。

公民概念正在全球化背景下重新构造，我们能够在许多层面，区域、国家和国际，看到公民概念的存在（埃森，2000）。从传统上讲，国家保护它的公民，然而，新的正式的和非正式的身份正在出现。欧洲的公民观念就是一种正式的发展，在欧洲，的确有关于欧洲公民和一般权力的讨论。日益增加的跨边界移民则是一种非正式的发展。移民可能拥有祖国和居住国的双重身份，基于"全球的侨民网络"，成为一种新型的公民（萨森，2002，p.232）。按照萨森的观点（2002a），世界城市网为跨国身份和社区创造了一种空间，城市不仅汇集经济流，还汇集了人流。这些人既包括了跨国的和专业的人才，也包括了贫穷的移民。在城市里，存在着复杂的"跨国"和民族身份的相互作用（史密斯，2001），出现了对城市空间的新的"诉求"。例如，正如我们在以后章节中将会看到的那样，全球中国人社区网络和身份对许多世界城市的经济都具有重要意义。虽然反全球化运动已经有目共睹，但是，人们还是十分怀疑"全球民间社团"或"全球公民"（德兰提，2000a；赫斯特，2001）这类提法。例如，赫斯特对改变现存经济秩序其他模式的效益心存疑虑，特别是对非政府组织微弱的合法地位忧心忡忡。当萨森和史密斯这样的政治学家关注自下而上的全球政治时，有关这个主题的政治理论还是相对弱小的，"基本原则还有待发展"（布朗，2008，p.52）。

新的亚－全球区域论

许多作者认为，"亚－全球区域论"是对全球化产生的新的和比较顺畅情况的一种反应。最近这些年来，我们看到了区域贸易的兴起："北美自由贸易协议"，"东南亚联盟"，"欧盟"。正如我们已经看到的，赫斯特和汤姆森（1996；1999）使用这些区域化的贸易模式来反对全球化的一般提法。赫特纳（Hettne，1998）详细考察了这些区域运动，以便区别"区域"的不同层面。这些层面包括产生物理边界的地理实体区域，松散的社会制度意义上的区域，由有组织的合作而形成的区域，包括社会交流和价值在内的具有多方面合作的区域民间社团，以及形成一组综合功能的"区域－国家"。赫特纳把"新区域论"定义为向更高层面区域合作的转变。这些新的区域在多极世界的背景下运行，与冷战时期的情况形成对比，这些新的区域由成员国自发组成，在合作范围上是综合的。在这个框架下，欧盟比起"北美自由贸易协议"和"东南亚联盟"

在新区域论的道路上走得更远，欧盟的政策已经渗透到城市尺度的规划中。区域合作具有各种优势。就欧洲而言，斯奇尔摩（Schirm，2002）提出，单一市场、增加的流动性和经济规模，以及反对来自区域外部竞争对手的贸易保护，鼓励了欧盟国家从新经济增长中获益。对于能够在较高层面上左右批判的国家精英而言，新区域还有政治上的好处。但是，这种较高层面管理的状态是变动不安的。北美自由贸易协议只是一个经济协议。欧盟则超出了清除贸易壁垒，进入到法律、环境和社会问题等领域[①]。正如我们会在以后章节中看到的那样，一些城市已经发展了自己的新的国际网络，在它们认定的全球问题上开展合作。例如，"大都市"网络从20世纪80年代的14个城市发展到拥有104城市作为成员，成员城市一起开展研究，联合起来开展活动和进行游说。最近，作为"克林顿气候变化目标"一个部分的"C40城市集团"通过研究和游说把城市联系在一起。就伦敦来讲，气候变化目标所产生的影响超出了城市的"行政边界"（巴尔克里和施罗德，2008，p.2）。有人认为，这种国际合作不可避免地会进一步发展。例如，从长远的角度看，这些城市系统的全球联盟具有吸收紧张关系和纠正错误的制度性手段，毫无疑问，这些制度性手段最终会超出现存国际咨询和合作的范围而得到重新安排（斯科特，2008，p.561）。弗里德曼（2008）提出，对世界城市"高昂的生态印记"，特别是对发展中国家的插足，需要作出反应。

在跨国的、超出国家的、区域的和城市间层面上的政治发展已经对国家主权有着明显的意义。霍尔顿（Holton，1998）指出，对国家主权构成挑战的性质因国而异，例如，有些国家更多地受到来自如世界银行这类外部机构的影响，而有些国家则因为人口

---

① 根据《欧洲联盟条约》，欧盟共由三大支柱组成：欧洲共同体，其中包括关税同盟、单一市场、共同农业政策、共同渔业政策、单一货币、申根条约等诸多部分；共同外交与安全政策；刑事案件警察与司法合作。欧盟的主要机构有欧洲理事会、欧盟理事会、欧盟委员会、欧洲议会、欧洲法院、欧洲中央银行等。此外，欧洲原子能共同体也在欧洲共同体的管辖范围之内，但在法律上是独立于欧盟的国际组织。——译者注

中的民族比例变化而受到影响。在全球化对国家影响的讨论中，我们发现，超级全球论者的观点诱导了大量相关争论。按照超级全球论者的观点，全球化的过程已经走向"挖空"国家的道路。当跨国公司在一个"无国界的世界"里运行时，国家已经丧失掉了它影响经济活动的权力和能力（奥马尔，1990）。苏珊·斯特兰奇（Susan Strange）则把注意力放到国家政治衰退的另外一个方面，认为国家政治家对本国公民的吸引力降低（1996）。这一点已经在欧洲前共产主义国家中得到了证明，这一点对大多数资本主义国家也是明显的，所以，国家政治家对本国公民的吸引力降低是一个全球现象。苏珊·斯特兰奇相信，这种政治异化是因为人们不再认为本国政治家还能够控制国家的政策。当她说，"世界市场的客观力量现在比起应该拥有社会和经济之上最高政治权力的国家更有力量"（1996, p.4），似乎她与超级全球论者有某种一致的看法。

　　对"掏空国家"论的一般批判是，"掏空国家"论假定了一个不现实的国家主权模式。这个模式基于"威斯特伐利亚"国家（参见克拉斯纳，1995），在那里，政治权力机构在一个特定地理区域里实施它的权力，政治权力机构在实施权力中具有自治性。然而，这种模式也许并非等于全球层面获得权力而国家丧失其权力。大多数人认为，全球与国家的关系远比零和关系要复杂得多。迈克尔·曼（Michael Mann）已经提出过一个研究这种复杂性的很好的框架。他对社会相互作用的 5 种社会空间网络作了区分：地方的亚国家网络、国家的网络、国际网络、跨国网络和全球网络。前两种社会空间网络是简单的。当然，他指出，后三种社会空间网络常常容易混淆，需要作出清晰的区分。国际网络是国家间的关系，如盟友、和平协议、对共同关心问题如空气污染所签订的协议。另一方面，跨国网络穿越国家边界而覆盖若干国家；它们能够包括宗教活动或针对社会组织的"社会民主"方式。全球网络覆盖全世界，或至少世界大部分地区，如女权主义运动或资本主义本身。

　　这样，必须从改造中的管理上去看全球化和国家之间的关系，而不是从简单地关注国家上去看全球化和国家之间的关系。这就包括考察国家原先的权力可能转移到超国家层面或亚国家层面的途径，国家承担的功能本身可能不同于以往。在迈克尔·曼看来，这就意味考察国家网络和国际网络相对地方网络或跨国网络可能要削弱或变更的途径，考察全球网络的贡献。这个比较复杂的方案与这样一种观点吻合，即国家的功能随时代的变化而变化，在全球范围内，这些变化的表现并非一致。在以后的章节中，我们要探索这些差异对城市规划的影响。我们还要承认，新自由主义的观点并非是从外部影响所有国家的，政治领导人可能引入新自由主义的观点，从而获得政治上的优势（迪尔洛夫，2000，p.115）。我们的观点是，全球化并不反对国家主权，相反，国家选择了介入全球化和影响全球化过程（史密斯等，1999）。

戴维·哈维（2000）对全球经济管理的变化做了如下总结："布雷顿森林体系①曾经是一个全球体制，以后所发生的是，一个分层面组织和主要由美国控制的全球体制变化为另外一个全球体制，它以比较分散的方式组织起来，通过市场进行协调，使得资本主义金融状况更为不稳定"（p.6）。基欧汉（Keohane，1995）认为，人们不再把美国的经济主导地位看成是天经地义的，苏联威胁的解除已经减少了美国盟友们继续维持统一的需要。对2008年经济危机的直接反应是，现行的全球资本主义秩序不再显示为一种选择，俄罗斯和中国都处在现行的全球资本主义秩序之中。正如2008年经济危机爆发时G20峰会所承认的那样，政治和经济影响似乎已经有了某种变化，留给政府去应对这样一个或非常类似的挑战，如何让现行的金融体系在没有进一步错误发生的情况下运转起来。有些经济体，特别是那些金融部门具有比较强硬规则的经济体，如加拿大和印度，受到其他经济体的影响并不特别大。

---

① 布雷顿森林体系（Bretton Woods）是布雷顿森林协定对各国就货币的兑换、国际收支的调节、国际储备资产的构成等问题共同做出安排所确定的规则、采取的措施及相应的组织机构形式的总和。布雷顿森林协定（Bretton Woods Agreements）是第二次世界大战后以美元为中心的国际货币体系协定。"布雷顿森林体系"建立了两大国际金融机构即国际货币基金组织和世界银行。前者负责向成员国提供短期资金借贷，目的为保障国际货币体系的稳定；后者提供中长期信贷来促进成员国经济复苏。——译者注

全球经济危机的政治后果包括对纽约和伦敦的相对不受新自由主义金融秩序管制的核心的挑战。在后边的章节中，我们将再来考虑这类领跑世界城市对这场金融危机的经济和政策影响。

在这一章里，我们已经讨论了全球经济转型，与此相关的全球管理机构的变化和国家的作用等问题。过去 20 年，全球化的多方面过程一直都在深刻地影响着城市。当然，这种影响的性质是一个有争议的主题，我们在下一章里转入这场论争。

第三章

世界城市论争

在这一章里，我们将探讨全球化对城市经济和社会构成的影响。换句话说，城市正在面临着什么新压力，这些新的压力正在改变和产生新的规划背景吗？多种"流的空间"对形体景观有着不同的需要。如前所述，尽管这些"流"在全球范围内运行，或者这些"流"在有限的城市土地资源上产生出新的需求，有些"流"可能涉及虚拟交易，没有形体上的表现，而另外一些"流"可能需要一个形体上的空间位置，大范围的经济运行与空间位置之间的关系是城市理论的一个核心论题。哈维（1982）把这种关系抽象地表述为，资本在特定时间和场所上的"空间定位"。资本需要一个空间场所，需要把全球"流"固定在特定的场所，资本与全球化过程、政治决策过程和规划制度联系起来。所以，我们需要研究全球变化对城市经济的影响，对社会体制的影响，对寻求控制空间开发的城市决策过程的影响。有些对规划的社会需求源于全球经济变化对城市层面的影响，而另外一些对规划的需求来自地方社会的需要。我们还必须研究，因为全球环境变化，引起地方城市层面需要采取具体行动。我们通常要求规划考虑经济、社会和环境诸方面。我们讨论城市规划的核心要点是，规划在什么程度上提出这些问题，规划如何选择这些不同方面的轻重缓急。在随后讨论城市案例的章节中，我们将详细讨论案例城市如何在做这些事情，在全球区域之间有多么大的变数。现在，我们比较宽泛地讨论有关全球化背景下城市的争论，我们首先讨论"世界城市"的概念，然后探讨"世界城市"的概念如何应对多种批判而进一步发展。

世界城市假说的发展

全球化影响着我们对经济变化与城市的关系的认识。过去 20

年里，"世界城市"或"全球城市"的概念一直在寻求把握这些经济变化和城市关系的关键因素。正如我们在引言中提到的，"世界城市"这一术语已经沿用了很长的时间，特别是在彼得·霍尔的著作中。当然，随着全球化的发展，分析"世界城市"的新方式也应运而生了。我们通常把弗里德曼和沃尔夫（Wolff，1982）的一份研究大纲看作当代有关"世界城市"争论的起点。人们把"世界城市假说"概括为，全球化过程通过特定的节点城市表现出来，全球化过程已经导致了这些城市的改造。在沃勒斯坦的著作和"世界系统理论"（参见索亚，2000，p.219）的基础上，弗里德曼（1986）发展了"世界城市"的观点，提出了一个新的世界城市的城市层级体系。他列举了多种标准来划分一个城市是否是"世界城市"以及这个世界城市应该出现在这个世界城市层级体系的那个位置上。弗里德曼提出了7项指标：主要金融中心、跨国公司的总部、国际机构、商务服务业迅速发展、重要的制造业中心、大型交通节点和人口规模。

利用这些因素，弗里德曼提出了一个"首位"和"次位"世界城市的层级体系。跟随弗里德曼，许多研究者提出了他们自己的世界城市层级体系，例如，思里夫特（1989）认定纽约、伦敦和东京为世界城市，第二层为全球分区中心，第三层为区域中心（参见肖特对这种层级体系理论的评论，1999）。城市的层级体系依赖于标准的选择，弗里德曼和思里夫特别关注国际机构、银行和跨国公司总部的集中。这样，这些公司的行政决策成了世界城市地位的首要决定因素。在这样一个基础上形成的共识是，纽约、伦敦和东京分别处于这个世界城市层级体系的顶部。萨森在她的讲座"全球城市"（1991）中也是探讨的这三个城市。萨森（2001b，p.xix）对"全球城市"和"世界城市"作了区别。她提出了一种称之为"全球城市"的新形式的城市，"全球城市"不同于过去那些因为具有国际相互作用而获得世界城市标签的那些城市。（当我们认定存在着若干影响城市的新的因素时，我们使用"世界城市"这一术语来描述我们正在探讨的城市，即使在当代，大多数文献也是这样使用这一术语的）。在世界城市假说的基础上，萨森对经济活动、劳动力市场和人口进行了详细的经验研究。《全球城市》是在20世纪80年代撰写的，经过更新后，2001年出版了《全球城市》的第二版。这本著作的核心主题是，这些城市为国际商务和商业提供了指令和控制点。全球化允许经济功能在全球尺度上扩展，所以，中心控制和管理的需要也随之而增加，这些功能集中于若干关键的位置上。一定的其他活动也由于其全球性质而在全球层面上运作，例如金融服务业。当然，萨森的分析超出了弗里德曼所提出的标准，把"全球城市"看成特殊服务部门产品的生产和进入市场的场所。这样，全球机构的高度集中产生了进一步的活动，对这些机构提供服务，需要对金融、计算机或传媒做出创新，以维持领导地位。"全球城市"可以看成生产新的全球功能的场所。世界城市的假说还探索了经济全球化对"世界城市"社会结构的影响，萨森对此亦有贡献。弗里德曼和沃尔夫都认识到，"世界城市"正在扩大社会分化，增加低工资移民，这些都是世界城市的特征。萨森（1991，2001b）也提出了这个论题。她指出，在指令和控制部门即公司总部工作的高收入就业者和在支持性质的服务部门工作的低收入就业者之间的差距正在扩大，后者常常是移民，其服务常常是不正式的。

　　世界城市假说的基本特征是，城市的重要性是通过功能划分出来的，不是简单根据城市规模决定的。在一个时期里，伦敦曾经是世界上人口最多的城市，但是，通过蔓延方式产生的"巨型城市"早已在人口规模上超出了伦敦（参见霍尔，2000）。可是，这些最大的城市并没有出现在世界城市层级体系的顶层。正是城市在全球网络中的功能，而不是人口规模，决定了一个城市的世界城市地位。早期世界城市研究的主要结论是，全球经济系统中的有组织的节点，全球决策中心，在世界城市层级体系中能够获得一席之地。正如我们已经提到的那样，这个早期研究确认了三个顶级城市，它们都在组织着经济全球化。然而，萨森最近提出，随着全球化的发展，更多的企业在全球范围内运行，这样，更多的城市参与到了全球活动网络中来，她认为，到 2008 年为止，在全球范围内，大体有 50 个参与到全球活动网络中的城市（萨森，2008）。

然而，世界城市假说受到了批判。人们认为，世界城市假说集中关注识别特定的和预先确定的特征，以此判断一个城市在世界城市俱乐部中的位置。并非所有的标准都与全球化的论题相关，为什么有些指标，如制造业和人口规模出现在这个特征表中的道理不是十分清晰，用来确定一个预先定义的世界城市地位的数据原先已经提出过（肖特，1999）。还有一个问题是，缺少可以比较的世界数据（肖特等，1996）。最近发表的一些著作已经采用了更为详尽的方式，把全球化的过程分成不同的方向。一个城市在每个方向的层级体系中能够具有不同的位置，例如，伦敦可能在金融流上居于顶部，但是，在经济稳定性上却处于比较低的位置上。主要问题是，早期探索"世界城市"方式是非常静态的，不能有助于探索为什么一定城市支配着城市间关系的理由。为了推进这种分析，需要把研究重点放到正在发生的过程上和全球化诸方面的联系上。基于这样的理由，许多作者乐于讨论"全球化中的城市"，而不是"全球城市"或"世界城市"（如马尔库塞和冯·肯彭，2000）。许多新的工作正在出现，其目标是推进世界城市分析走出描述性的阶段，去探索世界城市变化的根源和理由（德吕代等，2010）。

世界城市层级体系的研究开始不过是一种学术分析，最近，由许多商业组织和杂志公布的世界城市层级体系大量增加，进而产生出多种城市绩效指标，例如，"外国政策杂志"的"全球城市指数"或"万事达商务指数世界中心"。有些指数依然含有学术成分，但是，它们常常是针对特定使用者的，如投资者或商务位置选择咨询者。城市的促进者和政治家们使用这些指标来推进他们的城市发展。十分有趣的现象是，这类指数的制造活动已经扩展到了亚洲，例如，"日本城市战略研究所"已经开始编制"城市全球力量指数"，中国社会科学院领导的国际团队，"城市与竞争力研究中心"，已经编制了它们自己的"全球城市竞争力报告"（倪鹏飞和 P·克雷斯尔，2010）。

对世界城市假说的挑战

有些作者利用世界系统方法，通过强调世界城市所具有的连接程度，来发展世界城市假说。这种方式旨在反对这样一个认识，"通过关注世界城市的属性和忽略世界城市的关系，我们更多地了解了这些世界网络的节点，但是，我们对世界网络本身相对了解的不多"（比弗布鲁克等，2000，p.124）。卡斯特在他有关网络社会的著作中（1996）提供了一个考察世界网络流中的城市的理论框架。他把"世界城市"看作一个过程，"通过这个过程，高级服务的生产和消费中心以及与它们相关的地方社会与全球网络连接起来"。这样，城市之所以具有重要的世界功能，不是因为它们静态地包含着什么，而是因为它们通过那些流而具有重要的世界功能。萨森在她最近的著作中推进了她自己的方式，把全球城市看成一种网络功能。

最引人注目的"流"是空中运输联系（如基林，1995；雷默尔，1996；希恩和汀布莱克，2000）。也许这是因为人们对空中运输联系的认识早于其他类型的"流"，当然，这种看法不是没有偏颇（泰勒，2000）。英国拉夫堡大学的"全球化和世界城市研究集团和网络"正在集中力量收集和分析不同种类的联系（参见他们的网页，泰勒，2004；泰勒等，2010）。他们已经考察了服务企业的全球选址战略。这些企业在全球尺度上提供商务服务，必须在全球范围内选择他们的办公地点。他们已经考察的服务包括会计、广告、银行和金融、商业法。他们收集了每一种服务类中全球大公司的数据，以及它们分支机构所在的城市。从这个信息中，他们以"连接性"为基础，形成了他们自己的世界城市层级体系。他们识别出三个区域，北美、西欧和亚洲太平洋地区，他们称这些区域为"全球化平台"（泰勒，2004），有10个顶级城市均匀地分布在这些区域（比弗布鲁克等，2000）。在美国，他们认为纽约是顶级世界城市，当然，洛杉矶和芝加哥也榜上有名。在欧洲，虽然伦敦是主导，但是，巴黎、法兰克福和米兰依然很具竞争性。我们在以后的章节里将探讨这些竞争的性质。他们揭示出这些区域之间有着一些明显的不同。欧洲包含了更多的首府城市，更多的城市分担着金融和生产功能。亚太地区最为分散，没有主导城市，东京、新加坡和香港都具有重要的世界联系。城市连接性的观念具有城市竞争上的意义。如果商务服务（和其他相关网络）相互连接，那么，一个城市的成功可能对其他城市产生积极影响。例如，提高伦敦的全球竞争性可能提高那些通过伦敦做商务的其他欧洲城市的绩效。

我们曾经提出，需要走出世界城市的静态的层级体系，要思考过程和网络。对世界城市方式还有另外的批判。纽约、伦敦和东京处于世界城市顶部层面，这一点已经有了广泛的共识，但是，我们已经注意到，新加坡和香港在城市连接性上对东京构成重大挑战。也有许多作者把巴黎或洛杉矶放到顶级世界城市类里。所以，究竟有哪些城市可以归纳到这个顶级层面里的确存在一些不确定性，不过，当我们去考察下一个层面的城市时，作者看法之间的差异就非常明显了。在很大程度上讲，这种差异源于人们给予判别指标的权重。当我们考察较低层面的城市时，我们很难精确地确定哪些城市可以称之为"世界城市"，而哪些不是。大部分城市在某种程度上都存在可以认定它们为世界城市的因素。全球化已经影响到了所有的城市，当然，形式有所不同，全球化的强度因城而异，这就使我们很难精确地定义它们，很难建立一个世界城市地位的精确划分线。这是对世界城市概念的一个重要批判，我们在第五章中将对此做详细的研究。弗里德曼自己也承认存在这个问题。在弗里德曼对他最初提出这个命题之后 10 年的世界城市研究进行评论时，他说，在确定顶部三个城市之后，因为我们缺少清晰的标准去评估特定的城市在全球系统中的位置，所以，情况变得更具争议（弗里德曼，1995，p.23）。所以，为了进一步推进这种方式，我们需要作出更为详细的分析，努力精确地认识一个世界城市究竟是什么。在一个因为设施而被认定为世界城市的城市和因为是网络中的节点而被认定为世界城市的城市之间还在产生着学术争论。我们将探讨有关世界城市的另外三个方面：世界城市假说对城市功能的强调如何与空间问题相关，世界城市发展的社会影响，城市特定历史和文化的影响。

全球经济功能和空间问题

金（King，1995，p.217）把世界或全球城市看作一种"奢望的概念"。这个概念仅仅采用了世界经济这样一个角度，把城市活动一个方面的影响具体化。其他一些人的批判认为，由萨森和其他一些人认定的全球城市功能是否果真对城市产生如此重大的影响还有待商榷。例如，巴克（Buck）等（2002）强调了大伦敦区域经济的重要性。如果世界城市功能和国际竞争对一个城市或城市区域的经济并不重要的话，那么，我们应该严肃地对待世界城市概念吗？世界城市仅局限于那些总部功能落脚的那些狭窄的城市中心区吗？能够在世界城市的核心部分找到萨森所关注的那些功能，这些功能的确有着明确的影响力，不过，这种状况可能好景不长。纽约、伦敦和东京的空间规模都是巨大的。在萨森最初的著作中（参见 2001b，pp.350–353），我们并没有看到她对全球功能核心之外地区究竟发生什么感兴趣。世界城市概念特别重视全球经济的战略成分，特别强调网络化了的经济（特别是金融市场）和因为必须容纳高收入工作和低收入工作而造成的两极分化。但是，在比较宽泛的尺度上讲，城市经济可能在不同的经济运行中展开，我们可能发现因为地方、国家或区域因素造成的实质性差异。我们也许能够在城市功能上把城市空间看成一个独立的议题。我们所关注的是实际存在的城市和管理体制，城市战略规划所涉及的区域有可能超出城市的核心区域。

当代空间分析还有另外一个尺度，这就是城市区域（如斯托波，1997；斯科特，2001b），这种空间尺度的分析也许对我们讨论围绕世界城市所出现的争论有所帮助。对于斯科特（Scott）来讲，"新区域论把世界看成一个流的无边界空间"（2001a，p.1）。他提出，横跨全球区域的节点给全球化提供了动力，但是，在这些节点上，在处理全球化的影响和形成新的特征，作出新的反应方面，地方特征和发展机制都在变化中。这样，我们所接受到的全球化空间并非那些小规模的网络化的核心，而是较大的相互作用的全球城市区域。这些空间在全球经济中具有新的作用，为领跑公司提供了"区域性的平台"。这些空间将呈现特殊的挑战，两极分化，移民和难以应对的社会问题。这些空间也为新的政治机构提供了在新的尺度上实施管理的可能性。萨森十分正确地提出，具体的城市区域常常很难确定。它们常常呈现出复杂的政治体制和机构安排。有关城市区域空间和全球经济之间联系的观念还引起了有关国家中间作用的诸方面问题。全球区域城市的观点提出了另外一种功能空间，然而，也留下了许多悬而未决的涉及世界城市的有争议的问题。当然，引起我们关注的问题是，这种比较大的区域的问题在什么程度上可能影响世界城市的规划，目前运行中的规划制度能够如何管理城市核心和全球城市区域。我们在下一章里将讨论国家、区域城市和城市之间的政治关系。

全球化对城市社会的影响

有关规划重要意义的争论围绕移民和世界城市展开。在世界城市假说中，移民是界定世界城市地位的一个因素（萨森，1999）。当然，与这个过程相关的解释受到了挑战。有人对有关低成本劳动力移民的证据提出争议，在萨森的观点中，低成本劳动力移民的因素十分关键。例如，萨梅尔斯（Samers，2002）对有关经济移民的流和属性的证据提出了疑问，认为低成本劳动力大规模移民一般过程的证据不足。在有移民出现的地方，对他们在城市经济中的地位也有不同的解释。例如，戈登（Gordon）和理查德森（Richardson，1999）提出，就洛杉矶而言，移民可能正在利用城市中的经济机会，而不是陷入到了两极化的劳动大军中。史密斯提出了与此相关的看法。他关注"跨国集团"的相互联系和不同城市移民之间的联系。对跨国联系的分析比起处于任何一个地方移民的位置更为重要。据说，劳动力的运动因城市而异，而且随时间而变。例如，拉思（Rath，2002）对 7 个世界城市的服装业进行了考察。在纽约，当服装业持续繁荣时，商务性质已经变化了。成衣制造商已经被迫向高端市场转移，而没有给新移民留下多少机会（2002，p.190）。

"世界城市"社会两极分化的论题也受到了一定程度的批判。两极分化的主题并非仅限于世界城市争论中，其他讨论中也有这个主题（如莫伦科夫和卡斯特，1991；费因斯坦等，1992）。这个比较广泛的争论常常涉及到"双重城市"的概念，人们把这种城市分成两个不相等的部分来看待，不同的人口居住在其中的不同部分。当然，大家一般都同意，这是一种简化的方式，尽管出现了收入的两极化，源于相同过程的现象使"双重城市"相互联系起来。两极分化比起"双重城市"的比喻要复杂得多。

社会分化引起的空间分化程度对于规划政策具有特殊的意义。虽然萨森接受了这样一种观点，"世界城市"总是富裕和贫穷集中之地，但是，她认为，自从 20 世纪 80 年代以来，"分化和空间不平衡已经达到了过去几十年所没有的程度"（1991，p.255）。她注意到住宅更新区和高档餐饮业面积的扩大，提出了城市高档化过程①。这些地区贴上了"城市明信片分区"的标签（萨森和罗斯特，p.162）。当然，有关高档化过程的文献相当多（例如，朱金，1982；哈姆内特，1991，2003；史密斯，1996；莱伊等，2010）。从价值低估地区获得收益的潜力，改变人们的生活方式和需要，到全球化带来的社会变化，这些文献提出了大量与这个过程相关的因素。人们一般认为，由城市高档化所产生的变化是城市规划的一个重大问题。从这个转变的极端情况看，这些转变导致封闭起来的大院的出现（布莱克里和斯莱德，1997），面临社会分隔的

---

　　① 城市高档化（Gentrification）用来描述这样一种现象，比较富裕的人们购买或租赁长期以来一直是低收入和工人阶级居住社区的住宅。一个处于高档化的城市社区，一般是老的城市核心区，通常经历当地居民的平均收入增加，而家庭规模减小这样一种伴生过程。——译者注

危险。对于比较老的欧洲城市、"新"世界和一些最近迅速发展的亚洲城市来讲，城市高档化的形式有所不同。正如霍尔所说，这些社会变化产生了"城市不平衡、城市和城市人口的社会公正等实际问题：由贫穷和怨恨所包围的富裕孤岛。这是城市战略思考需要提出的主要问题之一"（1998，p.964）。

卡斯特提出了他的看法，较高收入的人们以及他们居住的地方通常"联系"比较好（2002，p.551）。格雷厄姆（Graham，2000）找出了"独特的网络空间"，那里集中了通讯带来的收益，有别于城市中缺少全球联系密度的其他部分。格雷厄姆还提出，公共开支常常支持这些独特网络空间的私人投资。我们在伦敦市或巴黎的拉德芳斯办公区都能看到城市的这些享有特权的部分。正如以后我们会看到的那样，这些享有特权的城市空间和不享有特权的其余城市空间之间的对比差异在欠发达国家的巨型城市更为明显。库塔尔（Coutard，2002）提醒我们，当接近通信网络受到空间约束时，这种独特的网络空间也产生可以重新分配给整个城市或国家的税收，这样，一些世界城市可能具有优势，从理论上讲，有些收益是能够在更大地区里得到分享的。

另外一个批判提出，社会两极分化是一般经济和社会变化的后果，并非一定与那些吸引了总部功能的城市特殊属性相关。阿布卢格霍特（Abu-Lughod，1995）怀疑，"世界城市"的不平等是否真的大于那些城市原先就已经存在的不平等，是否真的大于那些非世界城市。哈姆内特（Hamnett，1994，1996）曾经提出，城市与城市的两极化过程可能有所差异，萨森泛化了北美所发生的情况。他从荷兰和英国的经验出发揭示出，税收和福利国家政策的变化能够影响到两极化的程度。一些国家的失业人口因素可能比起另外一些国家更为重要，受到国家政策支持的失业程度将会影响到两极化的程度。进入城市的新移民的总量也是变化的。再者，有一种倾向假定，在具有大量移民的美国，移民可能让美国从事低收入消费服务的人群更多一些。伦敦的实际情况并非如此，东京的实际情况也不完全与美国的一样。有些人认为，甚至纽约的情况也可能难用这种模式得到解释。洛根认为，城市里的两极分化有着悠久的历史："我的核心论点是，纽约社会不平等的关键特征不能够完全归结为这座城市面对世界经济时所出现的新功能（萨森术语中的全球城市），这就如同不能够完全归结为这座城市延续和扩大的那些城市功能一样"（2000，pp.159–160）。

有关城市两极分化的争论的确对世界城市假说的成分做了一定的保护和修正。在《全球城市》的最近一版中，萨森已经承认了以上人们所提出的有关社会两极化的观点。她接受这样一种观点，全球化只是造成城市两极分化倾向的一个因素，而非唯一的因素，全球化的影响"也将是因城而异的"（2001b，p.362）。她说，社会两极分化的程度并非世界城市的一个指标，在城市犯罪、城市衰落、城市贫困和城市的社会排斥方面，同样是因城而异的。当然，她也提出，城市在这些方面的差异并不证明有关世界城市地位的任何事情。她的看法是，全球化"对城市空间的影响是战略性的，而不是一个无所不能的事情"，即使只影响到城市的某些部分，世界城市还是有一个新的空间秩序。在我们看来，与这场争论所提出的因素和问题相比，这些争论的精确解答也许就不是很重要了。我们需要在制定城市政策时努力地去认识这些因素和问题，显然，城市中的两极分化是这些问题之一。表现为编制新的分区规划的"新空间秩序"面临深刻的挑战。

历史和趋同

当然，我们在认识"新"的空间性时，需要保持谨慎。每一个"世界城市"都表现出城市发展的"不可避免的延续性"（伯勒加德和海拉，2000）。许多城市进展已经延续了20年至30年，而这20年至30年都与当代全球化相关。伦敦、巴黎和纽约百年前就是重要的国际城市，建筑环境缓慢变更。这种对历史的延续性表明，城市在全球化的影响下可能保留它们的不同的特征。"世界城市假说"和萨森著作的价值是，在新的全球经济过程和城市本身的变化之间建立起稳固的联系。当然，一种批判认为，世界城市分析集中关注的是不同城市间的相似性，而没有足够关注不同城市间的差异。

有人认为，世界城市分析蕴含着决定论的成分。正如斯托波（Storper）提出的那样，"把城市看成一种对外界因素做出反应的机器，约束了我们对城市的解释能力"（1997，p.223）。就世界城市形成过程来讲，的确存在着内在的必然性。在这个意义上，我们赞同拒绝有关全球化的超级全球论立场。正如希尔（Hill）和金（Kim，2000）指出的那样，有关国家是否能够影响全球化的争论与国家是否能够对世界城市的发展实施控制的争论之间存在相似性。史密斯（1999）反对世界城市理论的统一性，强调"世界城市"并非一个一成不变的场所，而是一个历史性的建设过程，它不是受迫于经济规律，而是由创造者创造出来的。这些创造者可能是市民、社会团体或地方政府。

这些争论以及对于我们探索城市规划作用和范围极其重要的核心是，把新的经济因素与延续下来的长期存在的城市作用和城市管理方式协调起来。在对美国世界城市历史发展的回顾中，阿布卢格霍特提出，"有关世界城市的'新理论'迄今所做的研究和概括显示出，有关世界城市的'新理论'还停留在表面现象上，以致这种有关世界城市的'新理论'在解释特殊城市场所之间和这些场所内部变化上的价值有限"（阿布卢格霍特，1999，p.400）。也就是说，应该在世界城市长期具有的"举世无双的特征"中去寻找对其变化的解释，阿布卢格霍特采用历史角度去看城市的基础和发展。造成差异的因素包括独特的民间文化、与外部世界的联系和许多初始条件，如地理、扩张时刻、交通和技术的影响等。这种历史观所强调的是，她所研究的三个城市都延续着它们自己独有的特征和作用。这个看问题的方式让她能够对全球化对世界城市存在一般影响的观点提出挑战："我的贯彻始终的命题是，源于全球经济层面的一般力量只有通过地方政治体制才会发生作用，才能与延续下来的空间形式发生相互作用"（1999，p.417）。

　　我们主张在评估当代全球化的影响时需要考虑历史的因素，如政治的继承性和空间的延续性。政治学领域许多著作都在考察政治体制成长时刻和时序，考察政策选择受到这种政治体制约束的方式（例如，皮尔逊，2000）。传承和过去的决策都是不能忽略的因素。思考"历史的延续性"可能对理解城市所面临的选择具有根本性和重要的意义，阿布卢格霍特从历史比较研究中所得到的结论直接构成了对世界城市假说的挑战。她认为，世界城市假说对世界城市的概括是肤浅的（1999，p.417），例如，对与当代全球化产生的经济划分相关的两极分化的概括。全球化的特殊影响还是构成城市历史的地方因素导致了城市的问题？

　　但是，有些人认为，他们在当代全球化中找到了极其重要的东西，这些人让我们离开这样一种历史的角度。在一定意义上，我们返回到了我们有关全球化的早期争论。在对阿布卢格霍特的观点进行评论时，尼尔·布伦纳（Neil Brenner）强调了使用"全球"和"地方"概念的特殊方式。布伦纳提出，如果我们设定全球常数，我们就能够在历史的研究中强调"地方的"细节变化，这样，历史的因素当然是重要的。但是，按照布伦纳的观点，更重要的是"全球"和"地方"概念本身受到当代全球化的挑战。经济地理正在产生出具有争议的空间尺度，这样，当我们试图描绘城市发展、社会冲突和管理相互作用的新方式时，我们可以把世界城市理论看成一种方式。而且，全球和地方之间的关系是"相互构成的"，"在当前时期里，全球和地方之间的关系正处在根本变化中"（布伦纳，2001，p.11）。这个意见的实质是，我们应该把当代（即20世纪70年代以后）城市发展看成非常不同的事物，我们需要新的概念去说明当代城市发展。从这个观点出发，阿布卢格霍特历史观的问题是"历史上遗留下来的疆界和标志正在系统地得到重新安排"（布伦纳，2001，p.12）。布伦纳没有去寻找世界城市之间差异和变化的历史根源，而是认为全球化使得这种历史的角度成为多余，全球经济融合导致城市出现了某些非常不同的事情。索亚（Soja，2000）也提出了同样的看法。他认为全球化产生了独特的问题，产生了看待它们的新的方式。对于索亚来讲，城市政治的目标正在从增长管理向应对不公正的方向转变。洛杉矶城市化的现行阶段显示出经济和社会不公正以及环境破坏的政治问题。凯尔（Keil，1998b）提出，对于洛杉矶来讲，世界城市产生了一个政治表达的新场所。新政治以及经济与环境变化和政治表达之间的新关系都对城市规划的目标产生影响。按照萨森的观念，世界城市产生它们在功能方面的优势，这样，如果像洛杉矶这类城市成为产生全球化的地方，那么，回顾历史和文化的因素意义有限。实际上，城市分析的"洛杉矶学派"（蒂尔和弗卢斯提，2001）坚持认为，不适用于传统城市发展认识的那些城市，现在倒成了世界城市的"样板"，为具有较长历史的城市所效仿。

　　历史的角度是对世界城市趋同性命题的一个挑战。另外一个对世界城市趋同性命题提出挑战的观点与国家的作用相关。正如我们在下一章将要看到的那样，为了应对世界城市形成的影响，国家和地方政治的作用正在变化。这类讨论与日俱增。在"城市研究"（第 38 卷，第 13 集（2001c））中，弗里德曼和萨森围绕希尔和金（2000）的文章开展了一场有趣的争论，讨论世界城市方式的关键成分，希尔和金在他们的文章中，通过东京和首尔的案例，强调了国家的重要作用。显而易见，我们不可能忽略中央政府对亚太地区城市发展的作用，这个区域的城市发展都有中央政府层面的强大参与，这就涉及一些有关世界城市假说和国家作用之间关系的重要问题。弗里德曼（2001）和萨森（2001b）都认为，我们需要更多地关注国家在全国层面和地方层面的作用。但是，弗里德曼和萨森在有关国家作用意味着什么的问题上意见相左。有争议的一个重要因素涉及不同城市在多大程度上采取不同的路径。按照弗里德曼（2001）的意见，美国还将维持一段时间的全球领袖地位，这样，"世界城市范式断定了一个单一的世界城市全球层级体系，如果不否认它的复杂性"（p.2335）。希尔和金则从欧盟和亚太地区的情况出发，认为它们在发展自己世界城市途径上具有多样性，美国的主导性正在减少。萨森在《全球城市》第二版中也对"世界城市方式意味着一个不可避免的趋同性"这一观点提出了批判。她同意这样一种观点，世界各地多种多样的世界城市不可能与纽约模式相同。"它们的体制、政治、文化历史、建筑环境的延续性、国家对每个城市发挥的作用，都存在差异，都有它自己的灿烂的独特历史"（萨森，2001b，p.349）。按照萨森的看法，趋同并非意味着在体制、政治、文化历史、建筑环境、国家的作用等方面变得相似起来，而是在一个比较大城市里，一组特定功能的发展上及其这些功能直接或间接地产生的结果上显现出来的趋同。

这样，我们能够概括出许多不同的角度。一方面，我们从世界城市争论中采纳这样的观点，许多因素影响着城市的问题和选择，包括全球经济因素和历史文化的地方背景。另一方面，我们承认，当代全球化具有一种力量，它使我们考虑全球和地方尺度的传统方式发生动摇。后一种角度特别强调了当代的因素，强调现在而非过去。总而言之，这种时间上的不同可能并非像我们想象的那么重要。"世界城市"的经济观不可避免地强调导致相似性的那些因素，而"世界城市"的历史观点和文化观点当然强调差异。我们的认识是，"世界城市"概念充满争议，所以，世界城市分析需要对不同角度保持敏感。多种层面的解释能够有助于说明城市规划的作用。当然，我们在探索不同的因素以及这些因素对战略规划政策的相对优势和影响时，需要对每一个城市进行详细研究，我们在随后的章节里恰恰希望做到这一点。

正如我们在引言中所概括的那样，我们将围绕弗里德曼和其他人提出的三个全球区域来安排我们的分析，北美、欧洲和亚太等三个区域中包括了世界城市地位的主要竞争城市。这些区域都有自己的经济组织在推进它们区域的经济发展，如"欧盟"、"北美自由贸易协定"和"东南亚联盟+3论坛"。伦敦、纽约和东京都具有全球经济联系，也在它们相应区域经济组织中发挥着重要作用。当然，正如我们将要探讨的，还有其他一些城市在区域经济中具有重要作用，城市之间的竞争不可能看作是静止不变的。当然，我们接受这一章中大部分人在评判中提出的一个观点，"世界城市"概念具有不精确的属性。我们尤其赞同马尔库塞（Marcuse）和冯·肯彭（Van Kempen，2000）的观点，全球化程度不同地影响到了所有的城市。尽管本书主要集中讨论处于这个世界城市层级体系顶部的几个城市，但是，在第五章中，我们将探讨一些处在全球核心区域之外的城市，最近这些年里，因为与全球经济的联系，一些处在全球核心区域之外的城市已经发生了重大变化。这些城市有些在发展中国家，在这些城市中，追求世界城市战略所引起的社会和政治矛盾特别值得注意。当然，在我们研究这些城市内部矛盾的相互作用前，我们将在下一章里简要地讨论有关国家和政治在不同尺度上的干预作用，为我们研究所选的城市及其规划战略提供一个框架。

第四章

规划和管理：国家、城市区域和城市政治

在这一章里，我们旨在把"世界城市"的规划置于有关管理和政治背景范围变化的争议之中。我们在第二章里考察了国际管理的变化，考虑到了国际管理组织对城市规划的一些影响。现在，我们进一步考察有关国家背景的变化、国家内部管理尺度的变化和城市政策背后的推动因素等方面的争论。我们将在这一章的最后一部分里，对世界城市所面临的关键规划挑战做一个综述。

国家背景

从历史的角度看，国家从来都对城市规划决策有着重大影响，即使在联邦制度下，也是这样。因此，国家背景对于认识城市规划是十分重要的。国家功能的任何变化都有可能改变这种影响。当有些国家，尤其是欧洲的国家，正在向着一种国际区域的方向发展时，这些国家也在向下发展与亚国家政治实体的新关系。国家把一定的功能转移到全球区域的层面，同时，它也把其他一些责任下放到了较低的层面上。由此而产生的国家本身的作用也改变了。当然，这种变化并非一定就减少了国家的重要性，国家可能发挥新的功能或调整它发挥其他功能的方式，例如，国家可能在制定规则或监控方面发挥更大作用。我们所看到的是，国家的重要性不仅没有减少，实际上，许多国家的国家层面的政府在管理大型城市设施方面和有关城市的国家政策方面正发挥着更为积极的作用。对于这些不同的倾向，分析的关键因素是，空间尺度之间变化的关系，特别是这些变更对权力分配的影响。

围绕国家作用的争议有两个相互联系的方向。一个方向关注发生在国家运行方式上的变化，另一个方向是关注国家应该如何应对全球化的过程，这是一个规范性的问题。前者探索的是第二

章讨论的全球化过程以及全球化过程如何转变着国家的作用。后者询问的是有关国家自主程度的问题，国家是否能够与全球经济倾向相对抗，或简单地被迫做出反应，在什么范围内，国家必须对全球气候变化做出反应。换句话说，在正在发生的全球变化中，国家是一个主动的出击者还是一个被动的伙伴？例如，费因斯坦（Fainstein）提出，国家政策介入国际因素的影响，国家的各级政府能够"保护它的公民免遭最坏的影响"（2001，p.295）。吉登斯（Giddens）采取了一种积极的立场，提出自由国家能够有效地应对环境挑战。

对于那些与"福利制度"相关的国家而言，国家对经济和社会问题的干预程度变化多端。人们已经使用福利国家的不同形式来解释国家政策上的不同反应。赫顿（Hutton，1995）提出了四种"模式"，这四种模式的基础是不同的资本主义文化，即支撑社会组织的不同价值和组织资本主义的方式，特别是工业、金融和国家之间的关系。这四种模式是，美国模式、社会市场模式、亚洲模式和英国模式。人们在涉及福利国家时引用最多的文献是埃斯平·安德森（Esping-Anderson）的著作（1990,1996）。埃斯平·安德森讨论了保守的、自由的和社会民主的等三种福利资本主义。他的著作揭示，当我们比较详细地去探索这些模式时，我们能够发现它们不可忽略的复杂性。在欧洲，他区别了对社会市场来说斯堪的纳维亚方式和德国方式的不同。有关欧洲的另外一个争议涉及欧盟的影响，是否欧盟正在重新调整国家走向或反对某种形式的社会市场方式。还有一个问题，后共产主义国家正在步西欧国家的后尘还是正在发展一种新形式的制度，有些人称之为"新后共产主义保守的社团主义"（迪肯等，1992，p.181）。这里，欧盟的作用是一个重要因素。在这些有关世界不同社会制度的讨论中，对亚洲模式的处理可能相当简单，或者涉及孔子的概念，或者把日本的经验抽象出来。霍利迪（Holliday，2000）对此做了比较深入的研究，揭示出亚太区域有着相当大的多样性，以致我们很难找到一个能够囊括亚太区域的东亚模式。霍利迪在埃斯平·安德森的三种福利资本主义之上再增加了第四种福利资本主义，称之为"生产主义的"福利资本主义，一种"致力于发展的国家"[①]，国家所有方面的政策都是增长导向的，都与经济和工业目标协调起来。在对日本、新加坡、韩国和中国的香港及台湾进行研究后，霍利迪得到这样的结论，这些国家和地区都能被囊括在第四种福利资本主义中，当然，它们之间还存在某些差异。另外一些学者（如洛根和费因斯坦，2008；利夫，2005）怀疑这种"致力于发展的国家"说能够解释中国的情况。

德雷泽克（Dryzek）等（2002）提出了另外一种国家分类角度，即国家在多大程度上关注环境问题。德雷泽克研究了自由资本主义国家和福利资本主义国家的历史，认为自由资本主义国家和福利资本主义国家都是通过社会运动的整合而建立起来的。资产阶级首先反对封建的贵族集团，然后反对组织起来的工人阶级。德雷泽克探索了建立绿色国家的第三次发展，这一次发展整合了环境主义的社会运动。在对美国、英国、挪威和德国的研究中，德雷泽克得出这样的结论，这些国家在它们如何满足绿色国家模式上呈现出多样性，在这条道路上，德国走得最远。这种"绿色国家说"假定，国家方式的变化源于国家内部的压力，而不是源于一般的国际压力。当然，德雷泽克归纳了不同的"福利制度"或"绿色国家"，因此证明它们之间存在着很大的差异。这些问题需要通过经验分析来加以验证，后边的章节将对此做些工作。

我们预期了国家和全球因素之间关系的变化。我们也应该预期正在变化中的"国家空间"的复杂关系。布伦纳的著作（2000，2001，2004）集中关注为了实现和维持在全球竞争中的竞争性而产生的地域性的转变。他讨论了"地理尺度相互交叉的多层级重新地域化"（布伦纳，2000，p.370）。新的战略选择、冲突和矛盾

---

① "致力于发展的国家"是国际政治经济学家用来描述20世纪后期出现在东亚地区"国家引导宏观经济规划"现象的术语。在"致力于发展的国家"模式下，国家具有更为独立的政治权利，更能够控制整个经济，具有通过法规和规划实施强大国家干预的能力。——译者注

产生了体制上的挑战。这就意味着，国家作为政策和政治中心的作用出现了问题。尤其是当城市需要有效的管理，以便让它们能够在全球竞争中获得成功时，国家层面、区域层面和地方层面需要重新把关注点集中到城市这个空间层面上来。不同政治层面的反应如何影响着政策效率。在"世界城市"中，我们能够觉察到内部层面合作的压力。按照布伦纳的看法，"世界城市是高密度组织起来的各种力量，跨国资本的、地域的国家和地方的社会关系的汇集场所，世界城市是若干地理场所，在这个若干地理场所构成的世界城市中，尺度政治的社会政治利益关系方面，无论在地理意义上，还是在经济地理意义上，都是特别重要的"（布伦纳，1999）。

把城市看作各种强大力量交织点的看法使得一些人预见到国家衰退和贸易城市增加影响力的未来（弗里德曼，1997），甚至自治的"城市国家"（皮尔斯等，1994）。伦敦的市长讨论过伦敦作为一个城市国家的观点：

> 我赞成一个独立的国家。我们将会有欧洲的夏季时间，人们能够在萨里①跨过边界，调整他们的时间和交换他们的货币。我关注过新加坡，它就是一个运行有效的独立国家。（利文斯通，卫报，2008）

"城市国家"为了应对全球竞争而制定出来的"积极的"地方经济政策可能会比起这个国家其他城市和区域运行得要好。这种"城市国家""积极的"地方经济政策可能不只是属于这个城市，可能也是这个国家政府的政策，国家认可这种创造强有力的富有竞争性城市的观念。例如，马来西亚政府已经开始推进"吉隆坡多媒体超级走廊"，这个走廊从吉隆坡机场到双子塔和市区，绵延

---

① 萨里（Surry）是与大伦敦相邻的一个郡，地处英格兰的东南部。泰晤士河流经萨里后，从东北方向流向大伦敦。——译者注

38公里，这个累积起来的和开发出来的跨国分区（罗伊，2009，p.827）表明了以这个首都为中心的东南亚区域的国家愿望。

当城市或城市区域层面的管理看上去很重要时，我们就说其他层面的管理不再重要了，现在提出这种观点可能还为时尚早。杰索普认为，在应对新政策的挑战时，没有哪一种层面的政府就一定是最好的，在许多情况下，人们把全球化的影响描绘得过于抽象，概括出了一种无需考察不同层面之间相互联系的方式（杰索普，2000，p.324）。国家与城市发展是相关的，但是，当政策问题跨越边界和尺度时，可以探讨国家在管理城市方面的作用。国家经济政策有时可能有利于某些特定的区域或城市，"世界城市"有时提出，它们把经济增长所得部分奉献给国家层面太多了，从而减少了它们的竞争性。这样，有关国家利益和城市利益之间协调的问题就出现了（参见泰勒对伦敦情况的研究，1997；戈登等，2003）。

国家在作用和在落脚点上的变化，以及通过默认的国家功能和吸纳与影响全球过程的作为一个积极代理机构的国家概念，对超级全球论的"趋同"方式构成了挑战，也对围绕世界的无国界流的观念提出了疑问。国家给在它边界内的"世界城市"的城市规划决策和管理提供了一个关键背景，这样，国家层面依然需要严密地加以考察。在鼓励城市发挥其竞争潜力方面，国家可能具有新的作用。各国在国家管理事务上存在很大的不同，这就如同美国在联邦层面上对城市的管理十分弱小，而中国则由国家规划控制着城市发展。在欧洲区域，延续了三个世纪以上的国家传统依然给城市规划师提供了不同的背景（纽曼和索恩利，1996）。在以后的章节里，我们将看到，就国家诸层面间的关系而言，世界范围内存在着不同的传统。由全球化引起的任何变化都不是空中楼阁，它们一定是建立在那些过去的传统之上的。

我们会发现，国家与国家间有着重大差异。我们也会看到国家层面、亚国家层面以及为了应对全球化而出现的新的机构之间的新关系。对区域层面，无论是城市区域或特大城市区域，新的关注也许体现出了一种"全球"倾向。

世界城市区域？

对于斯科特来讲，"新区域论对立于世界是一个无边界的流的空间的观念"（2001a，p.1）。他提出，全球区域节点提供了全球化的引擎，但是，在这些节点上，就应对全球化的影响和形成新的标志和反应而言，地方特征和发展机制都在变化中。这样，要求我们接受的全球化空间并非一个形成网络的不大的核心，而是一个比较大的相互作用的"世界城市区域"。这些空间在全球经济中有了新的功能，为领跑公司提供"地域平台"。这些"世界城市区域"将面临独特的挑战，两极分化、移民以及令人忧虑的社会问题（斯科特，2008）。这些"世界城市区域"也给新的政治机构在新的层面上实施管理提供了可能。当然，一般来讲，我们还没有很好地界定这类"世界城市区域"层面上的管理。乔纳斯（Jonas）和沃德（Ward，2007）提出，我们需要严密地考察政治、社会和经济因素。坎特（Kantor）认为（2006），政治领导可能还没有看到区域合作明显的经济或政治收益，可能还缺少城市区域层面上看得见的和正式的管理机制，那里的地方管理机制可能并不差，区域利益通过非正式的渠道得到表达，关键决策也是通过非正式的渠道做出的。我们不是去找出区域城市管理在功能上的必要性，我们可能需要关注的是地方特殊性，关注那些在这个层面上或多或少运行有效的复杂的政治和管理体制。乔纳斯和沃德（2007，p.170）提出，我们需要更多地关注这些"新地域形式"如何在政治上建立起来。有关城市区域空间与全球经济之间联系的观念也同样提出了国家的中间角色的问题。"世界城市区域"概念提出了另外一种功能空间，但是，也留下了与世界城市观念相关的许多悬而未决的争议。

当然，这些悬而未决的问题可能是分析层面的问题，城市区域管理这个提法已经取得了规范性的意义。例如，经合组织（2006）

提出，国家政府应该在"都市区"的层面上建立起适当的机构，这个层面上的"战略远景"对城市维持其在世界舞台上的竞争性是必要的。中国的中央政府最近已经采纳了这个观点。然而，正如我们将在以后的章节中看到的那样，有关城市区域或特大城市区域的适当管理还有很多不可忽略的争议。这类问题在纽约、伦敦和东京还有待解决。在我们看来，有意义的问题是，这类较大区域的问题在什么程度上会影响到世界城市的规划，现存的规划管理如何相应地控制"城市核心区"、"世界城市区域"或"特大城市区域"，"世界城市"在多大程度上适应了相应的政策要求。

现在，我们需要从区域和国家层面问题转移到城市，全球化和各个层面上的政治一起交织在城市里。具有经济力量和社会力量的地方机构和国家机构通过相互作用，将区分开对世界城市的规划反应。处于城市政治学核心的是，有关政府作用和重要性以及经济利益表达的争议。我们在下一节里转到这个争议上来，特别是那些可以比较的问题上。

城市政治和管理

城市、国家和国际组织一起管理着城市所面临的压力。这些压力如何转变成为政治问题，这些压力如何在世界城市的"较力场"中相互作用？在经济全球化和环境挑战充满变数的大气候下，城市、国家和国际组织有可能凝聚起来做出反应吗？管理机构的反应如何组织起来？这些年以来出现的城市政治比较研究已经提出了许多影响因素。不同的城市政治模式对政府层面和国家管理方式采取了不同的角度，进而对行动者之间的联系、它们的价值、相互作用的规则、利益表达的类型、行动者的资源和相互作用的延续性等做出了不同的结论（道丁，2001）。萨维奇和坎特（2002）对北美和欧洲城市进行了比较研究，他们的研究集中在两组因素上，一组涉及政府之间的关系（尺度层面），一组涉及影响地方政治文化的规范和价值。地方管理"传统"（刘易斯和奈曼，2009）

或国家政治价值可能具有比较大的影响，或者社会运动可能明显地利用城市来形成跨国联系（迪赫特，2009）。不同的模式对不同的变量给予不同的权重，但是，从整体上讲，无论大家关注哪些特殊的方面，都有一个广泛一致的因素集，它们对当代城市比较政治研究都是重要的。我们需要认识到不同政府机构间的差异，不同利益的表达方式，关键行动方面如何能够联合起来。共同认识到的变量有政治文化、需求表达、行动者对影响城市各种因素作出综合反应的能力。

　　考虑到对大城市城市政策产生的影响，在最近几年城市间的竞争中，出现了一个重要论题。人们发现，在城市寻求掌握全球市场时，经济全球化或日益增长的贸易和资本的国际化提高了城市间的竞争程度。人们从多个不同方向上提出了这个论题。正如我们在前一章中所看到的那样，世界城市假说产生了大量文献，这些文献列举了城市在世界城市层级体系中的位置，城市通过建立优先发展目标来维持或改善其在世界城市层级体系中的位置。大城市都在竞争获得想象中的全球经济指导和控制功能。城市管理者编制和极力关注着多种不同种类成功城市的排名榜。围绕采取行动建设起竞争优势的观点，迈克·波特（Michael Porter）的著作（1990）极大地影响了公共政策目标的制定。自20世纪80年代以来，发达国家的城市在城市推广上做了大量投资，许多其他城市也参与进来，通过举办国际事件来宣传造势，或者复制在其他地方获得成功的品牌机制，如我们在下一章会看到的孟买案例。国际城市网络（如"大都市"）日益增加的成员足以证明它们共同关心城市形象和城市品牌。城市推广战略倾向于强调城市做商务或旅游的吸引人的地方；当然，人们也越来越认识到，城市的成功还需要维持社会和谐以及保持环境的可持续性。

　　竞争的大气候提供了城市决策的环境。因此，我们需要探索城市的行动者们，无论它们是国际的、国家的、区域的还是地方的，如何解释这类竞争，这种解释怎样能够引导特定形式的城市管理。当人们常常把全球化看成给城市层面的行动带来更大自主性时，当国家的责任和权力正处在改革中时，强调城市层面的竞争性成为了一个当代标识。最近这些年以来，有关城市政策的主导性争议一直集中在精英的作用上，特别是当这些精英领导着促进增长的联盟或"增长机器"时，更是如此（莫洛奇，1976；洛根和莫洛奇，1987）。人们看到的这些联盟都是由企业领导的。政治精英参加到这种联盟中，因为经济繁荣和可以看得见的结果有助于获得选民，这样，当代城市管理研究的中心是，公共部门和私人部门之间的关系问题，公共权力和私人影响之间的关系问题。国家背景和地方政治文化明显地决定着这些关系如何发展。这些关系随时间而变化。例如，坎特（2002b）概括了纽约政治中公共部门的不同角色，从没有多大野心去控制私人开发利益的"经纪人"，到因企业落后于公共政策而成为"组织者"。这种关系在世界城市里的表达有着不同的方式，其基础是历史、传统和政治文化。在美国，企业领导城市发展已经有很长时间了。在欧洲，20世纪大部分时间里，一直有着比较强势的国家传统，过去20年，国家继续发挥其支配性作用的同时，商界重新让自己出头。在亚洲太平洋地区，"致力于发展的国家"这一传统一直在国家层面上关注公私关系。

这种对国家和地方、公共部门和私人部门的精英以及它们之间关系的理论关注不应该遮掩了城市政策的其他方面，例如社会草根群体或政治上的反对派。过去20年中，有关城市体制的理论（奥尔和约翰逊，2008）试图覆盖更宽泛的城市事务，尽管城市存在多种利益影响下的联盟或不同形式的制度，有关城市体制的理论努力探索城市怎样能够面对不同的机构和利益以及不同的经济和社会压力而制定出统筹协调的战略来。斯通（Stone，2002）在对城市体制方式进行评论时区别了两种方式：把城市体制看成"一种虚设变量（使用"是"或"否"的测试方式）或一种有序变量（按照从"强"到"弱"的方式排列）"。我们选择采用排序方式，相信识别"弱"体制的研究也是有价值的。我们相信这个理论提供了一个有效的比较模式。我们能够比较不同地方的发展以及它们不同的文化、社会和政治特征，深层面的研究城市权力关系，政治机构和市场机构之间的联系。无论是否能够找到一种与这个美国研究相匹配的体制，这种研究本身就是有价值的。这些政府机构和层面的相对作用能够在不同的国家背景和不同的时期产生多种安排。不同区域之间在背景因素和行动者的资源方面会是不同的，例如，有些城市，国家和地方公共部门能够提供服务，从而让市民某种程度上避免经济变化的伤害。这种差异可能在经验研究中揭示出来。然而，有些涉及体制观念的基本问题一般是能够认识到的，如合作、网络和相互依赖。正如我们将在以后章节里看到的那样，已经有研究者使用过这种方式来研究三个全球核心区域。

我们之所以对城市体制方式感兴趣，是因为城市体制方式强调了形成城市战略目标的过程，斯通将城市战略目标称为城市政策的整体"目的"。所以，城市体制概念的核心是目标建立的过程，而不是特定的政策或项目。"城市战略涉及面宽泛，具有设立方向的特征，这样，城市体制有别于其他地方政策网络形式"（斯通，2002，p.4）。从目前已经讨论的内容中，我们可以认识到，不同层面的政府将会参与到形成城市战略目标的过程中来，全球的和地方的各种利益都将在扩大影响上展开竞争。城市体制方式还有效地集中到了联盟上。按照斯通的看法，"能够控制局面的联盟"并不意味着把城市管理的所有方面都整合到一起，"能够控制局面的联盟"只是让行动者之间的联盟把它们的关注重心集中到"需要最优先考虑的问题"上来（2002，p.2）。城市面对着来自各种利益集团的宏观压力，这些压力对于政府或个别行动者而言都太大了，难以单独应对，所以，城市政府只有说服联盟中的各路行动者一起形成一个目标，进而应对重大的结构性问题。这种城市体制角度很适合于认识世界城市管理的任务。

这种城市体制方式提出了若干明确的问题。是否存在一个可以辨认出来的体制？这种行动的能力是加强了还是削弱了？"能够控制局面的联盟"具有何种目的，什么因素能够让控制局面的联盟得以成功？如何让反对意见得以表达？虽然一个能够控制局面的联盟的特征之一是它能够长期维系其权利，但是，要做到这一点，这个联盟需要适应和不断调整它的行动，以满足总目标。时间上的考虑是重要的，在城市战略覆盖的 30 年期间，我们可能会看到关系变更、体制兴衰、政治上的价值取向发生变化、出现新的利益集团和机构。

我们之所以对城市体制方式感兴趣的另外一个理由是，这种方式提供了一个非常不同于世界城市文献中一般理论的新角度，从而产生了进行卓有成效的综合的可能性。正如我们已经提出的那样，如果全球化并非一个决定因素，那么，这种体制方式把重心放到了城市尺度的因素上，把不同城市所面临的压力在城市尺度上转换成为了行动。有关重新调整尺度的争论倾向于假定和期待，适当的机构会出现以管理尺度调整后的经济，与此相反，体制方式的特殊关注点是，怎样对大问题作出实际的反应。正如斯通提出的，并非说国家的和国际的层面不重要，而是说地方是“整个变化发生的一个关键交织点”（2002，p.15）。对于斯通来讲，“下一代”体制理论将在城市的变化中的社会和经济生活、变化中的国家作用和新意识形态下解决复杂性问题。

体制理论的中心是有关“掌控能力”的观点。在有关好城市管理的规范提法中，这个观点得到了反响。国际组织和一些国家政府（特别是在欧洲）推进管理的“公私合作”、“网络”和“参与”等形式（如经合组织，2006；世界银行，2009）。人们已经把行动者之间的合作、公私管理机构和“多层”联合办公看成应该选择的城市管理模式。行动者之间的合作可能是政治学上的选择，究竟在多大程度上适合于现实情况，还有待进一步研究。适合于一些城市的管理模式不一定适合于其他城市。应对“不可避免的”全球竞争可能是棘手的。领跑城市深入人心和延续下来的形象依然会让比较小的城市在竞争中出局。迅速城市化的大都市区可能在增长所需的基础设施方面面临困境。当成功的经济发展战略需要采取行动时，这些城市可能难以找到资源：建立新的机构，雇用专家和（常常）忽视民主（参见皮埃尔，2000）。城市体制也有可能不一定把自己的重心放在经济发展上（或者说，在管理城市时，把重心放在经济发展上就一定很好）。

在城市战略和规划中如何表达优先考虑的目标将反映在能够控制局面的联盟中各种行动者的独特的相互作用。这些行动者代表着不同的利益和价值，它们具有不同的资源和整合程度。斯通认为，把目的和机构结合起来是一个艰难的过程。行动者必须对资源和信任做出承诺，对"远景"具有某种信念。体制方式并非优良管理的通用处方，而是关于优先考虑的目标，设定方向和具有资源的行动者形成能够控制局面的联盟。谁参与到"世界城市"的战略规划中来，它们调动什么资源，政治文化如何控制政策方向，我们提出这类问题的实际起点就在体制方式上。

除开拷问"远景"的战略，我们需要关注市民权和来自民间的可能的政治诉求。在新的全球时代，城市市民在城市政策讨论中还有作用吗？长期以来，城市政治研究已经告诉我们，有些利益集团可能具有优势。正如我们已经讨论过的那样，城市政治的中心是商界和城市政府之间的关系。但是，在"世界城市"，商界果真具有特别强有力的话语权吗？正如斯克莱尔（Sklair，2001）提出的那样，如果大公司具有自己的福利项目和环境项目，运作起来像个"迷你州"，它对城市公共政策的具有何种影响呢？史密斯（2001）提出，除开跨国精英的利益之外，族群、种族和性别斗争也是"世界城市"的政治因素。教会、工会和环境组织也有可能卷入到这种政治中来，凯尔（2009）提出，以阶级为基础的城市政治传统模式可能不再与"世界城市"的政治相关。

有关市民权的讨论提出了产生一种新城市政治的可能性，例如，德兰提（Delanty）建议，"未来城市一个关键方向可能是创造出话语空间，在这个空间里，公众可以表达比专家和资本家所能表达的更为宽泛的意见"（2000b，p.89）。弗里德曼（2002a）概括了一种世界城市中跨国移民的融合方式，既包括教育和创造工作，也包括地方政府的"重建"和鼓励民族之间的对话。萨梅尔斯（2002，p.399）也提出，移民流可能导致来自民间的跨国政治动员，影响到"世界城市"的政治。在一些城市，规划师可能需要新的训练以处理新的问题和新的政治。在有关领导权和市民权的讨论中，由规划专家占用的空间是有问题的。对于弗里德曼来讲，"好的管理"要求一个强大的民间社会，一组测试包括问责性、包容性和具有创新精神的政治领导（2000）。弗里德曼相信，这些命题的基础是"在很大程度上，城市是公共政策的产物"（弗里德曼，1997）。然而，费因斯坦（2000）对市民参与和公共政策必然具有代表性或市民参与和公共政策能够改变经济和社会结构表示怀疑。社会权利和推崇市场的体制对市民就像对民主进程一样重要，这种民主进程包含着内在的矛盾。我们将会看到，这种争论与我们亚洲城市联系特别紧。

在形体分割上，在大院式的社区，在分离主义者的郊区或"复仇者"的公共政策上，都可能反映出"世界城市"中其他政治力量的存在（史密斯，1996）。事实上，有些人已经预测到，当（日益增加的国际的）精英不再感到有义务支持社会政策时，会出现一种态度上的根本变化（拉斯奇，1995）。与国家的规则相对的国际规则的增加可能让"全球资本的管理者"逃避"地方责任"（赫尔斯通和阿帕杜莱，1998，p.13）。斯温格东（Swyngedouw）和巴腾（Baeten，2001）提出，在布鲁塞尔，新的"全球"精英常常拒绝参与地方机构和政治。把城市经济与全球因素结合起来的需要和把城市中各种零散的利益协调起来的需要，一起构成了城市规划所面临的压力。有些城市可能由国际精英支配着。而在另外一些城市，市民运动可能具有强大的声音。提出新的问题可能需要新的过程。正如凯尔（2009）所说，当全球化新自由主义模式面临失败时，我们需要重新思考城市政治和城市政治的始作俑者。反对派的政治，无论是否与跨国网络具有联系，都有可能对公私共识和"后政治"（斯温格东，2009）管理提出挑战，在一些城市，这种公私共识和"后政治"管理使城市战略规划法律化了。

"世界城市"可能反映不同国家和区域的背景，但是，它们在根本方式上是不同于那些国家里的其他城市的。影响规划的地方因素是什么？城市政府、政党政治和地方或"跨国"利益对城市规划的世界城市风格的贡献上有多么大的不同？在这一节里，我们已经说过，尽管存在全球压力，存在有关趋同的各种命题，然而，国家、区域和城市差异依然是重要的。

世界城市的关键规划问题

在最后这一节里，我们把有关政治和管理背景讨论中出现的问题归纳起来思考"世界城市"规划的涵义。"联合国 2009 年人居项目"的看法是，"世界许多地方的规划制度还不足以解决 21 世纪城市所面临的主要挑战，我们需要重新审视它们"（联合国人居署，2009，p.82）。一般来讲，规划需要成为国家优先考虑的事务，在私人部门面临危机时，规划师需要在发展中担当起领导责任。

有些国家在发展政策上给予城市很大的优惠（洛根和费因斯坦，2008），有些政策积极地推动了这些国家领跑城市的增长和照顾了它们在世界城市竞争中的利益。正如以上所说，有关国家的体制改革和城市政策性质变化的争议显而易见地提供了制定城市战略规划的背景。世界城市政治强有力地影响着作为优化土地使用选择的城市规划。弗里德曼（1997）强调，土地使用选择是可能的，公共政策和规划在创造世界城市未来上，都具有重要作用。他相信，规划不应该仅仅反映经济因素，还应该尊重生活在城市里的人的需要：

> 必须保证城市居民在新经济秩序中得到发展的方式。在开发中，必须保护他们的生活空间，因为开发可能让少数人获利；必须在适当考虑到每一个人的情况下提供公共服务，而不考虑他们是否有能力偿付这些公共服务；必须保护和改善从城市核心到城市边缘的环境。这些都是极端困难的挑战，但是，实现它们并非不可能。（弗里德曼，1997.p.11）

第三章讨论的世界城市假说强调了针对城市战略规划的两个

特殊挑战，如何提供世界城市功能所需要的场地，同时减少社会两极化的可能性。全球化建立了一种应对这些挑战的意识形态背景。但是，我们知道，这些背景并非固有的，而是被"注入"到国家和城市政策中来的。在地方、城市和区域层面的反应将依赖于能够控制局面的联盟的构成和目标。我们对城市体制争议的讨论得到了这样一个结论，这种反应或大或小，因地因时而异地影响着全球化的过程。

最近这些年来，人们已经看到了建筑环境职业本身的全球化。例如，奥茨（Olds, 2001）详细列举了太平洋沿岸地区大型项目背后的建筑师、规划师和其他相关专业人士名单。尽管这种全球因素仅限于特定城市的选择，但是，旗鼓相当的竞争性城市为了推广城市会主动地寻求同样的项目，产生类似的影响。我们需要研究，城市之间多么明显的趋同性是不可避免的，或者说，那些趋同性是地方选择的结果。我们已经看到，许多市长主动地访问它们的对手城市，考察其他城市产生出来的可能解决办法。另一方面，正如我们在这一章中所提出的那样，任何趋同都将由规划制度发展中的历史和理论差异所构造。

国际协定和欧洲非常严格的国际政策执行义务，鼓励城市在应对气候变化上采取统一的措施。所有区域的城市都可以找到中央政府设定的环境目标，它们描述了减少二氧化碳排放和相关的政策。新的环境目标可能把地方规划政策比较紧密地联系在一起。通过改变城市政策的分类方式，推进一个比较有力的环境远景目标，这样，我们可能发现城市正在以不同的速度向不同的环境目标发展。有些"世界城市"的市长要求外界把他们看成应对气候变化的旗手。推广环境保护能够成为城市整体竞争形象的一个重要部分。对于规划师来讲，将寻求新的立法，也许包括洛夫林（Lovering）的"低碳密集型就业减贫增长"的目标（p.5）。生活质量已经成为创新型城市进行城市推广时的重要因素，我们可能发现围绕城市"软"和"绿色"基础设施方式综合而成的城市规划。

决策精英对中心城市所施加的压力表现为一些特定的规划问

题，但是，在城市区域尺度上的规划需要对不同于这些特定规划问题的其他问题做出决策。有关城市区域的争论提出了公众和私人反应的新尺度，例如，如何利用区域经济的相互作用，如何管理基础设施投资，如何协调社会和环境问题。这将要求对国家、区域、州（省）和城市尺度的相对重要性进行研究。国家规划制度对世界城市区域的影响有多大？如英国这样有着高度集中政府体制的小国家给伦敦提供的背景与美国提供给纽约的背景是不同的。在随后章节中，这些差别会逐渐明朗起来。

在城市层面，经济和社会变化影响着民间社会和民间的政治诉求。城市日益依赖于与全球经济的相互作用，但是，城市为了生存，还必须同时与它们的地方社会以及它们自身的利益集团建立起一种稳定的关系。"新自由主义的政策关注的是城市核心区，鼓励高档化和大型项目"（霍克伍兹，2007）。对这种城市政策会有各种反应。我们可能期待对公共政策做些实验，在规划师和其他人努力为当代问题寻找可行的解决方案时，我们可能期待增加国家层面和国际层面的学习。城市层面是重要的。当然，当我们在不同层面上找到新的体制解决办法时，国家还会保留其影响。全球因素以不同方式影响着不同的城市，所以，我们期待管理机构以能够反映不同区域、国家和地方背景的有特色的方式实施变革。有些城市已经越来越成为国际网络中的积极活动者，既从成功城市那里寻找经验教训，也与其他城市分享自己的经验教训（茹夫，2007）。拿巴黎做个案例，茹夫（Joure）提出，21世纪以来，国际性已经逐步成为改变城市政策的社会基础。新的城市网络可能对每个世界城市规划的优先选项产生影响。

随着判断成功与否标准的变化，城市规划师的愿望也在变化。在全球化世界新的运作模式中，规划用来干预市场的方式也是因城而异。这种干预的形式可能是建立在法律条款基础上的控制机制，或者建立在政治合法性或金融资源基础上的某种影响。正如我们在引言中提到的那样，我们的关注点集中在战略政策上，这类战略政策是用来支持这种干预的，它的强度可能变化。政策，以政策方式表达的优先选项，都是在一种政治背景下制定出来的。所以，有关这类政治背景性质变化的争议对我们的讨论十分关键。城市规划处于市场和政治变化的界面上。城市规划是一个影响市场的载体，从政治上获得其合法性。这种合法性已经受到全球萧条的冲击，也受到诸种批判的挑战，这些批判认为，让规划拿公共资源使私人受益的模式是一种不可承受的模式（洛夫林，2009）。

　　到现在为止，我们已经概括了有关"世界城市"对全球化反应的诸种论点，突出了理论问题。本书剩下部分将以案例研究的方式，详细探讨案例城市如何作出选择，如何处理政策矛盾。

第五章

全球核心区域外正在全球化的城市

我们将利用剩下这些章节探讨处于三个全球核心区域中的"世界城市"的发展。当然，我们在第三章中已经看到，"世界城市"的定义是不精确的。虽然大部分候选"世界城市"都能在这三个全球核心区域里找到，但是，世界上还有许多城市正在迅速发展以应对全球化的影响。在过去10年里，这些城市跃然出现在世界的舞台上，我们将在这一章里探讨这类城市的样本。这些城市已经与世界经济建立起了某种程度的联系。尽管这些城市全球活动的有限总量并非意味着它们会在"世界城市"层级体系上处于非常高的位置，然而，它们已经在它们所在区域里产生了影响。我们希望探索的关键问题之一是，这些城市在它们的战略政策上已经采用了对城市规划具有影响的"世界城市"术语和意义。这样，本章就有了若干个目标。我们将进一步探索第三章所提出的批判，世界城市假说支配了城市探索，世界城市假说对于"一般城市"不一定是最适当的方式（阿明和格兰汉姆，1997）。我们将考察若干处于三大核心区域之外的城市，考察这些城市在它们的战略规划上是否具有重大差异。我们将会发现，在这些城市，政治方向特别强大——有人说这是明显的事实——这种状况为探索经济全球化、政治和规划之间的相互作用提供了一个很好的切入点，实际上，我们将在本书的剩下部分里致力于探讨经济全球化、政治和规划之间的相互作用。我们选择了4个城市来探讨，显而易见，这样小的样本不可能覆盖"世界城市"的所有方面和可能。但是，我们希望对这些城市的探索能够提出一些问题。与中国城市一道，迪拜已经在世界舞台上脱颖而出，成为过去10年中最神奇的城市增长案例之一（我们还要粗略地考察迪拜的邻居阿布扎比）。迪拜增长的一个关键方面是找到和追逐特定全球目标的政治愿望；如成为世界娱乐、购物和休闲娱乐的领跑城市。就全球经济联系而言，澳大利亚和新西兰的城市具有特殊位置。它们地处三个区域贸易板块之外，并不受益于区域贸易板块，它们必须竭尽全力地追逐它们在全球层面的作用。澳大利亚的历史意味着它的主要城市具有城市独立的长期传统，在吸引力和投资方面还有长期存在的竞争传统。我们把悉尼作为考察实现世界城市战略的一个样本。约翰内斯堡和孟买是这一章的最后两个案例，它们地处世界比较贫穷的区域，非洲和印度。它们成为它们所在大陆上的世界城市发展的领跑城市。它们揭示了世界最穷城市发展全球经济联系的意义。在我们开始讨论我们的 4 个案例城市之前，我们将稍微讨论一下这样一个问题，"世界城市"在什么程度上能够在"南营"世界发展起来？

"一般城市"或确有南营的"世界城市"？

当我们超出西方主要城市看世界，第三章中讨论的对世界城市假定的许多批判就特别具有意义了。我们不能隔断历史，我们也不能忽略政治干预的作用，甚至更为明显的是，我们必须以不那么机械决定论的方式去探索"世界城市"（沙特金，2007）。不能简单地拿世界城市假说所列举的特征去套"南营"城市，据此特征在"南营"里去寻找"世界城市"。我们需要一种探索城市变化的多方面原因的方式（克罗特，2006）。所有的城市如何受到全球化过程的影响，全球化过程如何与其他城市化过程叠加这类问题（舒特等，2000；马尔库塞，2000）。珍妮·罗宾逊（2002，2006）提出了这样一种看法，世界城市讨论已经创造了一种情形，在"世界城市"层级体系顶部的城市成为了样板，其他城市努力追求这些样板所取得的成就。在她看来，这样做实际上限制了对城市未来的想像，我们可以这样说，瞄准几个顶级"世界城市"的确对城市规划产生了重大影响。她认为，我们应该把所有城市都看作"一般"，每一个城市都有它的特殊性，也有与全球网络相联系的一般性。世界城市假说让人们集中到一个非常狭窄的经济活动圈上，实际上，现实世界中的城市和城市网络要比世界城市假说所描绘的要丰富多彩得多，要复杂得多。古格勒（Gugler，2004）指出，当我们离开对世界城市层级体系中核心城市的思考，政治和文化问题就变得更为突出了。他提出国家在决定城市未来上有着更为中心的作用，这一章中的4个城市似乎支持了这种看法，社会运动更有可能具有影响。这些社会运动当然有可能出现在受到全球经济因素影响的"南营"主要城市里，当社会两极分化与已经存在的贫穷人口叠加起来时，社会两极分化能够具有很大的影响（勒曼斯基，2007）。西蒙（Simon，1995）强调，探索撒哈拉以南的非洲城市中不同群体，特别是贫穷的群体，与世界城市建设的相关性是十分重要的。当然，这些城市的许多城市政治家优先选择使用本来用于满足国内基本需要的资金去实现世界城市地位（勒曼斯基，2007）。

还有一些"南营"城市，绕过了传统世界城市的轨迹，采用一种不与主流世界城市功能相连接的经济发展战略。这种战略以文化部门（如孟买和宝莱坞，或香港与香港的电影产业）、城市旅游（约，2005）或海外劳工的汇款为基础。有些城市因为它们所在国家在全球经济中的增长而推进其全球重要性。正如我们将看到的那样，日本和日本商界在20世纪70年代和80年代大获成功，这样，东京跃居世界城市层级体系的顶部（当然，东京在20世纪90年代再次衰退）。当中国和印度成为世界经济的重量级选手时，它们的主要城市也可能日益发展其全球特征。

正如我们在以下案例中所要看到的那样，"南营"城市正在宣称自己成为了"世界城市"。当然，另外的角度表明，全球化过程正在有选择地影响着这些城市的某些方面，而全球化过程没有对那些城市的整体产生重大影响。这种影响可能发生在这个城市的受到限制的飞地上，这些飞地有它们自己的设施和生活方式，这些飞地在形体上或社会上与保持贫穷状态的城市其他部分分离开来。尤其在印度，这一点是明显的，如班加罗尔。传统模式是中心商务区（CBD）成为全球影响的焦点，那里出现了新的高层办公大楼、豪华的公寓和旅馆。中心商务区常常向外延伸至某些郊区或新的分散化的商业大道。

现在，我们将探索 4 个案例城市中全球化、城市政治和规划战略之间的关系。

约翰内斯堡

弗里德曼在他最初的世界城市表中把约翰内斯堡看作非洲唯一的"世界城市"，但是，1995 年，弗里德曼认识到，由于政治动荡，这个城市很难维持它的"世界城市"地位了（弗里德曼，1995）。最近出现的一些作者以及这个城市的领导人一直都不同意弗里德曼的这个看法。约翰内斯堡 [①] 表现出了许多"世界城市"的特征，如从制造业和转向服务业、高度集中的公司总部、高质量的办公空间、大体量的国际空中交通、世界第 20 位的股票交易市场（比芬，1997；克内科肖，2008）。南非算作中等收入国家，撒哈拉以南的非洲最富裕的国家。在所有全球联系指标中，约翰内斯堡明显高于其他非洲竞争对手，在地理上接近约翰内斯堡的竞争对手有开普敦、内罗毕和拉格斯（比弗斯托克等，1999；泰勒，2004；冯德米尔维，2004；舍格比斯，2007）。即使从经济上讲，开普敦也远远落后于约翰内斯堡，但是，开普敦宣称自己"世界城市"地位的理由一直很充分（吉勒，2007）。开普敦在吸引外部投资上与约翰内斯堡旗鼓相当，已经成为城市旅游、会议和娱乐活动的热点城市。开普敦高品质的生活是很重要的。高品质的生活将对未来世界城市越来越重要。最近这些年来，约翰内斯堡一直把自

---

① 约翰内斯堡市的总面积约 508.69 平方公里，2007 年统计人口为 388 万；约翰内斯堡都市区由 7 个区组成，总面积为 1644 平方公里，2007 年统计人口 715 万，人口密度约为 2364 人／平方公里。黑色和有色人种约占 77%，白人占 22.9%。约翰内斯堡市是南非最大的城市和经济中心，同时也是世界上最大的产金中心。约翰内斯堡市还是世界领跑金融中心之一。2007 年万事达卡的调查发现，约翰内斯堡在世界 50 个商业中心城市排名中居于第 47 位。同时，约翰内斯堡拥有世界上最大直接以现金交易的街头摊贩经济。——译者注

已推荐为"非洲世界级城市"（如"约翰内斯堡市"，2001）。约翰内斯堡的努力折射出它在追逐非洲世界级城市战略中所面临的巨大困难，严重的贫困和缺少基本服务（罗宾逊，2006；勒曼斯基，2007）。金融和商务服务均落脚在这座城市北部富裕的白人区里，而超过10%的人口缺少最基本的公共服务。

在1994年种族隔离时代结束之前，约翰内斯堡的贫穷地区一直严重缺乏投资，有一个支离破碎的地方政府（比尔等，2002）。种族隔离时代结束之后，约翰内斯堡把解决这些遗留问题作为重点。到2000年，行政改革最终建立起了统一的大都市政府，然而，试图解决不平等问题的目标导致了大规模的财政危机，虽然那时的约翰内斯堡是非洲最富裕的城市（罗宾逊，2006）。执政的非国大党一直致力于消除种族隔离遗留下来的贫穷和不平等，但是，它还必须处理财政上的危机。当时，建立了一个紧急事务委员会，领导城市行政管理的重建，紧急事务委员会提交了一个称之为《IGoli 2002》的报告，这个报告提出按照多种公私合作方式重新安排公共服务。工会和其他组织反对这种方式，按照帕内尔（Parnell）和罗宾逊（Robinson）的意见（2006），报告的这个部分采用的是典型的新自由主义方式。

1999年，约翰内斯堡决定，城市范围的长期战略需要实现成为"非洲世界级城市"的目标。这个目标旨在推进经济增长，同时解决基本服务供应问题。由商界、社区、工会和政府的利益攸关者一起形成的指导委员会编制了这个称之为《IGoli 2010》的报告。罗宾逊（2006）注意到，这个非常具有广泛代表性的指导委员会源于这个城市具有长期历史的城市论坛。在种族隔离时期和以后的过渡时期，这些城市论坛一直承担着不同政治派别之间的协商任务。这个报告的编制是以研究和外部咨询数据为基础的。值得注意的是，这个外部咨询是由摩立特集团提供的，而摩立特集团是由迈克尔·波特领导的通过哈佛大学组织的国际咨询企业。不出所料，这个集团所提出的推荐意见包括，约翰内斯堡市应该通过干预支持具有竞争性的经济部门，以便提高这个城市的全球"吸引力"。长期战略还应该改善公共服务、基础设施和非正式的居民点，以便产生一个世界级城市的"基础平台"（帕内尔和罗宾逊，2006）。在比尼特（Benit）和兰勃尼（Lambony，2003）工作的基础上，马宾（Mabin，2007）把这个城市发展方式描述为，城市如同公共"橱窗"，刺激全球金融和商业投资，而把所背负的贫困和排斥留在"库房"里。这个看法所要说的是，"全球化的话语允许那些手握权力的人们解释和调整特定的发展方式，这样做的结果实际上至少保持了空间不平等的形式"（马宾，2007，p.59）。从这个角度讲，管理成为一种在"橱窗"里推进发展和在"库房"里管理贫困的过程。当然，约翰内斯堡市财政总管罗纳德·汉特（Roland Hunter）拒绝了这种看法，他说，约翰内斯堡的非洲世界级城市远景是为这个城市设立的一个高标准，为居民提供良好的工作和生活环境，同时，约翰内斯堡还为整个南非承担起推动整个国家经济的重要责任（汉特，2007）。罗纳德·汉特看到，在发展全球橱窗时，推进"库房"发展是必不可少的，应当铭记在心。当然，2000年的选举和新的政治体制意味着《IGoli 2010》的提议被取代了。

罗宾逊（2006）对削弱协商《IGoli 2010》远景的政治论坛提出了三个理由。经验丰富的地方活动家进入多种政府工作部门，进而减少了社区运动的贡献。工会反对《IGoli 2002》讨论约翰内斯堡长期发展远景，也就是说，工会和社区团体选择抵制约翰内斯堡长期发展远景的讨论，至少没有参与正式的利益攸关者的委员会。直到2000年选举后，外部咨询团队的报告才完成。新的统一的大都市当局的高级工作人员和选举出来的领导人以"摩立特报告"为基础，编制了一个新的称之为《约翰内斯堡2030》的远景政策。咨询分析设立了一组目标，鼓励优先推进经济增长的那些主张，2000年选举后，优先推进经济增长被置于更为重要的地位（罗宾逊，2006）。当然，约翰内斯堡不能忽视满足基本公共服务需求的压力，这种压力既来自贫穷选民，也来自国家的法规。约翰内斯堡的市长和其他政治家感觉到了反对把社会目标置于次要地位的压力。帕内尔（2007）曾经强调，在理解由谁来管理城市这个问题上，非国大党应当发挥作用。非国大党是一个掌握政权的政府，一个执政党，一种社会运动。在非国大党内部存在多种观点是不可避免的。虽然最近出台的版本缺失了早期参与的方式，但是，代议制保证了在战略规划中尽力协调经济增长和社会需要。

孟买

过去 10 年中，印度经济一直高速发展，孟买则是印度最富裕的城市，因此成为印度竞争"世界城市"地位的首选城市。整个 20 世纪，孟买一直处在迅速增长和人口涌入的状态中，这与它作为主要港口及其在纺织业中的地位分不开。它的制造业基础逐步发展到包括石油化工、工程制造和食品加工等。作为一个历史上的殖民城市，孟买具有出口导向型的经济史，而这种历史提供了适应全球化大潮的基础。最初的孟买是以一个岛屿为基础建设起来的，以后逐步向北发展，蔓延成为今天的大孟买区域。现在，孟买紧随东京成为世界第二个人口最多的城市，大孟买市区的人口为 1200 万，而大孟买都市区域的人口为 1800 万（2001 年的统计数字）[1]。显然，孟买是一个特大城市，但是，它是一个发展中的"世界城市"吗？最近这些年来，国际导向的服务业得到了大规模发展，如金融服务和商务服务，通讯、电影和音像制品业也雨后春笋般地发展起来。大型本国和国际公司、银行和保险业的总部、印度储备银行、国家股票交易所、许多主要财团如塔塔集团的总部，均落脚在这座城市。孟买依然维持着主要港口的历史地位，孟买承载了这个国家 50% 的客运总量、75% 的空运集装箱出口总量和 64% 的集装箱进口总量。在多种世界城市层级体系列表中，孟买一直居于印度城市的首位。在"全球化和世界城市"（GaWC）联

---

① 孟买 2011 年的统计数据是，都市市区人口为 12478447 人，都市区域人口为 18414288 人；都市市区面积 603 平方公里，人口密度 20694 人／平方公里。——译者注

系分析中，孟买分类为经典"门户城市"，它把全球市场与它的区域乃至国家腹地连接起来（泰勒，2004）。这个分析还指出，较之于大部分"世界城市"，孟买与领跑指令中心，如美国城市、伦敦、东京、中国香港和新加坡的连接不多，当然，它与世界其他部分如亚太地区和其他第三世界城市的联系比较多。

尽管孟买代表了印度的世界城市，然而，孟买还有许多特质需要探索。孟买的新方向并不是顺应全球经济的"自然"过程，而是精心策划的。第二，据说这个城市 50% 以上的人口生活在贫民窟里，极端贫穷与发展中的全球方向并行。这个印度最大的城市正处在高速改造的过程中，开展了大型基础设施建设项目，如高架桥、城铁扩展、购物中心和娱乐综合体。的确有可能把这些变化与全球化的过程联系起来，但是，我们还必须承认地方因素的重要性（肖和萨提西，2007）。目前，印度的城市化率低于28%，所以，城市人口的持续增长将产生巨大的商品和服务需求，也将迫使城市向外扩张。除开所有世界城市的愿望外，孟买的城市政策还必须应对城市人口持续增长所产生的那些需要。

只有在改变国家发展模式的前提下，孟买才有可能具有发挥世界城市作用的机会。1991 年，在与国际货币基金组织协商新的贷款之后，印度展开了一个新的经济战略。强调以私人部门以及放松管制和自由化替代原先通过邦领导的集中计划经济协调增长与社会公正的模式。在这个背景下，印度的中央政府努力推进孟买的竞争优势。减少对私人投资的限制，外国直接投资基础设施和其他项目成为可能（法塔克，2007），到了 2005 年，外国投资可以进入房地产市场（肖和萨提西，2007）。2007 年，印度财政部编制了一个称之为"使孟买成为国际金融中心的高端专家委员会报告"，这个报告强调，需要让孟买成为国际金融中心，从而维持印度在"发展中的全球经济和次大陆经济"中的地位（印度财政部，GoI，2007，p.14）。按照一位高级城市规划师的说法，"正如城市政府或邦政府表达的那样，孟买并无意成为世界城市。但是，中央政府制定的宏观经济模式已经刺激了孟买进入全球化，也许旨在发展商业和服务业"（法塔克，2007，p. 324）。这位高级城市规划师认为，选举出来的城市领导人关注的是这个城市 50% 没有获得基本公共服务和生活在贫民窟里的市民们，这是不同于中央政府变孟买为国际金融中心的设想的。

　　当时，私人部门已经开始面对全球化的挑战，商会领导建立了一个称之为"孟买第一"的组织，这个组织类似于伦敦称之为"伦敦第一"的那个组织。在这样一个低迷城市经济的背景下，人们认为基于房地产开发的战略是有吸引力的，上海常常被拿来作为一种模式。"孟买第一"的目标是调动企业合作，"把孟买改造成为一个世界级的城市，即最好的生活和做生意的地方"（参见 www.bombayfirst.org）。落脚在这个城市里的印度领跑公司和银行支持着这个组织。在中央政府、邦政府和世界银行的支持下，通过麦肯锡这个咨询机构，"孟买第一"编制了一份报告，2003 年发表时采用了这样一个题目"孟买的远景：把孟买改造成为一个世界级的城市"（"孟买第一"和麦肯锡，2003）。这个报告提出了一个 10 年战略，把经济增长的重心放在服务业上，在区域腹地发展制造业，改善公共和私人交通设施，增加低收入住宅，提高和更为有效地管理环境质量。为了成为世界级的城市，孟买需要在经济增长和生活质量两方面做出跳跃式的发展（2003，p.87）。虽然把孟买确定为印度的金融中心，实际上，孟买的发展目标还是新金融设施在亚洲的"选择中心"。在这个 10 年中，目标集中在若干具有很大影响力的公私合作项目上，如中心商务区和高速公路。这个报告提出，有机会在城市中建设"最优秀的住宅和商业岛"，有可能清理出整个地块，重新建设全新的基础设施。其中一个项目包括改造旧的纺织工厂，原先曾经规划为混合开发项目，显然，这个改造区能够从新的开发中获得房地产开发的利益。

　　这份"麦肯锡报告"所推荐的意见之一是，需要一个协调机构去实施这个计划，需要一个有力的领导。虽然这个建议的基础是其他城市的经验，但是反映了孟买复杂的政治和行政管理状况。对于这个战略和城市政策来讲，包括了三个层面的政府。例如，中央政府对铁路的控制，孟买所属的马哈拉施特拉邦拥有最大量的规划权，公共设施、学校教育和公共汽车交通则由"大孟买市政公司"负责。马哈拉施特拉邦通过"孟买都市区域发展局"实施管理，其目标是协调区域战略。当然，这个报告并没有覆盖所有的政策领域，2005 年，孟买成立了"孟买交通支持小组"，该小组受到印度的中央政府、马哈拉施特拉邦政府、世界银行等机构的支持。当时，这个小组的目标是采纳综合的区域方式处理交通发展问题。2009 年，受到新加坡规划的启迪，这个小组在总体规划的基础上开始编制延续到 2052 年的综合规划。2010 年 3 月，来自新加坡的"郊区国际咨询"公司赢得了竞争招标，开始了孟买交通发展规划的编制工作。

这样，孟买把旨在推进世界城市的目标置于一个复杂的体制中，同时面对构成这个城市人口大多数的贫穷群体强有力政治存在的背景。世界城市战略和极端贫困的同时存在造成了许多矛盾和差距。有研究者提出，孟买是由两种不同且几乎没有什么联系的经济构成（帕特尔，2007）。当然，当这两种经济相碰时，提高世界城市作用的各类开发包括了让穷人腾出地方。在 2004 年 11 月到 2005 年 3 月的 4 个月期间，一个涉及 45 万人的大型贫民窟拆迁项目启动，然而受到日益增强的反对，最终这个项目暂缓实施。按照帕特尔（Patel）的说法（2004），马哈拉施特拉邦的立法危机和以阶级为基础社会运动的衰退都能够解释极端民族主义和采用私刑的"湿婆神军党"①的发展。帕特尔把"湿婆神军党"的发展与自由化和对全球化作出反应的政策直接联系起来。尽管"湿婆神军党"并没有统一的意识形态，但是，它具有组织穷人的能力。这样，当商业组织推进"麦肯锡"的设想时，多数市民在形成了他们的草根政治经济反应，其基础就是宗教和帮会

① 湿婆神军党（Shiv Sena）是印度的一个坚持印度教民族主义的政党。"土地之子"的观念和印度教民族主义是这个党的宗旨。"土地之子"观念的核心是，马哈拉施特拉人应该在马哈拉施特拉邦拥有比外来人更多的权利。这个党一直支配着马哈拉施特拉邦的政治。——译者注

（马瑟罗斯，2007）。

孟买政府所面临的挑战包括没有很好地协调大型基础设施项目、巨大的私人房地产市场"陷入腐败"的陷阱之中以及组织起来的市民团体的诉求（莫哈，2009，p.130）。孟买有50%以上人口居住在贫民窟里，他们的政治领导还是具有建设世界城市的愿望，孟买政府乐观地看到这一点，所以，它强调对城市问题做出自下而上反应的作用，尽管目前力量不大，但是具有非常重要的意义（莫哈，2006，p.37）。

迪拜和阿布扎比

我们能够把最近这些年突然出现在阿拉伯联合酋长国的那些新城市描述为典型的世界城市。这些城市几乎是"平地而起"（巴根，2007），而且与最近这些年的全球化过程具有非常明显的联系。迪拜的人口从1985年的37万，增加到2005年的110万，2009年的170万。迪拜包括迅速扩张的沙迦和阿治曼阿联酋北部城市地区，整个人口大约在300万。当然，我们并非以居住人口来衡量它的全球作用，而是以它以旅游、房地产所有权和零售的世界市场导向房地产业的发展来衡量的。在2005年"节日月"期间，大约有500万人到访过世界上最大的迪拜购物中心。房地产方面增长的关键是，2002年至2006年期间，允许非阿联酋公民拥有这个城市的房地产权（巴根，2007）。十分特别是，这个城市的金融并没有与全球金融规范市场相联系，而是依赖于一个基于伊斯兰债券的系统。当然，这并不意味着它避免了2008-2009年发生的全球金融危机的影响。

在全球化如何推进城市竞争和城市市场推广方面，迪拜是一个典型案例。迪拜已经复制了世界范围所有特大项目的观念，在大多数案例中，迪拜的发展更具有传奇性。用来给这个城市"重新创造品牌"的第一批项目之一是世界上最豪华的酒店，"阿拉伯塔"，1999年建成时，这幢酒店建筑的高度世界第一。称之为"城中城"的自由区项目是按照不同论点建设起来的，如"迪拜互联网城"、"迪拜媒体城"、"迪拜玛丽亚"。最近这些年来，迪拜的建设重点是为世界超级富人提供娱乐、消费和豪华住宅，如足球明星。按照这个方向，迪拜建设购物中心、室内冬季运动中心、办公楼和酒店等20个建筑，其中的"迪拜塔"为世界最高建筑，沿着海滨建设起了豪华住宅，其形状似棕榈树或世界地图。与美国核心文化相竞争的是，一个正在建设中的主题公园，其规模大于迪士尼乐园。这个极端而迅速的发展是有代价的。整个城市的增长是以分离的大型项目的形式展开的，这样，城市缺乏整体联系，高度依赖私家车出行。尽管建设了许多新的道路，交通拥堵还是这个城市的重大问题。这座城市的环境可持续性和对海洋生物栖息地的损害都是人们通常提出的问题。巨大的建筑工程都是依赖来自印度次大陆的低工资劳工。世界城市发展中反映出来的社会两极分化在迪拜更为突出，并且被非常不同的公民权所掩盖。

以上所描绘的情景看来是符合有关全球化影响城市的理论。在这方面，迪拜能够与纽约或伦敦做比较，当然，因为迪拜起初很小，迪拜的发展规模和速度比起伦敦或纽约都要大些，而迪拜的影响可以说更令人惊叹。然而，正如帕乔内（Pacione）所说（2005），迪拜也能说明全球化和地方情况之间的辩证关系。特殊的意识形态和体制背景也是显而易见具有重要意义的。帕乔内把迪拜描述为一种经济自由主义和国家控制之间的超级模型。在迪拜，支配性家族做出所有政治决策，他们都拥有自己的土地。他们能够按照他们自己的愿望，在允许自由企业和外国投资的框架内，决定城市发展。为了开发这个城市，他们建立起许多准政府的公司，一般称之为"迪拜某某公司"。三个控股公司，迪拜世界、迪拜控股和迪拜投资公司，能够投资这些准政府公司的大部分，这三个控股公司都有它们自己的房地产开发公司，棕榈岛、迪拜房地产和艾马尔。按照《经济学人》杂志的说法，酋长谢赫·穆罕默德·阿勒马克图姆（Sheikh Mohammed al-maktoum）乐于把权力下放给这些公司，而这些公司都是在自己的封地上与其他公司竞争的（《经济学人》，2009年4月）。

这个体制明显是自上而下的，没有任何公共参与的概念。最近，这个酋长对出行依赖私家车的问题做出反应，一家日本财团正在建设一个世界上最大的计算机运行的城际火车系统。2009年，第一区段已经开始运行，建设完成了世界上最大的地下铁路隧道。

当然，这个城际铁路和世界最高建筑投入运行反映出迪拜开发公司严重的经济问题，因为全球金融危机，迪拜的房地产市场大跌。迪拜发展战略目标是让这个城市的经济脱离它的石油背景。2006年，石油产值构成迪拜国内生产总值的近6%。尽管它的房地产开发资金是通过伊斯兰债券运作的，迪拜的全球战略还是让这个城市更易于受到世界经济波动的伤害。2008年，房地产价格下跌，空置率上升，许多人因为失业而离开这个国家。迪拜通过他的邻居阿布扎比从阿联酋获得贷款来拯救这座城市，2007年的财富杂志曾经把阿布扎比描述为世界上最富裕的城市。阿布扎比具有世界石油储备的9%和天然气储备的5%。当然，阿布扎比也正在寻求把它的经济转向工业、房地产、旅游和零售方向。它也扩大了机场，与新的铁路连接起来，与迪拜展开竞争，迪拜是这个区域的主要机场，世界第六大繁忙空中国际客运枢纽（迪拜本身还在建设第二机场）。

阿布扎比是阿联酋中央银行和许多跨国公司的所在地，它本身也宣称其具有世界城市的身份。阿布扎比的体制背景非常类似于迪拜，也是由世袭的酋长控制。2007年，阿布扎比建立了城市规划局，"2030阿布扎比规划"提供了未来发展的远景计划。这个战略规划包括鼓励建设许多新的高层建筑，同时大规模建设公共交通。在这个城市外17公里的地方，建设一个名为"马斯达尔"的卫星城，紧靠国际机场。这个卫星城是由"福斯特及其合伙人"设计的，能够容纳50万人，依靠太阳能提供能源，同时开发使用其他可更新能源，计划实现零垃圾的目标。那里完全禁止小汽车，人们将使用个人交通舱来出行，成为环境友好生产的制造业中心，预计每日有6万工人到这个城市上班。那里将建设"马斯达尔科技大学"，由麻省理工提供帮助。这个项目的合作者包括西门子创业投资有限公司和瑞士信贷银行。那里的外国企业的资本能够自由出入这个国家，它们的知识产权得到保护。这个计划最初预计的完成时间是 2016 年。一些人表示怀疑，马斯达尔是否能够成为一个富裕的飞地，是否能够为阿布扎比有别于世界其他仅仅依赖石油以不可持续方式发展的地方提供一个积极的推广。例如，在马斯达尔旁边，正在建设一个一级方程式赛场，以及一个法拉利主题公园（《经济学人》,2008 年 12 月）。这样，阿布扎比正在展示出许多世界城市的特征，重要的金融中心，鼓励外国公司参与地方发展等。当然，阿布扎比的可持续发展远景中似乎存在着一些根本性的矛盾。

悉尼

澳大利亚的国际联系直到 20 世纪 70 年代都是由它殖民时期建立起的方式支配着。甚至到 1991 年，还是维持着主要来自美国、英国和新西兰的外国直接投资（史汀生，1995）。当然，从 20 世纪 70 年代起，经济国际化开始增加，包括强调与亚太地区的贸易，吸收亚洲投资。在 1983—1984 年，澳大利亚放松了金融体系，开放了金融市场。金融、房地产和商业服务部门的繁荣以及日本和其他亚洲投资者的积极参与激活了澳洲房地产业。20 世纪 90 年代，日本因为东京的银行危机而降低了投资澳洲的兴趣，代之而起的是新加坡、中国香港和中国台湾，它们发挥了更大的作用（史汀生，1995）。这类投资兴趣大部分集中在悉尼和布里斯班的中心商务区，关注黄金海岸和凯恩斯等地旅游业的增长，特别是来自亚洲地区的游客增长。澳大利亚也一直在增加对东南亚地区国家的出口。

悉尼[①]已经把自己建设成为与亚洲区域相联系的澳大利亚领跑世界城市竞争者（史汀生，1995；巴姆，1997）。悉尼是主要的国

---

① 悉尼市和悉尼都市区是两个不同的行政辖区概念。悉尼市是一个地方行政辖区，由悉尼中心商务区以及环绕它的近郊区组成，东面的麦格理街、南面的利物浦街、西面的西部干道、北面的环形码头及悉尼港毗邻环绕着悉尼中心商务区。悉尼市包括的近郊区有南面的亚历山大、达灵顿、厄斯金内威尔、新城、红坊、纪聂、干草市场、滑铁卢及帕丁顿，东面的乌鲁木鲁、西面的派蒙及欧缇莫等等。——译者注

际空中交通枢纽，也是最重要的金融中心，在亚洲经济增长期间，悉尼把自己变成了许多试图进入东南亚国家的跨国公司的落脚点。新南威尔士州政府承担着制定悉尼都市区战略规划的责任。1988年，自由党和国家党组成的联盟赢得了州立的大选，组成了一个具有限制政府职责、减少财政开支和主张私有化意识形态的政府。州政府努力把全球活动吸引到悉尼来，当时，它发现通过由联邦政府控制的税收优惠和获得财政收入的主要资源很难提供必要的基础设施。所以，"州政府所掌握的土地，城市规划和开发权都成了新南威尔士州政府吸引全球投资的主要手段"（塞尔和邦茨，1999，p.165）。1995年，州政府完成了一个称之为"21世纪的城市"的新的都市战略。这个战略规划基础更为广阔，有着更大的弹性，被认为是一种新的方式，"我们正走向一个发展更为迅速，全球影响更为多样化的时代，所以，大都市区的规划战略需要是动态的而不是固定的"（新南威尔士州政府规划部，1995，p.12）。"21世纪的城市"的政策之一是，"努力把悉尼中心建设成为国家和国际的公司总部和金融中心和旅游中心，推进支撑这些功能的规划和管理"（新南威尔士州政府规划部，1995，p.92）。

　　1995年，工党重新控制了这个州。联盟党所制定的"21世纪的城市"都市战略大部分符合工党自己的选举纲领。当然，工党政府认为，"21世纪的城市"都市战略没有充分地探索国际背景，所以，它承诺再做新的研究。在这份题为"作为世界城市的悉尼"新研究报告的前言中，新南威尔士州政府州和区域发展部提出，"我们必须确保悉尼的规划能够支撑一个竞争的和有效率的经济——新的和有效率的道路和铁路网络，支持现存的就业区位和提供对敏感区位土地的持续供应，都是支持具有竞争性和有效率经济的关键因素"（塞尔，1996，p.v）。这份报告对影响悉尼成为世界城市的可能因素以及规划的意义进行了非常完整的分析。1997年，州政府编制了一个称之为"增长与变革大纲"的新的战略规划评论（城市与规划部，1997）。这个评论的基础是"作为世界城市的悉尼"，采用了原先一般规划的许多方式，扩大了促进竞争和适应性经济的部分。这个评论提出了新道路建设和机场扩大的建议。"增长与变革大纲"提出，州应当继续使用它的权力，对大型项目做出决策，以便有助于吸引大量外部投资，"鼓励大公司把它们的区域总部和设施落脚到这个区域"。当时，这个城市正在申办奥运会，其口号是"绿色奥运"。这个口号强调了这个城市的环境问题。尽管为了赢得奥林匹克运动会所提出的许多环境原则都在执行过程中不了了之了，但是，日益增加的环境意识还是影响了这个战略规划。经济竞争和环境质量之间的联系确定了下来。

所以，亚太地区和悉尼之间的联系与日俱增，从而推进了这个城市在这个区域的作用。同时，澳大利亚和新西兰依然维持着与北美和欧洲强有力的经济和文化联系，特别是与美国和英国的经济和文化联系。悉尼和澳大利亚的其他城市与全球经济有着相当特殊和紧密的关系。

我们对这些"一般城市"的粗略评论能够提出一定的初步看法，我们将在对其他城市的详细研究中进一步发展这些观点。全球化对所有这些城市的经济都有重要影响，当然这些影响通常都是作用在这些城市的特定区位上或一定的经济部门上。这个看法强调这样一个观点，大部分城市都在某些方面"全球化了"，但是，细节林林总总，依赖于那些方面的全球化影响最大。第二个观点是，在决定世界城市战略的性质方面，政治活动者起着关键作用，当然，关键政治活动者的属性存在差异，迪拜是统治家族，而印度是国家。第三个观点是，在世界城市的影响和城市人口中大多数人的持续贫困之间有着明显的鸿沟。在迪拜，这种差异以法律的形式保留在公民权上。我们也看到，在孟买和约翰内斯堡，政治领导人不能忽略重要的发展目标，必须与任何世界城市一样追逐这些目标。最后，我们能够这样讲，这些"一般城市"发现自己很难进入争夺金融机构和国际公司总部的行列，于是常常采取文化导向的战略，旅游和全球事件为此提供可能。迪拜已经采取了这种方式，悉尼举办了奥林匹克运动会。我们将会看到，北京和上海等中国的世界城市也采用了这种战略。

第六章

北美区域的城市

这一章为讨论纽约（第七章）和这个区域竞争世界城市地位的可能对手（第八章）建立一个背景。我们通过影响北美城市的经济和空间倾向这样一个宽阔的视野来建立这个背景。在这一部分里，我们打算考察加拿大、美国和墨西哥，它们都是北美自由贸易协定（NAFTA）的缔约国。在随后的章节里，我们可以看到，与欧洲区域或亚太区域的城市相比，美国城市一直都是比较自我依赖的，缺少福利国家的那种高度干预，缺少超越国界的政策，不同于对发展采取国家广泛干预措的那些国家。正如西格尔（2002）所说，北美城市更依赖于私人部门，依赖于城市自身的财政收入。作为对2008年经济危机的反应，美国制定了国家复苏计划，期待在联邦层面上采取了更为主动的干预。在这一章的后半部分，我们将考察2009年美国经济刺激计划的某些出发点（ARRA，2009）。

这一章第一节的兴趣点是，城市区域体系的变化、世界城市的地位和一些最近引起规划关注的主要问题，如美国城市中心的竞争。在这一节中，我们特别关注体制问题。美国大都市区平均地方政府单位数目约在117个（萨维奇，1999）。地方政府处于块块分割的状态。在城市和郊区合作中，在城市区域中，在跨国界的巨型区域的定义上，特别是在与基础设施规划相关问题上，均存在利益之争。城市、州（加拿大的省）和联邦之间的关系正在改变。责任已经从联邦层面向下推移，有些城市和国家已经推进了区域尺度的规划。在这个背景下，我们考察联邦政府对经济萧条的反应。

变化的城市体系

20世纪50年代以来这个时期里，美国发生了两大空间变更。第一大空间变更是，人和工作从北部和东部"雪域地带"的城市向南部和西部"阳光地带"的城市转移。对于老工业城市来讲，这种转移意味着某些城市的制造业就业岗位大幅度减少，城市中心地区的土地空间闲置。对于阳光地带的城市来讲，迅速的增长通常意味着蔓延，郊区就业极的发展，边缘城市，以及低密度郊区的扩张，最近这些年，人们日益承认了低密度郊区扩张所付出的高昂代价。第二大空间变更是，人口向郊区转移。20 世纪下半叶，美国经济是在郊区增长起来的。在 1950 年至 1990 年期间，美国 50 个最大城市制造业就业岗位减少了 33%，而郊区的制造业就业岗位增长了 160%（里格比，2002，p.179）。就业向南向西和向郊区转移。20 世纪 80 年代至 90 年代的新经济出现在当时那些城市之外的新地方，如加州旧金山和圣何塞之间的硅谷以及波士顿外的 218 号公路。人们已经承认远郊区承担起了经济发展功能，许多大公司选择了在远郊区设立总部（穆勒，1997）。新城市形式，特别是对美国而言，"边缘城市"（加罗，1991）和"无边的城市"（朗，2003）都被认为是当代城市化产生的新特征。那些不具备行政地位的郊区还给郊区扩张带来一种独特的非政治形式。

阳光地带提供了良好的气候和可开发的土地。在一些城市，由于联邦政府投资军事工业，还带来了工作机会（麦克唐纳，2007；布雷奇和瓦切特，2009）。联邦政府对住宅购买者的优惠也是推进这些城市增长的因素（罗斯和列维，2006）。推进向西发展的结构性因素使太平洋沿岸地区对美国经济越来越重要，而从新罕布什尔州到北弗吉尼亚的大西洋北大都市带的区位优势逐步丧失（戈特曼，1961）。大约在 20 世纪 80 年代，加利福尼亚在城市体系中日益增长的重要性得到了都市地理学家的承认，都市地理学家注意到，"拉里弗尼亚宣称它有了从旧金山到圣迭戈的大都市带"（戈特曼，1987，p.15）。这就构成了对东海岸城市可能的竞争性，对纽约可能的竞争性。例如，洛杉矶成为文化产品的领跑生产者（鲍曼，1993）。南加利福尼亚都市带以北，西雅图和波特兰也同样吸引了新技术部门的工作岗位，吸引了来自亚洲的新移民。

当西海岸城市依靠面对太平洋的特殊地理位置，逐步提高其国际地位时，迈阿密则与中美和南美洲联系起来，承担起独特的"门户"功能（实际上，肖特认为，迈阿密是一个"基本门户"）。迈阿密戴德县由31个市政部门组成，人口超出百万，把自己看成"通往拉丁美洲的商业门户"（彭纳拉斯，2001）。这个门户功能包括若干组成部分。迈阿密戴德县城市区域是一个银行和国际商务中心，一个旅游目的地，包括海港和商业空港。银行的集中是"迈阿密支配与中美洲外部金融联系的一个明显表现"（布朗等，2002，p.142）。这里与美洲地区的联系超出了纽约和墨西哥城，所以，布朗（Brown）给迈阿密打上了"主要的区域世界城市"的标签（2002，p.144）。迈阿密没有纽约那种全球联系的密度，也没有洛杉矶那种国家和国际的文化主导地位，但是，这个城市把自己发展成为"美洲的商务首都"，并以此推广自己（纽曼，1997b，p.86）。按照纽曼（Nijman）的观点，迈阿密作为门户的角色是由增长战略支撑的，也是由"全球村"和当地人口跨国社区特征之间的文化联系密度支撑的（1997a，p.173）。除开推进商业功能外，对于这个城市维持它的国际地位，其他因素也是十分重要的。把人们吸引到那里做商务和做旅游目的地来讲，城市生活质量必不可少（彭纳拉斯，2001）。如同其他许多城市一样，文化设施、表演艺术中心和运动队，都在这个城市最近的公共政策中占据重要位置，以此维持其国际地位。

在美国，20世纪90年代，外国出生的居民集中在迈阿密、洛杉矶、纽约、芝加哥和休斯敦（弗里德曼，2002a）。1990年，迈阿密60%的人口是在外国出生的。过去20年进入美国的移民一直是城市增长的重要因素，它供应了低工资的劳动力并繁荣了创业技能训练，城市政府也面临贫富划分、学习成绩低下的学校和训练不足的劳动力等方面的重大挑战。社会分化在过去一直是引起社会不稳定的重要因素。人口变化也对选举政治产生影响。正如西格尔所指出的那样，"在过去40年中，洛杉矶已经从美国白人最多的城市转变成为拉丁族裔为主的城市"（2002，p.6）。

美国的"阳光地带"不仅吸引了新的制造业工作岗位，还容纳了服务业的新增长。高层次的服务和公司总部也落脚到了南部和西部地区。20世纪90年代，夏洛特成为继纽约、旧金山之后美国第三大银行业中心。这并非意味着说夏洛特是一个世界城市，夏洛特只是这类案例之一，"具有想象力和积极的地方领导寻求在全球市场上获得具有特征的一环"（诺克斯，1997，p.23）。夏洛特反映了霍道斯（Hodos）"全球一体化的第二城市"的观念。但是，与纽约市金融业就业相比，夏洛特在2008年的经济危机中表现不佳。对2008年经济危机影响的研究揭示出南部和西部城市之间不同的城市命运以及短期危机和较长时期衰退之间的紧密关系（布鲁金斯学会，2009）。有些城市远比另外一些城市好，原先的旅游城市（例如拉斯维加斯和奥兰多）证明特别容易受到全球变化的伤害。下滑的房价以及大量的抵押贷款数目也会很大程度地影响到这些城市（2008-2009年，拉斯维加斯的房价下滑了20%）。衰退地带的长期低迷还会进一步加剧，而东北部城市似乎更具有弹性。

只要我们关注制造业工作岗位，我们就能看到，北美地区的国家城市层级体系重新得到了排序，这是城市从北向南、从东向西的结构性变化的结果。

中心城市的复兴

不仅城市体系已经发生了变化，而且城市内部也发生了明显的变化。20世纪90年代早期发生在纽约，特别是洛杉矶的社会动乱，给美国城市未来带来一个令人悲观的前景。联邦政府在20世纪80年代对这些城市所发生的态度变化意味着，这些城市发生什么是它们自己的事情。里根总统劝告美国的市长们解决好他们自己的问题。当联邦资金消失，城市急切地希望找到其他的资金来源。一种特殊的呼声是发展旅游业和传统商业来拯救城市经济："国家和地方政府将会发现，集中增加它们对可能投资者、居民和游客的吸引力，有可能让城市获得最好的收益"（里根的第一个国家城市政策报告，引自贾德，1999，p.35）。

在这个背景下，市长们需要找到替代联邦资金的来源，新的创业型市长出现了。到20世纪90年代末，有些市长声称他们已经盘活了他们的城市。纽约市长朱利亚尼（Giuliani）和洛杉矶市长赖尔登（Riordan）是使用新方式管理城市，提高城市生活质量和建立有效率的政府的典型。另外一些城市的市长，例如克里夫兰的市长怀特（White）主持编制的有关管理改革、私有化和管理效率等方面的计划都伴随着对商务的追逐、让中产阶级返回城市中心和让城市中心复苏（罗斯和列文，2000）。在印第安纳波利斯，戈德史密斯（Gold Smith）称之为"保守主义行动"的体制也推出了新的管理方案，当然，这种"保守主义行动"更为广泛地关注了街区，甚至那些不能找到政治支持的地方（麦戈文，2003）。这种新的市长政治风格不同于"机器"政治，"机器"政治是20世纪许多市长采用的方式（贾德和康托，2002），修正了比较陈旧的观念，例如，把城市贫穷与犯罪联系起来。城市的新的政治和保守主义的看法集中到强硬的社会治安、低税收和福利改革等方面。"有所为"的市长把注意力集中到了城市中心区。正是城市核心的经济成功支撑着城市的增长，有可能实施重新分配的政策。"返回城市"或"把城市从边缘拉回来"都是当时盛行的口号（格拉茨和明茨，1998），主张在市中心做新的商业开发和居住开发。对于老工业城市，更新被遗弃的中心区面临巨大挑战，20世纪80年代和90年代的城市复兴成功与失败参半。

格拉茨（Gratz）和明茨（Mintz，1998）追溯了城市中心地区的高档化和文化投资的所谓"苏荷综合征"（SoHo Syndrome）。提高城市中心地区的层次和在那里做文化投资的战略源于20世纪60年代的纽约，即拆除坐落在城市中心区的老工业区，这一做法后来传到美国全境。对于那些没有一个中心城区的地方，如沃斯堡，则是建设一个中心城区，采取步行化的规划设计，建设具有历史风格的标志性建筑。而对于大多数城市来讲，城市中心区的投资一般都落在酒店、运动场和其他具有旅游吸引力的项目上。"今天，城市寻求创造活跃的、欢乐的城市中心区，倡导街道集市的氛围，满足办公和零售所需要的商业环境"（图纳尔，2002，p.488）。办公和零售活动都是可以指望产生税收的商务活动。

20世纪90年代，人们认为，对城市公用设施的投资是有利于商务活动的（克拉克等，2001b）。克拉克（Clark）等提出，最近这些年来，正是那些能够对增长部门工人需要的"生活质量"做出适当反应的城市获得了优势。在第七章中，我们将考察公用设施投资对改变芝加哥形象的贡献。佛罗里达（Florida，2000）探索了关键经济部门和高层面公用设施及其文化之间的关系。并非一定是那些最大的城市，倒是那些在"生活方式"方面具有品味的公共设施的城市成为最好的城市。这样，东海岸的波士顿和西海岸的西雅图被认为是人们最希望生活和工作的地方。当然，纽约还是大多数年轻人首选的城市。

城市中心区和大型项目，如新的体育场馆和旅馆，所引起的文化复兴并非总是成功的（卡茨和贝鲁布，2002）。20世纪60年代和70年代放弃的底特律的中心区也许最富挑战。在20世纪80年代，那里建设了新的运动和娱乐区。但是，这个歌剧院、篮球和足球场对相邻街道几乎没有什么影响，几乎没有什么商业开发被引回到这个城市的中心地区，而仅仅只有居住开发单独在那里进行。在一些城市，新居民回到了市中心，但是，在大部分大城市，20世纪90年代的居住增长都是在远郊区的街区里，接近郊区的边缘地区，城市核心区几乎没有什么居住增长（贝鲁布和福尔曼，2002）。当时，振兴中心城区的一种推动力量是住宅市场。但是，过度的贷款和不能承受的私人债务引发了经济危机；所以，文化设施的投资停滞了，城市中心振兴的过程已经处于不太确定的状态中。

尽管重心放到了市中心地区，但是，我们不应该忘记，亚城市化的长期倾向继续困扰着美国城市，2000年的人口普查显示，中心和南部新泽西的人口增长速度最快（卡茨和贝鲁布，2002）。

城市－郊区和特大区域

当郊区开发继续快速推进，经济和族群分割的历史特征依然在许多城市延续着。20 世纪 90 年代期间，新的意见开始出现，城市－郊区的鸿沟不再能够容忍了，由于经济的原因、公平和环境的原因，城市和它的郊区需要一起发展（帕斯托等，2000 德雷尔等，2001）。许多被选举产生的官员大声疾呼城市－区域合作，这种合作的意义至少不只是为了改善大城市的竞争。有关区域论的新争议，即城市－郊区的合作新争议，在美国和加拿大的城市里此起彼伏（参见《城市事务杂志》2001，第 23 卷，第 5 期）。原先的区域论的争议集中在服务效率和规划上，而 20 世纪 90 年代的"新区域论"集中到了经济发展。乔纳斯把这种新方式称之为"竞争的区域论"，在新的马萨诸塞州开发局放大成"选择竞争"的战略，这个战略提供贷款，刺激经济发展。这种对分享经济利益的新认识还超出了城市－郊区的视野。新"区域"，如 I–91/ 康涅狄格河走廊，跨越了州的界限，一般来讲，必须承认区域并不受行政区划界限的约束（巴恩斯，1997）。例如，墨西哥城大区域经济的增长速度就快于墨西哥城核心地区的经济增长速度，从而产生了"新的城市区域秩序"（阿吉拉尔，1999，p.391）。

尽管美国人认识到了区域合作的共同经济利益，但是，美国的区域合作各式各样（萨维奇和沃格尔，1996，2004），有些城市区域建立了区域层面的机构，有些地方政府避免任何区域合作。在那些具有城市辖区管理机构的地方，这些城市管理机构限制授权给区域合作机构。例如，加拿大"大温哥华区"具有交通功能，但是，以合同方式交由地方政府负责，进而提高地方政府的自主性。新的大都市机构已经出现了，最近出现的"大路易斯维尔"就是路易斯维尔市与杰斐逊县合并产生的。合并有可能提高服务效率，但是，除开一种促进经济增长的愿望外，并没有明显的合并理由（贝尔西，2002）。经济发展是所有层面上区域合作的基本主题。

另外一个推进区域合作的力量是环境保护。20 世纪 90 年代，区域合作和战略层面规划的强大力量是"理智增长"的意识形态。理智增长涉及区域规划，约束蔓延，倡导区域平等（例如，在经济适用房的分布上），以及控制污染等（卡茨，2000）。作为一种规划理念，理智增长是针对地方和州政府的，但是，在落实这些观念时，有着很大的变数。有些城市具有比较有效的增长管理政策，当然，这些都是个别案例。在太平洋沿岸的西北地区，对环境问题有着共识。波特兰、俄勒冈建立了城市增长边界（UGB）的规划概念，控制郊区增长。波特兰的垃圾回收率在全美城市中位居榜首，[①] 波特兰还建立了"绿色空间"项目，将开放空间与城市连接起来。波特兰市对规划问题强有力的政治关注可以回溯到 20 世纪 60 年代，在那些年对土地使用的干预下，波特兰没有遭遇郊区化的压力，从而使它比起其他城市更容易实现对城市蔓延的控制。波特兰区域规划相对成功的另外一些原因包括，非洲裔美国人在人口规模上比较小，没有种族划分，种族划分是影响其他城市在空间规划上合作的因素之一。当然，人们认为，城市增长边界导致了这个城市的经济适用房的衰退和城市边界内的城市设计质量不高。波特兰城市增长边界内的居住密度还低于蔓延式发展的凤凰城的居住密度。

　　当然，波特兰是引导理智增长争议的城市之一。明尼阿波利

---

　　① 2011 年 7 月，英国《经济学人》杂志的"经济学人信息社"（每年评估世界宜居城市的权威机构）公布了一份"美国和加拿大绿色城市指数"的研究报告（与此同时公布的还有"欧洲绿色城市指数"）。"经济学人信息社"雇用的研究人员使用碳排放、能源使用、土地利用、建筑、交通、水、垃圾、空气和环境管理等 9 项指标，对美国和加拿大 27 个城市的环境绩效状况做了分析评估。旧金山在这份报告 9 个项目合成的"综合评估"中名列榜首（温哥华、纽约市分别位居第二和第三），而在"垃圾"单项中获得第一名。2010 年，旧金山的市政垃圾回收率达到 77%，洛杉矶的垃圾回收率为62%，暂居第二，而这 27 个被评估城市平均的市政垃圾回收率仅为 26%。仅 2008 年一年，旧金山就回收了 160 万吨垃圾，而市政府制定的垃圾回收和堆肥相关法规成为实现这项成就的基础。在题为"建设一个光明的未来"的环境规划（2008）中，旧金山的市长提出，未来的旧金山不再谈一个"绿色建筑"，因为所有的建筑都是绿色的，不再谈一种"清洁能源的交通"，因为所有的交通都是低或零排放的，用"绿色"和"可持续"这类词汇去描绘旧金山已经没有多大意义了。这个环境规划的目标是之一是，2010 年的垃圾回收率达到 75%，2020 年，实现零垃圾填埋。——译者注

斯－圣保罗是另外一个具有城市区域合作历史的城市区域。2002
年末，明尼阿波利斯－圣保罗的"双城"理事会批准了"2030 蓝
图"，这个战略规划的目标是，集中开发与交通走廊（包括轻轨和
公交车道）相衔接的高密度中心市区。这个规划不仅节约开发用
地，而且还节约了政府对道路、基础设施和学校建设的投资。当然，
这类项目在政治上是有矛盾的，在一些情况下，如果得不到州政
府的支持，这类项目有失败的可能。州（和省）政府在推进环境
目标的实现方面承担着重要的责任。在美国，我们可以从新泽西
的案例中看到州政府在战略规划上的作用。2001 年，民主党赢得
新泽西州的大选，随后，民主党政府放弃了"新泽西向企业开门"
的自由市场式的口号。民主党的州长建立了一个跨部门的"理智
增长政策理事会"，限制城市之外地区的开发，鼓励提高内城地区
和老郊区的建筑密度，停止道路建设，不再批准给新开发地区供
水。州层面的发展方向调整引起了建筑业界和居民间的紧张关系，
这些居民可能面临交通拥堵、空气质量降低、对非规划开发项目
所要偿付的高额税赋等问题。当然，新泽西城市的内城地区都需
要对学校和环境进行大规模公共投资，以此吸引住宅开发。这样，
理智增长受到了政治性的挑战。在 20 年间，加州政府第一次试图
通过一个增长管理提案，但是，这个提案在 2002 年遭到否决。这
个提案包括了州政府对增长管理计划提供基础设施建设奖励的条
款。马里兰州主张理智增长的政策，诺里斯（2001）指出，州长
需要支持 500 个地方政府，地方政府保留着它们的土地使用决定权，
而支持地方政府的这种权利不太可能很快到来。

　　在城市－区域层面上的规划已经赢了广泛关注。现在，理智
增长倡导者的呼声可能比起实际行动要强大的多。卡茨（Katz，
2002）提出，尽管理智增长基本上是一个地方政府的问题，但是，
联邦政府对此也负有重大责任。在那些主张区域论和编制比较大
尺度规划的地方已经采纳了理智增长的理念，可是，这类工作多
是通过非官方的联盟和游说团体来完成的，而非官方政府所为。
例如，纽约的"区域规划协会"（RPA）和"北加州海湾地区理事会"

都有着长期倡导区域合作和制定规划的历史。最近，它们联合形成了一个称之为"美国2050"（RPA，2006）的区域规划师和机构联盟，分享"巨大区域"尺度规划的经验。这个国家范围团体的中心关注点是，联邦政府的复苏项目和对大尺度基础设施提供资金的可能。

卡茨（2002）提出，联邦政府在交通规划之外也有作用，联邦政府在经济发展上，特别是在涉及税收优惠的住宅投资战略规划上，都有作用。住宅规划已经证明存在着问题，联邦对城市的支持也是喜忧参半的。布什行政当局对联邦环境规则的放松，支持经济发展优先与环境保护，都有悖于理智增长的目标。奥巴马总统具有城市事务背景，所以，他在2008年的选举中提出了处理影响北美区域大城市未来的政治和体制问题的新方式。

更高层面的管理

超出联邦尺度看，1993年，北美自由贸易协定在美国签署。从一开始讲，北美自由贸易协定对城市和区域规划的直接影响有限。在协商北美自由贸易协定期间，的确协商过多种环境协议，但是，北美自由贸易协定还是美国、加拿大和墨西哥之间的贸易协定，几乎没有涉及区域或空间政策。然而，这个协定对区域经济地理观念的影响还是不可忽视的。东西海岸的城市把它们自己看成是针对国际市场的新的"门户"。南北"北美自由贸易走廊"从蒙特利尔，通过底特律、田纳西、德克萨斯，再到蒙特雷和墨西哥城。边界城镇成为长途货运的分段标志。一些城市必须重新思考它们与这个新区域经济区以及更大国际舞台的经济关系。

北美自由贸易协定对跨界规划的直接影响有限。另外，三个国家的宪法和财政体制引起了合作上的困难。但是，正如我们将在第七章有关多伦多的案例中要看到的那样，北美自由贸易协定已经对经济空间和未来远景的形象产生了影响。正如克拉克（2002）提出的那样，有证据表明，国际网络和亚国家行动者之间的合作关系正在出现。跨国界的西北"卡斯卡迪亚"区域，从温哥华到俄勒冈的尤金这样一个国际"区域"，正在推举自己为世界第十大经济中心（克拉克，2002）。"卡斯卡迪亚"这个名字起源于 1989 年的《新太平洋杂志》，以此命名一个分享环境问题的地区，很快，这个名字成为一个用于经济推销的概念。20 世纪 90 年代后期，一个有关区域论的讨论在加拿大和美国没有国界的网络中展开。当然，跨界关系的形象受到了 9·11 事件后边界安全的挑战（克拉克，2002）。美国和加拿大官方优先考虑到的是人流和物流的安全，网络和合作的呼声向后退了一步。

在北美区域，有关环境问题的国际合作先于北美自由贸易协定。在北美自由贸易协定还在协商中时，双边机构就参与到了环境决策的协商和协调交通规划中（例如，北美自由贸易协定边界环境合作委员会）。环境工作团体合作应对自由贸易可能产生的影响。出现了一些合作跨界（美国和墨西哥）规划工作（参见巴斯克斯－卡斯蒂略，2001），在一定程度上讲，国际关系开启了一个新的方向，从国家关系发展到规划部门和地方社区之间的关系。

北美自由贸易协定仅限于三个国家。但是，这个区域的政治合作超出了这个条约。除开正式的国家关系外，在不同层面上，出现了游说和政府间协议，例如，在墨西哥与德克萨斯州之间，加勒比国家和美国政府。这样，无论正式的机制存在何种限制，多层面的联系是区域政策制定的一个特征。但是，与欧洲的经验相比，北美区的国际规划还是不发达的。亚罗（Yaro，2002）指出，美国有着丰富的区域规划经验，但是，与欧洲的区域规划背景有着巨大差异。尽管如此，欧洲和南亚在区域设施投资上具有明显优势，正是这个原因推动着"美国 2050"的目标。

由北美自由贸易协定预见的全球化和国际经济前景已经改变了城市对它们未来的想象。我们在第七章中考察的那些美国之外的城市，多伦多和墨西哥城，都已经看到了它们国家背景的深刻变化。多伦多曾经是加拿大东西贸易的枢纽。现在，人们认为它的发展机会来自与美国的南北联系。在墨西哥，坐落在向北贸易之路上的蒙特雷这样的城市，便有了新的功能。在美国，迈阿密和洛杉矶都发展了它们国际物流和移民流枢纽的功能。

　　无论是在"卡斯卡迪亚"还是圣迭戈和蒂华纳之间的横跨边界的物流人流都显示出，一个新的北美空间区域化出现了。有关经济区域的新角度出现在 20 世纪 90 年代。对于巴恩斯（Barnes, 1997）来讲，新区域经济产生了全球、国家和区域尺度的联系："我们的观点是，'国民经济'是空间有别的，地方经济区域是集中分析和制定政策的关键单位"（p.3）。这样，这个新的经济组织观念需要新的政策制定尺度。地方经济区域能够跨越大都市、州，甚至于国界。当然，新区域化经济和巴恩斯有关更多区域化政策的观念都跑在了这些新尺度上的机构改革之前。政府体制必须适应这样一种区域经济模式，适应"美国 2050"设想的巨型区域。

　　国际协议已经引入了城市体制背景的变革。与欧洲区域相比，这种国际合作是微弱的。对比欧洲的经验，美国在城市体系、解决问题或提高竞争性的国家政策和干预方面的管理还不存在或者说还不发达。复苏计划可能朝着这个方向变化。

　　奥巴马总统建立一个"总统城市事务办公室"，奥巴马总统对美国被忽略的城市提出了一个新的优先考虑的问题。这个优先考虑的问题是，经济复苏和这个 7870 亿"美国复苏计划"和"再投资法"（ARRA）对城市和基础设施的分配。正如其他国家的做法一样，大部分复苏投资是针对金融机构的，当然，"再投资法"还有着另外一些重要成分。合计 130.61 亿分配给联邦住宅和城市建设部，转移到住宅投资和社区项目上。合计 80 亿投入到高速铁路建设上。这些投资旨在减少旅行时间和改善主要铁路走廊的可靠性。各州对价值 550 亿的项目竞标。只有加利福尼亚和佛罗里达提出了建设这种类似欧洲、日本和中国那样的高速铁路的新项目。其他一些项目，如对从华盛顿到波士顿和从纽约到蒙特利尔的 450 英里东北铁路走廊实施更新改造，旨在对旅行时间稍作提高。当然，国家所关注是，能源安全、减少空气污染和公路旅行，这些方面均与基础设施投资在区域尺度上所产生的利益相关。但是，联邦政府所寻求的项目并非是针对世界城市的，而是针对州的（有些非官方的区域组织曾经提到过的州的作用）。在联邦政府的推动力减缓以后，州政府必须思考如何寻找到资金继续推进高速铁路的建设（拉夫斯基，2010）。

我们需要把这些新的目标放到联邦政府和其他层面政府关系的长期走向中去看。在加拿大和美国，联邦政府、州或省政府和地方政府的关系在过去一个世纪中发生了很大变化。20世纪30年代至60年代，美国的联邦政府增加了对城市的影响。而在70年代，联邦政府对城市的影响受到拷问。到了80年代，里根行政当局对此做出了很大的调整，鼓励地方主义。这种倾向一直延续到克林顿时期，那时，联邦政府进一步把权力下放到了州。如果不是在资源方面的话，来自联邦政府对地方的新的整体补贴增加了地方的自主支配权。在加拿大，省政府已经把其权力下放到了城市。1995年，联邦政府采取了一系列行动下放其权力，涉及医疗和教育功能。但是，随着这些领域的权力下放，预算也削减了。加拿大地方政府几乎没有什么财政自由，例如做出预算赤字，来寻找支撑社会项目的资金，而社会问题是地方政府面临的一个重大挑战。在20世纪80年代和90年代，美国联邦政府把福利和教育责任也下放到了州，这种责任下放必须在新自由主义削减税收制度的政治背景上去看待。权力下放一般并不增加社会开支。在美国，1996年，对贫困人口的现金支持从联邦政府按人头发放变成了整块切给州里（艾辛格，2002）。"福利"变成了州和城市的责任。地方政府需要发展管理它们领受的这些新责任的训练，艾辛格（Eisinger）提出，承担起"福利"责任的地方政府只能放弃较大的重新分配的计划（2002，p.371）。

正如我们已经看到的那样，一些城市正在庆贺它们通过高档化和大规模更新项目所带来的郊区增长和市中心的复苏。然而，在另外一些城市以及一些大都市区，情况正相反。在2005年"卡特里娜"飓风袭击新奥尔良之前，住宅、失业和犯罪都是新奥尔良的大问题。那里的文盲率高达60%，联邦政府对此的干预相当微弱，路易斯安那州对医疗和生活机会的帮助明显不足（汤姆森，2009）。新奥尔良的经济和社会不平等反映到了种族分化上。"卡特里娜"飓风暴露出来的这些不平等和政府错误引起了全球的注意。早在1994年，洛杉矶的大地震以类似的方式暴露了城市里存在的不平等，在2003年的非典危机中，多伦多的多元文化主义崩溃了（布德罗等，2009，92-93）。人们认为，在"卡特里娜"飓风对新奥尔良的袭击中，联邦政府表现出反应迟缓，而州政府则是显现工作无效（汤姆森，2009）。重建规划倾向于排除掉原先的居民，当规划师面对许多需要政府间政治协调的"宏大"（p.226）项目时却得不到这种协调，规划在社区层面上不会产生效力。按照汤姆森的意见，规划总是太关注住宅了，相反，许多居民需要重建产生的工作机会。

新奥尔良案例揭示出联邦层面和州政府的微弱作用以及美国城市深刻的经济、社会和种族分化。贯穿整个20世纪90年代，美国住宅与城市建设部在经济增长和工作岗位产生基础上对美国城市做出乐观的评估。"美国城市比世界任何城市都更具有多样性。在日益增长的全球经济中，这种多样性是一种神奇的竞争优势"（阿尔伯克基的查韦斯市长，引自美国住宅与城市建设部，1997，p.43）。当时，人们认为，城市命运的改变取决于很多因素，但不是联邦政府的帮助。移民能够扩大市场，产生国际联系，提供相对低廉的劳动力。在20世纪90年代，私人投资一直在增加。在这个时代结束时的城市政策目标是，通过减税和奖励、合作和社区发展，拉动私人投资。2000年人口统计数据给有关城市命运的看法一定支持。一些城市正在消除富裕郊区和贫穷市中区之间的差距（卡茨，2002）。但是，联邦政策和无政策的20年的历史确认了这样一个看法，地方财政的自力更生至关重要。财政民粹主义的主导政治意识形态意味着，不会用太多财政投入来处理城市问题。这是美国和加拿大的倾向。我们将在有关多伦多的案例中看到，省层面上的政治限制了城市和区域制定政策的范围。对于墨西哥城来讲，国际机构为它建立了类似的财政紧缩和经济发展的意识形态背景。美国总统的"城市事务办公室"可能表达了某种改革态度，但是，我们预期它对下层的影响很有限。

第七章

纽约：世界之都

　　世界城市纽约当然有着长期的历史。自19世纪初直到现在，纽约一直都是北美区域的最大城市。吸引大量的国际移民贯穿着纽约的全部城市发展史。在1820年到20世纪60年代之间，纽约曾经是北美最繁忙的港口。在整个20世纪，纽约曾经是主导金融中心。20世纪的新的娱乐产业也是首先在纽约崛起的，当然，洛杉矶的发展改变了纽约在大众文化方面的统治地位（鲍曼，1993）。然而，百老汇和国际艺术市场依然保留了纽约在艺术方面的一些支配性地位。纽约的博物馆代表了纽约的文化优势（纽约有美国两个最大的艺术博物馆，都市艺术博物馆和布鲁克林艺术博物馆）。

　　在整个20世纪，纽约曾经是重要的商业中心，而纽约的政治命运一直都处在变化中。在20世纪上半叶，纽约市和纽约州对整个国家都具有影响，特别是在罗斯福总统推行"新政"期间。随着加利福尼亚州的增长，纽约州不再是第一位的人口中心了，纽约州对整个国家政治的影响也衰落了。大约在20世纪70年代，美国的权利从东向西转移，保守主义的意识形态，里根主义替代了"新政"政治。国家对20世纪70年代中期的城市财政危机的政治反应是具有敌意的。纽约的报纸以"福特下达了给这个城市的判决书，上吊去吧"为标题报道了总统的决定。在20世纪80年代和90年代，纽约的经济命运发生了转折。到了20世纪末，纽约市长报告到，作为世界经济的一个"指挥中枢"，纽约市直接上缴给联邦政府的年度税收达60亿美元（纽约市城市规划部，1999）。

　　其他世界城市可能在与中央政府的关系上也出现过困难，在美国多极城镇体系中，纽约的地位有别于伦敦和东京（当然，人们可以提出，就欧盟背景而言，伦敦目前的地位已经改变了）。从费城到波士顿，然后到芝加哥和以后出现的洛杉矶，国家内部的城市竞争对手一直是纽约发展史上延续下来的论题（图7.1）。在行政区之间具有持续竞争的情况下，州和城市之间的竞争也是十分重要的。在 20 世纪 90 年代，史泰登岛投票脱离纽约市。纽约独特的历史和体制意味着，我们不应该拿纽约作为一种世界城市的"全球模式"（莫伦科夫，2008，p.244）。

　　这一章分为两个部分。第一部分，通过涉及城市 – 区域层面上城市体制和机构的一些争论，去了解多种在城市规划和开发上发挥作用的机构。纽约独特的公共部门和私人部门之间的混合关系对于建设和维持纽约世界城市的身份一直具有重要意义。坎特（2009）把这种体制背景称之为"被管理的多元化"。以纽约为中心的地方政府和较高层面的政府之间存在着区域竞争，这里，较高层面的政府负责处理市场错误和政府间的竞争。坎特提出，这些机构有能力在政治上取得协调，能够在一起工作，例如，建设交通基础设施和大型开发项目。我们将考察城市和区域机构在战略规划中的作用。第二部分，我们将考察两个世界城市建设期间的发展：（a）在 20 世纪 70 年代危机之后，从 1987 年的财政危机到 ".com" 的破产，纽约一波三折；（b）9.11 之后的重建，布隆伯格的特大项目和 2008 年后的萧条。

规划和发展管理

　　1898 年，曼哈顿、布朗克斯、皇后、布鲁克林和斯塔滕岛等比较小的行政区合并成为大纽约市，合并后产生了一个管理局，负责管理美国背景下的建成区和非建成区。这个合并为大规模基础设施规划提供了基础，而这种大规模基础设施建设项目是以所有纳税人获益为宗旨的。这样，在曼哈顿征收到的税收能够在整个城市里得到共享。当然，合并也让地方自主性相应丧失。曼哈顿最穷的市民必须与郊区市民共享曼哈顿的财富。

　　这个城市的章程授予市长实质性的权利。1989 年对这个章程做了修改，增加了市长推翻预算委员会决定的权利。市长控制预算（2008 年，纽约市的预算为 430.9 亿美元）。纽约市 30% 的财政

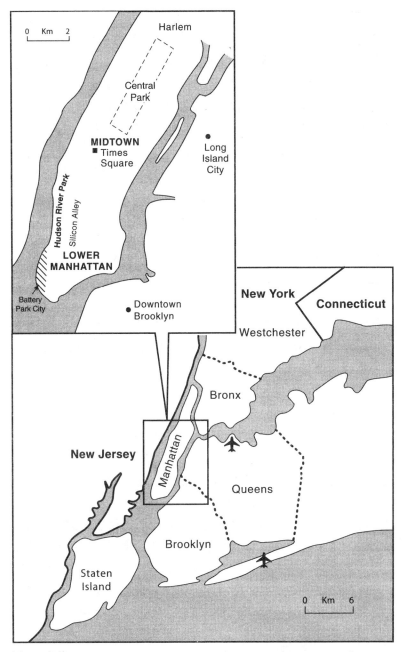

图 7.1　纽约

收入来自州和联邦的补贴，但是，纽约市有着巨大的收入，特别是来自房地产税的收入（约占财政收入的 38%）。税收收入允许市长使用税收起征点来奖励私人部门的开发。但是，当税收收入提高了政府的财政自主性时，预算也随着城市经济而改变。2008 至 2010 年期间，纽约市的财政收入下降了 20 亿美元。与洛杉矶相当"纤细的"管理相比，纽约市政府管理着庞大的公共部门，公共开支远远大于芝加哥的公共开支（莫伦科夫，2008，p.244 和 259）。2009 年，纽约市和纽约州都使用了"联邦刺激"资金来填补它们的预算空白。

在纽约的开发政治历史中，一直都沿袭着强势市长的管理风格，当然，每一位市长都必须把政治界别与开发商的利益以及大规模的、组织起来的公共部门劳动大军的利益协调起来。20 世纪 50 年代和 60 年代，市长林赛（Lindsay）追求重新分配的政策。从 20 世纪 70 年代起，科赫（Koch）市长管理着一些大规模开发项目，但是，他还必须维持城市公共部门工作人员的工资和条件（谢夫特，1985）。20 世纪 80 年代末出现的经济危机伴随着丁金斯（Dinkins）市长的政治领导机构的危机。人们认为，朱利亚尼市长的行政管理标志着与过去再见，当然，莫伦科夫（Mollenkopf，1994）和维哈特（Weikhart，2001）认为，科赫市长和朱利亚尼市长之间的政治支持基础是延续的。在不同的时期，纽约的市长以不同方式管理着商界、选民和大型公共部门的需要。例如，坎特（2002a）从或多或少管理市场力量和选民需求的角度出发，把这些市长们区分为"改革者"和"交易者"。

选举界别是复杂的和变化的（如在布隆伯格市长的选举和在选举中，拉丁裔族选票举足轻重）。工会在政治中发挥着强大的作用，影响到公共住宅、医疗和民权的目标。对大量的高密度市政府所有的住宅实施租赁控制，把纽约与其他房屋所有者自住模式的美国城市区别开来。芝加哥住宅存量的 59% 为租赁房，而纽约住宅存量的 70% 为租赁房，其中一半以上受租赁规则约束。公共住宅政策的基本精神一直延续至今。在 20 世纪 80 年代，纽约在住宅上所使用的财政收入大于 50 个美国城市之和（引自希尔，1999，p.2）。工会影响着纽约的住宅政策，工会也与公共交通费用上涨对抗，工会还力主推进文化方面的投资，如"市音乐与戏剧中心"。工会的力量自 20 世纪 60 年代以来一直在衰退，社会福利开支在城市预算中的比例也稳定下降（穆迪，2007），当然，20 世纪中叶出现在纽约的这种社会民主遗产依然影响着纽约的城市政治。"强势"市长任命所有政府机构的领导。市长还负责任命"城市规划委员会"13 个成员中的 7 个，纽约市"城市规划委员会"负责编制规划和对开发项目提供咨询。这个委员会是在 20 世纪 30 年代修正城市章程后产生的，1975 年，对城市章程的进一步修改允许公众通过"统一土地使用审查过程"（ULURP）参与开发决策。这个社区参与条款构成了纽约开发政治的一个特征。自 1951 年以来，社区规划委员会（59）每年向市议会提交预算说明和服务需要，这类年度报告需要公众听证。社区规划委员会的成员由市议员和区长提名。有关规划和开发的土地使用审查过程要求在提交所有规划前举行公众听证。社区规划委员会能够资助社区开发规划（第197a 款，规划），这一点显示了纽约市鼓励地方积极性的深厚传统（安格提，2008）。社区参与可能让工人阶级社区、跨越阶级的和居民 – 商界联盟参与城市事务，如 21 世纪早期对"西城体育场"建设的抵制（格罗斯和纽曼，2005）。微观层面的社区具有多种途径表达他们的不同观点，发出他们反对的呼声，或者提出他们不同于执行机构的其他计划。当然，精英居民基于他们对他们所在地区的看法可能更有成功的可能（史密斯西蒙，2010），实际上，由执行层面无所作为的领导，或专门从事开发的人士所设置的非正式障碍，常常让社区观点不能得以实现（加德，2004）。

在这个城市政治机制中，同样具有特征的是民间和商界游说集团的作用。"市中心联盟"、"房地产董事会"、"美国建筑协会纽约分会"和"曼哈顿研究所"代表着开发部门的利益，例如，房地产董事会最近对下曼哈顿再开发的参与。许多游说集团共同拥有具有政治影响力的成员，提出无法抗拒的规划和开发观点。有些意见基于长期历史，例如，"城市艺术协会"对1916年分区规划提出的意见，最近还影响到"南街海港"和"时代广场"等大型项目。在游说集团中，"区域规划协会"（RPA）是一个具有比较广泛基础的游说集团。"区域规划协会"的历史可以追溯到20世纪早期。当然，政府和民间团体的关系随着时间也在变化。20世纪早期，强有力的政治领导与"区域规划协会"形成了联盟，但是，最近这些年来，"区域规划协会"把自己看成是市政基础设施的一部分，其功能在于，当政治领导不太可能愿意承担昂贵的基础设施建设项目时，这个民间机构便去敦促区域领导的出现（亚诺，1999）。现在，区域规划协会有1200个会员，领导层中有一半是商界领导人，它的基金来自100个商界领导人（亚诺，p.54），它已经在"美国2050"项目中找到了新的角色，试图监督联邦政府对基础设施的投资。当然，"区域规划协会"的作用可能被夸大了。这个组织并没有权利去执行它所期待的横跨三州（新泽西、纽约和康涅狄格）的区域项目，依然仰仗州和地方官员的支持。"我们很难精确衡量这个协会的影响，因为它的很多观念都是通过与有关领导和决策者私下沟通而发生作用的"（p.55）。所以，"区域规划协会"的影响是间接的。

　　对于商界游说集团，我们能够做出这样的结论，私人部门的力量对公共规划有着强大的影响。公共官员常常表现得十分被动，这一点让西特茨（Sites，1997）对制度理论在纽约的应用有所质疑。制度理论强调了协调的公共部门。正如我们将在这一章的后半部分看到的那样，商界和民间游说集团都插手了最近的大型项目。大型开发项目的私人利益常常得到那些州立或市立机构的支持。州立的"帝国州立开发集团"得到纽约州的大规模补贴，这些开发机构不受监控和通常咨询协商规定的约束，不要求它们的项目与分区规划一致（费因斯坦，2001）。纽约市"经济发展局"享有相似的特权。"公共利益集团公司"（PBCs）代表了一种极力完成任务的制度。规划委员会和城市规划部的正式规划过程相对不那么重要。"公共利益集团公司"在社区委员会参与体制之外独立运作。萨维奇（Savitch，1988）把纽约的政治特征描述为，社团主义、竞争的利益集团和街区协会多元主义之间的一种"混合物"，社团主义是指商界引导规划和"公共利益集团公司"。然而，街区层面上的社区团体并没有形成一种可以维系下来的持续挑战，或形成一种具有足够力量来影响城市层面的联盟。民间团体需要游说市长，而市长对商界领导人的大门总是敞开的，市长对复杂的政治界别作出反应，也对管理具体事务的公共部门作出反应。

当我们把视线移出城市边界，研究城市－区域层面的规划和开发机构，我们可以发现相似的交叉重叠的影响模式。"纽约和新泽西港务局"（PANYNJ）是纽约城市－区域层面的最重要的开发机构。"纽约和新泽西港务局"有 9200 个工作人员和 12 个委员，年收入为 19 亿美元，财政独立，有能力发行债券。"纽约和新泽西港务局"是另外一个时代的产物，20 世纪早期，纽约正处于革新政治的时代，独立的专业当局和合理的规划能够与商界领导结成联盟承担大规模公共项目，直接提高这个城市的经济竞争性，（多伊格，2001）。"纽约和新泽西港务局"成立于 20 世纪 20 年代，从事开挖渠道和架设桥梁的大型工程，服务于港口和企业。"纽约和新泽西港务局"至少到 20 世纪 70 年代一直维持着自己的独立原则和工作方式（多伊格，2001）。随着日益弱化的领导，州长逐步开始直接管理这个局，在一定程度上，挪用它的预算剩余。现在，"纽约和新泽西港务局"的未来还是一个变数。当然，"纽约和新泽西港务局"依然控制着大量基础设施和房地产，例如，"纽约和新泽西港务局"拥有曼哈顿的世贸中心场地。

20 世纪 50 年代，为了应对来自迈阿密、新奥尔良等其他港口的竞争和纽约贸易地位下滑，商界领导与"纽约和新泽西港务局"设想了"世界贸易中心"项目。人们认为，这个项目是振兴曼哈顿中心城区的催化剂。当时，如果开发这个项目，势必会挪用"纽约和新泽西港务局"的一部分储备资金（多伊格，2001，p. 381）。打算在曼哈顿中心区东边开发的一系列计划流产后，这个世贸中心项目又加上了更新连接新泽西的铁路。20 世纪 70 年代早期，采用双子建筑形式的世贸中心在市中心区的哈德逊河边建成。2001年初，"纽约和新泽西港务局"出售了世贸中心的长期租赁权。这个长期租赁权的出售受到了质疑，因为它获得了以税收起征点形式出现的补贴，而且"纽约和新泽西港务局"作为一个国有公司享受比较便宜的电价，随着租赁权的出售，也一并转给了获得长期租赁权的私人。我们以后还会讨论，在世贸中心场地重建上，"纽约和新泽西港务局"、纽约州和纽约市之间存在着错综复杂的关系。

成立于20世纪60年代末的"大都会交通局"（MTA）也是一个跨越州界的公共机构，它负责地铁和郊区铁路的投资计划，能够调动道路收费所得补贴公共交通。但是，"大都会交通局"依赖补贴，而控制"大都会交通局"的纽约州一直勉强给这个局提供补贴资金。任何一种可能的区域层面的交通规划都会受到780个市镇当局和三个州交通部门不同形式的阻挠。例如，纽约州取消了它的通勤税，这笔税收本可以用来帮助"大都会交通局"的投资计划。正如我们将看到的那样，"大都会交通局"所拥有的土地形成了许多大规模开发项目的基础。

纽约市的规划和开发背景是复杂的，由不同层面的管理叠加而成，还有众口难调的界别选民、强势的公共部门、实力雄厚的私人部门，以及目标各异的民间游说集团。现在，我们来考察这些机构是如何在引言中提到的两个世界城市建设时期发挥其作用的。

世界之都的建设和重建

从财政危机到".com"的破产

20世纪70年代中期，纽约深陷经济危机的泥潭之中。有关纽约出现不能承受的债务的解释是，纽约市在社会保障、住宅和教育方面开支过大。例如，阿布卢格霍特（1999）指出，纽约市到目前为止可能也没有落后于其他城市，但是，这场危机削弱了纽约对重新分配的承诺。我们在考虑这个时期时，还需要注意到这样一个背景上的变化，在20世纪80年代，住宅和社会项目不再是联邦政府优先选择的项目了，自 20 世纪 70 年代以来，州政府控制了来自联邦层面的资金。

莫伦科夫和其他一些人强调，纽约市在发展方向上有了根本性的变化（如菲奇，1993）。纽约市把空间焦点集中到了曼哈顿，而这一空间聚焦与把社会开支转变为经济开支相伴而生。科赫市长的方式是以项目为基础的，支持把曼哈顿开发成为一个世界城市场地。科赫市长通过规划委员会推行他的主张，提供免税和分区规划奖励等激励措施。纽约市的审计长和持不同意见的人们指出，时代广场项目的减税额高达 6.5 亿美元，办公建筑超出分区规划要求的 100%，分区规划奖励远远超过公共设施项目所获得奖励（莫伦科夫，1994）。科赫市长还给商界提供了税收豁免，例如"大通曼哈顿"（2.35 亿美元），因为"大通曼哈顿"声称它可能离开曼哈顿。所以，科赫行政当局以多种方式支持和补贴了这类银行大佬。

"炮台公园城"（BPC）的开发能够很好地说明曼哈顿在 20 世纪 80 年代的复兴。这个办公和住宅的大规模开发场地是使用世贸中心场地挖掘出来的土壤，沿哈德逊河填埋而成的。"炮台公园处"这个公有机构负责这个项目。虽然对这个项目提供的新开放空间性质有着不同的看法，不过，到了 20 世纪 80 年代中期，人们还是认为这个项目是成功的。"炮台公园城"的成功带来了相当的收益。这个项目的收益为纽约市其他地方的经济适用房提供了资金。通过"炮台公园城"未来收益而发行的债券，纽约市在南布朗克斯和中哈林地区建设了新的公共租赁住宅。在 20 世纪 80 年代末的经济萧条中，"炮台公园城"的资源直接进入了纽约市的总资金库中，而这个财政资源的使用一直在纽约市和纽约州之间争论不休。布隆伯格（Bloomberg）市长希望把这个收入用到他 2007 年建立的 4 亿美元的"经济适用房信用基金"中，但是，纽约州则要求用这笔资金来填补它的 140 亿的预算赤字。

这种通过设立专门机构做经济开发的模式在时代广场的重建和振兴再次得到使用。如何重建时代广场的观点大体分成两种，一种观点主张推倒重建，另一种观点认为，新的时代广场旨在消除纽约市这个藏污纳垢的部分，创造"奥兰多郊区"的"世界之都"（阿普尔波米，2001）。菲奇（Fitch，1993）提出，改变曼哈顿西部地区分区规划的压力直接来自纽约的银行、保险和房地产等产业，这种分区规划变更旨在推进商务办公开发，而纽约的银行、保险和房地产（FIRE）都站在这个新规划的背后："银行、保险和房地产业的精英们引领着这个城市，包括从微观上管理着开发区位，分区规划奖励和免税"（1993，p.153）。菲奇提出，"市中心"分区规划是对房地产所有者希望这个地区中相邻土地价值上升的直接反应。"洛克菲勒兄弟基金"以提供资金的方式帮助纽约市完成新的分区规划。

时代广场 ① 的开发机制是合伙制，"第 42 街重建公司"就是"纽约州开发公司"、"纽约市经济开发公司"和私人合股人出资成立的合伙制公司。这个公司的计划必须克服若干障碍，包括居住社区需要受益。"第 42 街重建公司"最终从市政府获得了住宅补贴，当然，这笔补贴不是从私人合股人那里勒索而来的（费因斯坦，1994）。除了土地使用分区规划和提高建筑密度外，纽约市还能以免税作为刺激重建开发的手段。估计最初的计划免税 510 万美元而产生 6.5 亿美元的收益（费因斯坦，1994）。时代广场重建项目在 20 世纪 80 年代的萧条中暂时停顿，而朱利亚尼市长上台后再次启动。朱利亚尼与他的前任一样，使用税收奖励、分区规划和公共公司干预的混合方式支持开发市场。当经济复苏后，时代广场重建进入第二阶段。这个成功的项目成为"世界之都的心脏"（城市规划部，1999）。在赖克尔（Reichl，1999），艾克豪特（Eeckhout，2001）和费因斯坦（1994 年，2001 年）等人的著作详细叙述了这个项目的历史。在这种新的气候条件下，经济也走出了萧条，时

---

① 时代广场，亦称时报广场（Times Square）是美国纽约是曼哈顿区的一个街区，中心位于西 42 街与百老汇大街的交会处，整个地区范围东西向在第六大道和第九大道之间，南北向在西 39 街和西 52 街之间，占地 5.2 公顷，构成曼哈顿中城西部商业区。有关时代广场改造，请参看本章末尾译者附录。——译者注

代广场的重建突飞猛进。大约在 1996 年，时代广场地区有过对商业使用的"竞标狂潮"。在 42 街项目负责人看来，"这条街道已经逆转了它的方向……如果我们把 42 街看成一个棋盘的话，那么 42 街很像"大富翁"①（《纽约观察》，1996 年 7 月 29 日，p.1）。时代广场给纽约市带来了大量的游客。现在，纽约把自己推销为"世界商业和旅游之都"。

除了时代广场，在 20 世纪 90 年代早期，市长的关注点是市中心和编制一个"下曼哈顿振兴规划"（这个规划由商界领导的"市中心下曼哈顿协会"和市政府的公立机构"炮台公园处"出资），这个规划旨在鼓励零售和服务开发与居住功能转换。市长并不希望搞一个正式的规划，而是与商界团体一道以开发奖励的方式合作。新市长放弃了丁金（Dinkin）的"下曼哈顿规划"（1993）和"下曼哈顿城市设计规划"（1994）。在下曼哈顿并不需要这类正式的规划，市长取消了经济部门规划，由主管经济开发的副市长和纽约市"经济开发公司"集中精力协商补偿方式。市长鼓励商界留在纽约。在 1994 年至 2000 年，市政府大约免除了 20 亿美元的税收，这些公司包括"纽约股票交易所"（每年都威胁迁移到新泽西去）、"贝塔斯曼集团"和"时代华纳"等。

在这个时期，正是"新经济"产生了所需工作岗位的增长。互联网的工作岗位从 1997 年的 10.6 万人增加到 2000 年的 25 万人（普雷斯丁，2000）。当西海岸继续支配着新媒体技术开发时，纽约则发展成为一个新媒体的内容中枢。新媒体的增长是与旧媒体、可以使用的资金和可以使用的便宜空间等方面相关的。20 世纪 80 年代末和 90 年代初的经济下滑留下了空闲的空间，于是，纽约"硅巷"便沿着百老汇大街，从熨斗地区一直发展到苏荷地区，那里聚集了纽约新生的互联网和新媒体企业。在 1997 年至 1999 年，新媒体企业数目翻了一番。1994 年，"纽约新媒体协会"（NYNMA）

---

① "大富翁"，英文原名 monopoly，是一种多人策略图版游戏。参赛者分得游戏金钱，凭运气及交易策略，买地、建楼以赚取租金。最后只得一个胜利者，其余均以破产告终。——译者注

这样一个企业游说团体仅有 8 个成员。到了 2000 年，"纽约新媒体协会"已经有了 7000 个成员，包括艺术家、律师和其他一些人士，形成了新媒体网络（英德加德，2001，p.118）。在这场繁荣中，纽约市的角色是调集它熟悉的手段。纽约市与"纽约市中心联盟"合作，奖励建筑改造项目。当然，对于新媒体产业来讲，更重要的是获得曼哈顿的其他资产 – 风险投资，而不是纽约的开发措施。英德加德（Indergaard，2001）对这个过程做了详细的研究。".com"产业的繁荣可以通过新媒体和风险投资的联系从一个方面得到解释。例如，"theglobe.com"最初每股市值仅为 9 美元，而股价上涨最高时，每股市价达到 97 美元（英德加德，2001，p.129）。这种公司股票首次上市的成功增加了"硅巷"的信誉，许多小公司越来越不在意它们在互联网市场上的位置，而更多地关注金融市场。1999 年，大约有 34 个公司股票上市，一年创造的工作岗位达到 8 万个。于是，熨斗地区房屋空置率下降，而那里的租金飙升。新媒体的资金取代了印刷业和制衣业的工作，纽约的"肉制品包装区"几乎每天都出现新的餐馆。风险投资从 1995 年的 4950 万美元发展到 1999 年的 5.36 亿美元。由公司股票上市创造的股权成为企业间交易的一种货币。大约到了 20 世纪 90 年代末，"纽约新媒体协会"总结了把风险投资吸引到互联网产业的过程，"因为人类的贪婪、欲望和竞争而感谢神"（引自英德加德，2001，p.136）。2000 年 4 月，这个".com"泡沫破灭了。

然而，在曼哈顿这个"创意走廊"中的这场繁荣和纽约市积极推行高档化而导致的房地产价格上涨的确逼走了一些企业，它们到那些城市中心之外的地区另谋生存空间。纽约市通过它的"数字化纽约市：与世界联系起来"项目设想了横跨纽约市的若干新媒体区，利用纽约在这个产业中的国际和国内优势开发新的地区。这个项目给企业提供较低的市场推广费用、较低的房地产税。当然，对城市外圈几个区的一个影响是，赶走了那些已经从曼哈顿迁出来的企业。纽约市政府的工作是把土地、固定的分区规划和交通都衔接起来。通过把房地产出售给私人开发商以回收成本。建立新媒体区的目标地区包括布鲁克林的市中心区，皇后区的长岛市，以及"数字城市"目标中选择的其他位置。那些已经在曼哈顿以外地区建立起来的新技术企业，已经使用了生活在那个地区的有训练的劳动力（格拉斯，2003）。这个新经济在纽约的其他区创造了它们的"滩头阵地"（英德加德，2009，p.1073），高档化随后进入了布鲁克林的街区。在21世纪的最初10年里，曼哈顿创造性走廊开发的新阶段扩大了纽约市中心和周边地区之间的差距。在1996年至2005年，曼哈顿区的工资上涨了40%，相对比，布鲁克林区的工资下降了1%。随着互联网产业的发展，街区簇团对其他创新部门来讲十分重要（莫洛特奇，2009；威廉姆斯，2010），当城市与旅游业相关的艺术产业从曼哈顿核心区迁至东边的威廉斯堡和北边的哈林时，街区资产变得重要起来了（格拉斯，2008）。在20世纪90年代，哈林再次成为旅游热点。我们能够在曼哈顿的其他地方看到与艺术相关的开发，它们为纽约外围几个区的更新提供了一种模式，好的画廊比起减贫项目更能够有效地改变这个城市。在哈林的案例中，哥伦比亚大学计划在125街建设一个校园外的公共艺术综合体，前总统克林顿把他的办公室建在那里，进一步提高那个地区的房地产价值。但是，哈林的复兴不是没有冲突的（凯利，2009）。按照一个地方活动分子的意见，"无论人们可能说出什么不同来，除了变得更'白'以外，还有一个极端让人忧虑的是，哈林将变得档次越来越高，而不是欢迎更多工人阶级家庭的地方"（引自哥普尼克，2002，p.84）。使用来自联邦政府"纽约增加动力分区"的资金有助于发展和振兴哈林。税赋奖励和开发赠予的结合支持了整个城市一些部分的高档化，高档化在20世纪60年代社会动乱之后已经放弃多年了。纽约市和地方社区开发公司乐于出售住宅，获得房地产价值上升的收益，为满足地方需要而建设住宅的投资减少。如果以市场导向的振兴在哈林的一些地方是成功的话，那么，纽约市政府提出，住宅补贴可能转向布鲁克林地区和布朗克斯地区。

纽约的世界城市建设具有独特的方式。市长通过分区规划，特别是通过调整征税点来支持和奖励开发。一些有针对性的目标支撑着特定经济部门的增长。正如我们已经看到的那样，大型项目还是依靠州里的开发机构的，它们能够购买土地和重新包装后用于开发。历任市长已经发现鼓励高档住宅和高档化要比增加社会公共住宅容易很多。低成本住宅的保有量随着低收入家庭的实际收入上升而衰退。社会公共住宅补贴的变化特别有力地影响着纽约市，而问题集中在不多几个街区。在依靠公共帮助的所有家庭中，有 1/3 居住在纽约 55 个街区中的 9 个街区（施瓦茨和维达尔，1999，p.249）。在世界城市建设的下一个阶段，布隆伯格市长在住房问题上采取了新的更具干预性的立场。

重建、特大型项目和生活质量

布隆伯格在他担任市长的第一年里就宣布了一个合计 75 亿美元的"新住宅市场计划"，以期给中低收入的家庭提供多种经济适用房（NYCDHPD，2003）。2005 年，这个计划进一步扩大，计划通过纽约市的多种补贴机制，到 2014 年，提供 16.5 万个住宅单元。到 2010 年为止，已经完成了 10 万个住宅单元。但是，当新增新的经济住宅单元时，其他公寓失去了补贴，自 2003 年以来，已经失去了 20 万个提供给低收入租赁者的住宅单元（费尔南德斯，2009）。当金融危机削弱了一个房地产投资财团，"铁狮门"（包括作为小投资方的"英格兰教会"）以 54 亿美元买断曼哈顿的史岱文森镇租赁控制性住宅时，才暂停了那里租赁控制性住宅总量的下滑（卫报，2010b）。2007 年住宅市场崩溃引起的取消抵押赎回权也给市民的负担能力致命一击。在 2008–2009 年期间，有 15 万个住宅抵押单元，它们大体集中在黑人社区，次贷市场严重冲击了这些住宅（纽约时报，2009a）。市场力量对纽约市留住中产阶级居民的能力构成巨大挑战。

与原先几任市长所采取的方式相比，布隆伯格市长的住宅战略规划是创新的。从 2007 年制定的"纽约 2030"（PlaNYC 2030），我们可以看到布隆伯格市长走得更远，这个战略规划旨在"改善我们的环境,建设我们的经济,提高生活质量"。这个战略规划预计,在交通、供水和功能等基础设施面临挑战的背景下,纽约的人口将保持大规模增长。就气候变化来讲,纽约的居民可能容易受到"热岛效应"以及热浪的影响。这个"可持续性"战略规划与"住宅战略"和"五区经济机会规划"结合在一起。纽约市提出,在实现这些战略目标中,分区规划是一个关键规划工具。

　　城市规划的100个调整后的分区规划已经为可持续发展创造了一个蓝图。这些调整后的分区规划在公共交通枢纽附近提供了住宅和工作机会,同时,通过更新沿用了几十年的分区规划保护较低建筑密度和依赖私家车出行街区的规模,维持纽约市居住街区的多样性特征。(市长办公室,2009)

　　纽约市政府认为,街区生活质量问题是与气候变化问题和经济等问题并行的另一个问题。所以,布隆伯格有个"百万树木"的项目。通过建设新的公园提高纽约市的绿色基础设施。2006年,纽约市开始了一个绿色项目,即在曼哈顿西边不再使用的"高线"铁路沿线空间建设一个带状公园,这条废弃铁路曾经为沿线工厂提供运输服务。2001年,一个社区抵制行动反对最初拆除这条铁路线的计划,并获得了后来担任纽约市规划委员会领导人的支持。

　　另外一个更大的公园项目是,从城中地区开始,沿哈德逊河,直到下曼哈顿地区的"哈德逊滨河公园"。这个项目是在1999年开始的。占地550英亩的"哈德逊滨河公园"是一个"世界级的公园"(纽约州,1998,p.2)。这个哈德逊滨河计划有着很长的历史。萨维奇分析了这个项目的早期历史(1988,pp.51ff),他认为这是纽约的政治里程碑。当港口运输交由迈阿密和其他地方之后,滨河使用废弃了。基础设施衰败,1973年,在一辆卡车从米勒高架公路上掉下来之后,这条米勒高架公路不再使用。纽约州提出,在填埋起来的沿河地区重新开发6道的公路,开发高层建筑和公路之上的开放空间。1982年,环境保护团体反对这项开发计划,

1985 年，环境保护团体再次反对这个计划，所以，州政府最终放弃了这个开发计划。居民抵制建设和商业开发行动的成功，并非基于对居民本身的生活环境的影响，而是基于对条纹鲈鱼生活水环境的影响。当这个开发计划放弃后，滨河地区的维护责任交给了"河流公园协会"。1998 年，纽约州议会通过法律建立了一个管理信托机构，提出了土地使用和开发指南。计划中从炮台公园到 59 街的这个滨河公园覆盖 550 英亩土地，包括 13 个 1000 英尺长的码头。这个公园的第一段已经在 1999 年开放。

"哈德逊滨河公园信托"（HRPT）有一个 3.3 亿美元的预算，用来建设一个自我维持的公园，即这个公园能够产生足够的收入来满足维护需要。码头上一些现有的商业使用继续保留。"哈德逊滨河公园信托"是根据特殊法令控制的，特别是针对土地使用的，批评者提出，"哈德逊滨河公园信托"是不受约束的。反对者强烈要求对这个项目展开公开听证。在 1998 年的听证中，有 86 个公众发言代表。这些反对者之一，"保护格林尼治村滨河区联盟"，把这个项目描述为"开发 + 公园：大商业开发，夹杂若干小公园"（引自戈弗雷，2000，p.57）。"保护格林尼治村滨河区联盟"提议了一个完全没有商业开发的"哈德逊河上的绿色格林尼治村"计划。生活质量规划一定是充满争议的。沿着这个方向，2000 年以来的生活质量规划已经看到了一系列大型项目，这些项目都有可能影响到纽约的发展。大型项目也展示了这个城市具有特色的规划方式。我们特别关注了下曼哈顿和曼哈顿以西地区的诸种规划，布鲁克林大西洋码头规划。

2001 年 9 月的恐怖袭击摧毁了市中心 120 万平方米的办公空间并损坏了 157 万平方米的建筑空间。更大范围的曼哈顿地区受到了波及。零售和旅游导向的商业活动均受到了打击。世贸中心包括了美国第五大的购物中心。苏荷街区的购物和唐人街的经济均受到了影响。旅游消费在 2001 年下降了 10 亿美元。3400 名酒店工作人员被解雇（费因斯坦，2002），随着外国游客量的下降，旅馆的入住率下滑。艺术部门因为访问者下降而失去了相应的收入。炮台公园城的居民转移了，那个地区随着丧失了地铁线而与城市分割开来。刚刚出现在这个居民区边缘的为数不多的地方服务业消失了。一些办公室从市中心临时迁出，到纽约城市区域的其他地方寻找落脚点，有人认为这是一种分散化城市区域的新形式。大都会交通局曾经有过一个计划，把区域就业中心与好的公共交通连接起来。"区域规划协会"1996年的区域规划也支持这种思路，重新把注意力放到区域中心镇，在紧急情况下，有些地方显然对金融部门的入驻是有吸引力的。"区域规划协会"的规划使用"面临风险的区域"为题。这种在20世纪90年代想象的风险是国际和国内竞争、环境和其他失控的区域增长。新泽西的办公空间多于亚特兰大或大波士顿都市区，这些办公空间在具有某种保证商务计算机系统安全的电网系统中。重要的问题是，当下曼哈顿恢复重建完成后，那些迁出的办公空间租赁者是否还会返回到下曼哈顿。当然，许多年以来，市中心和其他办公空间区位之间的关系一直在变化中。中城地区有许多公司总部，在20世纪90年代中期，中城地区拥有纽约50%的金融和保险业就业岗位（格拉斯，2001）。正是那里的大量办公室租赁者从市中心迁出了。除了中城地区外（65%），新泽西也是当时最时兴的办公入驻点（17%）。这些数字似乎不会证明使用补贴就一定能够留住曼哈顿的办公空间（事实上，新泽西和威彻斯特当时确实以补贴诱导公司离开曼哈顿），新泽西的新建筑增加了纽约市失去办公空间的担心。纽约市提出了留住这些公司的办法……市长提议，在下曼哈顿入驻的公司，按每个就业者5000美元的方式获得补贴，外加免税的重建债券。

对市中心就业岗位减少的第一反应是，以一种大家都熟悉的给私人部门以补贴的战略。重建过程的管理也遵循熟悉的途径。纽约规划的优先选择是重建曼哈顿中心区和曼哈顿整个地区的信心。对于失去的278万平方米建筑空间，规划师建议，至少需要新建92万平方米建筑空间来给市中心的商务中心留下不可再少的规模。

在2001年的最后几个月里，若干熟悉的私人团体一起提出了一个重建计划。这个"纽约市基础设施工作组"包括"纽约市合作伙伴"、"纽约房地产董事会"和"美国建筑协会纽约分会"，这个工作组与市长、世界贸易中心的租赁户等举行会谈。当然，重建的领导还是纽约州的州长。州长控制的港务局是世界贸易中心场地的所有权拥有者。重建的另外一个重量级推手是大都会交通局，而这个部门仍然是纽约州州长控制。所以，毫无悬念，最好的再开发机构还是州立投资建设的"帝国州开发公司"。2001年末市长交替期间，纽约州的州长任命了"下曼哈顿开发公司"（LMDC）的领导和成员。纽约市有其贡献，但是，并非最重要的角色。市长朱利亚尼曾经想象过一个由市里领导的开发机构，也看到了这个机构要求制定专门法令使其具有它所需要的宽泛权力。

"下曼哈顿开发公司"不仅仅是为世界贸易场地制定规划，实际上，还包括下曼哈顿的广大地区。"下曼哈顿开发公司"当时征集休斯敦街以南广大地区和整个唐人街的规划。需要新观念去"点燃整个下曼哈顿的复兴之火"（LMDC，2002）。"下曼哈顿开发公司"当时的行动颇似一个规划机构，纽约市规划部紧随其后。

然而，"下曼哈顿开发公司"的最大问题一直是场地规划和满足替代丧失的办公空间的需要。世界贸易中心场地的最初提议受到了来自公众和其他公共部门的批判。"下曼哈顿开发公司"修正了它的提要。新的计划提出需要建设92万平方米的办公空间去替代这个场地所失去的空间。混合使用可能更为灵活一些。建筑竞争吸引了国际建筑师参与总体规划过程，但是，总体规划和需要替换办公空间的需要之间存在不同意见。重建看上去比重新规划更重要。当然，问题是一个非选举产生的为某种特殊目的而建立的政府机构承诺更新旧城中心，这样的机构几乎不是某种规划机构，而只有规划机构才能重新思考纽约的未来（坎特，2002b，p.125）。

如果通过开发公司管理大型项目是一个熟悉的纽约市规划过程，那么这种过程总是伴随着围绕如何开发下曼哈顿在社区和开发商之间的争斗。与其他民间游说团体一道，"区域规划协会"（RPA）和"市艺术协会"支持75个社区、环境、社会和商界团体组成的

"民间联盟"。这个"民间联盟"所关切的事务扩张到社会、经济和环境公正问题，重建必须与"全球中心、区域枢纽、多样性社区"的需要综合协调起来（民间联盟，2002，p.3）。另外一些团体积极致力于规划一个纪念场地。当然，"下曼哈顿开发公司"采取了一定尺度的市场推广，其首选目标是重建世界贸易场地。大规模的公众集会（4000纽约人参加的一个论坛）审查了国际建筑竞争所产生的模式，但是，"下曼哈顿开发公司"支持租赁业主规划和重建商业空间的权利。

这个空间位置上不太坚挺的办公空间需要和"下曼哈顿开发公司"以及双塔建筑的租赁业主（拉里·西尔弗斯坦）之间不断发生的争议使得重建步伐十分缓慢。租赁业主西尔弗斯坦（Silverstein）的计划提出增加三个新的高楼，在2003年，三个新高楼的建设面积达到70万平方米，而银行和其他租赁者正在让那个地区现存的办公空间空闲起来。2008年的经济危机进一步引起了有关开发时间和需要从港务局获得的公共资金的数额的协商（巴格利，2009）。火车站的重建也推迟了，在2001年至2009年期间，富尔顿街交换中心的建设费用翻了一番。大都会交通局计划使用"联邦刺激"基金来重启这个项目。由州政府、港务局、大都会交通局和房地产利益攸关者形成的初步联盟可以看到纽约的"受控的多元化"。但是，市场已经拖延了下曼哈顿的重建计划。当然，重建纽约市中心的重心和这个城市所面临的财政问题并没有阻止纽约对主办2012年奥运会的竞争。

奥运会大型建筑项目包括围绕雅各布·贾维茨会展中心的奥林匹克运动场，它地处林肯隧道西侧（参见纽约市规划部，2003）。在20世纪90年代，朱利亚尼市长曾经关注哈德森船厂场地，希望把那里变成纽约洋基队的新的运动场。这个计划没有成功，但是，纽约市当时提出了基于哈德森船厂场地综合分区规划的开发建议。重新制定的分区规划将允许出现大小仅为3.7平方米的办公室，雅各布·贾维茨会展中心扩展的大量居住开发以及新的体育场。这个可能建设的体育场是为申办2012年奥运会提出的。但是，为什么"世界之都"要去争办奥林匹克运动会？也许，答案很简单，如果其他的世界城市巴黎和伦敦正在竞争，那么纽约就必须加入这个竞争中去。更为重要的是，这个竞争将推进一些大型基础设施项目，包括曼哈顿的哈德森船厂场地，新的地铁线路和滨水地区的再开发。这些项目的建筑费用是巨大的，例如，这个体育馆的建设费用大约在10亿美元。把7号线火车延伸至这个运动场的可能高达20亿美元。哈德森船厂场地的开发大约要使用4亿美元用于覆盖铁路场地。

"西城运动场"规划遭到了反对，催生了社区和地方创意部门。赫勒斯基钦社区以及附近的百老汇剧场社区提出了城市遗产保护和生活质量问题。反对者来自于娱乐部门、房地产部门、居民社区、小企业、制造业、地方劳动力和市议会成员。他们提出，这项混合使用开发应该包括地方居民公用设施，提高公共空间水平，混合收入者的住宅、小企业用房和这个地区制造业厂房的历史性保护等内容。"有线远景"集团和所有者以及附近的"麦迪逊广场花园"发起了一个大型广告宣传战，使用法律手段反对大都会交通局和纽约市政府（格拉斯和纽曼，2005）。这些团体联合起来能够延缓这个开发，当然不能阻挡或更改这个开发。竞争奥林匹克主办权的失败实际上是来自较高层面的政府的阻挠。大都会交通局拥有这块土地，用于这个项目的公共资金需要保障，土地需要变更，这两方面均需要州政府的批准。纽约州政府不同意这个奥林匹克运动场的建设计划。但是，管理经济开发的纽约市副市长依然看好这项开发，提出随着开始于2005年的交通改善，从长期的角度看，这项开发"会使这个地区更具有投资吸引力"，曼哈顿这个地区的未来远景是现实的（引自鲍尔斯，2003）。当市场在2001年受到冲击而在2008年再次停滞的情况下，通过更新分区规划制定的规划的弱点是，在这个城市里制造出了相互竞争的办公空间开发。

没有奥林匹克运动场建设的刺激，混合使用哈德森船厂场地的再开发依然随着地铁7号线的扩大而改善了通行性。随着公共交通改善而产生的开发确认了"纽约2030"战略规划的原则。同样，纽约市的大型开发项目有助于实现这个战略规划所提出的经济适用方建设的目标。在布鲁克林区的大西洋终点站场地，投资49亿美元的再开发项目承诺建设2250个经济住房单元。对这个项目的批评意见是，这个包括8英亩公共空间的建设推迟了公众的收益，而公共投资却增加了（《纽约时报》，2010）。制定最初建设计划的建筑师也证明，这个纽约的形象工程太过昂贵，2008年后，这个项目的经济目标在规模上削减了。

结论

通过大型项目实施的重建过程展现了城市实际完成某些工作的熟悉的途径。商界对此具有很大的话语权。但是，公共部门必须做出实质性的干预，如通过政府投资的公共开发公司，修订分区规划和各类政府奖励来进行实质性的干预，保证战略规划得到贯彻实施。由政府机构领导的开发过程一般能够凌驾于正常规划程序之上。在多种民间团体和社区团体间有机会进行公开的辩论。在纽约，建设世界城市的方式依然是通过项目展开的。能够调动再开发和更新项目背后的公权力标志了纽约的成功。这种独特的开发政治是在项目尺度上展开的。正如我们已经看到的那样，在一些情况下，社区的声音能够释放出有效的反对意见，暂缓项目的展开或争取受益。例如，有关"大西洋场地"项目的"社区收益协议"设定了经济型住宅建设和社区获得其他收益的进程安排。最近这些年，通过分区规划和项目，较大范围的战略规划已经落实到了项目规划和分区规划中。布隆伯格市长的"纽约2030"战略规划和"住宅市场位置"都把项目纳入广泛的目标、基础设施规划的背景和提高生活质量的雄心壮志之中。当然，除开这种城市尺度的目标外，在一些时候，虽然区域利益掌控着基础设施的建设，然而，区域协调依然还是一个弱项。例如，投资87亿美元的从新泽西进入曼哈顿的ARC铁路隧道，把州政府、港务局和联邦政府的投资结合到了一起。但是，2010年，纽约州撤销了对此项目的支持，在所有层面上，还是存在对未来项目投资做出保障的问题。例如，"美国复苏和再投资法"可能帮助填补一些短期的预算空白，但是，港务局从桥梁和隧道收取的过路费正在下降，从出租办公室所获得的收入也在下降，所以，这些都限制了港务局对下曼哈顿重建提供资金的空间。更一般地讲，大都会交通局不能够保证"纽约 2030"提出的交通基础设施计划，而这类计划对未来生活质量的提高具有实质性的意义。城市自身不能保证供水和垃圾处理基础设施，而这些均是维系可持续发展未来的支撑点。"纽约 2030"假定了未来的人口增长。纽约市对未来移民的规模或贫富分化几乎没有多大的影响。正如阿布卢格霍特总结的那样，

> 全球化已经提高了纽约作为"世界之都"的作用，但是，我们还必须认识到，全球化已经让这个城市在世界经济中的运行力量更为脆弱（1999，p.320）。

第八章

挑战纽约世界城市支配性地位：多伦多、芝加哥还是洛杉矶？

　　大约在19世纪早期，纽约曾经是北美地区的最大城市，与欧洲有着支配性连接。纽约持续领先于竞争对手。在接受欧洲移民、银行业和进口以及展示欧洲文化等方面举世无双的作用，让纽约在北美大陆上拥有了独特的地位。没有哪个地方能够与纽约匹敌。这种独特性并非总是能够在纽约这座城市和国家的首都之间处于愉悦的关系，随着时间的推移，其他的竞争对手已经浮出水面。我们在这一章里讨论纽约市支配性地位所面临的可能挑战。芝加哥和洛杉矶这两个城市在商业和文化上对纽约都具有竞争性，当然，这两个城市在发展上相隔一代之遥（阿布卢格霍特，1999）。在一个时期，芝加哥支配了北美大陆的贸易，洛杉矶则在20世纪夺取了新媒体文化领跑城市的地位。在城市史上，这两个城市都是新城市观念的源泉，影响着认识城市的多种方式（参见蒂尔，2002）。

　　正如我们在第六章中所概述的那样，过去30年，区域地理已经发生了改变。在这个时期里，出现了多种确定领跑城市的方式。例如，皮尔斯（Pierce）等（1994）引述了"美国国家研究协会"在20世纪80年代的研究，这个研究认定纽约、洛杉矶、芝加哥和旧金山为"四大城市"。最近，旧金山与纽约竞争2012年奥林匹克主办城市，以致纽约的市长称旧金山为"非常精致的小城镇"（纽约时报，2002a），而在芝加哥争办2016年的奥运会时，旧金山再次落选。阿布卢格霍特在她的著作（1999）中明确提出，纽约、芝加哥和洛杉矶市是"美国的世界城市"。我们已经在上一章里探讨了纽约，现在，我们再考察其他两个城市的城市规划。

　　在美国之外，多伦多的作用已经从加拿大的经济和文化之都变成为一个充满活力的世界城市。就金融服务业的就业岗位来讲，多伦多仅次于纽约而成为北美的第二大金融城市，就表演艺术来讲，多伦多在全球层面的排位为第三，仅次于伦敦和纽约。我们将考察多伦多近年来在规划方面的进展。北美新经济地理也改变了美国南部城市的地位。墨西哥城的人口已经达到 1800 万，按照彼特·霍尔（1984）的世界城市排序，墨西哥城是北美区域中最大的城市集聚群。我们将考察有关墨西哥城在全球网络中作用的相关争论，突出讨论北美区域这个特大城市的规划问题。我们从多伦多开始，然后依次讨论墨西哥城、芝加哥和洛杉矶。

多伦多：世界上最具文化多元性的城市

就金融、保险和房地产的就业岗位而言，多伦多 ① 在北美区域

---

① 多伦多市是加拿大人口第一大城市和北美第五大城市，加拿大的金融中心，当然也是多伦多都市区和大多伦多地区经济、文化和政治中心。整个城市南北 20 公里宽，沿安大略湖东西 43 公里长，辖区面积 630 平方公里；2006 年统计人口为 250.3281 万人，人口密度每平方公里 3972 人，地区编码为 416。这里之所以提到地区编码是因为当地人十分看重地区编码，在多伦多市里使用这个编码，而多伦多大部分郊区地区则使用 905 的地区编码。
　　大多伦多地区（Greater Toronto Area，GTA）是包括多伦多市、约克区域、皮尔区域、达拉谟区域、哈尔通县以及欧萨瓦 – 威比地区和柏林通市在内的一个统计地区。2006 年，大多伦多地区的统计人口为 555.5912 万人，土地面积 7125 平方公里。
　　"多伦多都市区"（Census Metropolitan Area，CMA）是加拿大统计中的另外一个概念。欧萨瓦 – 威比地区和柏林通市不在多伦多都市区统计之列，这样，多伦多都市区的人口为 511.3149 万人，其中郊区人口 260.9868 万，占都市区总人口的 51%；多伦多都市区的土地面积为 5904 平方公里，建成区面积 1749 平方公里，占统计区面积的 29.6%；如果减去多伦多市区 630 平方公里，郊区本身的建成区面积已经达到 1119 平方公里，占郊区总面积的 21%。
　　从就业和现代交通网络的发展来看，多伦多市之外的上述地区已经形成多伦多市的远郊区。当然，无论就"大多伦多地区"还是"多伦多都市区"而言，其辖区内的绝大部分土地为农田、森林以及 3 个由绿带保护起来的大规模自然保护区。当然，低密度的城市发展正在沿交通走廊向广袤的农业地区和生态敏感地区蔓延。
　　大多伦多区域周边还有几个重要城市地区，它们距多伦多 CBD 大约都在 1 小时行车里程内，如汉密尔顿、圣凯撒尼亚 – 尼亚加拉和克琴纳 – 沃特鲁。尽管它们在统计上既不属于多伦多都市区，也不属于大多伦多地区，而是属于一个叫做金马掌的都市统计区里，然而，它们在经济、社会和城镇体系发展上与多伦多市、多伦多都市区或大多伦多地区都有着相当紧密地联系。如果把它们计算在一起的话，多伦多地区的总人口高达到 617 万，接近加拿大总人口的 20%。当然，我们这里只使用"大多伦多地区"的统计资料。——译者注

中仅次于纽约，位居第二位。多伦多是北美第三大零售中心，具有芝加哥和洛杉矶之外的最大工业建筑空间面积，也是一个主要文化中心，在表演艺术上，地位仅次于伦敦和纽约，而在电影生产上居于第二或第三位（大多伦多地区工作组，1996）。就经济和文化来讲，多伦多是加拿大的领跑城市。日益增加的社会复杂性，在街区之间和街区之内的新的社会和民族差别可以凸显我们把这个城市称之为世界城市的依据（沃克斯，2001），所以，到20世纪末，这个城市能够说它自己是"世界上最为多元文化的城市"（转型团队，1997，第四部分，p.1）。如同美国典型城市一样，多伦多吸引了移民，而且经历了较低层面服务业的增长，而在失业和就业不足上，更像欧洲（沃克斯，2001）。多伦多也有长期的大都市体制上的改革史（拉奥，2007），正如我们将看到的那样，寻求正确的管理体制也是一个世界城市管理的重要部分。

　　"美国和加拿大自由贸易协定"和"北美自由贸易协定"对多伦多的领导地位构成挑战和激励。多伦多的经济地位是建立在它在加拿大东西贸易中的角色之上的。自从20世纪90年代早期以来，在北美区域内部打开边界意味着，东西联系可能不再像它的南北联系那样重要了。多伦多的国际区域地位是强有力的，相邻的美国城市也因为国际功能而青睐多伦多。这个城市能够看成坐落在区域经济三角的一个点上，与巴法罗（纽约州）和底特律（密歇根州）相连。国际化使得更多的移民到达多伦多，但是，作为北美自由贸易协定的一个结果，多伦多也失去了一些训练有素的劳动力，他们迁移到了美国（库尔谢纳，2000）。多伦多的国际功能对新的基础设施建设产生了压力，例如新机场或供区域商品运输的公路建设大体需要44亿加元（凯尔和杨，2008）。正如凯尔和杨（Young）所说，

　　　　多伦多区域战略性地坐落在铁路和道路网络的交汇点上，它与北安大略及西加拿大相连，与魁北克和大西洋沿岸的加拿大城镇相连，也与美国和墨西哥相连。从交通的角度看，

多伦多区域支配着加拿大其他区域，同时，它的交通设施严重不适应它所需要承担的功能（2008，p.734）。

国际贸易对基础设施的需要与围绕大都市区的地方基础设施需要之间存在着若干潜在的冲突。

多伦多有着强有力的制定规划的历史传统。1954年至1998年期间，多伦多的发展一直由"都市多伦多"这样一个战略机构领导着，它维系着多伦多的集体形象，通过疏导开发压力和确定开发商的责任，管理着中心城市的重建。"宜居城市规划"（1992）表明了这个城市有着强有力的环境远景目标。"都市多伦多"曾经管理着多伦多的规划和交通，与其他二级政府机构一起管理社会公共住宅和共享收益。

当然，城市区域的增长引发了政治冲突。安大略省较高层的政府不要大都市扩展超出其边界，然而，现在的"大多伦多区"（GTA）扩展了6992平方公里的面积。20世纪90年代中期提出来的改革倾向于建立一个横跨"大多伦多区"的统一的规划体制（转型团队，1997）。但是，安大略省当时采用新自由主义的主张（凯尔，2002），反对建立一个大都市机构。在20世纪90年代末，最终实施了政府体制改革。1998年，从政治上反对建立一个大都市机构的安大略省和郊区政府导致建立起一个较小规模的行政管理层面的城市政府（多伦多市），与其他5个相邻的地方政府，一起新增了"大多伦多区"。尽管这个城市区域的总人口达到450万，但是，在合作、社会服务均等化或税收分享方面均规模有限。省政府还承担起社会福利和交通方面的责任，因此削减了对地方政府的补贴，而作为地方政府的多伦多依赖这些补贴来"满足建设世界城市的增长需要"（凯尔，2002，p.242）。安大略在政治上把城市和郊区的利益剥离开来，从而在体制上限制了管理发展中的城市区域的可能性。20世纪90年代末，在区域层面上，成立了一个称之为"大多伦多服务委员会"（GTSB）。这个委员会包括30个社区的代表，但是，权力是有限的。当时，安大略省本身正在探索理智增长的目标，然而，几乎没有证据表明代表多种利益的"大多伦多服务委员会"有可能去应对这些问题（克里斯肯，2001）。按照库尔谢纳（Courchene）的看法，1998年的体制改革可能看成是"临时的平衡"（2001，p.185），几乎没有即刻发生根本变革的可能性。这个改革过程没有产生出一个区域范围的规划机构，"大多伦多服务委员会"的成员不能够自己承担起交通规划或"理智增长"的任务。安大略放弃了"大多伦多服务委员会"，代之而起的是一个新的管理协会，它能够承担起公共交通、给排水和垃圾管理功能，作为一种政治愿望，期待它能够协调规划和经济增长。

多伦多的情况凸显了国家、省和地方等所有政府层面，在应对北美自由贸易区挑战和增加城市间竞争性上，重新组织城市政府的重要作用。因为加拿大的中央政府依然通过比美国高很多的税赋来保证高于美国的社会开支水平，所以，多伦多在北美地区的位置是独特的。北美自由贸易协定威胁到这种历史的差异，当然，加拿大的中央政府现在还是通过国家的财政和福利政策维持这种差异，国家在经济协定中针对其对加拿大城市的影响而做协商。在省的层面上，北美自由贸易协定引起了对安大略省发展和市场推广态度的全方位反思（库尔谢纳，2001）。从省的角度看，新的多伦多市需要具有竞争性，这就意味着削减财政以适应郊区和省政府的新自由主义的意识形态。所有三级加拿大政府都对重新安排政府的级别和目的具有影响。每一个级别政府如何反应都对其他级别政府产生影响。国家和省一级新自由主义的和财政保守政策推动地方政府进入竞争。

在没有一个强有力的区域规划框架的情况下，大多伦多地区的市政当局更倾向于竞争而非合作。较高级别政府的支持越少，那么，地方政府更依赖于地方税赋起征点，在一个较大区域上的开发扩散会产生出经济竞争的潜力。大多伦多地区的郊区市政当局必须主动地建设和规划具有竞争性的办公和商业簇团（克里斯肯，2000）。毫不足怪，获得税收收益推动着郊区市政当局的这类行动，而非大都市规划所展示的远景。当然，最近一个时期，省一级政府的新的目标敦促他们努力加强高层面的规划。2005 年的"绿带法"旨在控制广大区域的发展（这是世界上最大的绿带），包括环绕多伦多大都市区的森林和农业用地。"大金马掌增长规划，2006"认定了增长点。有效的区域规划如何能够容纳城市发展还需要实践的检验。在城市层面上，多伦多市的目标还是增长。

紧随体制改革，新多伦多市的第一个战略规划把原先 7 个市政当局的规划综合成为一个新的城市规划（"多伦多城市发展服务，2002"）。"城市远景：多伦多的官方规划"认定了这个城市与区域经济的联系。到 2031 年，预计大多伦多地区的人口将增长到 270 万，就业岗位将达到 180 万个，而多伦多市计划各吸收 100 万。"城市远景：多伦多的官方规划"旨在执行多伦多市的经济发展战略，强调环境、公共交通、公共空间，增加住宅密度和维持混合使用的市中心。2007 年，重审这个规划时确定的规划目标是：

> 一个成功的城市是一个与其他城市相比具有地方、国家和国际竞争优势的城市。一个成功的城市具有吸引和留住那些具有资本、训练、知识、聪明才智和创造性的人们的生活质量。一个具有令人向往的生活质量的成功城市是多样的、平等的和包容的：……当我们增长时，我们必须把这些优势凝聚在一起，在此基础上谋求发展。（多伦多市，2007，p.3）

这个增长战略明确地与生活质量的观念联系在一起。当这个建立起来时，这个机构并未清晰地看到它所要实现的这个远景。

> 多伦多还迫切地需要城市更新的管理能力，城市更新是其他每一个世界城市的特征。与美国和英国城市相比，它们都有负责转换滨水土地和工业土地的机构，而我们没有公共 - 私人项目的开发公司（引自库尔谢纳，2001，p.183）

其他城市，特别是伦敦、纽约和巴塞罗那，为多伦多的规划师们提供了他们寻求的那种独立重建机构的模式。滨水地区的大规模开发是学习其他国家经验的一个机会。2001 年达成一致的滨水地区规划包括经济开发、住宅和交通项目在内投资 120 亿加元的重建计划。选择的体制是由市、省和联邦政府建立的临时开发机构，"多伦多滨水地区更新公司"，负责制定一个总体规划。如同其他许多城市一样，无论对于商界还是对于旅游业，滨水地区的重建提供了建设新的具有竞争性资产的潜力。2002 年展开的针对"滨水设计目标"的大规模公共咨询一方面暴露出设计和环境质量之间的冲突，另一方面也揭示出商业开发的潜力（罗雄，2002）。

多伦多争论的焦点是大范围的，不允许开发的湖边特征分区和高强度开发分区之间的竞争。另外一些问题包括，湖边公园和日益增加使用强度的"多伦多中心城市机场"之间的可能冲突，"多伦多中心城市机场"地处距岸边不远处的一个岛上。最初的规划赢得了 2002 年水岸规划国际奖（吉莱斯皮，2003）。"多伦多滨水地区更新公司"能够制定规划，邀请国际专家参与，但是，它并不能控制土地。按照凯尔（2002）的说法，水岸地区体现了政治领导人对这个城市的含糊的态度，多伦多指望以这个滨水地区竞争奥林匹克主办权。一方面，从 20 世纪 90 年代开始，控制安大略的政治团体采取了反城市的立场，另一方面，他们又非常期待多伦多具有世界城市的品质。

有关生活质量的问题强调了这个城市传统的规划强点而不是它的竞争性。凯尔（2002）提出，由拉斯特曼（Lastman）市长（1997年选举出来，2000 年再次当选）主持的这个规划表达了这个城市比较老的规划传统，生活质量和"宜居性"与国际竞争性之间的一种协调。这个规划强调街区也反映了城市政府的体制，"弱势市长"很难左右从街区里选举出来的市议员们。除开市长外，鼓动城市范围的问题几乎没有什么政治上的收益。当然，人们都把多伦多的"宜居性"看作一种经济资产。多伦多的强势的规划传统和加拿大人对平等的关切也能作为这个城市的资产。但是，在低税收的背景下，多伦多不太能够满足社会需要。例如，多伦多的无家可归者人数约在 1.5 万人 ~2 万人之间。企业发展必然是要优先考虑的。

　　　　在 2003 年市长选举中，"宜居性"成为戴维·米勒（David Miller）的新的转折点。跟随其他世界城市的市长们，这个选举宣传突出了对犯罪的零容忍，更为有效率的政府，发展一个"节日式的，多元文化的城市中心"，具有"城市以消费为导向的中产阶级所定义的"生活质量。（布德罗等，2009，pp.205-206）

　　多伦多的国际形象在某种程度上是与这个城市的文化资产分不开的，其在北美的竞争对手就只有纽约了。许多主要文化机构已经计划再开发或更新。2002 年，联邦政府和省政府分配给主要项目 2.32 亿加元，包括给歌剧院的 2500 万加元，给安大略艺术馆的 4800 万加元。这些机构希望国际著名建筑师（2008 年，弗兰克·盖里的"安大略艺术馆的转型"开放）来开发这些"标志性"建筑。

　　当然，在经济萧条期间，除开政府的资金外，更新所需要的大量私人资助是否还能够得到保证，人们对此表示怀疑。旅游人数正在衰退，当然，多伦多市认为大型文化项目有可能产生艺术导向的城市更新，鼓励重新使用老工业建筑。"如果这个城市能够维持它渴望的信誉、信心和历史印记，资金会首先注入这个城市的文化界"（休谟，2002）。

　　多伦多是一个具有高水平服务功能的城市，一个意识到它的区域和全球功能的城市。多伦多案例能够非常清楚地说明，在应对经济变革时，政府间的关系是十分重要的。20 世纪 90 年代的大都市改革暴露出，创造竞争性城市的推动力量和郊区及省层面利益的绥靖政策之间的关系，这种绥靖政策选择在大都市区层面上采取弱势管理和低税收。在这个新的城市里，规划师面临削减对社会项目的支持而产生的问题，面临管理市中心和滨水地区大规模开发机会的挑战。9·11 事件以及随后而来的非典事件都打击了这个城市的经济。这些事件可能暂缓了这个城市的建设进程。正如我们已经看到的那样，多伦多在文化和生活质量方面的形象都是在北美地区竞争中的重要资产。

墨西哥城：特大城市

墨西哥城①缺少多伦多那样的竞争优势。尽管在20世纪90年代期间，墨西哥城的经济，特别是中心地区的经济，让这个城市有了国际性的影响范围，中心城市正在通过更新和节日文化的引进而处于转变中，但是，墨西哥城并非一个世界城市。当然，墨西哥城是北美区域的最大城市，横跨这个"联邦区"的16个市政辖区，与41个市政辖区相邻，墨西哥城大都市区的人口超过2000万，面临着大规模（非正式的）城市化和区域重建问题。北美自由贸易协定已经影响了墨西哥的城市体系，我们将考察墨西哥转入到这个新的区域经济时所面临的挑战。拉美城市间的关系最近这些年来变得更为复杂了。例如，当我们把迈阿密看成古巴的第二个城市，洛杉矶就能够看成墨西哥的第三个最大城市。家庭间和企业间的国际联系日益增加，从而建设起一个跨国界的新形式的文化之都（坎林尼，2001）。墨西哥城正在日益从文化上与北美区域形成一体。

通过国家签署的条约，参与全球经济，已经使墨西哥的经济发生了变化。1986年，加入关贸总协定（世界贸易组织的前身）的墨西哥便开始了"结构调整"亦即私有化和放松管制的进程。当然，这个"调整"并非一帆风顺。私有化，特别是道路的私有化，

---

① "墨西哥城"是墨西哥的首都，在行政上与墨西哥其他31个州政府地位相同，是一个称为"联邦区"的独立行政实体，包括16个区。据2011年统计，墨西哥城的人口为885.7188万人，是墨西哥的第一大城市，土地面积为1485平方公里，是北京中心城区的2倍。

"墨西哥城都市区"是由墨西哥城与周边相邻墨西哥州的40个市和伊达尔戈州的1个市共同组成的，也称"大墨西哥城"，人口为2116.3226万人，总面积为9560平方公里，是西半球和北美地区人口最多的城市，世界第三大都市区。但是，"墨西哥城都市区"没有一级选举产生的政府，都市区重大项目有联邦政府管理。——译者注

并非总是成功的，基础设施的成本落到了地方政府的头上。北美自由贸易协定进一步影响着这个国家的经济地理。1995 年，墨西哥有 6 个百万人口的城市，而北美自由贸易协定影响了边界城市和地处通往北方主要路径上的那些城市，如 35 号公路的蒙特雷市。然而，没有战略规划去管理北美自由贸易协定对经济地理的改变。城市规划是自由放任的。1988 年编制的蒙特雷市总体规划在 1995 年底到期，但是，这个规划从未做过更新。虽然州政府编制了一个补充的"蒙特雷都市区城市发展战略规划，2020"（没有经过公开咨询），然而，1998 年，这个战略规划也被搁置起来。如同几乎没有城市规划一样，对于后北美自由贸易协定时期的国家城市体系规划也是不存在的（加扎，1999）。

所以，毫不足怪，墨西哥城都市区迄今为止并没有城市之间或区域层面的规划去管理墨西哥城区域的大规模重建。自从 20 世纪 70 年代以来，围绕墨西哥城的周边城市以高于墨西哥城郊区的城市化速度迅速发展。这一直是多种复杂因素的结果（参见阿吉拉尔，1999），包括公共和私人企业的分散化、移民对社会犯罪的反应、城市污染和一些地区对 1985 年地震的反应。过去 20 年，10 万居民已经搬出了墨西哥城的中心地区，约占那里人口的 1/3。人口和工作岗位的离心化暴露出区域城市和乡村地区虚弱的规划能力，那里成为新的多中心区域。然而，人口持续增长，特别是那些居住在没有规划批准的居住区中的人口。按照维格尔（2008）的看法，墨西哥城有 63% 的人口居住在没有规划批准的居住区中，而这些没有规划批准的居住区的用地占据建成区用地的 40%。

> 在城市增长和扩展几十年之后，现在的墨西哥城是一个没有规划批准的居住区或非官方设立的社区与有着不同程度规划的地区的混合体，有些没有规划批准的居住区刚刚形成，有些没有规划批准的居住区经年日久，有些没有规划批准的居住区相对牢固。（2008，p.215）

在世界城市网络中，就通讯和航空旅行两项而言，墨西哥城在"全球化和世界城市组"中排名第16位，"能够看成致力于把在国际市场具有竞争性的那一部分国家经济并入全球经济的样板城市"（帕尔雷特，2003，p.1）。现在，墨西哥城有着明显的国际影响。但是，这种正在变化中的经济影响并不等于它就是一个"世界城市"（泰勒，2000）。正如我们在第六章中看到的那样，拉美经济倾向于更多地转向迈阿密获得国际服务。南美城市一般与纽约联系。这样，泰勒（2000）提出，当墨西哥城明显地把墨西哥的经济与全球市场连接起来的时候，墨西哥城并没有一个"世界城市"功能。当然，在工业经济方面的变化日益与全球力量挂钩。阿吉拉尔（Aguilar）等（2003）研究了墨西哥城边缘地区正在变化成工业"热点"，他们认为，纺织业和金属工业不断变化的经营效果反映了全球压力的影响。他们还提出，为了认识墨西哥城这类城市的经济，我们需要跳出城市的城乡接合部去考虑变化，这类城乡接合部常常与城市的"硬"边界还有一段距离。

帕尔雷特（Parnreiter，2002）研究了墨西哥城金融、保险和房地产业就业情况的变化。1987年至1997年期间，在墨西哥城都市区内，这个产业部门的就业增加了75%，占整个就业岗位的9%（帕尔雷特，2002，p.151）。1998年，墨西哥城顶尖500个公司中，有213个公司（一般是与国际相连接和出口导向的）落脚在墨西哥城的中心地区，即"联邦区"。墨西哥城都市区通信行业增长的就业岗位也是集中在墨西哥城。这种功能变化和日益增加的国际化使这个城市具有了新的角色："这样，作为全球生产的一个部门，墨西哥城已经从一个国家的大都市变成为墨西哥和全球经济相联系的一个枢纽（帕尔雷特，2002，p.163）。"

这种新经济功能中的一些部分落脚在墨西哥城中心区之外。例如，墨西哥城以西10平方公里的"圣达菲区"容纳了国际公司、私立大学和许多居住大院。这个地区的地理状态帮助圣达菲区与其他区分割开来，这个地区的治安和管理帮助它维系一个独立的环境状态。隔离开来的商务区已经成为经济上"成功的"城市的一个共同特征。圣达菲的开发过程（公私合作的形式能够通过提高土地价值和替换那些土地使用收益不高的土地使用者，来寻求基础设施建设投资）在其他城市也非常常见。正如我们在第五章中所看到的那样，"特大项目"是一个全球现象（琼斯和莫雷诺，2007）。

这个城市承担的新的国家角色带来了新的规划问题。那些迅速开发的次中心与城市其他部分的连接条件非常差，而这一现象与墨西哥城中心城区的变化相伴而生。历史性的中心开始出现闲置街区的更新。与其他大多数城市一样，那些地区难以吸引居民和旅游者，其中治安是一个问题。结果，为了推进高档化，这个城市提出了安装新的路灯和视频监控设备。墨西哥城也有重要的文化遗产。这个城市的历史核心已经被联合国教科文组织认定为世界遗产场地。当然，在这个城中心以南的霍奇米尔科世界遗产场地正受到非法开发的严重威胁，那里居住了36万人，而20年前，那里仅有18万人。

墨西哥城在环境和社会退化方面有着一个不好的国际形象（参见孔斯特勒，2001，有关这个城市未来的消极看法）。人们认识到墨西哥城人口和工作岗位集中的环境代价已经有一段时间了。20世纪80年代墨西哥城曾经失去它所占有的GDP份额，对此结果的一些解释可能是环境污染、交通拥堵以及高昂的地价。"墨西哥城综合污染防治项目"和"改善墨西哥峡谷地区空气质量项目，1995~2000"对减少汽车尾气排放和控制铅释放水平产生了一定的影响。

与许多城市一样，交通基础设施也是一个主要问题。墨西哥城现在的机场是一个孤岛，所以，政府提出在圣萨尔瓦多阿腾克开发新的六道机场。然而，在受到影响乡村社区的反对下，政府放弃了这个计划。并非只是机场规划困难重重。在这个城市内部，市长给一些高速公路增加一条车道的计划也在地方社区和环境组织的反对下不得不放弃。这些旨在维持和提高这个城市国际功能的项目可能被认为是必要的，但是，在经济上和政治上的代价不菲。没有任何战略规划保障基础设施投资。

现在，管理城市变化和新出现的问题在一定程度上成为地方的责任。1997 年，第一次选举产生了"联邦区"的行政首长，城市开发政策与地方管理和政治联系在一起（伍德，1998）。加尔萨提出，对于墨西哥来讲，"联邦政府正在放弃涉及城镇体系的规划功能，同时，它正在把城市的内部组织工作下放给它们的地方政府，大部分城市对这种权力下放准备不足，缺少合理承担这些功能的整体安排"（加尔萨，1999，p.169）。尽管如此，我们还是要把这种变化看成是一种积极的变化。

墨西哥城与国家的经济联系在一起，但是并没有全球影响。当然，全球化和北美自由贸易协定已经影响到了这个城市，让这个城市面临重建城市中心和区域的类似问题。这个过程正在具有弱规划的地方、区域和国家层面上展开。

芝加哥：争取城市辉煌的规划

通过 19 世纪下半叶的迅速增长，芝加哥[①]跻身世界城市的行列，现在，芝加哥依然在美国城市体系中"举足轻重"。1870 年至 1920 年期间，芝加哥和纽约主导着美国的城市结构。芝加哥不仅从纽约吸引了它的发展资金，而且还从纽约吸引了它所需要的人才。芝加哥通过"芝加哥商品交易所"（MERC）提高了它的世界城市地位，从交易值上讲，"芝加哥商品交易所"要比"纽约股票交易所"大得多。

发生在 20 世纪 60 年代和 70 年代严重打击大制造业城市的去工业化过程，在芝加哥一直延续到 20 世纪 90 年代。1982 年至 1992 年期间，芝加哥大都市区丧失了 18% 的制造业工作岗位。按

---

① 据 2011 年统计资料，芝加哥市的人口为 270.7120 万人，辖区面积 234 平方公里，是美国仅次于纽约、洛杉矶的第三大城市。"芝加哥城市地区"是芝加哥市及相邻城市地区合并在一起的统计地区，其人口为 871.1 万人，统计区面积 5498 平方公里。芝加哥都市区的人口则达到 946.1105 万人，统计区面积为 10874 平方公里。芝加哥市是国际金融、商业和工业枢纽城市，2012 年由"全球化和世界城市研究网"编制的"全球城市指标"排序中名列全球第 7 位。——译者注

照阿布卢格霍特的看法，丧失制造业工作岗位会影响城市提供公共服务的能力，然而，"只有芝加哥似乎避免了它的财政危机，然而，芝加哥市公共财政的偿还能力是通过维持城市比较贫穷地区的低水平公共服务而得以实现的"（阿布卢格霍特，1999，p.284）。在去工业化的过程中，芝加哥生存了下来，并保留了它在世界城市俱乐部里的一席地位。2000年美国人口普查显示，芝加哥的人口继续增长，在大都市区域里新增了50万个工作岗位。持续的移民意味着拉丁裔现在已经成为芝加哥最大的少数民族族裔。20世纪90年代，芝加哥从工业经济转变成为娱乐、旅游和商务经济的势头最为强烈，城市政策对此起到了积极的引导作用（科瓦尔等，2006）。这个新芝加哥与强市长的政府相关。当然，比较大范围都市区是否哟一个有效的规划一直还是芝加哥面临的挑战。

芝加哥的蔓延式发展囊括了大量的郊区社区，功能性的城市区域包括了三个州的部分行政辖区。区域合作一直是不一致并受到限制的。这个区域的不同部分有着非常不同的子区域合作历史。20世纪50年代末，"西北市政理事会"把地方领导聚集在一起，但是，仅仅是一个晚餐俱乐部。20世纪70年代早期，"巴林顿地区政府理事会"把地方政府组织到一起，反对大开发项目，共同编制了一个综合的土地使用规划。在这个层面上的规划至多具有咨询性质，芝加哥的规划在传统上都是由私人部门推动的（当然，正如我们在第五章所看到的，这种风格的区域论没有什么特别）。芝加哥的一个商界游说团体，"商业俱乐部"，给1909年的规划提供了资助。20世纪90年代新区域总体规划的背后也有这个团体，当然，这个团体所代表的企业利益已经扩宽到包括法律企业和剩下的工业企业的利益。1999年，这个俱乐部提出了"都市2020：为21世纪准备的芝加哥"的规划（覆盖了250个地方政府辖区），其后有私人部门提供的400万美元的规划费。那里讨论的区域问题包括，提议建立一个债券机构，为项目提供资金，区域规划，共享的征税临界点，以功能的方式处理的问题，如交通、垃圾管理，它们能够通过提高效率而实现节约。在公共部门，伊利诺伊州政府建立了"西北伊利诺伊规划委员会"（NIPC），以此关注与"都市2020"相同地区的区域问题。"西北伊利诺伊规划委员会"用三年时间进行了广泛的咨询，最终制定了第一部期限25年的综合区域规划。"大都市规划"的2002年版本（芝加哥商业俱乐部，2002）提出对区域城市的发展实施监控，在土地使用和交通之间建立起一个比较好的关系。但是，许多地方政府并不乐意听到任何这样的建议，把其权利交给上一级政府，或与相邻行政辖区共享税收（格雷迪，2003）。"都市2020"规划的执行指导相信，"区域需要开始规划"（引自格雷迪，2003，p.3），但是，伊利诺伊州的增长管理法律却是弱势的，任何区域层面的规划可能都难以执行。

芝加哥每年都通过多种民间事件、展览和媒体来纪念"芝加哥的伯纳姆规划"。这个年度纪念活动新增了区域层面的规划这一内容。2005年，伊利诺伊州建立了"芝加哥都市规划局"（CMAP），旨在综合协调7个县的土地使用和交通规划，这7个县承担着芝加哥城市区域的大部分功能。芝加哥的市长负责一些成员的提名，但是，芝加哥市并不在这个委员会中占多数席位。"芝加哥都市规划局"开始编制较长时期的规划。"走向2040"规划设想了一个280万人的人口增长前景。这个规划的"远景陈述"提出了生活质量的问题，规划"全球身份"的未来经济（芝加哥都市规划局，2010，p.4）。

维持芝加哥的竞争性并非只是一个管理区域基础设施的问题。增长、经济和生活质量都是芝加哥市中心更新的重要论题。与丧失制造业工作岗位相伴的还有芝加哥社会和种族分化的形象。阿布·卢格霍特提出，在20世纪80年代，华盛顿市长对社会和种族公正有着重要影响（1999，p.355），在两届市长任期内，他努力应对城市更新所产生的影响。大量的城市更新工作已经在围绕环路地区的工业区进行了30年，那些地区的贫民窟已经被清理掉，原先的工业建筑也转换成为公寓和办公室（拉斯特，1999）。有关芝加哥中心地区的"1958年发展规划"反映了大规模更新的特殊风格。按照拉斯特的观点，在那个时期，公司的利益支配了中心区的规划，再开发产生了政府办公室、会议中心和高速公路。芝加哥市动用了它巨大的土地使用规划区权和基础设施投资，以及从联邦政府筹集到资金的能力。在 20 世纪 90 年代，新的市中心出现了，娱乐功能支配了那个地区，当然还包括展览、会议空间和"海军码头"（访问者从1995 年的 300 万人增加到 1999 年的 775 万人）。

2002 年，芝加哥市发布了新的"中心区规划"。"这个规划是由作为世界城市的芝加哥的远景所推动的，这个远景包括'美国中西部地区的市中心'、芝加哥平原的心脏和美国'最绿色'的城市。这是一个巨大的规划。这是一个争取城市辉煌的规划"（芝加哥市，2002）。这些目标是雄心勃勃的，也是再清楚不过的。这个20 年期的规划预计市中心人口将从 8.3 万人增加到 15 万人。劳动力从 65 万增至 90 万，这个规划包括新增 372 万平方米的办公空间。芝加哥大学正在建设新的市中心学生公寓。增加人口和工作岗位意味着比较高的建筑密度。这个城市需求维持它的竞争性不在于有多少工业和商业，而是把市中心用作具有高质量公用设施的娱乐区。这就是所谓'美国中西部地区的市中心'和美国'最绿色'的城市。旅游业是这个城市最大的产业。芝加哥的游客人数从1993 年的 3200 万增加到 1997 年的 4290 万（克拉克等，2001a，p.17），除开会务商务，重新恢复活力的芝加哥滨湖地区成为美国拥有最多游客的公园。这个新的"中心地区规划"提出了沿着芝加哥河的新的走廊和密歇根湖沿岸供娱乐休闲使用的岛屿。这个规划把这个城市的形象从工厂转变成为娱乐和消费。

克拉克等（2001b）认为，芝加哥的经济转型和城市形象转变不仅仅归因于经济上和社会态度上的转变，也归因于领导质量上的转变，1989 年，理查德·戴利（Richard Daley）被选举为市长。戴利市长在竞选中就提出了利用芝加哥河，种植比起他的前任要多得多的树木等。在强调公用设施特别是这个城市一些部分的公立学校的建设（克拉克等，2001b）时，还强调了新的和有效的公共管理。当然，在这个中心之外，市长把决策权交给了 50 个街区的首长。在街区层面，缺少总体规划是产生抱怨的一个原因（杰馁斯基，2002）。

2003 年对市中心规划的修正提出了高密度分区的扩张问题，

把高密度开发与公交走廊结合起来，完成公园和河流边步行道路的建设（芝加哥市，2003）。市政府把市中心看成这个城市的经济发动机。2003 年的市中心规划预测，到 2020 年，会展参与者和其他游客的人数将达到 3500 万人，市中心的人口将增加 69%，那么，由此而产生的经济收益将达到 5340 亿美元。当时，这个城市正在申办 2016 年的奥林匹克运动会，这是市中心和湖边改造规划的一个关键支撑点。64% 的公众是支持这个申请的，但是，75% 的公众不希望使用税收来支撑这个运动会（戴维，2009a）。面对经济萧条，申请奥运会主办权似乎必须有一个复苏计划与之相配合：

> 同时，戴利先生和其他的支持申办奥运会的人们提出，奥运会将是一种力量，也许这种力量能够伴随着七年的建设、工作岗位和游客的增加，帮助芝加哥走出金融困境。（《芝加哥杂志》，2009）

2009 年，在第一轮奥林匹克委员会的投票中，芝加哥落选了。

洛杉矶：世界城市的"样版"

> 若干城镇和村庄逐步汇集到一起形成当代世界主要都市区域之一使得洛杉矶在城市建设历史和城市建设地理上都具有特殊的地位。（索亚和斯科特，1996，p.1）

洛杉矶[①]究竟如何"特殊"本身就已经成为了城市研究中的一个充满争议的问题。其他一些洛杉矶的学者们分享了索亚和斯科

---

　　① 2010 年统计显示，"洛杉矶市"的人口为 379.26 万人，是美国西海岸的第一大城市，也是仅次于纽约市的美国第二大城市。洛杉矶市的土地面积 1301 平方公里，其中土地面积为 1213 平方公里，水域面积 88 平方公里。"洛杉矶都市区"的人口为 1282 万人，美国联邦政府"管理与预算办公室"还依据居民上下班的模式，把上述定义下的大都市区继续扩大（CSA），在这个定义下的洛杉矶都市区的人口为 1778 万人。——译者注

特有关洛杉矶是一个特殊的和具有典型意义的城市的观点。例如，迪尔（Dear）和弗鲁斯提（Flusty, 1997）认为，在洛杉矶的发展中，多种主题均可以看到，大院式社区，边缘城市，"看不见的奥斯曼化"（p.158），主题公园，东亚新资本流，亚洲新移民，来自墨西哥和中美洲国家的低工资制造业和劳动密集型服务业的工人。按照迪尔的观点，过去，这个蔓延的洛杉矶对于城市发展规则是一个例外，现在，洛杉矶成为了世界城市的"样板"（2002, p.5）。城市研究的"洛杉矶学派"认为，他们的城市现在提出了一种城市化模式，这种城市化模式比 20 世纪芝加哥的城市化模式更有参考价值。这种学术观点引起了争议。例如，博勒加德（Beauregard, 1999）提出，在某种程度上讲，洛杉矶代表了芝加哥和芝加哥学派之间的一个断裂，洛杉矶的新移民和新产业在一定程度上不同于 100 年出现在芝加哥的新的城市形式。

> 资本主义继续运行着，隔离依然是居住区的一个主要机制，空间仍然是竞争的基础，全球力量"原先和现在"都在产生着影响。承认这些过程以许多种方式发生着变化，然而，人们很难找到一种只是出现在 20 世纪末而在 19 世纪并不存在的运行过程。（博勒加德，1999，p.397）

另外一些人提出，我们需要更多地关注城市发展的政治，关注那种居住场所紧挨就业场所的规划的"花园"区域城市的历史（伊利和麦肯齐，2009）。当我们关注当代基础设施规划时，当我们关注区域管理的基本政治问题时，区域层面依然是十分重要的。国家、县和城市政府都有其作用，多种政府间的组合也有其作用。市中心是另外一种规划争议的尺度。如同其他美国城市一样，洛杉矶已经开始形成一个密度较高、混合使用的市中心，洛杉矶与其他美国城市之间存在着某种程度的竞争。转向市中心可以看成是对 20 世纪 90 年代初期社会动乱、联邦干预和其他城市的进步等因素所做出的一种反应。实际上，集会展中心、办公室、酒店和居住街区为一体"斯台普斯中心"规划旨在把这个场地建设成为洛杉矶的"时代广场"（洛杉矶时报，2000）。我们先来考察市中心，然后再考察区域问题。

多层面政府重叠于这个零散城镇集合体上。洛杉矶县以及奥兰治县、滨河县、圣贝纳迪诺县和文图拉县的某些部分一起形成洛杉矶大都市区，整个洛杉矶大都市区大约有160个城市和特殊功能区（例如，学区）洛杉矶县本身就包括88城市，最大的是洛杉矶市。洛杉矶市议会和市长是直接选举产生的。市长和议会分享权力。一般来讲，对许多独立委员会的负责人人选，由市长提名，再由市议会批准，这些独立委员会管理政府各部门。洛杉矶县由5名选举产生的"主管"领导，承担大量州一级的责任，如公共医疗、征税、社会服务和执法。"大都市交通局"（MTM）是另外一个重要机构。市和县共同任命。

从1988年的市中心规划到有轨电车计划

在20世纪80年代和90年代以后，洛杉矶提出的世界城市远景有着明显的改变。国际化20年来支配着洛杉矶的增长（凯尔，1998b）。争办并成功举办1984年的洛杉矶奥运会提高了这个城市的国际声誉，除此之外，1985年出现了"美国银行"领导的"洛杉矶2000委员会"，这个游说团体的任务是，在1988年，编制完成一个新的"市中心战略规划"（DSP），而这个战略规划的任务在于建设一个"经典世界城市"（DSP，引自凯尔，1998b，p.24）。在布拉德利市长领导下，产生了一个国际城市形象，以新的公司总部建筑群为地标的市中心。国际开发商在很大程度上主导了市中心的规划过程。布拉德利市长1993年卸任，在任20年。在布拉德利市长领导下，洛杉矶学会了在国际城市间竞争中使用美国的推销艺术[1]，"洛杉矶打算成为'21世纪的世界之都'"（凯尔，

---

[1]　"美国的推销艺术"（the American art of boosterism）是美国西部小城镇常常用来改变城镇公众形象的一种推销自己城镇的手段，通过对城镇远景的畅想，吸引更多的居民到此安家或提高当地的房地产价值。——译者注

1998b，p.77）。凯尔描绘了这个复杂的联盟，包括企业、房地产利益攸关者，维持市长在任 20 年的选举团体。布拉德利市长争取联邦政府的资金帮助，欢迎外国投资增加新的工作岗位和新的税收。布拉德利市长做过多起国际访问以吸引投资，宣传这个城市的新的方向和国际影响："洛杉矶就是未来，因为世界的未来将在环太平洋地区"（布拉德利市长，引自凯尔，1998b，p.84）。

但是，当布拉德利市长的目标可能必须使用这个公司的"世界城市"来改善绝大多数人的生活状态时，这个城市的分化还在加剧则是明显的。持续的移民潮已经改变了选举人的成分。1970 年，西班牙裔的美国人占洛杉矶大都市区人口的 14%，而 1990 年，这个比例已经增加到 33%，这个城市的社会结构受到重大影响。在中心商务区和非洲裔美国人聚居区之间的"韩国城"随着韩国移民潮来了一批新的受过良好教育的中产阶级移民。20 世纪 80 年代的移民增加了住房需求，但是，因为没有大量新建筑进入市场，从而产生了无家可归和过度拥挤的问题。结果，有人提出，通过就业政策和清除贫民窟，这个城市失去了对移民的吸引力，他们转向其他美国城市（莱特，2006）。

1992 年的社会动乱使得开始于 20 世纪 80 年代的世界城市建设阶段结束。"1992 年 4 月 29 日的动乱敲响了这个城市区域里那些统治精英们推崇的世界城市的丧钟"（凯尔，1998b，p.225）。毫无疑问，这个动乱打乱了这个城市的形象。估计损失在 10 亿美元。比较新近到来的移民（特别是韩国移民）与老的移民群体发生了冲突。洛杉矶的社会评论家从不同的政治角度，使用各式各样的术语，描绘了这场动乱。但是，他们都把这个事件归因于世界城市的发展道路以及因此而出现的不可避免的社会分化上。对于索亚来讲，这场动乱是"世界城市奇观"（2000，p.40），"展示并代表了第一次因为令人厌恶的全球化而爆炸的世界城市"。其他世界城市显然也会遵循这个模式。

"重建洛杉矶"（RLA）是对这个城市形体和形象损失所做出的第一个反应，"重建洛杉矶"是一个商界领导的团体，其目标是鼓励企业在洛杉矶的南部中心投资，重建洛杉矶的形象。但是，由布拉德利市长掌握的政治联盟崩溃了，1993年，共和党人理查德·赖尔登当选市长（1997年再次高票当选）。赖尔登与其他"新的"、"企业型"共和党籍市长非常一样，通过精简行政机构和简化规划这些相似的办法管理城市。随着支撑布拉德利体制的政治共识坍塌，那种大规模重建和世界城市的促进增长阶段也可以认为结束了。"重建洛杉矶"只有有限的成就（罗斯和莱文，2001）。重建的主导论题是公共安全和创造一个商务友好的环境。通过联邦政府1994年开始的"授权分区"①,洛杉矶获得了一些联邦支持。美国住宅与城市建设部1998年再次更新了洛杉矶作为"授权分区"的身份。这个分区包括了贫困、低住宅拥有率和教育资源困乏的洛杉矶大部分南部中心地区。

　　通过成立于20世纪40年代的"社区再开发局"（CRA），用于较大范围市中心区更新的方式都是现成的。"社区再开发局"由市长任命的一个委员会负责管理，受到"中心城市商会"的影响。1992年动乱之后，"社区再开发局"确定了8个再开发项目地区，它们集中在相关地区的商业走廊上。但是，这些计划的范围因为经济萧条的影响受到了限制。公共资金通过"社区再开发局"转入教育预算，这样就限制了"社区再开发局"的行动。当然，20世纪90年代末,"社区再开发局"再次返回到经济开发方向上来,但是，它没有从原先成功的项目中得到稳定的资金流,所以,依赖于拨款。2001年,"社区再开发局"在积累了一部分资金后，提出了两个在开发计划，一个计划涉及洛杉矶的城市中心，另一个计划是关于中央工业区场地的。在这个产业规划中，提出了土地使用和货运道路的综合规划（CRA，2002）。对于"社区再开发局"的活动是

---

　　① "授权分区"（Empowerment Zone）由三个美国国会名称组成,"更新社区"（RCs），"授权分区"（EZs）和"企业社区"（ECs）都是受到严重困扰的城市和乡村社区，它们可能有资格获得政府拨款、减少企业税赋，发行债券和其他方式的获益。受到严重困扰涉及贫困和／或人口大量走失。城市地区的项目基本上是由地方实体和住宅与城市建设部之间的合作机构来管理。——译者注

有严格限制的。有关城市更新的主要限制是"加利福尼亚州第13号提案"和其他一些措施，限制地方政府征税和开支。20世纪90年代，洛杉矶市正在努力走出社会动乱的阴影。当然，20世纪90年代末，一系列新项目陆续出炉，它们都有可能提高市中心地区与其他城市的竞争力。建筑师弗兰克·盖里（Frank Gehry）设计的"迪士尼音乐厅"已经完成规划，建设期为5年，投资3亿美元，2003年成为洛杉矶爱乐乐团所在地。斯台普斯中心成为娱乐、会展和运动综合体。何塞·拉斐尔·莫尼奥（Jose Rafael Moneo）设计了新的"我们的天使夫人大教堂"（1.63亿美元）。库哈斯（Rem Koolhaas）设计了一个新的"县艺术博物馆"（但是，投票否决了发放债券以获得建设投资的方案）。在市中心地区，还有大量居住开发，在过去10年中，那里的人口增长了25%。洛杉矶市通过建设一个环城的有轨电车路线，把居住、商务和娱乐连接起来（洛杉矶市，2010）。但是，在具有"弱势中心"的城市里，变化的步伐，特别是高档化的转变动力可能都不够强大。里斯（Reese）等人（2010）提出，原先把贫困和无家可归者集中到洛杉矶市中心"斯基达罗"地区的战略现在让位于新开发。开发商对"斯基达罗"边缘地区的土地产生了兴趣，但是，其他地方的社区抵制这种分散市中心贫困人口、在他们的社区为无家可归者建设寓所的建议。

2002年的市中心规划在9·11事件发生后不久就公布了，9·11事件对市中心商务的影响是巨大的。按照洛杉矶市的"市长工作小组"的说法，40%的酒店业工作岗位取消，外国游客的人数也显著下降（市长工作小组，2001）。2008年的经济危机进一步暴露了都市经济虚弱面。失业率上升至10%，住宅建设停滞，随着税收收入的下滑，公共部门被迫削减服务和工作人员。

洛杉矶市较高层面政府有望能够对萧条做出反应。然而，都市区域的政治难以形成联盟。实际上，最近这些年来，洛杉矶都市区的有些县寻求脱离区域政府。布罗德（Boudreau）和凯尔（2000）提出，圣费南多峡谷试图脱离洛杉矶是应对这个区域全球化和阶级、种族分化的方式。

如果这种变化成功，圣费南多峡谷将会与洛杉矶签署供水和供电的协议，但是，它会逐步减少对洛杉矶的依赖。公共服务工会、街区理事会和市长都反对分裂，至少是因为失去圣费南多峡谷将会削弱洛杉矶的经济基础，反过来影响圣费南多峡谷的信用评级。在2002年末的投票中，这个脱离提案失败，脱离洛杉矶需要圣费南多峡谷多数人的同意。当然，在圣费南多峡谷举行的这个投票确认了这一点，公共决策的性质依然是这个区域的一个重要政治问题。

萧条已经把人们的注意力集中到了区域层面上来，区域层面是经济战略的基础和基础设施发展的基础。经济发展规划是通过"洛杉矶县经济发展公司"（LACEDC）领导的事务。后萧条2010~2014计划需要在公共和私人机构中达成共识。"洛杉矶县经济发展公司"还必须游说州政府给予更有效的干预权。这个经济规划的目标可能旨在保障"环太平洋之都"（LACEDC，2009，p.3），然而，协调基础设施即港口和交通体系的投资还是显示出大量的政治挑战。

2008年，洛杉矶县更新了总体规划，原始规划到此已经公布30年了。随着这个经济规划，在所有可持续发展和理智增长的论题中，更新老化的基础设施排在优先考虑的位置上。洛杉矶县"都市交通局"提出了一个300亿美元的30年计划，更新地铁、轻轨和公路。洛杉矶县投票决定增加销售税以支持这个计划，但是，萧条已经降低了整个销售总量，加利福尼亚州本身也面临预算危机。2010年，洛杉矶县"都市交通局"再次把这个计划提交给了联邦政府，争取从10年的收费收入中偿付这个300亿的更新计划。资金、有效的规划、执行权和政治协调依然是区域层面基础设施规划的基本问题。洛杉矶自己的有轨线计划应该这个背景下考虑。城市－区域尺度的规划需要政府间和公共－私人部门的合作，这一点在过去一直是不明显的。

挑战纽约？

经济竞争性以及区域的和全球的定位支撑着北美区域主要城市的战略。我们已经探讨过的这些城市都有独特的历史和发展轨迹，但是，我们能够认识到一些共同的论题，它们在前几章中都提到过。我们将在第 15 章中再度讨论我们在北美区域研究中的发现，当然，这里，我们简要地提出它们共同关心的问题，市中心地区战略性的重新规划，在多伦多和芝加哥的案例中，则是对较大区域尺度的强烈而增长的兴趣以及对管理区域增长的适当规划工具的探索。

第九章

欧洲一体化和竞争性的城市区域

　　国际机构欧盟的存在使欧洲区域具有自己举世无双的特征。与其他两个全球核心区域相比，在对欧洲城市做战略思考时，多了一个层面。过去20年以来，欧盟这个层面的管理已经实质性地改变了欧洲城市的前景。单一的欧洲市场，无国界欧洲的发展，自2002年以来11个成员国使用"欧元"作为统一的流通货币，这些都让欧洲城市陷入了激烈的区域竞争之中。欧盟成员国的进一步增加也影响着欧洲的城市。欧盟的地理边界并不固定。2004年，10个新的成员国，以及2007年加入欧盟的保加利亚和罗马尼亚，产生了一个经济和社会联盟，覆盖了近3.7亿人口。欧盟的进一步扩大，特别是把土耳其包括其中，在政治上是有争议的。在中欧和东欧，从社会主义经济过渡到"欧洲化"经济的过程已经减缓。自从柏林墙倒塌以来，中欧和东欧国家已经经历了经济崩溃的痛苦，当然，一定数量的城市正在复苏。人们把在欧洲这个部分的全球化看成一个"过渡"过程：城市的目的地是成功的西欧城市。正如我们将要看到的那样，欧盟人口和欧洲空间的不断扩大对从理论上说明欧洲城市体系具有明确的意义。

　　当国家边界变得不那么重要，欧洲内部的区域经济正在变化时，空间背景也处在变化中。欧洲一体化在经济上有利于那些处于欧洲核心的城市，这些城市的命运不同于那些处于欧洲边缘的城市。欧盟南部和东部"边缘"的一体化发展缓慢，2008年的经济危机已经暴露出经济实力上的差异。当然，超出国家范围的欧洲政策已经对国家的作用和地处欧洲核心的主导城市提出了挑战。欧洲经济规则不仅限制了国家级国际政策，而且还对那些支撑国家和国际经济发展的金融机构落脚的城市的作用提出了疑问。我们将考察，欧洲政策在什么程度上可以约束欧洲世界城市的增长。

　　在这一章的第一个部分，我们将简要地讨论欧洲城市体系正在变化的经济背景。就重要性而言，伦敦和巴黎与欧盟其他城市是处在不同的层面上的。勒·加莱斯（2002）提出，在国家背景和区域背景覆盖着的由中等规模城市构成的欧洲里，伦敦和巴黎是一个例外。这种角度适应反映在有关政策的讨论中，这种讨论强调了城市欧洲的"多中心"结构。对于欧盟来讲，中小规模的城市体系需要发展合作和网络的政策面从而保证经济活动的临界量。在这一章的第二部分，我们转向体制因素，考察三个层面上的变化中的欧洲管理。在欧洲层面上，尝试建立起来的欧洲空间政策，如"区域凝聚"的口号，与经济一体化的经济影响并存。当然，各国国家宪法上的差异依然不可忽视（纽曼和索恩雷，1996），国家的福利制度影响着城市，国家对它们的城市资产有了新的兴趣。在城市层面上，新的欧洲城市竞争背景敦促经营式的市长们不断提升他们城市的品质。

欧洲城市：历史、竞争和新的城市体系

每一个全球区域都有它独特的城市间关系模式。欧洲城市间关系的关键特征是，大量中等规模的城市，这些城市间紧密的经济联系（泰勒，2003）。这个城市模式反映了全球化和城市间竞争的影响，然而，这种城市模式的基础是非常强大的历史影响。我们将概括这种历史背景，探讨近来人们对欧盟建立以来城市模式变化的分析，然后，通过使用一些大城市案例来讨论城市间联系和竞争，概括出全球化的一些影响。

历史性的发展模式已经留下了一个由中等规模城市构成的欧洲。勒·加莱斯（Le Galès，2002）提出，除开移到两个例外，西欧是由人口20万~200万的城市组成的。巴黎和伦敦在西欧是极其特别的，对于东欧而言，莫斯科则是最大的城市。这些城市的规模部分源于它们在地理上成为巨大帝国的经济、行政管理和文化中心。20世纪中，欧洲的这些帝国城市改变了它们的功能，然而，历史上形成的国际联系还是延续下来了，例如，许多城市从它们

国家原先的殖民地吸纳了大量的移民。当然，"一般的"欧洲城市都有着长期的历史。中世纪贸易城市的网络逐渐丧失掉了它们的势力和对国家与帝国之都的影响。欧洲北部城市的"汉萨同盟"，欧洲南部的意大利城邦，就是这种城市去中心化历史模式的例证。工业城市的兴起和衰退增加了这个模式的复杂性。这些中等规模城市现在依然重要，它们中许多城市是都从 20 世纪 70 年代的经济衰退中重新恢复过来的。这些中等规模城市包括了大量集行政管理和经济功能于一身的首都城市。欧洲城市分布图显示出这些具有复杂兴衰构造的中等规模城市网络，近年来，这些中等规模城市对欧洲经济一体化产生了进一步的影响。例如，东欧逐步并入欧盟将扩大中等规模城市之间的联系。

多年以来，对欧洲的分析一直都认为欧洲的发展是不平衡的。有时，人们以北部的新教区域和南部的天主教区域的划分形式表达欧洲的南北不平衡。人们常常提到，作为过去千年贸易和军事力量的反映，经济上最强大的城市倾向于出现在欧洲的西北部分。工业化加剧了这种分化。当然，这种发展不平衡的模式已经被东西划分所掩盖，东西划分的基础是资本主义制度和共产主义制度下城市的不同命运。看待这些差距的另外一种方式是讨论核心与边缘，在欧洲单一市场情况下，这种方式成为看待欧洲发展不平衡的主导方式。研究者首先描绘出一个确定了新欧洲经济核心的城市国际网络。这个欧洲的"蓝香蕉"（卫星影像上所反映出来的形象）把意大利北部的米兰与德国、荷兰、比利时和英格兰中部连接起来（布吕内，1989）。这个经济区包括了许多大都市区域。从许多方面讲，这张新的城市欧洲图集合了中世纪，即新工业区域发展起来之前，欧洲主要城市分布模式（泰勒和霍伊尔，2000；勒·加莱斯，2002）。例如，在英格兰北部、威尔士、苏格兰、比利时、鲁尔和波兰，许多工业区域并非核心都市区域。现代的繁荣的欧洲处在原先工业重地之外的地方。自从这种"蓝香蕉"图出炉以来，对欧洲变化中的经济地理的大量描述揭示出日益扩大的城市网络，从这个"蓝香蕉"核心向法国南部延伸至西班牙，或向东向柏林延伸。城市的不同经济命运成为欧洲委员会资助的常规科研课题（帕金森等，1992；CRC，2007）。按照罗德里格斯·波塞（1998）的观点，这些具有城市动态机制或具有一个主导性都市核心的区域都已经成为欧洲的成功部分。这种大城市区域似乎更能应对全球化的挑战。

"全球化和世界城市研究集团"探索了基于企业间联系的城市"连接性"，这些企业提供了如会计和法律等方面的高级程序服务。在"全球化和世界城市研究集团"（例如泰勒和霍伊尔，2000；泰勒，2003）的分析中，伦敦和巴黎排在"连接性结构"的顶部，当然，伦敦的特征体现在它的全球联系而不是欧洲联系上。就欧洲内部而言，"全球化和世界城市研究集团"认定了主要和次要"骨干"城市簇团，以及许多比较边缘的城市组团。布伦纳（2000，p.61）把伦敦、巴黎和法兰克福列举为世界城市，而其他城市区域（阿姆斯特丹和米兰）具有一种"欧洲的控制能力"或一种国家城市中心的作用（里昂、马德里和罗马）。在布伦纳层级体系底端的是"边缘化的"城市，如那不勒斯。然而，随着对城市连接的重新评估，城市在布伦纳的城市层级体系中能够上升或下降。例如，2008年，法兰克福已经不在欧洲顶部20个城市之列了（德鲁德尔等，2009）。

欧洲城市的世界城市潜力评估不断变化。彼得·霍尔（1977）在他的《世界城市》第二版中包括了两个"多中心"欧洲区域，兰斯塔德和莱茵－鲁尔。但是，兰斯塔德和莱茵－鲁尔如何具有世界城市的身份还很不清楚。兰斯塔德包括鹿特丹、海牙、阿姆斯特丹和乌得勒支。这一组城市承担着重要的经济功能和政府功能，每一个城市都有自己独特的功能。例如，鹿特丹是一个大港，阿姆斯特丹是一个国际枢纽空港，乌得勒支地处铁路系统的核心。海牙既承担着首都功能，还是许多国际组织的驻地。这些出现在不同行政辖区里的功能的管理构成了这个多中心区域所面临的规划挑战。具有比较小的地方政府，加上国家的中央政府，这四个城市一起制定了包括基础设施连接和生态项目的规划（斯托莫，2006）。"兰斯塔德区域2030"规划合并成为一个新的国家空间规划。阿姆斯特丹区域（包括 27 个市政府，一个区域政府和两个省在内的广大地区）已经编制了自己的（子）区域战略，"北翼地区 2040"（阿姆斯特丹都市区，2008），这个区域战略集中在基础设施供应、交通规划和"小世界城市"的协调发展规划等方面。

当兰斯塔德能够因为一些强有力的经济指标而引以为荣时（斯托莫，2006），莱茵－鲁尔城市区域[①]则是一个前重工业化区域，那里正在进行着大规模重建，因此，在欧洲经济中，具有非常不同的作用。从多特蒙德到波恩，莱茵－鲁尔城市区域的人口超过 1200 万。这个区域的确如彼得·霍尔所说，是一个多功能的大型城镇群，然而，它不符合萨森的全球城市概念。与其他欧洲城市相比，这个多中心系统的城市在经济上都是弱小的。为了创立区域范围的机构以支撑经济结构调整，人们已经做出了若干努力（参见纳普，2002）。像莱茵－鲁尔这样的老工业区域在新欧洲经济中面临困难，但是，它们都积极地参与到了城市和区域竞争中来。

有些较小的城市可能与肖特等人（2000）所定义的那种具有"主要门户身份"的城市一致。一种门户是建立在港口功能上的。许多港口城市都有很长的接触国际力量的历史，但是，它们的现代命运已经变化了。有些城市正在试图开发它们的港口，以便在目前的全球化条件下形成门户功能，如巴塞罗那。例如，热那亚和汉堡也在 20 世纪 80 年代和 90 年代早期努力改变它们的命运。对其他门户城市来讲，复兴的迹象来得比较迟一些。利物浦把一些码头转变成为旅游场所，作为 2008 年的"欧洲文化之都"，利物浦获得经济上的一种动力。马赛的开发项目集中在港口附近地区。1996 年开始的 4.8 平方公里开发面积的"欧洲地中海"项目已经提供了新的商业空间和住房。2007 年，这个开发区再次扩大

---

① "莱茵－鲁尔"多极区域城市群曾经因生产煤和钢铁而被称之为"鲁尔工业区"，包括科隆、杜塞尔多夫、杜伊斯堡、埃森、多德蒙德 5 个人口在 50 万以上和波恩、门兴格拉德巴赫、克雷菲尔德、波鸿等 22 个人口在 10 万以上的城市。整个城市区域的人口约在 1100 万，土地面积 16000 平方公里，大体相当于北京。尽管一般百姓还是声称他们是某个城镇的居民，但是，经济、就业、交通和居住的联系都是发生在城市区域层次上的。区域城市是发达工业国家城镇化发展的一种新现象。——译者注

了 1.69 平方公里的面积。这些项目的目标是扭转经济衰退的局面，建设一个欧洲内部的城市，也建设一个欧洲区域的边界城市。

西欧和东欧关系的变化给门户城市提供了另外一个背景。随着柏林墙的倒塌，中欧地区的城市立即想象了它们新的"衔接"功能。例如布拉格就是肖特（Short）所说的"主要门户"之一。通过联合国的一些活动，维也纳具有了一些国际功能，它寻求利用它与东欧的相邻关系，成为提供专业知识和服务的基地。1994 年，维也纳开始了大规模"多瑙河之城"扩张项目，这个项目提供了新的商业和居住空间，展示了这个城市在中欧地区的新形象。赫尔辛基把它自己推广为"通往东方之门"，以建设与俄罗斯的传统经济联系。

在欧洲单一市场内，独立城市的命运也因为新的交通投资和边界开放得以改变。那些曾经坐落在它们国家边界上的城市开始占据它们在欧洲的中心位置。1990 年早期，法国北部的城市里尔在新的国际火车站上开发建设了大量的办公和商业空间，在欧洲和更远地区推广自己（纽曼和索恩雷，1995）。里尔把自己描绘为一个新区域的中心，不是狭隘地把自己描绘为北部老工业城市，而是描绘为一个横跨国际边界的覆盖 3000 万人口的城市区域，在城市中心的欧洲高速火车（TGV）站之上进行了新的办公开发。里尔的营销较之于经济现实还缺少更多的市场推广。当时，开发完成的"欧洲里尔"难以找到租赁客户，在争办 2004 年的奥运会主办权上，里尔的国际竞争失败了。

我们可以拿 2000 年 7 月通车的"厄勒海峡大桥"为例说明交通投资所产生的实质性的影响。横跨厄勒海峡的固定连接对丹麦的哥本哈根和瑞典南部的马尔默地区都有着重大的影响（纽曼和索恩雷，1996）。在新欧洲背景下，建设"厄勒海峡大桥"的意义远远大于交通项目本身，这个项目表达了"精英们的一种愿望，把瑞典南部边缘地区与丹麦首都地区连成一个跨国大都市区，这个区域的经济、劳动力、科研和教育将使这个区域更有能力与欧洲城市中心地区的城市竞争，如汉堡和柏林"（纳普，2001，p.52）。

尽管有了如此的愿景，但是，在投入运行的最初几年里，这座桥梁并没有完成收入指标。这个新的欧洲区域的经济机制也引起了人们的关切，因为人们原先以为，哥本哈根可能会捕捉到更多的工作岗位，而马尔默只是作为一个郊区去发展。当然，超出桥梁本身的政治发展和经济开发变得重要起来了。丹麦政府改变了它的区域发展政策，决定让哥本哈根进入欧洲的城市竞争中，在交通基础设施、机场扩建和大规模码头建设投入了主要资金。在哥本哈根房地产市场上的外国投资迅速增加，大部分来自瑞典，德国其次（汉森等，2001）。1990年，丹麦议会讨论了哥本哈根的未来，总理宣布了哥本哈根的一个发展目标，"斯堪的纳维亚的实力中心"（引自汉森等，2001，p.862）。哥本哈根把它自己看成是波罗的海和欧洲大陆的连接点。人们都把哥本哈根看成一个"全球化的"城市，空中运输量和商务活动的增长正在扩大。哥本哈根的重新定位曾经包括把这个城市推广为"创新"城市。政府和一个称之为"哥本哈根的能力"的推广组织对哥本哈根做了这样的宣传，"哥本哈根有可能成为一个创新的区域。也许哥本哈根不会超过伦敦或巴黎，但是，它的确把力量放到它的创新资源上"（贸易和工业部，引自汉森等，2001，p.852）。对这个城市发展政策持批评意见的人们认为，这个城市发展政策没有对全球和创新方式的社会影响给予足够的关注。这种方式集中关注"经济上可以承受的人口"，鼓励高档化，转移在社会和经济上被边缘化了的市民（汉森等，2001，p.865）。

　　文化经济对于一些城市的发展是很重要的。在"欧洲文化之都"年度竞争中获胜能够给一些城市带来经济上的收益，利物浦就是一例。在经济优势方面的国家间竞争也推动一些城市去争办奥运会。国际体育事件带来基础设施投资，能够提高主办城市的形象。巴塞罗那奥运会大大提升了这个城市的国际形象，英联邦运动会带动了曼彻斯特的城市复兴战略。对于处于欧洲边缘的那些城市，大型体育事件对经济的推动作用特别重要。2004年的雅典奥运会利用运动会，提出了环境和交通问题，而伊斯坦布尔多次竞争奥林匹克运动会的主办权。在 2012 年奥运会之后，伦敦的目标是解决这个城市衰败的东部地区的城市更新问题。对于一些城市，"体育运动城市分区"（史密斯，2010）的收获是明显的，奥林匹克品牌值得极力去争取。对于另外一些城市，例如斯德哥尔摩和柏林，公众的抵制已经损害了对奥林匹克运动会主办权的竞争。

在欧洲富有竞争性的城市中，我们几乎没有发现几个世界城市，唯一明确的只有伦敦和巴黎。有些人在 20 世纪 60 年代就认定多中心的兰斯塔德是一个世界城市，但是，兰斯塔德区域自己都没有发现它是顶级欧洲城市。新的城市区域，如地处丹麦哥本哈根和瑞典南部马尔默地区的厄勒，振兴起来的城市区域，如巴塞罗那，都处在争取国际社会承认的阶段。2007 年，一个称之为"马德里全球"的机构一直在关注马德里的城市排名，推广这个还没有被充分承认其地位的城市，当然，马德里在交通基础设施和城市更新方面都有过巨大的投资。布鲁塞尔是另外一个具有世界城市竞争性的城市，但是，它没有始终没有进入顶级城市行列。毫无疑问，布鲁塞尔是一个国际城市，那里 4 万欧盟工作人员，2 万个游说人士、记者和外交官，然而，布鲁塞尔没有给自己创造出"欧洲之都"的整体形象来（科尔日等，2009）。大多数居民并不认为他们的城市是一个欧洲的首都，现在还没有看到转换这种形象的计划。在欧洲城市网络中，20 或 30 个国家首都也能够得到关注。历史的大学城也从研发和"创新"角度在全球推广它们自己。在伦敦和巴黎之下，这个变化的层级体系是围绕中等规模的、在国家和区域上具有重要性的城市而建立的。我们认为，欧盟的多中心城市体系掩盖了城市经济之间非常重大的差异。当然，正如我们将在下一部分中要看到的那样，多中心城市体系已经成为了一种政策愿望，给那些城市创造了一种两难的境地，是建立还是保持一个超出欧洲的全球角色。

城市所受到的不断变化的压力，削弱国家边界的空间影响和对经济变化的竞争性反应，构成了欧洲主要城市的背景。这些变化反映到一个独特的管理体制中，欧洲的超国家层面给欧洲这个全球区域提供了一个举世无双的规划体制背景。

欧洲城市：管理体制

"多层面管理"的概念出现在 20 世纪 90 年代中期。提出这个概念是为了努力把握不同层面间复杂关系，当时在欧洲，还没有一种简单的决策层级体系。多层面的观念旨在帮助人们理解城市决策的复杂性。如果不是一种对管理模式的解释的话，这个观念至少告诉我们，要考虑影响到城市战略的地方、国家和国际因素。当城市对欧盟目标和政策做出反应，然后，游说欧洲机构时，对变化的一种解释可能出自一种"欧洲化"过程的观念（约翰，2001）。在欧洲发展中，城市已经成为主动的表演者，市长们越来越多地出现在欧洲和全球舞台上，极力推广他们的城市。我们首先通过"欧洲层面"，讨论"重新标度的"和有争议的欧洲世界城市背景。

欧洲层面

在许多国际协商中，欧盟是作为独立一方出现的。例如，在有关环境问题的全球辩论中，在里约热内卢（1992）、约翰内斯堡（2002）和哥本哈根（2009）举行的历次全球环境峰会中，在联合国人居会议中，欧盟都是以一个积极方出现的。27 个成员国似乎都乐意欧盟作为一个可持续发展的旗手（CEC，2002），当然，欧盟并不能够在气候峰会上从国际合作伙伴那里保证任何具有约束力的协定。在经济事务上，欧盟在 2008 年 11 月通过它自己的 1600 亿欧元的复苏计划（当然，正是一些国家，特别是法国和英国，提出这样一种目标去协调国际上对全球危机的反应），经济战略支撑着欧盟的空间战略。2009 年的"里斯本协定"重新确定了欧盟的经济社会和环境目标，围绕"地域凝聚力"增加了一个特殊的协议。这个政策的地域方向已经缓慢地发展了几十年，我们简要地回顾这个发展的若干关键时刻。

自从 20 世纪 70 年代以来，欧盟成员国已经制定了一个帮助较弱经济区域，特别是针对基础设施和其他经济投资的复杂而广泛的体制。"欧洲区域发展基金"（ERDF）已经投入到老工业区域的基础设施和经济开发上。欧盟的一些边缘国家，如爱尔兰、希腊、西班牙和葡萄牙，都从实质性的"凝聚基金"中获益。随着欧盟的进一步扩大，"衔接"已经成为中欧和东欧国家的优先项目。从整体上讲，"凝聚基金"已经逐步发展占到欧盟预算的1/3。对"凝聚基金"影响的评估表明，有些与GDP增长相关，有些与就业有关（CEC，2010a），当然，国与国、地区与地区，变化很大。匈牙利2005年经济危机，希腊2010年的经济危机，都表明有关凝聚的期望过于乐观了。

在长达30年的时间里，"欧洲区域发展基金"和"凝聚基金"针对的是比较弱的和边缘的区域，但是，从20世纪80年代开始，欧洲委员会制定了它自己的更为精确的目标，"社区目标"，把重点集中到详细的城市问题上。"城市"（URBAN）项目是欧洲委员会设立的项目之一。这个项目包括目标街区更新的预算和城市政策实验。项目实施的第一阶段包括了100多个城市。一些比较富裕的区域也能够获得这样的资助，而不直接以GDP作为有无资格获取资助的标准。这样，伦敦和巴黎也因为它们都市区内所存在的特殊问题而获得资助，而不考虑它们是欧洲富裕俱乐部的首富。

"城市"项目体现了欧盟政策变化的一个方面，它一改自20世纪70年代以来一直维持的较为广泛的区域政策，而把方向转向城市问题。"欧洲委员会"建立之初，它的区域政策集中在大型矿山和钢铁生产区域的问题上。在30年或更长时期里，这些工业区域的大部分地区已经消失了，而且也已经分得过大量的资金。然而，20世纪90年代，"欧洲委员会"的关注点转向城市。除开这个专项之外，"欧洲委员会"还组织了一场有关城市政策的讨论。"朝向城市远景"（CEC，1997）把城市定义为欧洲经济的"引擎"，但是，城市存在着它所特有的问题，如城市犯罪、失业和社会排斥。"欧洲委员会"随后发表了题为"欧洲管理"（CEC，2000）的白皮书，其中讨论了城市的未来功能。这样欧洲城市政策逐步发展起来。

2007 年，在德国欧盟轮值主席结束时形成的"莱比锡宪章"大大推动了这些目标，"莱比锡宪章"精确地提出了一套新的城市政策。

我们应该看到，欧盟对城市日益增强的影响并非只是"欧洲委员会"的愿望，实际上，它也反映了城市本身的行动。自 20 世纪 90 年代初期以来，"区域委员会"一直游说增加城市和区域政策制定的作用，而在"里斯本条约"签约以来，在欧盟立法程序中，"区域委员会"有了正式的地位。非正式的"欧洲城市"集团的成员从 20 世纪 80 年代的几个增加到现在的 140 多个（欧洲城市，2009）。这些城市游说和推进在气候变化和经济复苏方面的集体行动。在"欧洲城市"看来，这种城市角度能够导致与国家政府的"任务碰车"（欧洲城市，2009，p.17）。除开这种正在发展的政策上的城市层面外，还存在着规划上的跨国层面。这些国际的和区域间合作的地区，如多瑙河沿岸、环波罗的海，都受到了欧盟基金的支持（参见宗纳菲尔德，2005）。

也许在欧洲层面上最重要的规划进展是《欧洲空间发展视角》（ESDP）的发表（CSD，1999）。20 世纪 90 年代期间，这个文件通过缓慢的国际合作逐步出现。1999 年，欧盟成员国的规划部在"实现欧盟地域的协调和可持续发展：空间发展政策的贡献"的标题下批准了这个文件。协调和可持续发展的目标是所有成员国都接受的目标。《欧洲空间发展视角》中的唯一实质性概念是多中心发展的观念。多中心性必须与"全球经济结合区"规划一起理解，"全球经济结合区"是从城市具有的竞争性资产上所看到的城市网络。这种"全球经济结合区"明确排除了一个中心，其他可能的多中心网络代表着具有经济潜力的更大地区，如从维也纳向东发展，或横跨西班牙和葡萄牙。这种对经济区域的认识直接影响了"美国 2050"对美国空间的重新规划和这样一种观念，城市网络需要巨大的基础设施投资方能具有全球竞争能力。当人们把《欧洲空间发展视角》的原则写进区域和城市 – 区域规划中时，《欧洲空间发展视角》当然就会产生直接的影响。

与多中心欧洲概念相伴而生是"地域凝聚"的口号，"地域凝

聚"现在已经写入欧洲政策和《里斯本条约》中。欧洲委员会承认，
这个概念还没有被深入理解（CEC，2010b），正如法鲁迪（2007）
提出的那样，为了理解这个含糊的观念，我们需要把这个概念置
于同样模糊的欧洲"社会模式"的中，把这个概念作为欧洲对全
球化的反应。欧洲委员会的目标是发展一种地域凝聚的可以操作
的定义，通过这个概念，去发放 2013 年以后的区域和凝聚基金项目，
推进多中心和可持续发展（CEC，2010b）。

这样，在欧洲层面上，欧洲委员会一直都在制定它的城市政策。
在 20 多年的时间里，这个正在逐步完善的城市政策，对城市的资
金支持和"一个欧洲"计划的开始都显示出欧洲区域与亚太区域
和北美区域的实质性差异。当"多中心"和"地域凝聚"概念被
融入欧洲政策中去，一些城市的自由或多或少受到了限制。"城市
引擎"和"竞争性城市区域"这些主导 20 世纪 90 年代争论的观
念支撑着领跑城市的愿景。当然，多中心的和凝聚的欧洲形象是
一种反对少数城市居于支配地位的行动。

国家层面

按照布伦纳（1999）的观点，欧洲国家已经主动地调动它们
特定场所的经济资产。这些地方的经济优势，有波特和其他人认
定的竞争性资产（参见戈登，2002）已经被看成了国家的资产。
这样，我们看到了丹麦国家政策的一种变化，从区域重新分布到
推进哥本哈根，或者法国政府对马赛滨海地区的规划，都是从国
家层面出发对竞争的反应。所以，我们需要把国家看成能够影响
城市政策的一种力量。

推销城市资产并非国家政府在城市层面上承担的唯一角色。
福利传统依然存在，国家常常要去消除社会分化。这就意味着城
市领导人在追求他们自己的经济目标时有着不同程度的自由。我
们必须考虑到欧洲国家间政治和意识形态上的差异。在有着强大
的社会和福利传统的国家和更为依赖市场的力量并极力使用新自
由主义方式的国家之间，存在方向上的差异。这样，有些城市可

能更多地依赖较高层面的政府去处理社会分化问题。

欧洲层面上形成的政策如何引入到城市层面因国家不同而有所不同。范登贝尔赫（Van den Berg）等（2007）研究了1997年以来国家方式的变化，他们发现，对欧盟的支持普遍提高了，尤其是通过"城市"项目。当然，为数不多的国家有着自己清晰的城市政策（法国、英国和荷兰），或具有国家层面的机构去负责城市政策。横跨整个欧洲，国家的作用因城而异。不同国家的规划传统持续影响着决策（纽曼和索恩雷，1996；尼林，2009）。国家继续给规划提供法律和行政管理背景。有些德国城市是具有州一级权利的自治城市，它们能够在没有多少联邦干预的情况下制定法律和设定税。有些国家，存在居于城市政府和中央政府之间的区域层面的干预。这种宪法上的变数对影响多层面关系的性质和城市独立管理它们的城市未来都是十分重要的。例如，在意大利，关键规划责任是在市政层面执行的，如土地使用法规，而区域层面涉及经济发展和环境规划。在法国，市政的和区域的层面都是重要的，但是，在葡萄牙，地方的和国家的政府管理着规划。

另一方面，当国家继续寻求更有效的规划体制时，尤其在迎合商界需求方面，我们能够看到共同的利益。竞争驱动着国家在城市的利益。例如，在爱尔兰，国家政府资助"国家竞争理事会"（NCC）引入经合组织的竞争计划，以推进都柏林[①]在国家发展中

[①]　都柏林都市区包括都柏林市、邓莱里－拉斯当、芬戈、基尔代尔、南都柏林、米斯和威克洛6个县。2006年，大都柏林人口为1661185人。它仅为北京人口的1/10，却是爱尔兰全国人口的40%。都柏林都市区的总土地面积有6980平方公里，仅为爱尔兰国土面积的1/10，大约相当于以天安门为圆心向外放射47公里半径的区域。这样，大都柏林的人口密度为每平方公里237人，而北京在这个半径范围内基本上聚集了10倍于大都柏林的人口。大都柏林和爱尔兰从1990年代开始进入高速发展时期。都柏林都市区2006年统计的就业结构为，农业2%，工业24%，服务业74%。目前，这个都市区的产业发展集中在生物工程、国际金融服务、软件工程和数字媒体。都柏林市是都柏林大区的唯一核心城市，其他6个行政辖区都被认为是都柏林的郊区。在都柏林都市区内，有43个村镇人口超过1500人，其中22个镇和它们周边地区的人口一起超过5000人。目前，这个都市区已经规划为居住用地的土地面积为599平方公里。约占都市区总面积的8%~9%。这个比例所能够建造的住宅大体与欧洲其他都市区一样，独立住宅占总住宅单元的50%以上。——译者注

的作用（NCC，2009）。"国家竞争理事会"提出，领跑城市的增长，在"国家空间战略"中优先发展都柏林，与其他地方分享都柏林发展的收益。然而，在经济萧条时期，当爱尔兰的主要银行之间存在"有害衔接"，房地产开发商在郊区建设了"鬼城"和"僵尸酒店"（卫报，2010a，p.27），这种收益就不那么显著了。

国家对改革其他层面的政府一直有着兴趣。例如，当新的公共管理把重点放到竞争和绩效上时，各级政府都普遍采用了新的工作方式。这种转变的出发点源于不同国家的不同传统。权力下放或地方分权（法国、斯堪的纳维亚、英国）已经把新的责任下放到亚国家层面上。下放了权力的中央政府是一种实施了从政府到管理转变的政府。除开权力下放的倾向外，还有一种关注有效都市管理的国家层面。许多欧洲国家高度分散设置的地方政府产生了城市范围的协调问题和那些郊区化和边缘城市重新形成城市边界的地方的合作问题。欧洲经济"引擎"需要在适当的尺度上规划，但是，寻找都市政府正确形式已经变得难以捉摸。出现这种状况的原因之一是，在给地方层面下放权力中国家政府所获得的效益和丧失中央控制之间国家政府所经历的压力。出现这种状况的第二个原因是地方当局和都市区内部人口间常常出现的冲突的态度。国家政府需要有效率的亚国家机构，还将继续寻找管理它们城市资产的正确层面。但是，对于大部分地区而言，这些在大都市－区域层面上所做的实验影响有限。法国似乎是一个例外。自从20世纪60年代以来，为数不多的几个法国大城市一直都有城市范围的联合起来的"城市社区"。20世纪90年代末，法国的国家法律要求在所有城市地区都要有类似形式的社区间的合作。我们在第10章中将考察在巴黎区域中这种革新的影响。

那种认为全球化"架空"了国家的看法明显地没有反映国家卷入基础设施项目、国家城市政策和在都市层面上实施改革这些现实。在欧洲背景下，重新划分政府等级似乎意味着，所有层面上的政府都随着新的机构出现而对城市发生了兴趣。欧洲体制变化的调整需要在不同的国家背景下小心翼翼地加以考察。正如我们前面提到过的那样，面对全球竞争的当务之急并不是只在体制上作出反应。

亚国家层面

城市－区域层面正在日益引起整个欧洲的关注。在全球化的背景下，经济活动已经超出了核心城市行政区划确定下来的行政边界。为了有助于在城市间竞争中获胜而制定战略性的城市区域政策，都必须面临零碎的行政区划所引起的问题。在一些情况下，一些国家努力解决这些问题，改革行政区划边界，建立某种形式的城市－区域领导机关。在一些案例中，这种改革比较成功，例如马德里，新的领导机关与功能性的城市区域配合适当，然而，有些地方则不然，地方上的反对派拒绝这种改革，例如荷兰。在另外的情况下，实施了部分改革，城市区域的一些部分并入到新的比较大的政治实体中，例如 2000 年建立起来的"大伦敦管理局"。然而，改变行政边界面临宪法程序上的困难，所以，更常见的是寻找其他方式来发展一种协调机制，制定战略政策。萨莱（Salet）等人（2003）对 19 个欧洲城市区域进行调查后认识到，不同城市在实现城市－区域协调的方式有所不同。这些方式可以归结为四种模式。"一统"模式，在这种模式下，行政区划能够按照经济现实加以调整，但是，这种模式很少见到成功的。第二种模式是合作，在有等级的权力关系结构中，城市与区域政府之间的合作，在联邦制体制下，这种形式的合作特别明显。第三种模式也是城市与区域政府之间的合作，不过，在这模式中，区域政府更多地是发挥辅助作用，城市是主角，区域政府居中与其他当局协调。第四种模式是以实用主义为基础建立起来的弱势合作，通常围绕特殊的功能性政策进行合作，如交通。

当然，从一般意义上讲，作为一个政治实体的核心城市依然是最强势的一方。欧洲城市最近的改革是与出现强势市长相联系的。"经营型"的城市具有强有力的领导。这种领导并非孤军作战。他们与其他公共部门或企业界建立起联系。公私部门和国家－地方关系的形式因国、因地而异，公私部门和国家－地方关系对新的城市政治至关重要。已经建立起来的和有势力的商会常常影响城市政治和新体制的形式。具体情况取决于国家政治文化和地方权力平衡，因此细节有所差异，20 世纪 90 年代的大量研究发现了城市政治中若干种新的合作（纽曼和索恩雷，1996）。当时可能影响欧洲城市政府体制的因素是强势领导、政府间和公私之间的合作，地方政党政治文化。那时显示的一个重要的信息是，在欧洲竞争中，具有正确地体制和经营态度的城市能够成功。西班牙的毕尔巴鄂市提供了一个与商界和强有力的目标相联系的政治领导模式。按照勒·加莱斯（2002，p.210）的看法，一系列公－私体制改革，包括"毕尔巴鄂交通，1991"和"毕尔巴鄂规划，2010"，重新产生了"欧洲城市竞争的语言和行动模式"。毕尔巴鄂古根海姆博物馆的成功让其他欧洲城市开始寻找"毕尔巴鄂效果"，当然，这个博物馆究竟对这个城市的经济发展有多大的影响，还是可以商榷的（戈麦斯，1998；普拉扎，1999，2000；戈麦斯，2001）。无论这个实际经济案例如何，权威机构和事件的形象似乎对竞争对手构成了一时间的优势。

俄罗斯城市十分清晰地证明，国家层面和城市层面强有力的政治领导能够利用积极进取的经营方式推进世界城市的建设目标。自 20 世纪 90 年代以来，莫斯科的市长一直都在建设大型项目，树立这个城市的国际方向（帕戈尼斯和索恩雷，2000）。紧靠红场的"马涅斯广场"地下购物综合体的建设目的是把全世界的零售品牌全部搬到这个城市，这个综合体以巴黎的"巴黎大堂"①为范本。现在，"莫斯科市"是一个国际导向的商业区，具有良好的机场衔接，其建设模式是巴黎的拉德芳斯和伦敦码头。规划已经批准了在那里建设世界上最大的建筑"水晶岛"，由福斯特（Foster）设

---

① 巴黎大堂（Les Halles）位于巴黎第一区，蒙特吉尔街时尚一条街的南端。原先，这个地方是一个大型批发市场，1971 年拆除后，建设一个现代化的地下购物商城，其露天部分是一个下沉式广场，地下部分除开购物外，还是巴黎城铁的交通枢纽。——译者注

计,包括3000个床位以及娱乐设施的酒店。原定2014年投入使用,2008年的世界经济危机推迟了这个项目。现在,圣彼得堡最近这些年来构成了对莫斯科的挑战。圣彼得堡曾经是沙俄的中心,因此,作为一个世界城市,圣彼得堡能够声称其历史的角色。现在,圣彼得堡正在制定城市规划,以振兴其世界城市的身份(戈卢布奇科夫,2010,p.641)。2007年的总体规划概括了这个城市世界城市的愿景。巨大的项目正在进行中,包括最现代化的摩天大楼,也是由福斯特设计的,据说这幢建筑的高度欧洲第一,在受到地方强大反对的情况下顶风而上。俄罗斯天然气工业股份公司及其相关公司将入驻这幢建筑。这座城市以成为国际能源之都为目标。特别值得提到的是,国家层面的政治家在其中所发挥的重要作用。普京(Putin)总统和梅德韦杰夫(Medvedev)总理都来自这座城市。普京曾经说过,"彼得堡是一个特殊的城市,这不仅是对我们的国家,对欧洲也是特殊的。……彼得堡是世界文化、经济和金融的领跑城市"(引自戈卢布奇科夫,2010)。相当可观的国家资金已经投入到这个城市,一些国家的机构也迁移到这个城市。还有一点需要注意到的是,"上海合作组织"成为新的大型项目之一。戈卢布奇科夫(Golubchikov,2010)描述了这场发生在莫斯科和彼得堡之间的竞争,莫斯科正在发展它的金融优势,给世界进入俄国提供一个门户,而彼得堡担当着俄罗斯自己走进全球经济的门户。

国际竞争可能具有比较广泛的目标。例如,米兰2015年世博会项目具有一个经济基础,更新基础设施,产生7万个新的工作岗位,通过2000万人的到访,获得经济收益。但是,在2015年世博会之后,市长计划把2015年世博会场地转变成为可持续发展和反贫困反饥饿的样板中心(徐全,2010)。这种愿景可能对这个城市的推广很重要,但是,这种愿景可能同样反映了在正在改变的政治价值取向。城市政治不仅仅是关于经济发展的。并非只有政治精英们在影响着城市政策的取向。大部分欧洲城市都有一个在影响上和在数量上巨大的中产阶级(勒·加莱斯,2002,p.120),这个阶级成分的政治影响有时能够减缓两极分化。欧洲城市精英已经倡导着反贫困战略，常常让社区协会进入决策过程。欧洲大学城里的政治也是具有特色的。例如，环境问题常常在这些城市成为突出问题，在信息和通信技术方面，这些城市常常是"特殊的位置"，"仅次于巴黎和伦敦"（勒·加莱斯，2002，p.218）。有时，声称有关对环境问题的关注大量渗透到了政府有时可能是言过其实的，当然，在许多城市，环境政治已经成为一个重要因素。我们已经注意到，正在变化中的社会基础支撑着巴黎市政府新的国际方向。绿色政治的确有了影响。比利时的"绿党"公共交通部长迫使有关布鲁塞尔的新区域高速火车设施的建议在国家层面上通过（拉格鲁，2003）。梅耶（Mayer，1999）已经揭示出，在德国的州层面上，社会运动常常关注于环境问题，改变地方政治的性质。

正在变化中的社会结构也能影响政党政治。例如，在欧洲，国家和城市层面的移民是政治紧张的一个始作俑者。一些城市的极右翼政党具有影响，一些国家的极右翼政党影响到国家大选。"宜居鹿特丹"是鹿特丹市地方政治的产物，然而，它却成为荷兰2002年右翼大选成功的基础（经济学人，2002，p.29）。欧洲有关移民和难民的明确政策已经随着国家和地方政党领导人努力管理他们内部事务而出现。

与商界形成合作的强势市长是一种欧洲城市管理方式，这种欧洲城市管理方式和指令性企业方式（范登贝尔赫等，2007）显然不是对欧洲所有城市的管理方式的概括。城市的社会结构能够以独特的方式影响城市政治。同时，在城市政治中，我们能够强烈地感受到国际因素的存在。城市政治不能独立于国家层面单独存在，当然，这种依赖程度各国有所差别。茹夫和勒菲弗（Lefèvre）在考察中等规模城市的前景时提出，"欧洲城市还没有成为一个霸道的政治人物能够为所欲为，成为独立于其他地方和国家的政治力量的地方"（2002，p.34）。在欧洲，城市竞争是国家和亚国家层面上的一个支配性论点。但是，自20世纪80年代以来，城市间合作，如通过"欧洲城市"网络，一直都在发展。无论是从城市间的联系上还是从欧洲层面上所倡导的那样，认识到城市间合作可能具有积极的意义。"对获取信息，交换经验、观念和多方面的知识，应对欧洲的项目或国家的项目，这些跨国网络都是至关重要的，所以，跨国网络也是了解政策规范和方式的场所"（勒·加莱斯，2002，p.107）。城市间合作的负面影响是，不适当地使用"优秀管理实践"，在寻找如何成功时，不适当地采纳咨询者的方案。中欧和东欧城市必须了解西方的实践方式。战略远景、经营和领导之类的程序具有普适性，但是，常常难以完全适合于城市管理的多样性。

伦敦和巴黎都是具有独特的欧洲城市。欧洲"一般的城市"是中等规模的并处在国家和区域经济背景中的城市。圣彼得堡和其他东欧城市正处在一个长期的"过渡"阶段。处于欧洲经济核心的城市具有经济上的优势，有些新的城市区域，如厄勒海峡地区，作为欧洲统一市场中新交通联系的产物而出现。我们必须在欧洲经济、城市体系，以及复杂的重新调整的管理层面上安排发展。多层面管理的想法对复杂性管理提供了一个有用的角度，但是，它并没有解释每一个城市和区域背景下的特定的体制安排（威尔克斯·海赫等，2003）。在欧洲层面上，我们有了多中心欧洲的形象，这种形象掩盖了城市不同的经济优势。作为政策基础，协调的多中心发展和地域凝聚的观点可能对大型世界城市的发展构成挑战，但是，这个层面上的政策还是比较弱的。欧洲国家依然具有重要角色，依然对保障它们城市资产的成就有着新的兴趣。然而，权力下放和都市改革项目已经变化了，常常具有不确定的影响，地方经营还没有从国家层面获得自治权。在城市层面上，有一种经营型城市管理的普适形象，强势市长与商界结成联盟，然而，这种方式并非适合于许多欧洲城市的复杂政治现实。国际因素、变化中的社会结构、政党政治关系和历史都影响着城市规划的背景。

第十章

从分割到世界城市推广

过去 20 多年里，伦敦的政府体制发生了很大的变化，其中包括一个完全没有都市政府的时期。这样，我们能够把伦敦看成一个分析管理和战略规划相互作用的很好的实验室。

政府体制有着一个长期的变更历史（罗布森，1948；罗德斯，1970；戴维斯，1988；皮姆洛特和饶，2002；特拉弗斯，2004；英伍德，2005）。这个历史过程显示出中央政府和城市之间的关系，整个城市范围的领导机关与城市内部第二层面地方政府之间的关系显示出，仅有 2.6 平方公里大小的伦敦市，依然具有重要影响。最近的改革已经产生了一组特殊安排。直接选举产生的市长负责战略规划，通过"伦敦发展局"（LDA）管理经济发展，通过"伦敦交通局"（TfL）管理公交汽车和地铁网络。伦敦的市长具有从战略高度管理伦敦的地位。当然，中央政府依然保留着对关键性的财政的控制，伦敦的市长并没有纽约和巴黎市长那样大的预算或资源。所谓战略高度也仅限于 1963 年确定下来的"大伦敦"的行政辖区内。我们需要探索伦敦市与"大伦敦"区域的关系。

我们在这一章里集中讨论 1986 年撤销"大伦敦理事会"之后的那个时期。在第一部分里，我们考察，伦敦作为世界城市的观念如何主导了 20 世纪 90 年代的公共政策讨论，如何形成了 2000 年建立的伦敦新政府战略规划的核心因素。在第二部分，我们集中讨论"2004 年伦敦规划"以及随后的修订。2009 年的审查反映了新市长鲍里斯·约翰逊（Boris Johnson）在 2008 年赢得选举后伦敦的新政治，我们将探讨伦敦新政治对规划的挑战。

建设作为世界城市的伦敦

自 19 世纪以来，找到一个适当的伦敦政府一直是一个经久不衰的关键问题。随着伦敦在 19 世纪末的人口已经发展到 600 万，人们认为局部形式的政府是不适当的。1888 年建立了"伦敦县理事会"（LCC），覆盖了那个时期的全部建成区。然而，中央金融区（大约 2.6 平方公里）保持了它自治的和中世纪的政府形式，继续由"城市公司"做行政管理。这个地区包括了国际金融区，"城市公司"对伦敦战略上的优化选择产生主要影响。随着郊区化的发展，伦敦的发展超出了"伦敦县理事会"的行政辖区，于是，合适的政府的问题再次浮现出来（图 10.1）。伦敦政府的另外一次改革发生在 1963 年。这一次改革建立了"大伦敦理事会"（GLC），负责战略问题，20 世纪 50 年代，第一次确定了"绿带"，把整个都市区覆盖其中。在"大伦敦理事会"之下的地方层面的政府也做了改革，与"城市公司"一道，建立了 32 个自治市。1986 年，伦敦政府进行了又一次改革。这一次改革的动机是政治性的，而不是行政管理效率。20 世纪 80 年代初，肯·利文斯通领导下的"大伦敦理事会"制定了一套直接挑战撒切尔政府的发展政策。于是，中央政府决定撤销"大伦敦理事会"。撤销这一级政府适应了当时的政治意识形态，强调减少干预和市场自由（索恩利，1993）。有些人认为，撤销"大伦敦理事会"强化了较低一级自治市（赫伯特，1992），或者是建立以实际行动导向的、财政上有效率的特设机构的一次机会。然而，新的机构安排缺乏战略上的协调，这一点在随后的若干年里证明的确是一个问题。

在撤销"大伦敦理事会"后，没有一个管理整个大伦敦市的政府。"大伦敦理事会"原来所拥有的权利重新分配给中央政府、伦敦的自治市或某种联合体。由自治市代表组成的"伦敦规划咨询委员会"（LPAC）负责编制战略规划报告，但是，"伦敦规划咨询委员会"仅仅是一个咨询机构。"伦敦规划咨询委员会"向中央政府提交它的观点，给这个城市编制法定的"战略规划指南"。在非干预主义意识形态的支配下，1989 年的战略规划指南只有寥寥几页，简单地设定了地方政府应该执行的几个主要指标。作为非干预和机构分割的意识形态的反映，在撤销"大伦敦理事会"之

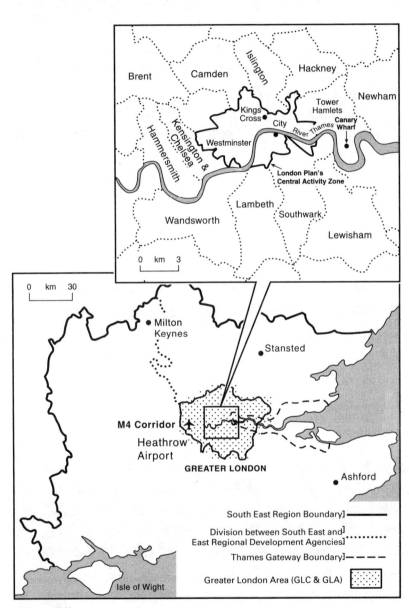

图 10.1 伦敦

后的这些年里，几乎没有什么战略规划出台。

许多地方对缺少整个远景和领导状况的关切与日俱增，20 世纪 80 年代末之后的一个时期里，出现了要求具体行动的压力，尤其是来自私人部门的压力。当时，"城市公司"的工作就是提供报告，给城市推广机构提供资金。"伦敦规划咨询委员会"也对伦敦成为世界商务中心的需要进行研究。这些研究得出的结论是，伦敦的劣势是没有一个单一的声音去推广自己。大约在 20 世纪 90 年代早期，中央政府也接受了这样一种看法，为了提高伦敦的竞争地位和应对分割开来的体制结构需要做些事情。1992 年，中央政府建立了一个"伦敦论坛"来推广这个首都，但是，1993 年，这个论坛被合并到"伦敦第一"这样一个由私人部门建立的商界游说团体中。这个私人部门领导结合中央政府支撑的模式在随后的 5 年中一直主导着伦敦的战略思考。

在私人部门日益增加其行动的同时，随着分割产生出来的若干问题继续发酵，中央政府那时也越来越多地参与到这个城市的战略规划中来。中央政府希望对"大不列颠联合王国的第一资产"（古马尔，1996）实施控制。于是，中央政府建立了"伦敦部"、"内阁首都子委员会"和"伦敦政府办公室"，由对伦敦政策利益攸关的各部组成，编制新版的《伦敦战略规划指南》。这个新版的《伦敦战略规划指南》扩大到 75 页。所以，我们可以把这个时期看成日益增加的机构分割和较大集中化产生的战略领导需要之间的一种较量的时期（纽曼和索恩利，1997）。1995 年，"伦敦的骄傲"，这是由"伦敦第一"领导的公共部门和私人部门的一个动议，为战略优先选项建立一个大纲。这份文件的开篇声明提出，"伦敦的骄傲"的目标是确保伦敦作为欧洲的唯一世界城市的地位。"伦敦的骄傲"所确立的战略优先选项对中央政府的思维有着强大的影响，例如，它决定把"伦敦的骄傲"所确立的战略优先选项写入修正的和扩大了内容的"伦敦战略规划指南"中。当然，这个时期的特征之一是，越来越多的具有复杂相互关系的组织出现了。这些组织缺少任何清晰的问责渠道，产生出令人困惑的网络，以致让人们难以了解到究竟谁负责决策（纽曼和索恩利，1997）。这个时期的纯粹结果是，战略政策的真空已经通过受到商界代表很大影响的中央政府得到了填充，当然，不是由一个伦敦政府填充的。

在1997年布莱尔政府赢得大选后，伦敦产生了一个复杂的管理模式。针对工党内部的需要，以及一家伦敦报纸"伦敦标准晚报"的支持，工党政府提出了一个新的政府实验——选举产生一个伦敦地区的市长，在原先"大伦敦理事会"的同样边界上建立一个"大伦敦管理局"（GLA）。"伦敦标准晚报"有规律的民意测验把协调问题和伦敦人缺少民主声音放在读者关心问题的首位。2000年，选举产生了这个提议的市长和"大伦敦会议"。这是英国第一次有了直选的市长。市长的责任包括战略规划、经济发展和交通。中央政府的目标是让较低层面的自治市在它们边界内承担起新的协调责任。伦敦的政府体制改革给了伦敦人以及私人部门一个发出他们声音的机会，但是，市长的权利还是有限的。当然，这个当选市长制定了清晰的优先选项战略和政策。我们将进一步详细研究这些战略性的优先选项。

为2000年成立的伦敦新政府设置的优先选项

当时设想，市长办公室具有强势行政权力，与此同时，选举产生的"大伦敦管理局"将具有审议和检查的功能。"大伦敦管理局"一共有25名成员，14名是按地区选举产生的，另外11名是在伦敦整个地区范围内选举产生的。当时希望这个强势市长会克服首都缺少领导的问题，而选举和审议过程会使战略决策具有更大的透明度和更明确的问责制。这个新模式的主要特征之一是，这个机构是一个精简的权力机关。与原先"大伦敦理事会"拥有几千工作人员相比，市长仅有几百名工作人员。市长编制伦敦范围的战略，提出预算，协调各路合作者，任命警察、交通、消防和"伦敦发展局"等四个"功能性机构"，"伦敦发展局"负责推进这个城市的经济发展和协调城市更新。市长还必须做出一个年度进展报告，而这个报告的基础是"伦敦的状况"讨论和一年两次的"市民提问时间"。市长具有一套强有力的行政权，但是，财政自主受到约束。中央政府通过建立预算，例如，通过维持对社会治安预算最低限的保留权，依然对市长具有控制性的影响。市长不能在不同"功能性机构"之间转移资金。"大伦敦管理局"自己的独立资源仅限于非常少量的按百分比取自自治市的地方税收收入和交通拥堵费收入。随着这样一种有限的独立预算、权力和工作人员，市长必须依靠影响、游说和合作者的支持来工作。

　　这样，"大伦敦管理局"是一种独特的城市政府。与世界上很多大城市的市长相比，伦敦市长的权力是非常有限的。伦敦的市长缺少巴黎市长那样综合性的权力和大量工作人员（巴黎市政府有 4 万工作人员），也没有纽约市长所掌控的预算（纽约市长大约控制 430 亿美元的年度预算）。然而，这种新的城市政府安排，具有明显的开放风格，反映了 20 世纪 90 年代提出的代表性和民主方面的问题。肯·利文斯通赢得了这次市长选举，他曾经是"大伦敦理事会"最后一个领导，以激进著称。当然，选举市长和"大伦敦管理局"并非一帆风顺，它显示出了当时国家一级政府与城市一级政府之间的紧张关系，这种紧张关系一直延续了若干年。利文斯通曾经宣布，他的兴趣是工党提名他为伦敦市长候选人，但是，布莱尔首相并不要利文斯通做市长，因为他太具挑战性了。布莱尔首相认为利文斯通做市长会给中央政府带来问题。布莱尔首相和工党操纵了这个选举，工党并没有提名利文斯通作为伦敦市长候选人。这样，利文斯通成为独立候选人，并最终赢得了选举。这样一来，利文斯通得到了很大自由，不一定遵循工党的路线。利文斯通入主市长之后的最初几年里，他花费了大量精力去反对中央政府部分私有化伦敦地下空间的计划，他甚至把中央政府告到法庭，当然，这并没有改变伦敦地下空间私有化的进程。许多年以后，利文斯通的主张被证明是正确的，在那些购买了地下空间做更新的私人公司破产后，伦敦交通局还得接管过来。这样，中央政府和大都市政府之间的紧张关系一开始就蕴藏在这种体制之中。中央政府全面控制地方法规和财政，而伦敦的市长能够作秀和争取选民。在"大伦敦管理局"中，利文斯通的位置曾经是强势的。若干年里，市长们都在不断地寻求增加权利，利用"伦敦规划"去游说中央政府增加预算，例如交通基础设施建设改造。利文斯通市长能够控制他的一些政策的执行，因为市长对执行机构负有责任（例如交通或城市更新），或者因为市长具有法律上的权利（例如"伦敦规划"的法规性质意味着市长能够把"伦敦规划"置于自治市规划之上，成为自治市规划的上位规划），但是，市长的许多其他政策（例如环境政策）要依靠说服其他机构或公众。

这些体制上的弱势方面推动利文斯通市长与其他利益集团建立合作关系。与布莱尔政府的政治冲突，特别是在财政方面，成了利文斯通前进道路上的障碍。如果政府不能支持市长，那么这个城市的其他利益集团将给予市长支持。在"大伦敦理事会"撤销后的近20年的时间里，企业利益集团一直寻求更大程度地影响战略政策。"城市公司"采取了比较主动的推广角色，常常为整个城市范围的项目奔走。企业联盟"伦敦第一"把推进伦敦的国际竞争作为一个中心政策问题，提出了一系列有关这个伦敦地区的发展战略，包括交通战略。正如我们已经提及的那样，在中央政府1995年提出"伦敦战略规划指南"之后，"伦敦第一"与伦敦自治市合作制定了"伦敦的骄傲"，认定了政策优先选项，确保伦敦的商业竞争性。

商界游说集团一般是支持建立"大伦敦管理局"的，当然，商界游说集团要求确保它们在新的组织具有话语权。例如，"伦敦第一"提出，"伦敦的富裕和竞争性依赖于商界，为了让伦敦保持其竞争性，商界需要进入决策，对它们的需要发出一种共同的声音，能够实际成就一些事情。这样，'大伦敦管理局'和它的工作机构必须紧密地与商界一道工作"（引自克雷曼，2001）。在促成建立"大伦敦管理局"的那段时间里，商界兴趣集中在经济发展战略。为了保证商界对伦敦政策的话语权，商界领导人建立了一个"伦敦发展合作"（LDP），其目标是"建立一个商界引导的董事会"，以填充伦敦经济发展思考上的战略空白（"伦敦发展合作"，1998a，p.2）。"为市长和伦敦发展局而准备"（"伦敦发展合作"，1998b）是这个组织的第一份报告，完成于1998年底，2000年1月，它又完成了一个经济发展战略草案，很快就送到新当选市长的办公桌上。2000年底，"伦敦发展合作"编制的经济发展战略最终版本基本上是在这个经济发展战略草案基础上完成的。"伦敦发展合作"的董事会包括了许多公共机构的代表，如英国顶级商界游说集团CBI在伦敦的分支"伦敦区域CBI"、"伦敦第一"、"伦敦工商会"、"伦敦公司"等。这些商界团体的许多代表一直都是"伦敦发展合作"董事会的成员。"伦敦发展合作"董事会本身与它的前身"伦敦的骄傲"有大量的重叠，而"伦敦发展合作"所提出的政策优先选项，商界竞争与交通，与"伦敦的骄傲"所提出的政策优先选项十分相似。

　　"伦敦工商会"（LCCI）那时已经形成了一种对待新伦敦政府的方式。当中央政府1997年发布有关"大伦敦管理局"的咨询报告时，"伦敦工商会"委托"安永会计事务所"（1997）提供了一份报告，提出商界如何最好地与新的伦敦政府互动。这个报告提出，最好的伦敦市长应该是来自商界的具有很高声望的人。这个愿望没有实现，但是，这个报告提出了另外两个重要的推荐意见，第一，"'大伦敦管理局'的最高层，'市长办公室'，应该安排私人部门的行家里手，以帮助制定和执行战略"；第二，"为了让商会在'大伦敦管理局'中能够发挥有效的作用，商会必须能够以一种声音说话"（安永会计事务所，1997）。"伦敦工商会"采纳了第二个推荐意见，敦促"伦敦商务董事会"提供一个企业利益的关注点。"英国工业联合会"的伦敦分支机构和"伦敦第一"同意加入"伦敦发展合作"董事会，在市长选举之前，它们举行了一系列有关商业利益的回忆，形成了一个称之为"对市长和大伦敦当局的企业宣言"的文件，提出了商会的优先选项。这个报告提出，市长应该把竞争看成一个关键点：在'大伦敦管理局'的心目中，必须把伦敦经济的健康和全球竞争看成是实现所有其他政策的前提。

'大伦敦管理局'的所有政策都必须经过推进一个强大的、稳定的、多样的、具有竞争性的、可以持续下去的和具有弹性的经济的测试"（伦敦商务董事会）。

"伦敦发展合作"也建立了一组涉及吸引伦敦投资和旅行的关注点。"伦敦发展合作"包括了若干关键推广组织，"伦敦第一中心"和"伦敦旅游集团"。"伦敦发展合作"在 2000 年 5 月形成了一个称之为"推广世界城市：给市长和大伦敦管理局的备忘录"的报告。这份报告的目的旨在保证，新的伦敦当局将把与商界合作放在优先选项中，集中关注改善吸收外部投资的环境。它们提出，到 2004 年，伦敦将成为"世界城市"。它们认为：

> 1992 年，"伦敦第一"创建的时候，这个商业团体里有这样一种信念，伦敦正在丢掉它世界城市的身份。过去 8 年里，伦敦不仅重新获得了世界城市的身份，而且还增强了自己作为欧洲商务之都的地位，与纽约和东京一道，成为三大世界城市之一。随着直选市长和"伦敦发展局"的到来，作者相信，伦敦能够期待在 2004 年成为无可争议的世界城市。（伦敦旅游集团和伦敦第一中心，2000，p.9）

20 世纪 90 年代逐步发展起来的世界城市愿景在伦敦新政府的政策中得到比较完整的表达。尽管伦敦市长的权力和预算有限，毫不奇怪，伦敦市长寻求的那些拥有资源的可能合作者都在他优先选择项目的背后。伦敦市长和中央政府之间充满困难的关系强化了采取这种立场的需要。利文斯通市长请管理咨询公司"毕马威"（KPMG）准备了一份与商界相关的纲领。以"市长和与商界的关系"（伦敦市长，2000）为标题的这份纲领长达 26 页，提出了利文斯通与商界一道工作的方式。"市长工作的核心是确保伦敦在世界经济中的成功继续下去。这就要求我们在决策时不仅仅只考虑到企业的问题。这就意味着要与商界建立起一个有效率的和有成果的合作关系"（伦敦市长，2000，p.1）。因为市长清楚地提出他要求的是来自商界的统一的看法，所以，在"大伦敦管理局"建立之后，"伦敦商务董事会"的重要性增加了。伦敦的商会组织都是有资源的，在与地方政府和中央政府的周旋中有着长期的经验。它们不只是与市长和市长办公室建立起联系，还与"大伦敦管理局"的所有层面和部门建立起联系，实际上，这是市长支持的事情。商会组织有规律地与"伦敦交通局"和"伦敦发展局"的官员联系，市长还任命了若干商界人士加入这两个机构的委员会中，这些商界人士同时在商界组织中也是有位置的。商界组织还积极安排与"大伦敦管理局"的会议，例如，"伦敦第一"建立了一个系列早餐会，让关心空间战略规划问题的成员参与。

商界介入建立远景目标的过程具有许多重要的特征。首先，商界在这个过程的早期阶段就出现了。在市长选举出来之前，通过"伦敦发展合作"（LDP）和"伦敦商务董事会"，商界已经很好地形成了商界对优先选择项目的看法。在推进伦敦世界城市角色上具有延续性。当时第一个要制定的战略就是"经济发展战略"，其基础就是商界较早完成的这项工作，这样，"经济发展战略"在影响其他战略上具有很好的位置。"伦敦发展局"的首席执行官负责"经济发展战略"，他提出商界较早提出它们对优先选择项目的看法是尽快制定"经济发展战略"的一个目标。商界游说集团的早期参与意味着，它们在以后的一般咨询阶段或"大伦敦管理局"的审议中出现就没有那么大的必要了。这种集中的方式意味着，通过有规律的和具有保密性质的讨论，正确地把商界的介入建立在权利的中心。

自从撤销"大伦敦理事会"以来，伦敦商界和政府之间的关系显示出多年的延续性。在20世纪90年代与中央政府联系紧密的商界已经增加了与市长的紧密工作关系。出现在20世纪80年代末的作为世界城市伦敦的重点一直延续到利文斯通市长的经济和空间发展中来。伦敦政府体制改革的目标是建立一个开放的和可以接触到的政府，随着商界接近市长的特权，伦敦政府体制改革的这个目标受到了质疑。与此相比，选举产生的"大伦敦管理

局"仅仅有弱小的影响。"大伦敦管理局"规划委员会抱怨说，"大
伦敦管理局的成员和公众都不能接近（市长），但是，有权势的房
地产开发商却可以做到这一点"（引自拉奥，2003）。

竞争时代的新型规划

新的法律要求伦敦市长编制多种城市范围的战略，其中有些
以前没有出现过。这些城市范围的战略包括交通、经济发展、生
物多样性、噪音、空气质量、垃圾和文化。当然，最重要的战略
是"空间发展战略"，以后称之为"伦敦规划"，"伦敦规划"要求
协调所有其他政策，而且，"伦敦规划"还是一个具有法律性质的
文件，要求参与。"大伦敦管理局"的官员打算编制一个"伦敦规划"
草案，然而，利文斯通并不认为"伦敦规划"反映了他的政治上
的优先选项，这个编制"伦敦规划"草案的行动取消了。这就表
明这个新的规划更具有政治导向性。"市长办公室"里的一个从政
治考虑任命的小组编制了一个非法律性质的文件，"通往伦敦规划"
（伦敦市长，2001）。这个文件为编制新版伦敦规划提供了基础，
而新版伦敦规划是在两名外请专家和市长办公室的指导下完成的。
2003年春，"公众考察"会议上讨论了新版伦敦规划。商界利益能
够影响到这个规划，因为这个规划相当依赖于较早编制的"经济
发展战略"和在市长办公室举行的多次与商界的会议（索恩利等，
2002）。这个法定要求的"公众考察"允许表达比较宽泛的观点，
但是，这个伦敦规划的关键政策在此之前已经占了上风，几乎没
有什么改变。2004年，"伦敦规划"被通过（伦敦市长，2004）。

"伦敦规划"提出，伦敦具有两个战略选择。伦敦能够通过分
散政策遏制经济和人口增长。这将减少对已经超负荷运行的基础
设施的压力，但是，这样做将损害作为世界城市的发展和整个英
国的经济。另外一个战略选择是，伦敦能够接受经济和人口增长
和再集中化的过程，建设一个适当的基础设施来应对基础设施的
需要。然后，这个增长将偿付这个城市所需要的服务与交通的改

善。当时，第二个选择被采纳了。所以，这个规划的作用是保证，市长能够提供世界城市增长战略所需要的设施，制定政策去应对经济活动和人口增加而产生的压力。这种增长必须同时还要在产生社会和环境收益的方式下发生，当时提出的整个口号是，"把伦敦发展为可持续发展的世界城市的一个典范"（伦敦市长，2001，p.11）。这样，"伦敦必须利用发展来改善生活质量"（p.1）。"伦敦规划"最基本的优先选项是保证伦敦依然具有竞争性，这个规划的基本判断是，其他城市，如纽约、柏林、巴黎和东京，都对发展基础设施做了大规模投入（伦敦市长，2002，p.3）。

这样，这个2004年的伦敦规划努力制定政策推进这些目标适应增长，保证伦敦作为世界城市的条件。特别是，这个规划把很大的注意力放到了中心地区的扩大和改善，主张较高的建筑，鼓励"金丝雀码头"项目的进一步发展以容纳全球公司入驻。为了保证增长发生在"大伦敦管理局"的固定行政边界内，通过确定大型开发项目的"机会区"，特别是针对大规模褐色场地，采用了增加开发强度的一般规划政策。这个规划政策符合中央政府增加城市密度的政策和由建筑师理查德·罗杰斯领导的"城市工作小组"所提出的推荐意见（城市工作小组，2000）。（理查德·罗杰斯被任命为伦敦市长利文斯通的顾问，推进伦敦高质量的城市设计）。"伦敦规划"尤其需要找到扩大世界城市办公和服务功能的空间。规划提出容纳这种功能的主要地区是，围绕现存金融区边缘的那些地区、围绕"国王十字火车站"和"伦敦桥火车站"大型开发区附近的那些地区。"伦敦规划"使用了很大注意力去提高中心地区："这个规划将促进伦敦对世界商界持续性的吸引力，分阶段地为国际商务活动提供适当的建筑空间和专业服务，尤其是在'中心活动区'，许多商家都需要和希望在那里落脚"（伦敦市长，2002，p.38）。伦敦中心容纳了中央政府、国际金融商务服务、大量的文化资产，也是英国主要旅游景点的所在地。

市长利文斯通引起很大国际关注的政策之一是向进入城市中心区车辆征收费用。这个政策最初在效果上相当不确定，同时，在政治上是否能够接受也具有不确定性。所以，向进入城市中心区车辆征收费用对利文斯通是一个风险，需要政治上的支持；据说这是一个政策范例，它只能在一个具有强势市长的体制下得以实施。这个政策得到了"伦敦第一"的支持，表明了减少交通拥堵对那些占据这个中心地区的世界城市利益攸关者的价值。但是，这个政策遭到了较小企业、零售部门和居住在这个分区边界附近的居民的反对。当然，这个政策的执行证明是它是成功的，尤其是拿这个财政收入去改善公交汽车的服务，更是受到普遍欢迎。对于伦敦的市长来讲还有一个附加的价值，这笔收入成为他的不多几个独立于中央政府的财源之一。

把伦敦的发展集中在中心城区和通过增加建筑密度寻求开发空间，鼓励高层建筑（麦克尼尔，2002），这是利文斯通市长最具争议的方式之一。通过对多种历史遗产保护、建筑高度限制和历史视角的保护等分区规划手段，这类开发过去一直而受到限制。当然，市长们都乐于给这座城市留下他们的形象工程，所以，那些奇妙的建筑形式总是吸引着这些市长们。利文斯通在他当选市长后不久就倡导增加高层建筑。2001年，伦敦市编制过一个内部掌握的指导性政策，以后并入"伦敦规划"。支持高层建筑建设的背后有着一个宽泛的政策：希望把伦敦作为一个世界城市来推广，需要确保伦敦有吸引全球商务活动的适宜办公空间的存量。高层建筑将以簇团方式集中在"中心活动分区"（包括作为金融中心的"伦敦市"、"西尾"和"南岸"、"金丝雀码头"地区）。其他具有为数不多高层建筑的适当位置将是围绕中心铁路枢纽和克罗伊登的郊区办公中心。"英国历史遗产"强烈反对高层建筑政策，要求保护伦敦的历史性建筑，常常强调高层建筑对历史性建筑视觉效果的影响，如圣保罗大教堂。下议院"城市选择委员会"则询问这类高层建筑对较高密度的"城市复兴"目标究竟有多大贡献。这些议员们还怀疑全球公司是否一定就需要高层建筑。许多自治市也对利文斯通市长的这项政策发起了挑战。

世界城市设施的供应包括进一步扩大"金丝雀码头"的开发。

"金丝雀码头"项目的启动也是一波三折。项目的早期阶段就受到了地方社区的反对。当然，当20世纪90年代早期房地产市场的萧条一结束，适当的交通工程完成后，这个地区的开发规模开始迅速扩大，成为世界城市总部性质活动的重要位置。"伦敦规划"提出，"金丝雀码头"地区能够"支撑一个全球竞争商务簇团"，期待在那里增加就业岗位，从2001年的5.7万就业岗位增加到2016年的15万就业岗位。新项目将增加"金丝雀码头"周边地区的建筑密度。按照这个规划，"金丝雀码头"和犬岛周围提供了大量新开发机会，这个地区与20世纪90年代完成的银禧线地下车站和正在扩大的"城市机场"相衔接。挖掘这个地区具有开发潜力的土地同样意味着需要在相邻的"皇家码头"建设会展中心这类高强度活动使用的空间，让这个地区担负起新经济功能。

　　中心地区的重心、倡导高层建筑和继续开发"金丝雀码头"和"码头区"都是以确保伦敦规划允许容纳未来世界城市功能的空间为导向的。"伦敦规划"中的交通政策需要支撑这个增长战略。"伦敦规划"提出，到2016年，建设完成三条横跨伦敦的快速公交线路和两条新的有轨系统。"横木线"是最为昂贵的交通设施建设项目，这条新的铁路线从东到西通过地下隧道穿过伦敦中心区。这条新的铁路线将与这个城市两边现存的铁路线衔接起来，从而把希思罗机场、金丝雀码头和中心商务区连接在一起。所以，这条新的铁路线明显有利于伦敦的世界城市功能。这个大型项目的资金必须来自中央政府，而中央政府正在寻求私人部门的重大贡献。"伦敦规划"把伦敦看作一个"世界门户城市"，支持欧盟"跨国发展走廊"的概念，伦敦–巴黎–柏林–莫斯科走廊，起始于伦敦到巴黎和布鲁塞尔的英吉利海峡铁路隧道走廊。正如我们将要看到的那样，这个"跨国发展走廊"战略与英国中央政府的"泰晤士门户战略"不谋而合。

　　"伦敦规划"中的住宅政策旨在增加居住密度和提供更多的经济适用房（鲍伊，2010）。很长时间以来，社会公共租赁住宅的供应一直在萎缩，私人住宅的费用却不停地上涨。利文斯通市长试图通过这个规划保证，在所有大型住宅开发项目中，50%的住宅为经济适用房，他还给每一个自治市下达了指标。开发商将有义务提供这个比例的经济适用房，这是他们在获得开发项目规划许可时签署的协议中的一个条款。虽然自治市是规划许可的当权者，然而，伦敦市长对于大量申请都具有否决权。与经济适用房的目标相关，这个规划还加入了专门针对伦敦比较贫穷的地区的政策，指导那里的开发和交通建设项目。

利文斯通的2004年"伦敦规划"是在体制上还存在某些疑问的时刻通过的。中央政府一直都在观察这种新体制的发展，因为它对"独立"市长心存疑虑，中央政府的结论是，"（伦敦）具有一个复杂的管理体制，这个体制不是很容易让这个城市集中到它的战略需要上"（首相战略小组，2004）。同时，商界游说组织"伦敦第一"甚为关切利文斯通市长与中央政府各部的冲突，提出了这样的问题，"究竟谁对伦敦负责？"（伦敦第一，2004）。当然，当利文斯通显示出他对伦敦市民所关心事务的重视，中央政府对利文斯通的做法的这些保留态度，而私人部门被搁置一边时，利文斯通显然会再次赢得2004年的市长选举。在工党候选人势必会在2004年伦敦市长选举中落选的情况下，工党邀请利文斯通回到工党。于是，利文斯通利用这个机会，寻求其他的权力。在伦敦政府2006年的审查中，中央政府的观点是，"伦敦市长和大伦敦管理局已经提供了高度成功的城市管理模式（GOL，2006，p.45）"。中央政府授予了伦敦市长更大的权力，并在2007年写入了《大伦敦法》。然而，这些新的权力是相当微小的，包括对战略性住宅和技能培训资金的更大的控制，增加了对"大伦敦管理局"各委员会的提名权等。也许最重要的变化是，给予市长对大型开发项目决策更直接的规划控制权，使他以更为强势的方式对待自治市。

伯明翰和曼彻斯特在申请奥林匹克运动会主办权时都没有成功，那时，日趋明显的是，伦敦可能是唯一能够赢得奥林匹克运动会主办权的英国城市。然而，在1986年撤销"大伦敦理事会"之后，伦敦并没有一个法定的城市当局去申请奥林匹克运动会主办权。2000年建立"大伦敦管理局"改变了一切，实际上，这也是当时提到需要建立一个大伦敦都市政府的理由之一。英国奥林匹克委员会决定把伦敦作为争取2012夏季奥运会主办权的城市，利文斯通也对此充满热情，当然，条件是把奥林比克运动会场馆主要建设在伦敦比较贫穷的东部地区，帮助那个地区的更新。2003年，中央政府最终也同意这一方案。这样，伦敦市长在促进伦敦承办2012夏季奥运会上具有重要作用，而这座城市的遗产成为竞争的重要方面。在2005年申办成功之后，注意力转到执行上来了，市长的"经济发展局"（LDA）负责规划和购买奥林匹克公园的土地（戴维斯和索恩利，2010）。随后的几年里，建立起许多机构，以保证奥运会的成功，并给伦敦留下一份遗产。

　　当然，奥运场馆的建设并非伦敦东部城市更新中唯一的开发项目，甚至也不是最重要的开发项目。主要的新交通投资已经保证了这个地区更容易接近，所以，也对商业和居住开发具有更大的吸引力。到巴黎和布鲁塞尔的"欧洲之星"火车使用新线，从地处伦敦中心的圣潘克拉斯／国王十字车站出发，经过"斯特拉特福车站"和"艾贝斯费特车站"，进入英吉利海峡铁路隧道。对于奥运会来讲，这将用来把城市中心与奥运场地迅速连接起来。当然，高速火车已经从2010年起开始在这条线上运行。作为建设这条线路和运行"欧洲之星"交易的一个部分，出资财团将对应获得这些火车站附近的土地。这样做的道理是，财团从这些地方的开发获得资金去偿付他们建设这条火车线路的成本。所以，"圣潘克拉斯／国王十字车站"、"斯特拉特福车站"和"艾贝斯费特车站"的大型开发项目都在进行中。紧靠奥林匹克场地的"斯特拉特福"是伦敦最贫穷的地区之一，现在，在那里进行的项目号称"欧洲最大的开发项目之一"，包括办公室、住宅和伦敦第三大的零售综合体。

　　"伦敦规划"必须不断得到审查，2008年公布了"伦敦规划"的最新修订版（伦敦市长，2008a）。虽然伦敦这个部分的更新已经是旧规划版本的一个部分，然而，这个最新修订版的"伦敦规划"

中增加了"奥林匹克公园"的规划细节。伦敦市长还对气候变化产生了新的兴趣，积极地参与到国际网络中，表达了对气候变化挑战的强有力的反应。修订版的"伦敦规划"包含了应对气候变化影响的详细政策和计划，市长希望伦敦成为应对气候变化的世界首领。伦敦需要提高它的住宅目标，因此，住宅政策也受到了审查。利文斯通市长已经朝着他的经济适用房目标缓慢推进。当然，这并非是规划的错误，而是国家在公共租赁房建设上投资不足的结果（鲍伊，2010）。修订版的"伦敦规划"还考虑到了《大伦敦法》，这个法律把"伦敦住宅战略"的责任从中央政府转给了市长。2004 年规划增加建筑密度的政策已经实现，然而，结果却是，在2007 年住宅市场开始下滑时，"超密"（鲍伊，2010）的小住宅单元供应过剩，规划的住宅模式不能适应社会的需要。

2008 年以来的政治和经济变化

自从 2008 年以来，制定伦敦政策的背景有了一些主要变化。市长换人了，全球经济／金融危机发生了，保守党入主中央政府。在 2008 年市长选举之前，新的 2008 年伦敦规划和提高了的市长权力均已有效。保守党候选人鲍里斯·约翰逊赢得了市长选举，当时，有若干因素对利文斯通不利。工党在全国范围内不受欢迎，《伦敦标准晚报》抛弃了利文斯通，开展了强大的宣传攻势反对他，许多市民只是感到需要有个"新面孔"，生活在中心区之外自治市的选民出现了政治反弹。他们认为，利文斯通把重心放在中心城区和比较贫穷的内城自治市，忽略了更多生活在城市边缘地区的中产阶级居民的需要。这样，保守党市长候选人鲍里斯·约翰逊获得了郊区自治市大多数选民的支持。毫不足奇，约翰逊最早的目标就是建立一个"伦敦远郊委员会"（OLC），考察这些远郊地区的需要和发展愿望。在"伦敦远郊"中，"伦敦远郊委员会"的新兴趣表明，前任市长利文斯通把世界城市的重心放在城市中心部位是有弱点的。但是，这并非事实。因为"成功的伦敦经济对作为整体的英国的经济成功至关重要"（伦敦市长，伦敦议会，2009，p.9），所以，新市长一如既往地继续争取各种资源，以提高这个中心的世界城市的经济活动。特别是在2008年金融危机发生之后，银行金融业受到攻击时，约翰逊市长一直对银行和金融部门给予很大支持。"伦敦远郊委员会"最终也不能对任何重要的新目标达成一致。

当然，约翰逊市长的基本信念继续推动他去兑现对远郊区的支持，远郊自治市对他的一般非干预立场还是很欢迎的。根据2007年的《大伦敦法》，授予市长的权力当时已经有效，于是，这个保守党的市长宣布，他没有干预自治市决策的愿望。所以，选举鲍里斯·约翰逊表明，战略方向上的重点有了变化，与自治市议会的可能冲突有所变化（杨，2006），趋向于更大的共同责任。市长与自治市之间形成的新的"城市宪章"承诺，市长"只是在万不得已的情况下，否则他是不会接管规划申请的"（伦敦市长／伦敦议会，2009，p.4）。

当世界经济下滑冲击到这座城市时，新市长才刚刚开始承担对战略政策和"伦敦规划"的修订工作。2008年末，金融服务业的未来走向并不确定，而金融服务业曾经是建设伦敦这个世界城市的核心，在最初丧失工作岗位之后，大家都希望这个部门在未来若干年里还会重新发展起来。2008年12月，约翰逊市长签署了一个"经济复苏行动计划"，其中包含了许多零碎的措施，许多措施已经包括在现行的政策中。这个计划列举了若干行动，帮助小企业，更积极的城市推广，改善伦敦的技能训练，减少住宅市场和交通等基础设施项目衰退的影响，奥运会和新的会展中心。但是，在2009年公布新版的伦敦规划和对经济战略的修改草案时，它们都依然包含了对人口增长、城市经济和金融服务核心的乐观预测（伦敦市长，2009a）。约翰逊市长经济战略强调了伦敦多样性的经济、高等教育、创意产业和旅游（伦敦市长，2009a）。然而，约翰逊市长还是把重点放在核心金融商务上，反对中央政府和欧洲可能的监管（按照伦敦市长的说法，这是巴黎和法兰克福的事情）

所要求的伦敦的调整，担心专业性的金融部门离开伦敦。

2009 年，完整的修正版伦敦规划草案交付咨询（伦敦市长，2009b）。新的规划按计划应当在 2011 年底和 2012 年 5 月的市长选举之前完成。整个目标旨在"让伦敦人有机会分享伦敦的经济成果；保证增长横跨整个伦敦，特别是伦敦远郊"，建设这个"无争议的世界商务之都"意味着伦敦市继续坚持原先战略所提出的以城市中心为重点的原则（伦敦市长，2009b）。对气候变化做出反应的政策仍然是一个有限选项，约翰逊市长要求伦敦在环境政策上成为"世界的先导"。"伦敦准备好了去帮助世界适应变化的环境。我承诺把伦敦建设成应对气候变化的世界先导"（伦敦市长，2008b）。

新版伦敦规划去掉了新开发中 50% 的住宅必须是经济适用房的条款，约翰逊市长把这个条款称之为"指令性的和反生产效率的"要求。当然，他还是包括了 3 年中建设 5 万套经济适用房的野心勃勃的目标，当然，实现这个目标的方式并不确定（伦敦市长，2008b）。从中央政府获得关键基础设施项目的建设资金还是任何伦敦规划的中心特征。所以，约翰逊市长毫无疑问地一直都在游说中央政府继续给奥运会场馆和"横木线"的建设提供资金。这时的保守党政府正面临大规模削减公共开支。当然，约翰逊市长一直都希望放弃原先规划的一些其他交通项目，如把伦敦中心区与伦敦南部的佩卡姆连接起来的"跨河有轨线"，实际上，这条线的建设是改善这个极端贫穷地区的基础。约翰逊市长还放弃了延长经过"巴金滨河"的"码头轻轨线"，暂停"巴金滨河"地区的大规模住宅项目。

新版伦敦规划集中关注规划中的细小的街区层面，而很少涉及有关自治市的战略政策，我们在前面曾经提到过的这一点。约翰逊市长对战略兴趣不大，而是提出了许多特别政策，去迎合那些可能给予他支持的群体。这种实用主义的风格导致了诸如这样的政策，替换所有单层链接公共汽车（这个替换项目占了很大一笔预算开支），禁止在地下空间中饮酒，减少征收交通拥堵费的地区，种植大量的行道树。尽管如此，这个具有较少战略性的规划仍然青睐伦敦的中心地区，最昂贵的基础设施建设项目"横木线"就是一个例证。中心商务区和"金丝雀码头"在"横木线"的开发中受益最大。

城市区域

所有涉及伦敦的政策争议一直都是集中在"大伦敦管理局"辖区内，这个辖区覆盖了伦敦"绿带"边界内的700万人。围绕这个地区的行政边界划分不可避免地导致了这个行政辖区关注点。但是，伦敦的就业和住宅市场都超出了"大伦敦管理局"的辖区边界，整个伦敦东南部区域都可以看成一个单一"功能区域"，具有出外工作的出行模式，而那里的人口接近1400万人口。当然，这些以工作为目的的出行模式正在多样化，以伦敦为焦点工作出行正在减少，日益发展起来的是就业的多中心模式（霍尔和彭，2006）。但是，这个区域从来就没有一个与之相匹配的政治实体。区域性质的决策是在中央政府之内做出的，有时，中央政府听取这个地区的特设行政管理部门的咨询意见。试图创立一种区域管理的方式一直都受到非议，而且总是无功而返。"东南部区域规划常务会议"（SERPLAN）成立于20世纪60年代。每隔一段时间，中央政府以"东南部区域指南"的形式编制区域政策，地方政府和这个区域的其他机构就够必须服从。1997年，工党政府主政以后，较大的兴趣是区域层面的机构。环绕伦敦，设置了两个区域，东南部区域和东部区域，建立"区域发展局"（RDAs）旨在推进经济发展政策和更新政策。"区域发展局"并非选举产生的机构，而是对中央政府负责的派出机构。2004年，"区域发展局"的责任扩大到包括编制"区域空间战略"，这两个区域地方政府的代表组成的理事会，对"区域发展局"编制的"区域空间战略"实施监督。围绕伦敦建立起来的两个"区域发展局"以及负责大伦敦市本身的"伦敦发展局"并不适应正在出现的"特大城市"的经济和社会现实，阻碍了合理的区域方式。跨区域边界的协调一致都是虚弱的。正如戈登（2004）指出的那样，原则上讲，"伦敦发展局"对与周边地区的恶性竞争不是没有先见之明，但是，"事实却是'区域发展局'在它们地域内设立的与投资和创立工作岗位相关的目标不可避免地青睐竞争，而低估了合作"（p.42）。"区域间论坛"除了给伦敦市长一个发言机会，别无他用。当然，2010 年保守党政府到来之后，撤销了围绕伦敦建立起来的这两个"区域发展局"，也没有用任何种类的新区域机构去替代它们。那时，伦敦市长提出，撤销"伦敦发展局"，它所承担的功能由"大伦敦管理局"接管。

2003 年，中央政府的"可持续发展社区规划"使得这个较大区域的体制关系更为复杂。这个规划是对未来 20 年新住宅需求可能增加的预测的一个反应。它把增长区安排在扩大的"米尔顿凯恩斯新城"、"剑桥／斯坦斯特德"机场区域、英吉利海峡隧道旁的阿斯福德。然而，能够获得新开发最大份额的地区是"泰晤士门户"，这是一个沿着泰晤士河两边的 40 英里的走廊，从奥运会场馆和"金丝雀码头"开始一直延伸到河口端。按照"英国国家审计署"的描述，"西欧最雄心勃勃的"更新项目（英国国家审计署，2007，p.4），计划到 2016 年创造 18 万个新的工作岗位，建设至少12 万套新住宅（ODPM，2005，p.1）。这个区域横跨原先三个"区域发展局"的边界，包括"城市开发公司"和"奥林匹克开发局"，涉及 19 个地方当局。这个地区的管理一直都是复杂而充满争议的（阿尔门丁格和霍顿，2009；布朗尼尔和卡皮特，2009）。中央政府把"泰晤士门户"放置到优先选项上，决策的重心也从地方政府和开发公司转移到更为集中的管理上来，这种转变招致了很大的批判。例如，2007 年，下议院的"公共帐目委员会"在一份涉及"泰晤士门户"的报告批评中央政府部门要对它的"弱"管理负责（下议院，2007b，p.2）。就这个雄心勃勃的在"泰晤士门户"创立工作岗位的目标来讲，"金丝雀码头"、斯特拉特福和奥运会场区都是最有可能产生结果的地区。2007 年批准的地处"泰晤士门户"下游地区的港口开发将包括 7 个集装箱船泊位，长度达 2.7

公里的码头和新的货车场。预计到 2025 年，这个开发项目产生 1.4
万个工作岗位。伦敦市长还提议，不再扩大希思罗机场，而是在"泰
晤士门户"下游的河口端，建设新的机场，同时建设新的地铁线，
与伦敦衔接起来。由于成本巨大、通行困难和对环境的重大影响，
这个设想被认为是非常不现实的。"泰晤士门户"提供了伦敦向东
扩张的空间，但是，它依赖于中央政府持续和巨大的基础设施投资。
在 2008 年经济和金融危机发生之后，住宅建设暂停下来。在最近
的未来一个时期里，"泰晤士门户"较远地区的开发步伐可能会慢
下来。

结论

如同其他的英国城市，在伦敦，中央的现代化和区域化政府
的计划一直都存在影响。选举市长和建立"大伦敦管理局"的实
验是体制设计的新的征程。20 世纪 90 年代期间，在围绕伦敦政府
未来的争论中，最突出的观点是，伦敦需要一个战略远景、民主
的代表和"伦敦的声音"。伦敦人得到了他们需要的领导。但是，
正如我们已经看到的，在设定伦敦战略方向上，商界仍然具有很
大的影响。

对伦敦中心城区感兴趣的来自行政机构和商界的代表已经在
这个舞台上活跃了 30 年。伦敦中心城区的国家和国际作用已经得
到了明确的表达。"伦敦发展局"发表的经济战略，强调了伦敦的
世界城市地位，"伦敦商界理事会"在第一个市长的决策中具有特
殊的地位。"伦敦市公司"在游说"1 英里大小"金融区商界利益
上继续具有强大的影响力。伦敦一直都在争取获得国家的资源，
去开发"横木线"和补贴奥运会建设项目。在 20 世纪 90 年代的
世界城市讨论中，出现了伦敦具有特殊角色的观点，两任选举产
生的市长有着不同的政治派别，但是，他们都没有放弃这种观点。

在伦敦世界城市规划的发展中有两个重要的体制问题。第一
个体制问题是伦敦和中央政府的关系。伦敦依赖于中央政府在基

础设施方面的关键性投资。"横木线"的建设支撑着"伦敦规划"的空间战略，更新管网系统对实现市长承诺的提高伦敦人生活质量的目标必不可少。奥林匹克预算依赖于中央政府对彩票资金的分配。"泰晤士门户"的扩大依赖于巨大的基础设施投资。伦敦城市核心区的金融服务经济依赖于政府监管和税收的方式，自 20 世纪 90 年代以来的长期繁荣中，人们认为稍许监管比空间战略更重要（巴贝，2007）。第二个体制问题是伦敦范围的政府与自治市的关系。市长和自治市在 2008 年形成的新的联盟延续了伦敦的公共投资。约翰逊市长已经承诺不干预地方决策，但是，这种地方主义可能损坏比较宽泛的战略目标。有些自治市最近已经联合在一起形成亚区域联盟。这种新的居中的规划层面的效果究竟如何，还有待观察。亚区域规划也延伸到了大伦敦的自治市（罗宾汤姆森事务所，2008）。区域协调是伦敦面临的进一步挑战。在"区域发展局"建立之前，中央政府始终支配着任何一种区域事务。当伦敦区域被分属不同"区域发展局"管辖，也只有中央政府能够对整个区域作出协调。2010 年撤销"区域发展局"之后，中央政府对整个区域的协调进一步加强。中央政府居于强有力的控制位置。当然，2010 年入主的保守党政府承诺更大程度的放权，更大程度的地方街区管理。它们撤销了把中央政府各部联合组成的"伦敦政府办公室"。约翰逊市长已经了解到这个新的政策方向，2010年 6 月，他声明，"大伦敦管理局"具有更大的权力（伦敦市长，2010）。他要求"大伦敦管理局"建立一个新的机构，负责住宅和城市更新工作，接管中央政府和"伦敦发展局"留下的住宅工作。他还要求更直接地介入到奥林匹克项目和奥林匹克遗产的实施中，多种机构合并在他的控制之下。他还要求中央政府把"皇家公园"和"伦敦港口"管理权下放给"大伦敦管理局"。他寻求在交通管理和城铁管理上拥有更大的权力。同时，他承诺下放更多的权力给自治市，强化"大伦敦管理局"在一些地区的作用。

引入伦敦的市长型政府产生了一种伦敦在国际舞台上的声音。利文斯通市长代表伦敦争取奥林匹克运动会的主办权，与委内瑞拉总统查韦斯进行高端交流。约翰逊市长是"C40气候变化组"的领导，希望把伦敦建设成为应对气候变化的世界典范城市。这种国际导向明显影响了伦敦的规划远景。伦敦规划承认了欧洲的政策，但是，欧洲政策并不具有最终的支配性质。也许很重要的是非正式的交流，如伦敦和纽约市长的交流。布隆伯格市长到伦敦访问，了解安全和治安措施。约翰逊市长希望模仿纽约的"高线公园"，在伦敦东部的高架桥上建设一个公园。在两个城市，环境保护和绿色基础设施都被认为是提高生活质量的因素，提高城市对地方社区和移民的吸引力。

伦敦的下一个经济政策可能强调教育、创意产业和地方商业服务（伦敦市长，2009a），当然，若干版本的"伦敦规划"都使用了世界城市文献中的核心语汇，例如，"伦敦是一个世界城市，在世界经济日益处在跨国相互作用网络中时，伦敦是世界上为数极少的公司总部中心之一"（伦敦市长，2008b，p.15）。提高伦敦在世界城市中的地位依然是发展的顶尖选项。然而，正如我们已经看到的，前后市长都能够在一个特定方向上提出战略规划来。利文斯通把伦敦东部作为首选发展地区，这种选择因为奥运场馆的建设得到了巨大的推动。约翰逊市长则把重点放到伦敦郊区，强调与自治市议会建立新的关系，支持它们新的"地方主义"的目标，集中在世界城市所需要的生活质量上。

第十一章

欧洲世界城市竞争者：巴黎、柏林、巴塞罗那，还是伊斯坦布尔？

自 18 世纪以来，伦敦和巴黎一直都位居欧洲城市之首。其他一些历史性城市，如维也纳和柏林，曾经在 19 世纪和 20 世纪早期对这个地位发起过挑战，然后鸣金熄鼓。当伦敦和巴黎的帝国影响力逐步在 20 世纪褪去，对它们全球影响力的挑战主要来自莫斯科。但是，自 20 世纪 80 年代末以来，莫斯科已经不在领跑世界城市之列。莫斯科依然是重要的国家首都，而它的经济特征让它落后于新欧洲结构中的领跑城市。统一后的德国重新在柏林建立国家首都。20 世纪 90 年代早期，人们期待柏林能够重新成为世界城市，在德国和欧洲心脏地区发挥新的作用。新的欧洲地理，包括我们在第 9 章讨论过的"门户"城市，都表明可能有新的世界城市竞争对手存在。然而，唯一能够对伦敦发起挑战的只有巴黎，我们将在这一章中使用大量篇幅讨论这个观点。在低于这两个城市的层面上，还有许多其他的城市，它们正在产生一个特定的位置，如在文化方面或旅游方面。在这个层面上的欧洲城市的特征之一是，在政治和城市政策上变化多端，展示了历史遗产的重要性。我们将拿柏林和巴塞罗那说明这一观点。巴黎、柏林和巴塞罗那这三个城市都有着非常不同的发展轨迹，然而，我们也发现了一些反复出现的主题，例如，寻找规划的城市 - 区域层面。若干世纪以来，土耳其和伊斯坦布尔一直被看成是现代欧洲的边缘。但是，迅速的城市化和欧盟向东扩张已经产生了一个新的门户城市，就其规模和经济功能讲，都迫使我们把它看作一个未来的世界城市。所以，我们在这一章里，要对伊斯坦布尔的世界城市地位以及产生战略规划挑战的经济和社会变化进行探索。

巴黎：老四

20 世纪初，人们承认柏林和巴黎都是"世界城市"。柏林丧失了它的帝国角色以及作为工业和文化中心的位置，然而，巴黎却一直保持着接近"世界城市"顶端的地位。不过，对巴黎与伦敦、纽约和东京的排位有争论，巴黎一直都被打上了世界城市中"老四"的标签。

巴黎主导着法国的城市体系。它是法国最大的都市区，它拥有法国人口的 19%，其经济产出占全国的 31%（苏夫拉，2009，p.88）。这个区域拥有法国顶尖的 50 个公司中的 49 个以及许多国际公司总部，高密度地聚集了中小规模的公司。巴黎是旅游、会议、研究的领跑城市（巴黎都市区城市规划与发展研究所，IAURIF，2010）。近来，法国的中央政府感觉到巴黎的地位出现了问题。自 20 世纪 60 年代以来，法国的区域政策寻求在大城市之间和法国的区域间实现协调发展。然而，法国大量的公共投资都是投到了巴黎区域，如研究和开发、交通基础设施和文化设施，以维持这个首都在国家的主导地位，维持它对国际投资者的吸引力。

巴黎市和巴黎都市区都已经编制了一系列规划。尽管在 20 世纪 60 年代就制定了包容的规划战略并建设了新的城镇，但是，巴黎市一直都在向外蔓延。20 世纪 60 年代，巴黎城市化外环线长度达到 600 公里，而到了 20 世纪 90 年代，巴黎城市化外环线长度达到已经延长到了 1300 公里。尽管区域层面上的规划直到现在也没有成功，但是，区域尺度上的规划一直都在寻求克服东部郊区和西部郊区之间的不平衡。虽然出台过多项政策，鼓励更为协调的开发模式，鼓励在东部地区和北部地区做新的开发，因为那里遭受了去工业化的严重影响，但是，大量的商业开发还是集中在相对富裕的郊区"上塞纳"地区（巴黎都市区的八省之一）。总的来讲，20 世纪 90 年代初的经济萧条沉重打击了巴黎区域，20 世纪 90 年代末以来的就业增长虽然没有降低失业率，但是，多样化的经济基础似乎让这个区域在应对 2008 年的经济危机时具有一定的弹性（勒菲弗，2009）。

　　过去 20 年，这个城市区域已经重组了。中心城区的就业衰退通过近郊区一些部分的增长所弥补。"上塞纳"地区，特别是"拉德芳斯"商业区，已经吸引了公司总部和高端服务业。围绕鲁瓦西 - 戴高乐机场的分区，围绕西南部马西 - 萨克莱的研究和开发分区，都是 1994 年区域规划强调作为欧洲具有重要意义的资产的规划区（巴黎都市区域局，1994）。20 世纪 90 年代初，第一个迪士尼乐园在巴黎的东部建成，随后，那里又建成了第二个娱乐公园，开展了大量的新的购物和商业开发。从某种程度上讲，20 世纪 70 年代的战略规划已经预见了在这种关键战略场地上的开发模式。那时，区域正在建设区域高速火车（RER）。尽管这个区域至今也没有达到那些规划预测的人口，但是，巴黎人与其他城市的大部分人一样，出行时间更长了，巴黎的公交系统现在十分拥挤。出行高峰及其他时间里，横跨城市、在新城镇之间、机场之间和其他郊区就业中心之间的旅行产生了复杂的出行流。有轨、公共汽车和火车衔接的系统旨在改善郊区镇之间的连接和运动，但是，不断延伸的地铁和区域火车网络对消除拥堵作用不大。巴黎都市区政府和巴黎都市区交通运输联盟（STIF）共同负责交通规划，国家通过铁路运行机构和巴黎地铁施加影响。

　　巴黎都市区面临的另外一个重大挑战是，巴黎大都市区东西之间的持续不平衡，近郊区的社会排斥问题。移民，特别是来自法国前殖民地的移民，大量居住在近郊区的住宅里，社会紧张关系一触即发。国家、区域和地方政策均集中在这些问题上。2000年，"团结和市区重建法"（SRU）提出，到 2020 年，所有镇（地方政府的基本单位）必须拥有 20% 供租赁的公共社会住宅。这个过程已经减缓了。在富裕的巴黎西郊，纳伊 - 塞纳河畔，目前供租赁的公共社会住宅仅占全部住宅总量的 3.2%。不能向前推进这个目标的那些镇所要缴纳的年度罚款和转移到这个地区的财政收入相关。许多镇宁愿缴纳罚款也不愿意建设供租赁的公共社会住宅。社会供应不均衡，西部和东部之间工作岗位的不协调都是巴黎都市区产生周期性社会不稳定和动乱的原因。2005年，与警察冲突所引起的暴乱持续了三周，随后几年相对平静。

我们将在后面考察北部郊区的城市更新政策。从城市的角度看，一个长期存在的问题是，企业向西部郊区转移，那里新建的工作空间条件可能比较优越，价格可能比较便宜。有些镇以城市建设的投入为代价，积极推进他们镇的开发。例如，伊西莱穆利诺镇[①] 把技术和通讯业的公司吸引到沿塞纳河西岸的狭长地区，同时，大力改善城市环境，提高该镇的吸引力（博耶等，1998）。过去20年里，巴黎市已经开发了过去遗留下来的许多大型工业场地，用于商业开发，发挥对郊区中心的反磁力作用，例如拉德芳斯和鲁瓦希。正如我们将要看到的那样，这种战略已经面临若干问题。巴黎大都市区调整以它具有竞争性的资产为基础，但是，巴黎大都市区还是面临着巨大的挑战。为了更好地了解这些挑战，我们需要考察管理这个城市区域的变化中的体制背景。

国家、区域、巴黎市，其他1300个镇，大量的商界和公私合作协会，都有一份利益。巴黎市（200万居民）拥有独立的规划权，具有很大的地方房产税和企业税收基数，因此，有能力干预巴黎市的发展。巴黎市以外地区的规划体制一直都在变化中。区域规划的责任从国家转移给了选举产生的"区域理事会"。这个"区域理事会"也具有实质性的自治权和资源。在20世纪80年代第一次选举产生了法国各地的"区域理事会"时，就在区域层面上，形成了一个国家－区域合约的体制。国家、区域、省共同编制这个"计划合约"。完成"计划合约"管理基础设施投资，区域层面的机构主导这个编制过程。最近这些年来，国家在区域发展中发

---

① 伊西莱穆利诺镇（Issy-les-Moulineaux）位于巴黎西南郊区，距离巴黎市中心6.6km，巴黎地铁12号线途径该镇。该镇辖区面积4.25平方公里，2008年的统计人口为63297，人口密度为14893人，是欧洲人口最稠密的镇之一。几十年以来，伊西莱穆利诺逐步把其地区的产业从制造业调整为高附加值的服务业。瓦尔塞纳商务区是该镇的核心经济区，那里聚集了法国最大的电信和媒体企业，法国主要的电视台总部也在那里。——译者注

挥了更为直接的作用。拉德芳斯^①商务中心提供了一种模式。中央任命的"公共开发公司"（EPA）指导拉德芳斯中心商务区的开发。其他一些"公共开发公司"的分公司现在活跃在巴黎都市区的许多重要开发区里。例如，2002年，"公共开发公司"建立了一家称之为"法国平原"的分公司，管理从巴黎市到戴高乐机场外横跨40个镇和2个省的开发。2000年以来，大量跨镇协会的发展使得巴黎都市区的体制背景更为复杂，一些跨镇协会编制了自己的战略规划。我们还应该简单地提到有关"巴黎盆地"的一种超级区域尺度的规划（最初的跨区域规划是在1994年编制的），这个跨区域的规划涉及7个相邻区域的一些部分以及若干中等规模的城市，兰斯、亚眠、鲁昂、勒芒等，它们都在TGV城际火车至巴黎的服务区范围内。

　　巴黎及巴黎大都市区所面临的大量规划问题需要置于这样一种变化而有争议的体制背景之下。最近，已经出现了一系列方案以解决由风格和竞争的机构所产生的一些问题。我们从讨论巴黎市的一些问题开始，然后再讨论更宽泛的城市区域的规划问题。

世界城市建设的30年——巴黎市变化的规划方式

　　1977年，希拉克当选为巴黎市长后，巴黎市开展了从北区到东区的大规模城市更新，包括巴黎市的20个行政分区，它们有自己选举产生的地方市长，当然，权力有限。当时，巴黎市的住宅更新方式是拆除大部分现存建筑，在减少密度的条件下再建，同

---

　　① 拉德芳斯是巴黎大都市区首位中心商务区，位于上塞纳省行政辖区内，更为详细地讲，库尔贝瓦自治市、皮托自治市和南泰尔自治市等三个行政辖区的一部分共同组成这个中心商务区，其面积为14平方公里，其中高密度建筑区仅1.6平方公里，办公室面积约为350万平方米；2006年登记的居住人口只有2万人，而每个工作日到此上班的人数达到18万；那里聚集了约1500家公司，其中有法国顶级20家公司中的14家，全球顶级50家公司中的15家。从地理位置上讲，拉德芳斯可以看作巴黎市的西郊，那里共有旅馆房间2600个；那里的零售面积为21万平方米，包括12万平方米欧洲大陆最大的购物中心莱斯世嘉购物中心。拉德芳斯集聚了巴黎城市地区14幢高度在150米以上高层建筑，形成了自己的天际线和现代主义的城市景观，同时，那里的绿地面积达到11万平方米，现代街头雕塑60尊。——译者注

时引入新的地方服务。在巴黎东北部的那些更新区里集聚了低收入移民，他们居住在低价的住宅中，那些地区的更新过程有时是充满矛盾的。并非所有的现存居民都重新居住在更新后的地区，再开发终止了对建筑的非法占用。在那些高密度和具有丰富文化的地区，如拉古泰勒德欧尔和鲁热堡，城市更新让那里的城市形式更为有序。巴黎市也鼓励了私人投资者到新区去投资。市政府支持商业开发，期待商业开发会影响到住宅市场。但是，巴黎东北部的更新过程当时受到了抵制，社区协会开始反对城市规划部门(APUR)的这种综合方式。在北部地区社会党市长的政治支持下，围绕更新问题，确定了新的基于社区的政治（沙尔扎，1998）。当希拉克政府（1995 年法国总统大选后，巴黎市长的位置由希拉克当市长时的副手让·蒂贝里接任）正在享受 20 世纪 80 年代的选举胜利时，大约在 20 世纪 90 年代中期，巴黎东区的政治气候发生了变化，它们从根本上反对希拉克政府的城市规划。于是，规划政策从大规模城市更新转变到关注街区需要和环境质量上。这个城市所需要的是"喘息的时间"（巴黎市议会，1996）。2001 年，巴黎市选举产生了第一个社会党市长，绿党议员占了 14% 的议席，所以，新的政策方向随之而来。

　　2002 年，社会党市长上台后审查了巴黎市当时最大的更新项目"巴黎左岸"。办公空间从 90 万平方米减少到 70 万平方米，包括大学建筑、公共空间和娱乐使用在内的混合将改变最初作为商业区来规划所产生的特征。批判的观点认为最初的设计缺少远景，新建筑只是努力更改项目的外观，而没有解决城市规划的问题（舍奈，2002）。当然，"巴黎左岸"的案例标志了巴黎城市规划的一个重大的方向性转变。20 世纪 80 年代的经验是大型项目，现代化旧的工业区，吸引国际社会对世界级城市建设的关注。与"巴黎左岸"项目相对的塞纳河对岸，大型项目"贝西"再开发证明，通过混合使用而非"伦敦码头"那种商务区，能够产生这种影响。"贝西"包括一个大型商业中心，同时，还具有文化景点，这个项目保留了一些河边现存的仓库，以此为巴黎人和国际游客创造了一个娱乐区（英加利纳和帕克，2009）。

　　在宣布开始讨论巴黎市"地方发展规划"（PLU）时，巴黎市长承认了巴黎的国际角色，但是，也强调了地方问题的重要性，强调了地方居民的观点和他们参与到这个过程中来的重要性（德拉诺埃，2001）。从本质上讲，巴黎市长要求更多的社会公租房，在所有新开发项目中，建立 25% 的社会公租房的目标。随着巴黎市内用于大规模开发的场地所剩无几，市长把眼睛投向了城市边缘地区，以及沿城市边缘公路的潜在的再开发场地。这类项目需要与相邻的镇合作。过去，城市和郊区之间的竞争和政治差异限制了这种讨论。现在，巴黎市希望实现横跨城市边界的比较好的形体连接，更新那些环境质量相对低下的地区。对于巴黎市长来讲，小镇提供社会住宅和设施具有可以"想象的"的问题（德拉诺埃，2003）。巴黎市长分配了 1.73 亿欧元的资金去解决边缘公路"丁香门"、"旺夫门"和"尚佩门"段的问题。在巴黎的北部边界，市长提出了一系列大规模再开发项目，把那里大片的仓库改造成为新的混合使用建筑，比较好地与巴黎其他地方和相邻的郊区联系起来。

　　巴黎边缘的生活质量能够通过这些项目而得到改善。巴黎市的绿党议员原先就提出通过限制交通来改善生活质量，而巴黎市推进了一系列显眼却费用低廉的大众活动，如"巴黎河滩"、"白夜"文化活动和试开电动汽车等。巴黎市似乎更关心它的市民们，而不是它的国际形象，更关心吸引游客的历史性建筑和博物馆，以及 20 世纪 80 年代以来"重大项目"所产生的新场所。改善一些相对小尺度的公共空间也能提高巴黎的国际声誉。例如，2000 年完成的"高架桥艺术"公园也吸引了国际游客。按照"波士顿全球"（2002）的看法，其他城市从这个项目中可以学习到的经验是，巴黎具有综合性的权力，巴黎在公共空间上投入了大量资金。纽约的"高线公园"得益于这个经验。

　　除开这些小尺度的街区外，城市规划的街区导向也用到积极地参与争办 2008 年和 2012 年奥运会的国际竞争。"巴黎左岸"场地曾经计划成为奥运村的所在地。最近，注意力又放到了城市北部与圣丹尼斯的北部郊区重叠的若干场地上。但是，在竞争2012年夏季奥运会主办权的时候，还没有找出圣丹尼斯的这块开发场地，它是2008年才确定下来的项目。在希拉克任市长时的竞争失败后，希拉克总统决定再做一次努力，当然，他承认这是新市长所要做出的决定。2003年，巴黎又进入了2012年奥运会主办城市的竞争中。巴黎当时已经有了适当的运动设施，包括新建在圣丹尼斯的国家体育馆。确定在巴黎北部原铁路使用的土地上建设奥运村。奥林比克村提供了再开发这个场地的可能性，把这个场地回归到城市构造中来。市长还指望奥林匹克村成为未来的社会公租房（勒·蒙德，2003）。许多人都承认了巴黎的技术能力，但是，最终的胜者是伦敦。人们把巴黎的失败解释为，是"英国'机制'对'没有吸引力的'法国模式的胜利"（引自纽曼，2007）。报纸《巴黎人》把英国与法国做了比较，认为英国采纳了自由主义和全球化，而法国则以"怀旧式地看待自己伟大过去"。明显缺乏竞争性部分归因于巴黎城市区域管理上的薄弱。

管理城市区域

巴黎市的规划看到了在城市本身和相邻郊区之间建立起比较好联系的机会。一些巴黎市最穷的部分都处在城市的边缘上，特别是北部和东部边缘。中央政府曾经利用欧洲区域发展基金处理过一些问题。国家的政策也已经瞄准了巴黎北部和东部地区。2004-2011年，"国家城市重建局"（ANRU）一半的房屋拆迁和更新项目都放在了巴黎的东北部分。24个大型住宅项目（15亿欧元）都包括在8个镇在内的镇协会"普兰镇"的辖区范围内。这个镇协会是这个区域的若干类似协会之一，它们是在1999年一部加强社区间合作的法律（loi Chevènement）公布后逐步成立起来的。在圣丹尼斯的北部郊区，有一系列处理去工业化和社会排斥问题的非正式镇间协议。20世纪80年代中期，圣旺镇、圣丹尼斯镇和奥贝维埃镇形成了一个联合规划机构，"普兰复兴"，它在1991年编制了一系列研究报告和一份镇间规划。当然，这种联合行动不会产生根本性的影响。这些镇都缺乏资源去做更新项目，也不可能获得区域或中央政府的资金（参见纽曼和索恩利，1996）。

然而，随着新的国家体育馆在圣丹尼斯的建设，那里的开发背景发生了变化。与这个国家体育馆的建设相关，大量新的交通投资产生了，新的 RER 火车站和对其他巴黎地铁和 RER 火车站的更新。从巴黎市到此仅一站之遥，围绕这个新火车站和紧挨法兰西体育馆的这些开发场地变得前景灿烂（纽曼和图尔，2002）。在国家体育馆和巴黎市之间，一系列就业区已经复活了。当然，圣丹尼斯镇和它的相邻镇都热切地期待看到这些新开发给地方带来的收益，这些新开发场地均是遗留在圣丹尼斯平原上的工业废弃土地。那部加强社区间合作的法律利用国家直接的奖励来鼓励原先的镇间合作。这部有关镇社区的法律框架提供了大量的优越性，包括增加来自国家的赠款。比较小的、相对贫穷的镇现在能够在较大的尺度上规划。镇间协会，"普兰镇"，包括了一个具有 35 万人口的地区。合作的关键优越性是共享税收。企业税支撑这种镇间机构，而企业税是在 5 个镇之间共享的。通过共享这个关键财政资源，5 个镇之间的竞争减少了。2002 年之后的 10 年间，那里的人口增加了 38000 人，而工作岗位增加了大约 26000 个（平原镇，2010）。原先的工业废弃土地现在成为了"法国宽带之都"。

成功的"法兰西体育场"项目和改善公共交通使得普兰圣丹尼斯更新获得成功。但是，这种战略规划尺度的成功暴露出较大区域规划上的问题。镇间协会制定一种"组团地域规划"（SCOT）。"普兰镇"的"组团地域规划"的规划期达到 2020 年，计划人口增长 5 万，涉及与"国家城市重建局"投资建设的住宅项目以及创造工作岗位、有轨公交系统、地铁和其他公交项目。当然，"组团地域规划"（SCOT）必须在新的大巴黎都市区区域规划的背景条件下，考虑到相邻的巴黎市规划和"公共开发公司"的"普兰法兰西"规划，实际上，"普兰镇"是"普兰法兰西"的一个部分。

自 2004 年以来，"大巴黎都市区区域规划"的更新争议不断。

2007 年，"大巴黎都市区理事会"在经过大量咨询的基础上形成了一个规划草案。一些内城镇反对把 2/3 的住宅项目集中到 A86 号公路之内，中央政府反对这个弱势的经济规划（苏夫拉，2009）。"大巴黎都市区区域规划"支持生活质量，但是，法国总理要看到的是工作岗位。若干次修订版增加了大约 100 万个工作岗位。我们需要把这些有争议的规划问题放置与一个有关城市区域政府体制的争论过程中。

20 世纪 80 年代，法国亚中央政府的改革创造了选举产生的区域，但是，没有撤销任何现存的政府。大巴黎都市区区域包含了 8 个省和 1300 个镇。巴黎市具有一个独特的身份，既有省的身份，也是这个区域中心的一个镇。其他法国大城市逐步发展出合作的"城市社区"，它们把若干分割的镇联合成为一个单一的战略当局（有些地区自 20 世纪 60 年代就已经这样做了），而"加强社区间合作法"（loi Chevennement）重新提出了这个争议。大巴黎能够成为一个城市社区吗？ 2000 年，大伦敦实施改革，在巴黎看来，"大伦敦政府"（GLA）像是一个令人羡慕的都市政府模式（勒菲弗，2009）。2007 年，萨科齐政府推行了一种城市社区观念，建立了一个负责城市区域改革的部。区域政府反对城市社区观念，在 2008 年的市政府选举中，社会党在城市社区获得多数，从而弱化了萨科齐总统的热情，这样，他把注意力转向更为广泛的有关未来城市的讨论，他邀请了国际建筑团队推测都市区的未来。2009 年春，他们公布了研究成果（法国总统，2009），萨科齐总统概括地提出了一个雄心勃勃的计划，把巴黎地铁和铁路连接起来，建设线路约长 140 公里，横跨整个区域 8 个部分，使得就业中心、交通枢纽和贫困的郊区能够很好地衔接起来。2009 年，法国国民议会通过了"大巴黎"法。中央政府建立了一个"大巴黎公司"，"大巴黎都市区区域政府"和各省均是这个公司合作单位，但是，国家管理这个"大巴黎公司"。这个公司能够购买 40 个新火车站周边 400 米以内的土地，规划车站分区，而撤销那里现存的地方分区规划。"普兰镇"是大巴黎都市区九个经济分区之一，将从新的交通线路和新的火车站建设中获益。

这个国家领导的计划对于镇间组团、巴黎市和大巴黎都市区的发展影响深远。事实上，这是"这是最近以来最大胆的城市规划之一"（纽约时报，2009b），然而，这个计划的实施需要 350 亿欧元。区域理事会可能是这笔资金的一个来源，但是，巴黎大都市区宁愿选择它自己的"Arc 快速"铁路线计划，这条线路围绕近郊区，巴黎大都市区要求把发展集中在近郊区。2009 年的经济气候削弱了围绕"大巴黎"火车站做商业开发的愿望，而这些商业开发可能偿付这个铁路线建设项目。这个项目的第一阶段是把机场与拉德芳斯连接起来，这对世界城市巴黎至关重要。中央控制的"大巴黎公司"把另外一个规划和开发机构新添到这个区域和巴黎市复杂而有争议的管理中。

巴黎市长与从巴黎市到机场一线的 100 个镇结成了一个称之为"巴黎－大都市"的非正式联盟，合作研究规划，应对有关城市社区的争论（苏夫拉，2009）。当然，"巴黎－大都市"不过是一个弱势的联盟；每一个镇都是平等的，采取每年轮值的领导机制，有些成员认为这是走向城市社区的一条路径，而另外一些人则认为这个组织不过是一个非正式的联盟，是城市区域规划道路的终结。因此，对较大范围城市区域的有效管理至今仍然面临重大挑战。

柏林：世界城市的一种"选择"

柏林是德国的最大城市。蔓延至周边勃兰登堡州的整个建成区的人口大约在 600 万。当然，在 20 世纪后半期的大部分时间里这个城市一直是一分为二的，中心城市与腹地分割开来。自 1989 年柏林墙倒塌以后，人们一直都在广泛讨论柏林是否能够重返世界城市俱乐部中来这样一个问题（参考科克伦和乔纳斯，1999；拉奥，2007）。这个城市最流行的形象是，它是一座还在形成中的城市（诺维和胡宁，2009）。统一的城市重新成为德国的首都，然而，有关这个城市作为世界城市竞争者的新城市规划问题已经出现了。

许多世界城市的一个关键特征是空港能力，具有大型国际交通枢纽。柏林的空港规划一直都是困难重重的，这座城市至今也不是一个欧洲枢纽。1989年，新柏林继承下来三个机场和相关的管理体制。当时，这座城市是一个"期待的枢纽"（阿尔伯茨等，2009），然而，三个机场却处在相互竞争中。有关选择三个旧机场之一或建设一个新机场的争论喋喋不休，直到2006年，这场争论才最终产生了一个结论，确认舍内费尔德作为柏林－勃兰登堡国际机场（BBI）。柏林－勃兰登堡联合规划机构编制了围绕新机场的广大地区的亚区域规划。当然，柏林市不可能建设一个大型欧洲机场。阿尔伯茨（Alberts）等人（2009）提出，在有关机场选址的长时期争论中，航空业本身已经深刻地影响了柏林的地位。欧洲低价航线的发展已经给柏林带来了大量的游客，但并非商务乘客，这些商务乘客一般都是到达国际空港。另外，德国航空公司的重组和航线合并限制了新的航空公司的出现。航空业的变化已经削弱了柏林的雄心。

在柏林和勃兰登堡这两个州级政府之间，机构冲突和与新开发相关的矛盾频频发生。1996年，全民公决否定了柏林与勃兰登堡州合并的提议。自从那以后，两个州级政府之间一直采用联合规划的方式。联邦州政府迁至柏林，但是，柏林并没有吸引公司总部或高端商务服务，而这正是世界城市的重要功能。高成本的统一和低经济增长产生了一个相对弱小的公共部门，资源十分有限。柏林处于财政困难之中。但是，已经出现的这个低成本城市已经建立起一个年轻、容忍和非传统的城市形象，同时具有大量的艺术和文化资产。基于历史的原因，这个城市吸引了青年人和少数民族人群，柏林市现在正在利用这一点推广自己的特殊功能。柏林是德国的顶级旅游目的地，把自己推广成为音乐之都、创意产业之都、"新鲜的"亚文化场所。2008年，这个城市的推广被包装成为"柏林的"，集中安排连续不断的事件，让市民参与到城市标志的形成过程中来。

柏林受益于国际旅游业的增长。2006年，在柏林过夜的国际游客达到 38.8%，而 2001 年，这个数字仅为 23.6%，现在来自旅游业的地方税收达到 10 亿欧元，旅游业全日制工作岗位占全部工作岗位的 17%（诺维和胡宁，2009，p.90）。统一后的城市产生了一些新的吸引力，如在波茨坦广场的公司总部簇团、翻修的议会大厦、由文化和零售占用的柏林老城历史性建筑和街道的更新，等等。柏林没有打算从其他德国城市抢工作岗位，有些人提出，通过开采柏林在规模和密度上的优势，把新柏林创造性地混合中产生新的工作岗位（格林和胡塞尔曼，2002，p.340）。在靠近柏林中心的地区，如哈克市场，混合使用的分区规划允许重新使用那里的建筑资产，建设新的住宅、零售、餐饮和文化设施，吸引了大量的游客。诺维（Novy）和胡宁（Huning, 2009）提出，那些把旅游、艺术、媒体和文化混合在一起的中心之外地区已经产生了显而易见的影响。原先工人阶级居住地区的改造伴随着高档化，当然，居住与文化资产的混合使这个城市出现了新的形象。尽管在社会主义时期，高层建筑替代了东德老居住区的老住宅，但是，那些当时被忽视的地区现在却成为了非常著名的街区。最初，居住在这些街区在经济上是可以承受的，特别对青年人具有吸引力，他们改变了过去由老人们创造的形象。高档化的确让一些人离开了这些地区，但是，另外一些人则从对住宅改造的公共投资中获益（莱文，2002），"社会城市"项目中包括了推进街区文化资源建设的内容。"普伦茨劳贝格"和"克罗依茨贝格"这类街区的改造反映了城市住宅和文化政策混合，高档化的市场力量以及通过地方事件、节日和独特文化提供了别具一格旅游经历的城市形象。

规划城市区域

德国统一后的政治和行政边界并没有反映新柏林市的经济现实。消除掉旧的军事边界意味着，这座城市能够向它的腹地扩展，新的开发，尤其是住宅和零售，都集中到了边缘地区。新柏林人能够横跨原先的边界而得到公共服务。柏林和勃兰登堡的规划师们认识到，城市与郊区的相互作用是不可避免的，从20世纪90年代开始，柏林和勃兰登堡的规划师们就在寻找这个跨界分区的共同规划大纲。1996年，建立了"联合空间建设部"，在联合规划主旨上达成了一致。虽然形成了一个双方都同意联合区域规划，但是，这个规划几乎并没有超出现存地方规划和承诺的拼合（GLB-B，1998）。在统一后的最初几年里，勃兰登堡的地方政府都编制了他们自己的规划和大量的开发承诺。只有当这些现存的开发承诺完成后，联合区域规划才会产生效果。所以，城市-区域尺度上的规划一直是弱势的，超出正式联合规划之外的合作已经证明还没有确定性。缺少合作既有资金上的原因，也是对柏林市可能具有的历史和文化支配性的一种反映。

柏林市和勃兰登堡这两个州政府以及勃兰登堡的地方政府都得益于人口和商务活动增长带来的税收增长。统一的成本和建设城市的目标都是十分昂贵的，柏林市和勃兰登堡州都有着很大的管理机构。联邦政府在富裕的和贫穷的州之间提供了一定的均等化，然而，在柏林和勃兰登堡之间并没有一个资源均等化的内部安排机制。这样，两个政府都需要保障他们的收入，两者都不希望看到可能的开发项目被相邻行政辖区占有。20世纪90年代，在地方层面上，许多与柏林市相邻的市政府都建立起商务园区，吸引经济开发和税收。尽管几乎没有吸引到多少企业，然而，哪怕他们明显看到了企业对商务园区的需求十分虚弱，这种建设仍在进行中。相邻地方政府只看到它们边界上的竞争对手，竞争推进着规划战略。

在州政府之间，在大量地方政府之间，都存在着强有力的体制性的障碍，妨碍政府间的合作（豪斯维特等，2003）。柏林市独特的身份也同样是一种合作障碍。柏林市既是一个州，也是一个地方政府，在规划上和开发讨论上，对于其边界上相邻的小镇来讲，总是居高临下的。在20世纪早期，对增长管理的反应就是简单地把周边社区合并到"大柏林"中来。但是，新的具有宪法保障自治权的小地方政府仍然觉得受到大城市的威胁，与柏林交界的地方政府在合作上十分勉强。在州层面上，合作一直都是有限的，当然，在大量政策领域的合作正在发展。2006 年，柏林和勃兰登堡合作产生了一个长期的联合前景（GLB-B，2006）。但是，这个未来发展模式基本上是一个合作原则一览。实际上，我们也应该在欧洲背景下看待柏林和勃兰登州一级政府间的合作。通过欧洲区域基金发放的大量投资已经帮助了这两个区域。柏林也是处在欧洲跨国项目地区中，例如"波罗的海－亚得里亚海"走廊。

区域规划上的弱势已经限制了柏林重新回到世界城市俱乐部中来，然而，更重要的是，柏林没有从其他德国城市吸引到企业，或者说，没有发展出来一种欧洲公司总部经济的功能来。没有在空港选择上达成一致也是一个弱点，当然，正在变化中的航空业也不希望产生一个空港枢纽。柏林的成功一直都在于发展了它自己独特的世界城市的变种。

巴塞罗那：通过"事件"转型

我们之所以把巴塞罗那包括在这一章中，并非因为巴塞罗那[①]对欧洲的领跑世界城市构成竞争，而是因为巴塞罗那在推广自己的形象上十分成功。这种形象推广上的成功既与城市本身有关，也与它的规划方式有关。1992 年的巴塞罗那奥运会对于提高巴塞罗那的世界形象起到了重要作用。在欧洲持续的城市竞争中，这种提高城市形象的事件可能仅仅具有一时的优势。为了保持这个成功举办一届奥运会和 20 世纪 90 年代早期发展起来的旅游城市的声誉，巴塞罗那还必须继续保持其地位。这一点在奥运会后出现的经济危机中更显突出。巴塞罗那继续推进它的事件导向的战略，

---

① "巴塞罗那市"是西班牙的第二大城市，紧随马德里，巴塞罗那市政府是这个城市的行政管理实体。2009 年，巴塞罗那市的统计人口为 162.1537 万人，辖区面积 101.9 平方公里。"大巴塞罗那"由围绕巴塞罗那市的 35 市政府组成，2009 年的统计人口为 321.8071 万人，辖区面积为 636 平方公里。有三个机构管理"大巴塞罗那"的行政事务，"市政府协会"，"交通管理机构"和"环境管理机构"。"巴塞罗那都市区"2009 年的统计人口为 501.2961 万人，大约覆盖了 803 平方公里的面积。——译者注

它举办了 2004 年的 "文化世界论坛"，2010 年，决定竞争 2020 年冬季奥运会。这个竞争是与比利牛斯山脉地区合作承担的，充分显示了在全球竞争中区域层面日益增加的重要性。当然，就产业的产出而言，巴塞罗那已经落后于欧洲其他部分，有些人看到了旅游业的角色和其他活动之间的矛盾："巴塞罗那的矛盾是：巴塞罗那是保持针对文化、教育、旅游和老年市民的服务提供者角色，还是把自己转变成为一个能够致力于新的工业和技术项目的动态的和企业式的城市？"（克劳福德，2002）。"波夫莱奥" 区的 "22@ 规划" 就是努力把文化和新经济因素如基于知识的 IT 产业结合起来的一个例子（克洛斯，2004）。

20 世纪 90 年代，巴塞罗那向外界展示了它的成功的市长政府的形象，通过城市设计和消费复苏城市的 "巴塞罗那模式"。这个巴塞罗那模式的形象建立在这样一种方式的基础上，城市政府的成功在于利用事件（奥林匹克）作为一个载体，从形体上改造城市，使用这种形体上的改造重新形成城市形象，发展新的旅游和文化功能（参见马歇尔，2004）。当然，这个 "模式" 的精确性质并非一定清晰（马歇尔，2000），而且一直受到挑战（加西亚 - 拉蒙和阿尔伯特，2000：Balibrea，巴利比雷，2004 年）。这个模式的重要因素是，强势的领导成为推广城市形象的中心，建立起一个来自政府、商界和市民的支撑性联盟。人们认为，1992 年举办奥林匹克运动会的成功至少部分归功于巴塞罗那广泛的规划目标和一种成功的政府领导方式。我们需要把奥林匹克运动会的成功置于一系列战略规划的背景下，这些规划一直可以追溯到 20 世纪 80 年代以及 1991~1995 年和 1995~1999 年的市政府执行规划。卡拉维塔（Calavita）和阿马多（Amador，2000）揭示了这些规划在方式上的变化。1991 年以后，当巴塞罗那进入国际市场举债时，它有了一个非常强硬的预算管理。

奥林匹克运动会的成功，好的战略规划和新的公共管理方式提升了这个城市和市长的形象。马拉加利（Maragall）市长从 1982 年至 1997 年一直领导着这个城市。巴塞罗那的市长是间接选举产生的，从市议会中选出，但是，一旦任命，市长对整个城市政府行使权力。市长的阁僚包括了来自商界和自愿组织的代表。从当局的位置讲，帕斯夸尔从市长的位置上，以及个人家庭与这座城市的联系上，对这座城市具有很大的影响。奥林匹克项目与城市的整体战略、对环境质量和设计以及文化项目联系在一起。通过公共场所的更新和巴塞罗那在全球背景下的重新定位，产生了强有力的城市形象。同时，这座城市通过实施一个私有化的新的公共管理方式和减少公共部门的就业等措施，努力把预算控制起来。

奥林匹克项目改变了沿海滨老工业区土地与空间的使用模式。针对"22@"项目和2004年世界文化论坛，巴塞罗那规划了一个对工业和工人阶级巴塞罗那的城市形体改造。这些项目包括两个会议中心、两个酒店、办公室、住宅、水族馆、新的大学校园和1000个游艇滨海泊位。那时，巴塞罗那市鼓励通过在娱乐和新技术产业方面的新投资，鼓励对这个地区实施更新，对那里的老工业建筑遗产实施保护。文化产业重新使用了那里的老工业建筑。当然，城市这个部分的改造引起了许多争议。娱乐活动吸引了大量的车辆和游客，从而造成了那个地区的交通拥堵和噪音，引起当地居民的不满，更一般地讲，居民社团感觉到了居民的技能以及期望与新经济活动之间还存在差距。与奥林匹克项目相比，这些旧城改造项目更多地是由私人部门领导的，因此，当时有人反对这种鼓励投机的方式（格达尼克，2000；布兰科，2009）。人们发现，奥林匹克项目并没有在奥林匹克村的建设中如期提供社会公租房，过分强调设计和消费导向的城市更新，于是，对这种方式的城市规划（巴塞罗那模式）的怀疑与日俱增。巴塞罗那市政府在承办2004年的"世界文化论坛"中血本无归，市政府的预算漏洞加剧了社会的负面反应。

巴塞罗那市把它的未来角色定位为一个区域商务枢纽，覆盖1600万人，一直延伸到法国南部地区。"巴塞罗那模式"的特征之一是，不同层面的政府都以这个远景为基础，推广这样的城市形象（参见马歇尔，2004；本尼迪克特和卡拉斯科，2007；这些文献详细地介绍了巴塞罗那不同层面政府对此所负有的相应责任）。值得提及的是，"巴塞罗那区域有 7 个行政管理层面，它们分别具有多种程度的自治权"（加西亚，2003，p.337）。巴塞罗那方式一直努力克服这种复杂性，这是巴塞罗那经验中的一个因素。为了在区域层面上发挥其潜力，巴塞罗那市、加泰罗尼亚区域政府和中央政府的合作是明显重要的，例如基础设施建设。为了承办奥运会，当时就扩建了巴塞罗那机场，2009 年，新航站楼启用，2012 年，计划再开工建设新的航站楼。与马德里相连的高速火车线已经开通。与法国相接的高速火车线路建设也万事俱备，这样，就需要进一步的区域合作，包括与法国的合作。

巴塞罗那城市区域的作用与加泰罗尼亚区域政府的联系是明显的。巴塞罗那市与加泰罗尼亚区域政府之间的关系并非一帆风顺，尤其是在不同层面的政府由反对派政党把持时，更是如此。当然，这种情况最近已经不存在了，2003 年，巴塞罗那的前市长帕斯夸尔成为了加泰罗尼亚区域政府首脑。自 1979 年以来，加泰罗尼亚区域政府一直具有相当的自治权，2006 年的全民公决后，新的宪章给予加泰罗尼亚区域政府更大的权力，包括对机场和海港更大的控制权。2010 年，在进行了大约 50 年的努力后，加泰罗尼亚区域政府批准了一个城市 - 区域规划，"巴塞罗那都市区地域规划"。这个规划覆盖了巴塞罗那周边的 114 个市政府，这个区域仅为加泰罗尼亚区域总面积的 10%，但是，却集中了加泰罗尼亚区域人口的 70%。这个规划致力于推进紧凑型城市开发，防止城市化的蔓延，保护自然遗产，推进经济发展，改善公共交通设施。

另外一个方面，巴塞罗那模式融合了多种利益。"巴塞罗那引入公私合作是与 1992 年奥林匹克运动会的组织相联系的，起始于 1986 年"（加西亚，2003，p.353）。自那以后，商界以多种方式参与决策过程。人们常常提到的巴塞罗那模式的另一个特征是这个模式的参与性质，规划过程对参与市民开放，实际上，之所以能够做到这一点的基础是，巴塞罗那有一个强势的"街区协会联盟"。当然，人们对市民参与规划过程的说法持有很大的怀疑。许多人认为，巴塞罗那模式是由政治和专业精英领导的汲取商业意见的模式（马歇尔，2000）。

这样，巴塞罗那模式一直被广泛认为是一种成功的模式，许多城市和组织，如欧盟和世界银行，已经采纳了巴塞罗那模式。奥林匹克运动会和改造后城市景观而产生的国际形象让许多欧洲规划师都来研究巴塞罗那模式。对于英国建筑界来讲，巴塞罗那模式是很成功的，1999年，"英国皇家建筑学会"授予巴塞罗那市"皇家金奖"，巴塞罗那为其他城市提供的设计和体制方面的经验进一步提高了它的形象。当然，日益增加的批判之声也不绝于耳。人们认为，"巴塞罗那被改造成了富裕精英们的玲珑别致的城市，同时，通过忽略许多市民的需要而疏远了这些市民"（巴塞罗那制造，引自加西亚，2000）。在一般市民需要和最近出现的商界导向的项目之间有着反差。巴塞罗那明显的社会两极分化已经导致了出自街区目标的多种城市更新模式（布兰科，2009）。

人们可能会提出，其他城市学习巴塞罗那的经验在一定程度上是受到限制的。在"后佛朗哥"时代，在中央政府忽视这个城市的情况下，很容易在推进这个城市的发展上形成大众普遍能够接受的共识。许多城市不一定有可能产生像巴塞罗那那样的强有力的市长领导。所以，巴塞罗那模式的体制和文化特征不能转换到其他背景下。随着应用这种模式如高档化的结果日益显露，巴塞罗那也在政治上变得更为成熟，更多的反对意见也浮出水面。当人们还在欢庆奥林匹克运动会的成功并引以为豪时，提出反对意见恐怕不合时宜。除开巴塞罗那模式的体制方面外，形成这个城市特征的开发过程，特别是私人开发资金对新住宅和新区的影响，都类似于其他欧洲城市。我们也许可以这样讲，现在把巴塞罗那模式与其他城市采取的模式区别开来并非有多么大的困难。

伊斯坦布尔：巨型城市面对世界城市

自 20 世纪 50 年代以来，伊斯坦布尔 ① 一直都在迅速变化，其人口规模增长了 10 倍以上。现在，伊斯坦布尔都市区的人口达到 1500 万，而伊斯坦布尔城市区域的人口约在 2000 万。所以，伊斯坦布尔是世界最大城市之一。伊斯坦布尔的旧名为"君士坦丁堡"，康斯坦丁打算把那里建设成为世界的中心（埃尔 - 沙赫斯和绍萨克斯，1998），以后逐步发展为欧洲最大的中世纪城市。因此，伊斯坦布尔是一个世界城市，一个巨型城市，但是，按照萨森的分类方式，即在世界经济中发挥重要作用，伊斯坦布尔还能够称之为世界城市吗？伊斯坦布尔一直都雄心勃勃地希望进入世界城市竞争中来，它本身地处欧洲、亚洲、中东和前东欧国家的交界位置上，所以是一个门户型的世界城市。人们一直估计，伊斯坦布尔能够接近 10 亿人口的市场，其经济规模可以达到 13 万亿美元（经合组织，2006b）。伊斯坦布尔还能担负起文化和宗教的桥梁。在土耳其加入欧盟问题上欧盟至今摇摆不定，但是，欧盟给土耳其提供了多种欧盟基金项目，2010 年，伊斯坦布尔成为"欧洲的文化之都"。

20 世纪 80 年代，土耳其开始经济自由化，在 21 世纪来临时，土耳其正经受着一场金融危机，于是，那里的经济自由化再上了一级台阶。贯穿那个时期，土耳其必须与国际货币基金组织和世界银行协商贷款。由于伊斯坦布尔与欧洲相关的地理位置，使得它最能从日益扩大的国际联系中获益，而这种国际联系意味着自

---

① "伊斯坦布尔市"是一个都市型城市，即包括市区、郊区，还包括广阔的农村地区，与我们国家的城市行政区划方式相似。2011 年统计显示，伊斯坦布尔的人口为 1348.3052 万，辖区面积为 5343 平方公里。市议会管理伊斯坦布尔都市区内涉及全市范围的行政事务，如预算、市政基础设施和文化设施，议会成员来自伊斯坦布尔省的 39 个区，议会领袖即为市长，市长任命一个执行委员会，负责执行具体行政事务。所以，通常认为伊斯坦布尔实行的是"强势市长，弱势议会"的执政方式。伊斯坦布尔省的辖区与伊斯坦布尔重叠，所以，伊斯坦布尔省政府几乎没有什么直接责任。——译者注

由化。最近这些年来，伊斯坦布尔的外国直接投资，特别是对银行业、交通、通信和房地产业的直接投资，一直都在增加（经合组织，2006b），2004年，土耳其通过了一项法律，允许外国人购买房地产。伊斯坦布尔正在扩大它的传统的世界城市的功能，如股票交易、国家银行和公司总部、扩大机场容量。伊斯坦布尔的全球抱负还体现在它反复争办奥运会，1996年，伊斯坦布尔主办了联合国"第二次人居环境会议"，2005年以来，伊斯坦布尔还举办了大量的国际会展和商品交易会，它还主办过世界一级方程式赛车的赛事。按照一项对高端服务连接的评估，伊斯坦布尔是第三层面的欧洲世界城市，与阿姆斯特丹、罗马和巴塞罗那并驾齐驱（比弗斯托克等，1999）。在银行金融业方面，其高端服务位居欧洲第七位（泰勒，2004）。

土耳其所有政党在推进伊斯坦布尔成为世界城市的问题上一直以来都是高度一致的（埃尔基普，2000）。政治家们要利用伊斯坦布尔的地理位置、文化资产和动态的经济，把这个城市发展成为金融和服务、运输、旅游和文化领域的区域中心。土耳其的大部分银行都落脚在伊斯坦布尔，最近发生的兼并和重组已经让土耳其的银行业更为健康，更能够与世界其他金融中心抗衡。新的国际公路已经建成，进一步改善了与欧洲、黑海和中东地区的连接。伊斯坦布尔拥有大型海港，2001年，伊斯坦布尔第二国际机场开始运行。随着新的区域输油输气管线的建成，伊斯坦布尔还在寻求成为能源枢纽。当然，这也让这座城市面临环境威胁，特别是，伊斯坦布尔处在地震区域内。目前使用的储油库，"伊斯坦布尔海峡"，已经是一个威胁。土耳其是世界旅游的顶级目的地，伊斯坦布尔具有丰富的历史遗产和建筑遗产。伊斯坦布尔致力于扩大它作为旅游中心的角色。然而，极端的交通拥堵构成了发展三个经济区的一个负面因素。

经济自由化以及利用伊斯坦布尔的区域位置推进其成为世界城市的政治愿望对这个城市的转型已经产生了形体上的效果。追逐世界城市的具体行动之一是，伊斯坦布尔已经在零售业，特别是新的购物中心、房地产和建筑项目等方面，吸引了外资。许多项目集中在伊斯坦布尔的西部地区，尤其是一个称之为"勒－马斯拉克"轴的地方，这个地方已经成为新的金融和中心商务区。人们把"勒－马斯拉克"称之为"土耳其的曼哈顿"（罗宾斯和阿索，p.226）。这个地区房地产开发机会的爆炸包括若干具有实力的方面，包括中央政府的旅游部，允许在酒店和旅游分区上开发高层办公建筑。伊斯坦布尔的规划体制相当虚弱，"勒－马斯拉克"的开发违背了那里的现存的规划，而且有可能侵蚀周边受保护的森林地区。除开中央政府的若干部与伊斯坦布尔市长联手外，总理深深卷入这个世界城市的开发。他们推进的项目之一是类似"迪拜塔"的双塔建筑，一个塔式建筑的高度为103层，另一个为81层，包括办公室、豪华居住、购物和高档酒店。市政府拥有地产，但是，市政府免费提供给开发商开发，同时，调整原先的建筑规范，以增加允许的开发方式。迪拜控股（原迪拜国际房地产的房地产分公司）资助的"萨玛迪拜"提出开发规划，这家公司看到了外国投资的潜力，以及建立起穆斯林与土耳其政治家的联系。一个反对这种独占开发方式的联盟表达了他们的反对意见，以致整个开发项目最终还是采取了竞标方式，当然，"萨玛迪拜"还是赢得了这个项目。伊斯坦布尔的"市建筑总商会"反对这个项目，甚至告到了法庭，试图阻止这项开发。这个案例揭示出，世界城市战略如何能够在涉及现存规划和公众意见时卷入顶尖政治家、外部投资者和穷人。

　　到目前为止，在这个房地产导向的世界城市中，自由化、政治上的推进和外国投资一并发生的经历遵循了其他世界城市的模式。当然，伊斯坦布尔在许多方面不同于大部分欧洲竞争对手。首先，伊斯坦布尔依然有着一个举足轻重的制造业部门，主要集中在纺织业上，当然，制造业的活动从城市中心转移到了都市的边缘。伊斯坦布尔还有很高程度的非正式的经济活动，特别是在贫民区。这些围绕城市的非法居住区或"贫民窟"（直译为"一夜建成"）的扩展是伊斯坦布尔的第二个特征，尽管自2000年以来，非法居住区的扩展已经受到了严格的管理。20世纪60年代，伊斯坦布尔的人口仅有200万，自那时以来，伊斯坦布尔的人口一直都在增长。20世纪80年代，来自土耳其贫穷的西部地区的流进移民增加，估计每年约有50万人到达伊斯坦布尔。在伊斯坦布尔中间部分正在转型，承担起国际城市的功能时，伊斯坦布尔的边缘地区则正在通过没有管理的城市增长向外蔓延，那些地区贫穷或者缺乏公用设施。到20世纪90年代，伊斯坦布尔65%的建筑是非法建筑（罗宾斯和阿索，1995）。当这些移民成为这座城市的人口的多数时，他们开始发出自己的声音，于是，这些移民在20世纪90年代就已经具有了政治影响。对城市的控制也从旧的城市政治精英的控制转变成为由"伊斯兰党"控制，它声称代表移民的利益（亚尔琴坦，2003）。

所以，伊斯坦布尔正面临两极分化的双重挑战，由追逐世界城市的政策所引起的两极分化，由乡村贫穷人口涌入城市而产生的两极分化。世界城市的建设，以及过去10年以来一些历史地段的高档化，已经影响到了房地产市场（额尔古纳，2004）。世界城市战略也对土地市场产生影响，如居住大院式社区的扩大（热尼，2007），奥林匹克运动会场馆用地、一级方程式赛场用地、五星级酒店和机场扩建所产生的土地使用需求。正如凯德（Keyder，2005）所揭示的那样，两极化的这两个方面相互作用加剧了两极分化问题。较早的移民潮还能够找到立锥之地，随着政治上的帮助，他们的住宅日益并入城市系统。然而，随着城市建设集中到了世界城市的竞争上，所有政党的政治家们倾向于动用所有的剩余土地来容纳世界城市的功能，以致对于新移民来讲，困难重重。虽然开发商已经提供了新的低成本住宅单元，但是，这些住宅都在城市远郊区，凸显了空间上的两极分化。早期移民的住宅已经并入城市系统中，他们能够开发他们的房地产利益，后来的这些移民缺少过去的政治支持，使得租赁市场火爆起来，这样，早期移民和后来移民之间也存在斗争（埃尔基普，2000）。

在两极分化加剧的背景下，管理的主要问题是维持社会稳定，发展公共参与的机会，发展达成共识的机制。处理巨型城市所面临的压力，增强在世界经济中的竞争性，是任何一个城市所面临的极端困难的挑战。移民和严重交通拥堵这类问题都要求有一个强健的管理系统和一个清晰的长期发展战略。现在，长期遗留下来的侍从传统，加上有时出现的腐败政府都使得伊斯坦布尔备受煎熬。2004 年，伊斯坦布尔建立了一个新的"大都市政府"，辖区是原来伊斯坦布尔的 3 倍，但是，"大都市政府"并没有完全表现出功能性的城市区域。行政管理层面间的关系更为复杂，而中央政府对伊斯坦布尔依然保留着相当的权利（经合组织，2006）。伊斯坦布尔的规划体制也缺乏强有力的法律身份（贝肯勒，2003），通常被绕了过去。这样，伊斯坦布尔在发展它的世界城市角色上的努力正在以一种相当孤独的方式发展，除非伊斯坦布尔能够采用更为负责任的、很为综合的和很具法律效率的规划体制，否则它将面临许多障碍。在以后的几十年里，新的欧洲"门户"可能会出现，但是，现在，伦敦的世界城市角色是不可撼动的。

第十二章

亚太区域：强势的国家领导和迅速的城市转型

在国际经济究竟是一个系统还是三个区域经济之间相互作用的讨论中，亚洲是一个中心。20 世纪 90 年代，许多亚洲区域国家的经济突然崩溃证明了全球金融相互联系的性质，同时，也引起了有关全球化对这个区域影响的激烈争论（凯利和奥兹，1999）。新加坡和香港这类城市国际地位的兴起和日本这类国家的国民经济实力意味着，有关经济全球化的任何讨论都必须围绕这些城市和国家来展开。中国的巨大规模和中国进入世界经济是这个区域有可能增加对世界的影响的另外一个理由。当然，正如我们将要看到的那样，亚太区域、北美区域和欧洲区域之间存在着许多差异。劳动力的国际划分一直都是区域经济史的一个重要方面。可以预见，下一个 25 年间，这个区域的城市人口年度增长率将是北美或欧洲的 4 倍（道格拉斯，2000）。过去 10 年里，亚洲区域的城市已经经历了最引人注目的城市中心地区的变革。

最近几年里，亚洲区域的经济已经显示出高度的不稳定性，从令人难以置信的繁荣到毁于一旦，这种经济上的高度不稳定性对城市明显产生了重大影响。我们将揭示这个区域如何偏重经济增长而忽视了其他一些问题，如环境和生活质量。我们还将强调导致这个区域特殊文化和历史的区域特征。正如我们将要看到的那样，许多人都感到这些特征是非常独特的，源自西方经验的许多理论和视角，包括有关全球化影响的假定，在这里都要打上一个问号。这场讨论特别与理解中国的城市化进程相关。的确有这样一些人，相信西方理论因素依然奏效（如洛根和费因斯坦，2008），似乎在避免任何一种抽象（如弗雷德曼，2005）和寻求新的理论化（如麦吉等，2007）。与我们讨论最相关的区域属性是，这个区域的国家都在发挥着强势作用。我们将探索，在这个区域的大部分国家里，中央政府如何在推进国民经济和发展优先选择上一直发挥着领导作用，我们将概括出"致力于发展的国家"这样一个概念。显而易见，中国是这个区域的一个主角，我们将勾画出中国对外开放经济的方式，从而建立起中国城市努力成为世界城市或者按照中国的术语"国际城市"的背景。在这一章的最后一节里，我们将探索这个区域的城市是如何出现转型的，特别是国家和城市之间的相互作用，在城市间竞争的背景下，这些关系是否正在面临压力和变化。中国的情况对此特别重要。当然，我们必须首先定义我们所讨论的这个区域。亚洲区域并非一个自明的概念，定义这个概念的困难是，这个区域与北美或欧洲有着重大差别。正如西格特（Higgott）所说，亚洲区域是"在当代三个区域鼎足的全球秩序中区域体制发展最少的区域"（1999，p.92）。

　　早期的区域经济合作是在 1967 年建立的"东南亚国家联盟"（ASEAN）①。这些国家发展了一个相当程度的跨国合作，包括形成自由贸易区和讨论联合政策的区域论坛。但是，1997~1998 的经济危机严重削弱了"东南亚国家联盟"的自信，社会经济和政治危机已经影响了许多成员国（阿拉塔斯，2001；韦伯，2001）。这场危机产生了一些新的合作形式，如相互监控另一国的经济。当然，成员国的政治和经济多样性限制了"东南亚国家联盟"的作用。没有包括这个区域最大的经济体日本或具有最大增长潜力的中国，也限制了"东南亚国家联盟"的作用。在经济危机发生之后，支持"东南亚国家联盟加 3 论坛"（APT）的呼声日益高涨。"东南亚国家联盟加 3 论坛"把 10 个成员国与日本、中国和韩国结合在一起。虽然日本、中国和韩国之间的政治关系产生了潜在的问题，这个群体在它的关注点上是严格区域性的，"东南亚国家联盟加 3 论坛"似乎最好地代表了区域经济和体制上的未来。"东南亚国家联盟加 3 论坛"已经朝着更大的货币和金融合作方向迈进。"东南

---

　　① "东南亚国家联盟"创立国有印度尼西亚、泰国、新加坡、马来西亚和菲律宾。以后加入的有文莱、越南、老挝、缅甸和柬埔寨。

亚国家联盟加 3 论坛"也涵盖了重要的非正式经济过程，如日本的外国直接投资（FDI）和中国侨民的工作（阿拉塔斯，2001；韦伯，2001）。"东南亚国家联盟加 3 论坛"相当于许多区域分析专家所使用的"亚太"标签（如罗和杨，1996，奥兹等人，1999）。我们认为这个区域定义最适合于我们的分析，在包含领跑世界城市竞争者上具有优势。

区域经济的波动

亚太区域在最近的历史上显示出极端对立的经济运程。有必要概括这个背景，因为这个背景对城市政府有着重要影响。过去 25 年来，亚太区域的经济随着大量资本的流入而日益增加了经济上的全球化。这个区域的国家都在追逐出口导向型产业的增长，因此，它们在吸收资本和发展现代技术上一直相互竞争（石村和莫雷，1999）。这种出口导向型产业模式一直都是建立在高水平的储备率和投资率、便宜的劳动力大军、政府的支持政策和吸引外资的优惠政策等基础上。这个区域的大部分国家都相继进行了大规模产业结构调整，实现了经济增长，其基础是商界和政界之间的紧密合作关系。

这个时期的另外一个特征是，区域劳动力的地理划分，从而使得各国经济之间出现高度相互联系（福布斯，1997）。这种情况强化了人们这样一种看法，虽然区域合作存在以上所说的困难，但是，亚太区域有了一种强大的空间经济标志。有人给这个区域的经济发展打上了"雁行"模式 [①] 的标签。在"雁行模式"中，技术和经济在国际范围内逐步扩散，进而推动发展。日本是"头雁"，当它在经济上发展时，吸引其他落后于它的国家的经济发展，呈现为 V 型。紧随日本之后是亚洲新兴工业经济体（NIEs），新加坡、

[①] 雁行模式（the flying-geese model）是日本学者赤松要在 1935 年提出的，用来描述一种产业通过产业转移在不同国家先后兴衰的过程。——译者注

韩国，然后是东盟各国和中国。作为头雁的日本，通过日本的对外直接投资政策，在海外设厂，把那些在国内缺乏竞争性的产业转移到海外，亚洲新兴工业经济体紧随日本之后。这样，在一个时期里，一个复杂的经济联系网络在城市中发展起来，城市是这种联系的核心。

1993 年，世界银行编制了一份颇具影响的报告，《东亚奇迹》（世界银行，1993）。这份有关"奇迹"的文献倾向于把市场解释和国家解释分开。原先的世界银行报告一直信奉这样一种观点，经济成功是因为市场的对外开放。但是，《东亚奇迹》这份报告宽容了对国家干预有时具有积极的影响这样一种观点，当然，这份报告还是认为，成功之源在于宏观经济政策（罗，1999）。还有一些人提出了亚洲特殊的文化环境，例如，社群主义价值观[①]或儒家的职业道德。1997 年，这个经济奇迹戛然而止。机构投资者和独立投机者逐步对这个区域产生了疑虑，开始把资金从这个区域抽取出去。当一些场地清理出来等待开发时，尤其是一些场地的清理还包括了社区迁移时，这种变化无疑对城市的发展产生了重大影响。东京人称这样的场地为"蚕食的"城市景观（道格拉斯，2001）。

与对这种经济奇迹的诠释相关，对这场危机产生的原因存在不同的认识。凯利（Kelly）和奥茨（1999）把这些不同的认识归纳为 4 类。一些人如克鲁格曼（Krugman，1998，1994）责备这些国家的精英们不负责的行为，把它称之为"裙带资本主义"。这种"裙带资本主义"依靠关系去借贷，例如，夸大土地资产的价值以获取投资，同时，政府承担借贷者任何失误所造成的损失。按照这种解释，规章制度过于宽松。类似的解释一直延伸到整个国家的经济失控。这场危机是由国家不对市场信号做出反应而引起的。这两种解释都把这场危机看成一种具有积极意义的事情，这场危机将会"清除那些对资本市场无效的政治驱使的干扰，推进经济

[①]　社群主义（Communitarianism）是一种关注社会利益的社会哲学。社群主义认为，国家有干预和引导个人选择的责任，个人也有积极参与国家政治生活的义务。——译者注

步入健康的全球规则中来"（凯利和奥兹，1999，p.9）。另外一些解释集中在投资者不理智的恐慌上，以及世界货币基金组织（IMF）在应对这种危机上所表现出来的推波助澜的作用。最后这一观点认识到了，全球资本主义组织方式上存在的矛盾，暴露出亚洲经济对全球化过程的不利影响。

若干关键问题源于这场危机（凯利和奥兹，1999）。第一个关键问题与这个区域内部的正在发展的联系和这个区域与世界接触方式的变化相关。全球化的影响和全球化的愿望并存，同时，全球化的讨论被政治目的所劫持。变化过程跨越了不同的层面，包括国家的转向和城市作用。城市作用对于我们探索规划政策尤为重要。正如加茂（Kamo，2000）曾经指出的那样，"由于经济的萎靡不振，当今主要的城市问题不单单是与城市经济增长相关"（p.2146）。这场危机已经在城市优先选项上引起了广泛的争议。这场危机所传达的最根本的信息是，不同国家与地区之间存在着很大的多样性。当这个区域走出危机时，反思这场经历，我们可以看出国家与地区间的差异，一是国家与地区应对压力的经济能力，例如与其他经济体相比，台湾更能够摆脱困境，二是国家与地区对危机所做出的政治反应，例如，马来西亚与华盛顿共识持相反立场。这种多样性在城市里也是明显的。

那时，"致力于发展的国家"领导了亚太区域的经济奇迹，这些发展的国家把其注意力高度集中在推进国民经济发展上。迅速的城市化和工业增长的结合导致了日益增加的污染问题，加快了自然环境和城市环境的退化（李，1997）。几乎很少有人问津生活质量问题。20世纪80年代以后，当全球化的力量和日益增加的经济竞争冲击这个区域时，这种倾向更为突出。这个区域已经成为世界上污染最严重的地区之一，这是经济当务之急在这个区域的含义（道格拉斯，1998，2001；马尔科图利奥，2000），当然，需要再说一次的是，有关污染和生活质量问题，这个区域的城市间存在更大的差异。危机之后出现的现象之一就是更大程度地关注环境。尽管发展缓慢下来了，许多标志已经显示出，日益发展起来的社会运动大大提高了环境问题的地位（米特尔曼，1999；道格拉斯，2001）。那些具有最高发展水平的城市现在已经大体上解决了工业污染问题（当然，部分原因是这些污染工业迁出了这些城市），它们已经把注意力转移到与消费相关的污染上，如使用小汽车而产生的污染。在那些比较先进的城市，更多的注意力放到了改善城市生活质量上。城市间在吸引科学、高技术和研究型产业的竞争中，城市生活质量是一个重要因素。要求城市行政管理部门更为优先考虑环境问题的压力可能是这个区域未来一个时期日益明显的现象（吴和赫尔斯，2003）。社会和环境问题的严重性导致一些作者（如道格拉斯，1997）强调，需要一个强势的国家，也许社会和环境问题转移到新的地区，从而引领对这类问题的处理。正如我们将在下一节看到的那样，这个区域具有强势国家的历史。

致力于发展的国家

正如我们已经提到的，亚太区域的一个关键特征是，国家在经济发展中发挥着作用。这种作用通常用"致力于发展的国家"这个术语来表示，日本最早使用这个术语（约翰逊，1982）。1931年至1945年期间，国家在日本发挥了强势的作用，国家成为推行军国主义的一个部分。战后，这种强势国家的方式转移到经济和贸易问题上。当时，国家的干预旨在"限制竞争，以便把资源集中到战略性产业上，维持有序的经济增长"（赫尔和金，2000，p.2174）。这个观点所要表明的是，需要国家来保护本国产业免遭国际竞争，从而建设起一个强大的国民经济。日本是工业发展的后来者，因此面临西方工业化国家的竞争。国家必须协调一个"追赶"的过程，对本国公司给予支持，经济增长成为日本政府的基本目标。随后产生的经济"奇迹"建立在政治家、国家行政部门和私人部门之间合作的基础上。缜密的政策网络把国家和民间社会连接起来，家族企业被重新组织成为管理控制的网络（"经连会"，一种日本式的企业组织）。所以，关键特征是：把迅速发展经济放在优先选项上的国家，具有与组织起来的经济活动者在体制上的联系，引导这些组织起来的经济活动者进入优先选项的领域，具有撬动私人资本的作用，包括一个由精英和受过良好教育人组成的行政管理机构，不受政治操控，这个行政管理机构负责经济变革（韦斯，2000；波利达奥，2001）。

以后，"致力于发展的国家"这个术语被用到了其他国家与地区，特别是韩国和中国台湾地区（韦斯，2000；波利达奥，2001）。新加坡也经常包括在这种类型的国家之列，有时，人们更为广泛地使用"致力于发展的国家"这个术语，这样，泰国、马来西亚和印度尼西亚都在其列。当然，泰国、马来西亚和印度尼西亚这些国家总有某个特征比较弱，从而降低了国家的变革能力。洛根（Logan）和费因斯坦（2008）提出，自从1978年的改革以来，也能把中国描述为一个"致力于发展的国家"。也许我们能够在整个亚太区域里找到共同的"致力于发展的国家"方式。当然，方式上的差异总还是存在的，尤其是国家和民间社会之间的关系实现了平等的时候。道格拉斯（Douglass，1994）在此基础上，找到了许多国家和地区与其他力量相互作用的不同途径。他以韩国、新加坡、中国台湾地区和中国香港地区为例证明了他的发现。韩国遵循一个国家和家族寡头垄断协调的社团领导模式，新加坡支持跨国资本，中国台湾地区成为了一种经营性的地区，建立起政府所有的企业，中国香港地区集中在建筑环境方面的投资，特别是住宅，允许小规模的企业进行国际竞争。

所以，"致力于发展的国家"是在工业化的背景下发展起来的，但是，"致力于发展的国家"如何应对新的全球化经济力量呢？强大的国际借贷机构一种都在推动在国民经济规划方面放松管制和私有化，这种要求一直是一种借贷的条件。这种要求对具有"致力于发展的国家"传统的亚太区域造成了一种特殊的影响。这种要求意味着打破强大的国家干预网络。在这种新的条件下，这种国家导向的方式是否还能够在这个区域存在呢？有人认为，转到华盛顿共识是不可避免的，另外一些人认为，这个区域能够走它自己的路，二者之间存在观念上的差异。如果亚太地区维持国家干预方式，那么，它否定了这样一个命题，全球化导致一个不那么强有力的中央政府。韦斯（Weiss，1997）提出，证据显示，在这个区域，强有力的中央政府常常容纳了全球化的发展。当然，不是简单地屈服于全球化的压力，能够把握全球化机会的能力因国家而异，取决于国家能力本身。"这个区域的国家越能从行政上管理发展，那么，它们就越有能力去应对全球化的影响"（斯塔布斯，1999，p.232）。目前形势的一个特征是，国家通过强大的联盟来实现它们的目标，这种联盟上至国家间的联盟，下至比较强有力的国内商界和国家的关系。按照斯塔布斯（Stubbs，1999）的看法，全球化不是减少了国家的作用，全球化已经增加了马来西亚、新加坡和泰国的国家主权。

中国进入世界舞台

中国的经济发展和中国大城市的发展将影响到整个亚太区域乃至整个世界。自从1978年以来执行的"对外开放"政策和2001年加入"世界贸易组织"以来，中国正在与世界经济联系起来，这样，也越来越受到全球化因素的约束。最近几年中国经济的增长表明，中国可能正在改变它与这个区域其他国家相关的经济地位，中国巨大的人口规模提供了一个主要的潜在市场和外国投资诱因。国家政策上的这些变化已经影响到了中国城市的作用。20世纪90年代后期以来，全球导向的城市区域迅速扩大，它们与全球经济建立了比较紧密的联系，它们成为外国直接投资的主要地区（赵和张，2007；赵等，2003）。新的经济活动和内部移民规则的放松导致了城市的迅速增长。城市人口从1978年的13%、1996年的25%，到2009年的46%，非常迅速地增长（朱，2000，p.184）。城市人口非常迅速地增长产生了世界上最大的城市，如上海（2009年的1700万）和北京（1300万）。这些城市的发展模式发生了剧烈的变化，增加了"非生产性的"住宅和办公室的开发建设。当然，这些大都市区都处于区域城市群之中，区域城市群的人口规模更为巨大。联合国"世界城市状态报告，2010/11"强调了这种巨大的绵延成片的建成区域的增长。世界上最大的绵延成片的建成区域是香港地区－深圳－广州，人口规模达到 1.2 亿（维达拉，2010）。

1978 年开始的经济改革已经创造了一个"社会主义市场经济体制"，在这个体制中，原先社会主义国家的基本原则维持不变，在一种受到控制的和空间上特定的方式中插入一个市场经济体制。当然，原先的社会主义体制采用的是从上至下的集中领导方式，而这个新的体制被描述为增加了自下而上的和分权的机制（顾等，2001）。这种新经济在过去 30 年里逐步发展起来，许多法律逐步建立和实施。有关这个正在发展的国家 / 市场关系的性质和它正在向西方模式发展等问题，还存在很大争议（如海拉，2007；朱，2009；海拉，2009）。有一种描述是这样的，"在中国共产党领导的社会政治体制中的部分市场导向的经济"（顾和唐，2002, p.285）。这样，国家和市场的结合，中央控制和分散化的结合，如何在运行着呢？

中央政府逐步引入了这个新的经济体制，小心翼翼地监控着这个经济体制改革的每一步。广东省和福建省首先实验了对外开放政策，那里曾经建立起 4 个经济特区。这两个省远离北京，这就意味着任何消极的或政治的后果能够受到限制，那里的工业发展曾经远比东部和北部省份落后许多（顾和唐，2002）。当时也考虑到，这两个省紧邻香港地区、澳门地区和台湾地区，香港地区、澳门地区和台湾地区有可能帮助经济特区的迅速发展和成功。1984 年，又建立了 14 个沿海开放城市，包括上海。当然，大约直到 1990 年，中央政府才支持上海推进全球导向的战略。

同时，作为精心设计安排的经济体制改革，国家一直都在致力于推行权力下放的政策。地方政府已经获得了较大的权力。地方政府控制的财政收入比例已经增加了，地方政府还获得了因地制宜地安排投资和推动地方增长的权力。现在，国有企业已经不受中央政府的分层管理。它们在企业管理和展开多样性的经济活动上可以自己作出决策。地方政府享有了日益增加的自主权，地方企业产生了一个新的地方管理体制，包括更为复杂的地方经济活动方式。按照吴的观点（2002a，b），这就产生了一种新的管理形式，可以描述为中国形式的城市增长联盟，地方的国家机构担负领导责任。新的房地产开发公司形成这些新出现的增长联盟的一个部分，这些房地产开发公司通常与大型国有企业有联系，而这些大型国有企业提供资金和强势的政治联系（洛根和费因斯坦，2008）。吴相信，地方国家机构采取的企业管理式的方式不仅能够通过全球化得到解释，还能通过已经建立起来的新的政治安排得到解释，地方政府在应对"调整管理能力"时，变得更具竞争性（2002a，p.1068）。弗里德曼（2005）强调指出，这些新的安排包括了对正常体制界限的一种模糊化，他借鉴丁（1994）的说法，把它们描述为"两栖的"。丁使用"两栖的"这个术语来描述这些界限，公共的和私人的、政治的和个人的、正式的和非正式的、官方的和非官方的、政府的和市场的、法律的和习惯的、程序性的和实质性的，所有这些都被模糊了（1994，p.317）。

现在，城市政府的大部分收入来自城市更新和房地产开发项目。城市从生产性活动如工业转移到从事住宅和办公室开发产业，从而萌生了新的城市发展模式。地方政府在寻求吸引外部投资以推进地方经济发展的时候，也越来越注意向外界学习。地方政府拥有土地资源，可是，地方政府的资金有限，所以，地方政府欢迎外国投资者的预付资本。自从1991年以来，外国直接投资增长迅猛。正如洛根指出的那样，这种外国投资"在城市更新、把旧居住区改造成为居住和商业混合项目中，都发挥着战略性的作用"（2002a，p.9）。外部投资的基本源头之一来自"大中国"，尤其是中国香港地区和中国台湾地区。这样，地方政府、外国投资者和国有企业相结合，共同决定城市开发，国有企业同时还在多元化它们的产业发展而把握房地产行业经济潜力上具有优势。新的市场导向的开发商已经出现。当然，这些经济活动者运行架构是国家控制和市场因素的结合。现在，中国有两种土地市场（朱，

2000），一种是通过招标或拍卖方式按照市场价格出售土地的土地市场，来自外部的投资者进入这个市场。另外一种是受到补贴的土地经过协商易手的土地市场，相类似，房产也有两个市场，一种是在公开土地市场上购买了土地的开发商开发的"商品房"，这种商品房能够买卖，业主拥有全部产权；另一种是建在受到补贴或没有花费分文而获得的土地上的"非商品房"。使用者仅有"非商品房"的使用权，不能买卖。这样，与正在出现的市场并存的还有旧的体制和非市场协商等因素。20世纪90年代末，土地市场的运行变得更为复杂，所以，城市开发背后的力量是多样的和复杂的（吴等，2007；徐等，2009）。

在国家和经济之间平衡方面的变化对城市政策有影响。在城市发展远景上，常常给予实现地方经济增长比处理环境问题和社会问题更优先的地位。城市间的竞争日益加剧，其后果之一是，强调具有明显标志的短期项目，政治领导人能够通过这类形象工程去提高他们的声誉。比较长期的问题难以产生相同的显著政治效果，所以，不能把环境问题与实现地方经济增长问题相提并论。"市长们并不认为可持续的城市发展这类长期远景在政治上是可以承受的，因为他们在这个远景实现之前就已经下台了"（朱，2000，p.190）。面对这些新出现的开发商和商界的利益，环境游说团体势单力薄（杨等，2002）。

洛根（2002a）把这种轻视社会问题的现象与西方的类似变化进行了比较。他注意到，"从一个社会福利国家的思维模式转变成为一个新的政治经济的思维模式，在这种新的政治经济的思维模式中，重新分配的问题比起推进经济发展就不那么显眼了，这在美国是一个'明显的变化'。我们描述的中国市场改革中的那种转变具有相似的效果"（p.21）。这种变化对社会主义市场经济的影响之一是社会差别的扩大。杨等人（2002）指出，不同工作的收入差异已经增加了，这种收入上的差异已经导致了比较大的空间分化。区域间的不平等也一直在增加。通过重新分配机制引导均衡区域发展的方式已经被不均衡的区域发展所替代。"效益取代平等而成为区域发展政策的优先选项"（朱，2000，p.182）。沿海区域比起内地具有更好的人力和物力资源，所以，沿海区域总是占有优势。改革以来，这些沿海区域一直都沉浸在迅速的经济增长中，沿海区域1997年人均GDP就已经比贫穷区域高出10倍（朱，2002）。城市发展条件的不同取决于这些城市的区域位置。在城市间的区域层面上，在城市内部的城市层面上，不平等都在发展（怀特等，2008）。

城市转型

　　尽管城市间竞争世界城市地位是亚太区域的一个特征，但是，同样重要的是，这些竞争的城市还是相互联系的。我们已经看到，全球经济如何引导经济活动在这个区域内整合。实际上，全球经济还导致了城市间的相互依赖。这种相互依赖产生于市场因素，也产生于国家的积极参与。形成这个区域世界城市有两种主要因素，跨国公司（TNCs）决定在这些城市里落脚，政府主动地推进城市发展（罗和马克图利奥，2000）。有些人曾经提出，亚太区域主要城市间的联系已经产生出一种"功能城市体系"（杨，1995；杨和罗，1996，1998）。人们把这种相互联系定义为"城市网络，它们相互联系，常常具有层级体系，其基础是它们在全球或区域层面上的经济的或社会政治的功能"（罗和杨，1996，p.2）。城市通过在跨国流模式中建立起支配性经济功能而发展其在这个城市体系中的地位。当然，这种分析并不仅限于全球总部功能上（萨森，1991），这种分析所要说的是，亚太区域的世界城市能够具有许多不同的功能，包括承担资本输出功能的城市、全球制造业场地的城市、具有支配性转口贸易功能的城市，甚至打环境牌以吸引经济活动的"优美"城市。

　　罗（Lo）和马克图利奥（Marcotullio，2000）采用这种方式去认识东京，东京是一个具有指挥功能的城市，也是一个承担资本输出功能的城市，首尔和中国台北具有一部分类似功能。这些城市被看成是亚太区域城市体系的神经中枢。这些城市在发展中重视知识和信息加工、研发中心、商业巨型项目、制造业的分散化等。全球工业中心包括曼谷、雅加达和上海。这些城市的农业衰退，兴起的工业集中在城市的远郊圈里，包括政府出资建设的工业园区。这个体系中的第三类城市是转口城市的或无边界的城市。经济全球化已经推动了这个区域中的若干部分形成"亚区域"经济合作。这种亚区域有时称之为增长三角，新加坡与马来西亚的联系，中国香港与包括广州在内的中国大陆的联系。从首尔、东京，通过上海、中国台北地区、中国香港地区到达曼谷、新加坡和雅加达，这种功能性的城市体系已经在这个城市走廊里发展起来。在识别优美城市时，罗和马克图利奥必须超出这个城市走廊一直看到温哥华和悉尼。温哥华和悉尼与这个城市走廊里城市具有紧密联系，包括了很高比例的亚洲居民。温哥华和悉尼都具有高质量环境、旅游和多元文化的形象。它们的环境质量与许多亚洲大城市的环境质量不能同日而语（吴和赫尔斯，2003）。

现在，我们转过头来考察全球化和区域经济事件对个别城市所产生的影响。亚太区域的一个发展特征是国家发挥着作用，国家的介入提供了对经济因素可能的多种反应。我们将要提出，虽然存在不可忽视的多样性，然而，全球化还是导致了许多城市共同拥有的倾向。道格拉斯认为，外部因素"经过历史上就存在社会文化、经济和政治体制上的差异而得到过滤"（1997，p.43），我们同意道格拉斯的这种看法。通过考察这个区域的城市史，道格拉斯揭示出，体制行动，尤其是通过中央和地方的国家机构所推行的体制行动，如何一直影响着这个区域城市不同的发展途径。从中国城市的发展案例出发，还有人提出了有关全球化过程融入地方实际情况的看法（例如吴，2006a）。许多城市的殖民遗产渗透到了它们的体制安排中，包括城市规划方式（桑亚尔，2005）。如中国香港地区、新加坡和上海这类具有殖民历史的商贸中心，向世界开放，它们殖民地时期遗留下来的方式成为全球化过程的基础。迪克（Dick）和黎默尔（Rimmer，1998）发现了东南亚城市不同的趋同和趋异阶段：19世纪末至第二次世界大战是一个趋同阶段，通过殖民统治发展出一种相似的城市形式，第二次世界大战之后直到20世纪70年代，原住民的管理采取了不同的途径，于是出现了一个趋异阶段，然后，在这个全球化的时期，再次出现趋同。迪克和黎默尔认为，现在是把有关亚洲城市的讨论重新与第一世界和全球主流讨论整合在一起的时间了。

在这类文献中，有一种争论，是否真有一种独特的城市形式，能够用来描述亚太区域。麦吉（McGee，1967）最早作过这项研究，他并不认为，"第三世界的城市"的描述与此相关。他集中关注了城市扩张的过程，使用"城乡融合"这样一个术语来描述从城市向乡村地区推行城市居民点模式，这些居民点的人口高密集聚集，小农经济，也包括一些城市活动元素。按照金斯伯格等人（1991）的看法，这种居民点模式既不同于第三世界，也不同于发达世界。麦吉在他最后发表的著作中（麦吉和罗宾逊，1995）已经谈到了巨大城市区域的出现，那里的交通发展把城市活动延伸到农村地区，距离大体在100公里左右。亚太区域里有大量这类居民点存在，包括最大的东京，在20世纪90年代中期，东京大都市区的人口达到4000万。道格拉斯认为，在政府的推动下，许多大都市中心已经存在两极分化，大都市中心已经成为巨大城市区域。这些大都市区域集中在这个区域从东北到东南的泛太平洋发展走廊上（道格拉斯，2001）。

在讨论亚太区域的经济发展时，有些人提出了"亚洲道路"的概念。同样的命题也被用来解释城市发展。有些以共同的儒家文化和导致社群主义而非个人主义的传统为基础，强调亚太区域城市发展的共性。金（1997）探索了东亚城市在多大程度上遵循东亚模式发展。在对这个区域城市发展史进行研究的基础上，他发现了多种共同文化基础。他提出，儒学强调等级层面和秩序，为中央集权提供一个意识形态基础。这里能够得出的联系是，接受国家领导下的决策，承认专家和行政管理的作用。追求和谐引导人们寻求共识。当然，全球化带来了多元价值和个人权利这样一类观念，实际上，日益成长起来的城市中产阶级深受多元价值和个人权利这样一类观念的影响，所以，基于儒学的那些观念是否还能继续为人们接受，金对此心存疑虑。儒学价值观本身也是存在矛盾的，如特别强调对家庭的忠孝，这种对家庭的忠诚强化了私有财产的观念。强调私有财产有可能与公共利益发生冲突，与国家控制它所需要资源的能力发生冲突（帕拉斯，1984）。对这类矛盾的不同解释能够导致使用文化因素的不同方式。道格拉斯（1993）并没有找到这类令人信服的"亚洲方式"，他指出这些国家之间曾经有过长期的孤独时期，例如中国和朝鲜之间，或中国和日本之间。他还注意到，这些国家以不同的方式重新面对世界经济，包括不同的规范、实践和体制。因此，在规范、实践和体制上的不同也导致了不同的建筑环境。尽管存在这些保留，道格拉斯和金都同意，忠诚、信任、互惠和长远的观点这些文化因素对于与西方社会做分析比较还是至关重要的。

亚太区域城市的迅速发展是对它们国民经济"奇迹般"发展的一个反映。中国进入全球经济已经再一次推进了这个区域经济潜力的发挥。在这个迅猛发展的经济环境中，亚太区域的城市一直都在激烈地竞争世界城市地位。仅就中国而言，就有182个城市表达了它们希望成为"国际大城市"（吴和马，2006）。这种竞争已经导致了城市项目大潮，政府试图确认这些城市是否有足够的设施去吸收全球投资。正如道格拉斯提到的那样，"现在，国家和地方政府都积极地在商界出版物上大力推销大阪、名古屋、北京、上海、中国台北地区、中国香港地区、吉隆坡、新加坡，甚至如日本北九州和菲律宾的宿雾这类较小的'都市城市区域'"（2000, p.2322）。原先试图把增长均分给比较边远区域的国家发展计划已经基本上被搁置了起来。例如，韩国政府的政策声明提出，因为首尔在世界城市竞争中的重要性，中央政府将补贴首尔，而其他城市和区域在促进经济增长上必须变得更为自立起来（道格拉斯，2000）。

所有致力于成为世界城市的城市都建设了具有国际标准的中心商务区。这类努力通常包括建设标志性的建筑，为城市提供适当的形象。它们通常利用国际著名建筑师，这种做法已经导致了城市设计的全球化，千城一面，失去了地方文化特征（奥兹，2001；巴茨，2005）。1986 年，世界上最高的 10 幢建筑都在美国，而到了 1996 年，世界最高的 4 幢建筑都在亚太区域，马来西亚的"双子塔"，那时为世界高度第一的建筑，另外有两幢在香港，一幢在深圳（马克图利奥，2000）。不久以后，台北建设了当时世界最高的建筑，"台北 101"，随后败在迪拜脚下。除了追逐高层建筑外，其他一些项目还有电讯港、会展中心、影像和休闲导向的开发，如日本和南航的"世界杯"足球。在争取"亚洲迪士尼乐园"项目上充满竞争，最终香港赢得了这个项目，而大阪通过非常强大的竞争而获得"好莱坞世界"的建设项目。北京赢得了 2008 年奥林匹克运动会的主办权，而上海已经赢得了"环球影城"和 2010 年的世界博览会。国际通讯明显是世界城市的中心，而城市间在把自己建成关键空港枢纽上一直充满竞争。大阪、名古屋、首尔、中国香港地区和吉隆坡都建设了大型新机场。还有城市间新型高速火车线路的建设（如香港至上海，釜山至首尔）。所有这些国家基础设施建设都是非常昂贵的，所以，也再一次显示出国家在影响全球化力量以便让它们的城市获益上具有至关重要的作用。

在一些案例中，这类新的设施布置在乡村边缘地区，而非核心城市里。这种安排在现存的人口和新的全球导向的活动之间产生了很大的反差，例如，那些有着大量卫星天线的大院式社区，替代稻田的高尔夫球场、工业园区和机场，所有这些都与周边的农村景观并存（道格拉斯，2000）。对投资的竞争也导致了亚太区域放松管制的空间或自由分区的增加，例如中国的深圳和浦东经济特区。在菲律宾，苏比克湾原美军空军基地已经成为一个自由港。另外一个特征是，集中研发或高技术的分区的发展（卡斯特和霍尔，1994）。台湾地区的新竹高科技园区包括了美国风格的学校，以吸引那些已经在硅谷工作的台湾地区专家返回中国台湾地区（道格拉斯，2000）。泰国已经提出，把普吉旅游岛建成一个国际"硅谷岛"，免除政府税收和规则（道格拉斯，2001）。这个设想是一个很有意义的例子，除开其他设施外，提高环境质量，以吸引国际商务活动。也许最令人惊叹的这类开发是国家出资建设的"电子城"项目，这是一个"多媒体超级走廊"，从吉隆坡向外延伸，覆盖 50 公里长、15 公里宽的区域（马歇尔，2003）。这个项目旨在通过建设"数字"城市综合体，包括建设一个号称亚洲枢纽的新的国际机场，提高马来西亚的国际竞争性。与上海一样，"多媒体超级走廊"是政府主导的有意识地建设世界城市区域的重要案例。

当然，吴和马（2006）提出，"全球化"的城市可能在形体上有着某些相似之处，但是，并没有一个单一的模式，我们必须相对于城市的和全球的、国家的和地方的相互作用经历来分析每一个城市。例如，就中国而言，它有着一个特殊的社会主义历史，它已经建立起来一个具有特色的市场 – 国家的体制。这就意味着，中国的城市有它们自己的特色，如高速的城市增长、土地和房产市场的形式、关系网和内部移民的特性（马和吴，2005；吴和马，2006；洛根和费因斯坦，2008）。

城市管理和城市规划

在这一章里，我们已经阐述了国家在有关城市的问题上所采取的领导角色。我们也提出，全球化的影响之一是，随着市场影响的增加，国家权力所面临的挑战。国家权力所面临另外一个挑战来自国家的体制改革和大城市持续不断地争取自主性。中国一直都处在行政权力下放的关键过程之中。研究处理中央政府和地方政府之间关系的方式，研究中央政府和地方政府相互作用对规划过程产生影响的方式，都是很有意义的事情。城市政府并非简单而被动地接受来自外部的影响，城市政府通过它们自己的决策过程，在地方和国际力量相互作用下，发挥着积极的作用（道格拉斯，1993，2005，2006）。当然，城市政府的行动因城而异。

亚太区域的另外一个发展是，"致力于发展的国家"一直都在适应社会对更包容和更透明政府的日益增加的要求。"致力于发展的国家"包括接受一个强有力的国家领导，而这样做不利于公众参与。有时，这样的国家采用了独裁的形式。使用精英也给可能的腐化打开了大门，许多年里，整个区域不乏这类案例。现在，许多国家和地区都面临对集中方式和行政管理主导的挑战。这些压力已经导致了向更负责的和选举产生政府的方向发展，例如，韩国、中国台湾地区、泰国、菲律宾和印度尼西亚。这些变化通常伴随非政府组织的大量兴起和民间社会作用的扩大。国家不能再依靠提供经济增长的致力于发展的国家这种模式来替代行政干预。尤其是在全球化已经带来了许多城市问题时，需要合法性的新形式。除开我们已经提到的环境问题外，还有交通拥堵问题、社区搬迁问题、日益增加的移民劳动力在城市间流动的问题，以及被剥夺了某种权利的人群。在经济增长中，"致力于发展的国家"的那些机构发挥着最重要的作用，但是，它们不一定能够很好地应对广泛的目标，或满足民间社会的需要（道格拉斯，2005/2006）。虽然国与国之间存在很大差异，但是，在"致力于发展的国家"之下，城市政府通常都是弱势的。城市常常没有财源、人力或技能去处理城市问题（道格拉斯，2001）。对于亚太区域的城市来讲，它们的需要之一是，增强它们以战略方式面对全方位城市发展问题的能力（道格拉斯，2001）。在以下章节的城市研究里，我们将探讨现行的战略规划目标，它们在实现这些目标上还有多少路需要走。正如我们在第四章中提到的，全球化的后果之一是，在国家层面上打破国家的支配地位，把权力分散到区域组织或城市政府。

在使决策更为透明和摆脱政客、官僚和开发商方面，城市政府和城市规划能够起到关键作用。直到现在，规划一直都是非常紧密地与"致力于发展的国家"的项目联系在一起的，中央政府的目标主导着城市目标。城市规划过程一直都是从上到下的，由行政官员来安排，这些行政官员把城市规划看成一个编制总体规划的技术问题，而总体规划必须符合国家使命。例如，日本的大部分规划师都是学习市政工程的。马克图利奥（2003）曾经提及过这个从上至下的规划方式，按照这种方式，编制的地方规划要符合国家经济规划框架。在亚太区域的大部分城市，"至今没有发生从形体的总体规划向战略规划的模式转变"（埃德林，1998，p.7）。正如道格拉斯所说，这样，"政府很有可能假定，成为一个世界城市基本上是一个技术问题，迎合投资的直接需要优先于使城市更宜居和环境更可持续这类目标"（道格拉斯，2000，p.2325）。需要与市民愿望比较直接相关的政策。没有在世界城市层级体系中维持一个强有力的地位将导致很大的劣势，在这种情况下，不易做出反应市民愿望的政策。实现二者的协调也是因城而异的；不过，我们在这一章中试图说明的是，亚太区域的中央政府和城市政府，无论它们采取什么途径，都有可能影响未来。

最后，我们概括地谈谈已经出现在中国的地方压力。首先，我们讨论城市里日益增加的社会不平等。然后，我们再探索前面提到的行政权力下放的一些意义。我们最后将谈及规划系统的作用。最近这些年来，我们看到了因为建设"国际城市"的追求而产生的新的压力，建设"国际城市"已经导致了大量的城市改造、搬迁和社会分化。地方居民和外来人口之间的不平等正在增加，这是一个方面。一些外来人口属于城市最高收入群体，全球导向的活动吸引了这些高收入的专业人士，包括外国人。当我们考察一个个城市时，我们看到，这些高收入阶层的出现导致了豪华住宅的开发。基于短期合同的"流动人口"是城市社会的另外一个群体，他们通常在建筑业和服务业里工作。他们集中居住在城市的边缘地区，当地人称之为"城中村"或外来人口聚居地，他们可以在那里租赁当地人的住宅，租赁费用不高（张，2005）。外来人口与当地人在住房上的权利不同，当城市不可能给所有外来人口提供新住宅时，据说这是中国解决"国际城市"巨大建设需求的一种办法（吴和马，2005）。农村外来人口相对集中地居住在城市的某些地区是当代中国城市的一种现象。按照怀特、吴和陈的说法，"在居住上的贫富分隔正在成为中国目前的'最热点'问题之一"（2008，p.133），当然，这个问题还没有被看成一个特殊的政策问题。

改革以来日益增加的政治和社会复杂性使得国家在维持管理能力方面面临更大的困难。对社会稳定的关注与日俱增，而与社会稳定相关的问题有较大的收入差异、国有企业的工资正在变得不确定、多种住宅使得不平等更为明显可见。国家不再具有能力通过原先的国家工作单位体制去推行它的规章。当然，按照吴的说法（2002a），"如果把中国的经济改革理解为国家权力完全退出经济和社会生活，那将是过于简单化了"（p.1980）。国家正在调整它与社会中那些新的变动不安的因素的关系，如私人企业、流动人口和失业。调整这种关系的一个载体是，重新安排国家与社会的联系，从工作场所地到地区，如通过街道办事处和居委会（吴，2002a）。中国城市的社区发展一直都在适应新的情况，各地所采用的方式有着明显的不同。当地方政府进入发展联盟，相互竞争，有时陷入腐败泥潭，权力下放的过程一直都在产生出大量的困难。在土地交易上，不乏台下交易和非法交易的案例，甚至包括了高层官员（徐等，2009）。这就产生了中央政府、城市和区之间的紧张关系。中央政府正在寻求建立与新的经济发展战略相匹配的新法规（徐，2009）。按照徐的看法，国家的改革作为"一个开放的冲突的过程"而正在出现（2009，p.563）。通过规划体制改革可对这个过程略见一斑。与一般的权力下放一致，地方政府已经获得了新的规划权利。1989 年通过的新的法律 ① 替代了与国家的经济目标相联系的旧的从上至下的分层面的规划体制。这项法律允许地方政府编制它们自己的规划。在创造一个更能适应市场导向的城市发展决策的规划体制的道路上，这项法律是一个里程碑。从1993 年起，详细土地使用规划交由区一级政府去完成，包括控制

---

　　①　作者这里所说的法律是 1989 年 12 月 26 日第七届全国人大第十一次常委会通过《中华人民共和国城市规划法》。该项法律自 1990 年 4 月 1 日起施行。《中华人民共和国城市规划法》是我国在城市规划、城市建设和城市管理方面的第一部法律，是一部涉及城市建设和发展全局的基本法，它对于我们建设具有中国特色的社会主义现代化城市，不断改善城市的投资环境和劳动、生活环境，具有重大的指导意义。自 2008年 1 月 1 日起，我国开始施行《中华人民共和国城乡规划法》，而《中华人民共和国城市规划法》同时废止。——译者注

性详细规划和颁发规划许可证。城市战略规划为这些详细规划提供框架。当然，正如吴所说，区一级政府所编制的这些详细规划常常相当概括，"较低层面的政府希望放弃城市范围的规划指南和原则，以满足地方商业利益"（p.1367）。每一个区都在吸引投资上相互竞争，都希望建设自己的商业中心。所以，它们以象征性的方式使用他们的规划，用一种远景来吸引外部投资。长期以来，地方都是通过工作单位来组织的，而不是按照空间来组织的，所以，现在还没有公众参与规划的传统。赵（2010）描述了在权力下放和市场化的背景下，北京的发展管理如何困难。规划本身所包括的复杂性和大量的参与者，包括不同层面的政府和多种经济行为者，都使得规划在控制发展方向上步履维艰。旧的规划传统的延续，城市增长的速度和双重市场的复杂性，都证明使用新的规划方式困难重重。叶和吴认为，"增长导向的地方政府和新出现的私人（或半私人）利益所形成的压力很容易扭曲"规划决策（1999，p.71）。他们认为这个法律的执行者具有太大的弹性，常常使用这种弹性来支持特定的利益。过去 10 年里，中央政府已经发布了大量新的法令，旨在增加对地方活动的监控，使得土地市场和地方规划管理更为透明（徐和叶，2009）。在现在的地方政治条件下，这些法规法令难以实施，但是，当地方行为者忽视国家政策时，国家正在采取相应措施。

市场化和权力下放的结合旨在推进地方经济增长。同时，市场化和权力下放的结合也催生了竞争和行政分割，有人已经表达了对中央政府失控的担心。不过，规划体制改革一直都是国家领导的，并非放弃管理能力（吴和张，2008；徐和叶，2009）。规划体制改革作为一种国家战略，还要延续下去，我们已经看到，国家一直都在调整它在社区层面的参与，增加地方执行法令的准确性。国家思维的另外一个方向是城市－区域管理。正如徐和叶所提出的那样（2010），"针对巨型城市区域层面的战略规划已经成为重新获得控制权的一个关键政治战略，重新确立省政府和中央政府在地方和区域经济管理日趋复杂的情况下的重要功能"（p.18）。

针对不协调的区域发展的一种方式就是通过"行政合并"的方式调整行政边界（张和吴，2006），当然，这种行政区划调整影响有限。例如"珠三角"已经建立起了新的区域网络或论坛，然而，它们并非法定的地位，它们依靠特定的渠道（叶和徐，2008）。第三种方式是编制空间区域规划或空间战略规划，结合更大的中央管理控制，自20世纪90年代以来，这种规划已经大量出现了。吴和张（2008，2010）认为，我们可以从两方面来理解这些空间区域规划或空间战略规划，从城市层面看，它们是提高竞争性的一个载体，从中央的角度看，它们是一种协调的手段。

现在，我们将考察东京，东京是亚太区域的领跑世界城市。我们将要说明，致力于发展的国家如何应对全球化和经济不确定的影响。在第十四章中，我们将探讨这个区域世界城市主要竞争对手的全球化和城市管理问题，包括新加坡、香港地区、北京和上海。这些城市最近都在对东京的世界城市领跑地位发起挑战。

第十三章

东京：在经济不稳定条件下创造世界城市

　　外部经济变化已经对东京的世界城市地位产生了重大影响。同时，在努力影响东京对外部因素作出反应上，中央政府承担起了领导角色。一项有关东京的研究以特别清晰的方式说明了我们在第三章和第四章中讨论过的许多问题。东京面对这样一种看法，即所有的城市都被迫按照纽约和伦敦的方式发展。作为"致力于发展的国家"的一个大城市，东京也提出了许多涉及中央政府的作用削弱或改革方面的问题。

　　东京的经济成功和世界城市的地位是得到广泛承认的（如萨森，1991；弗雷德曼，1995）。尤其是在所有描绘"世界城市"层级体系的排名表上，东京与纽约和伦敦一道位居榜首。当然，并非所有人都接受这种解释，正如我们将要看到的那样，很多证据都显示，东京在许多方面都不同于纽约和伦敦。另外，自从20世纪80年代的繁荣期以来，日本的经济上一直都在大幅下滑。第二个相关的问题是，这种在国家层面上的经济下滑是否已经通过东京世界城市地位的变化而得到了反映。我们在前几章中曾经提到，当一个城市感觉到它处在经济压力下，那么，这个城市常常以竞争性的政策来作出反应。这样，作为一种假定，我们有理由问，在日本经济危机的大背景下，这样一种经营性的政策是否已经在东京出现了。

　　我们将在这一章里研究，过去20年里在城市政策争议中所使用的世界城市概念，世界城市概念是否一直都在影响着战略规划政策。把世界城市作为一个政策目标的态度随着经济的变化和政治领导的变革有了很大的变化。日本经济经历了20世纪80年代的繁荣期，以及随后10年的经济危机。自20世纪90年代末以来，一个新的更具竞争性的方向正在町村信孝所说的"再全球化"（町村信孝，2003）的背景下出现。我们将把我们的讨论集中在最近的规划政策上。

东京：世界城市吗？

尽管东京总是与伦敦和纽约并列于世界城市之首，但是，有关它们之间相似程度的争论不绝于耳。一种对世界城市讨论提出批判的意见认为，这种讨论采取的是英美中心论，这种讨论倾向于夸大城市的共性，而忽略了城市的个性（怀特，1998，p.456）。所以，有必要跳出英美模式，考察每一个城市发展的细节（阿明和格雷厄姆，1997）。《城市研究》（第 37 卷，p.12 和第 38 卷，p.13）的一个系列文章很好地介绍了有关东京作为一个世界城市的讨论。大家一般都同意东京具有它自己的特征，但是，在差异的程度上、差异的重要性上、是否发生了趋同性等问题上，看法还是各式各样的。这场讨论中提到的东京的特征有，东京的经济结构、企业所有的模式、社会分化的程度和移民、国家的参与量。这些特征是重叠的，从我们这里讨论的目的出发，我们将集中在两个方面，东京特别的经济特征和国家的影响。

正如我们在第三章的评论中所说，有关世界城市的大量文献和研究可以追溯到 20 世纪 80 年代。那时，正是日本和东京繁荣的时期，毫不奇怪，人们普遍认为东京是世界城市的先锋（如黎默尔，1986；萨森，1991；町村信孝，1992；藤田和霍尔，1993）。萨森的《全球城市》（第一版）（1991）使用的是 20 世纪 80 年代的数据，他传达了这样一个信息，虽然伦敦、纽约和东京有着不同的历史和文化，但是，由于它们都是全球经济的指挥中心，所以它们都有着相同的倾向。大部分世界城市分类都特别关注了世界最大公司或银行总部所在地（参见肖特和金，1999）。按照町村信孝（1994）的看法，在 1975 年至 1987 年期间，驻东京的跨国公司总部的数目增加了三倍以上，金融市场规模扩大。町村信孝的研究还显示，20 世纪 80 年代，东京服务业就业岗位有了很大的增加。例如，在那 10 年里，生产服务，如信息加工（软件），广告和专门服务等行业的就业人数增加了 30% 以上。在 1981 年至 1986 年期间，信息加工业增加了 98%，而在 1986 年至 1991 年期间，则增加了 61%。统计数据显示，就这些特殊的经济因素而言，在 20 世纪 80 年代期间，东京的变化与伦敦和纽约的变化相似。

当日本经济处于繁荣期的时候，世界顶级公司序列中包括了日本的大型国家公司和银行。如果以这些顶级公司来衡量的话，东京就被推到了世界城市结构的顶端。一种城市包括它自己国家的那些在国际上运营的商业机构，还有一种城市成为来自世界各地的世界顶级商业机构的落脚点，当然，这两种城市之间是存在差别的。那些把总部设在东京的日本跨国公司和金融机构在 20 世纪 80 年代均把目光转向全球，在世界主要城市建立起自己的分支（町村信孝，1992）。然而，就外国直接投资、外国资本和外国劳动力而言，在 20 世纪 80 年代，东京基本上是"非全球的"（弗里德曼，1986；黎默尔，1986；怀特，1998）。正如卢埃林－戴维斯（Llewelyn-Davies）报告所说：

> 与伦敦或纽约相比，东京仍然是一个国家的中心，一个成功的全球贸易国的中心。东京的办公室基本上是供日本公司使用的，它的银行基本上为日本的产业服务，它的律师和会计还是由本国公司付费的，它的夜总会基本上以日本公司的客户为主，它的旅游场所以日本家庭和日本学校的游客为主。（卢埃林－戴维斯，1996，p.52）

所以，东京是日本资本的中心。在日本繁荣时期，这个资本中心通过出口、兼并和投资向海外扩张，包括成为世界资本输出的领导中心（萨森，2001b）。资本流向和公司活动主要是向外而非向内，其基础是日本自己的跨国公司的扩张（霍尔和藤田，1995）。那时，东京并没有真正对外开放，它依然是一个日本城市。

许多分析家还注意到东京经济结构不同于伦敦和纽约的另外

一个方面。东京依然集中了很大的制造业活动并聚集了中小型企业（加茂，1988；藤田，1991）。制造业一直都没有与整个经济同速衰退。虽然金融业和服务业迅速增长，但是，制造业依然继续保持其重要地位。加茂认为，全球化是一个多方面的过程，全球化在不同的城市具有不同的形式。所以，他认为伦敦和纽约经历的是金融/资本的全球化，而东京则受到工业全球化的约束。这种区别基于这样一个事实，东京的全球化集中在日本制造业的国际化。最近这些年来，制造业已经集中到了研发方向上。国家的干预政策可能解释为什么制造业在东京依然维持其重要地位。20世纪90年代，国家干预政策特别关注推进环境技术、生命科学、信息技术和纳米技术（藤田，2003）。按照藤田的看法，东京并非简单地在全球经济的金融和市场的方向上作出反应："东京在20世纪90年代的增长战略重新强调制造技术"（藤田，2003，p.249）。因此，可以这样的概括东京的经济，相对"封闭的"和全方位的经济结构，包括强大的制造业。正如加茂所说，"东京作为世界城市的打分主要是以它的经济规模为基础的……（但是），就全球枢纽功能的品质而言，东京作为一个世界城市总还有些不成熟"（1992，p.10）。

说明东京不同于其他世界城市的最有力的命题也许与管理过程有关。众所周知，日本有着中央政府通过"资本主义的致力于发展的国家"来指导经济发展的历史（韦斯，1997）。在说明东京特征的文献中，中央政府参与世界城市形成一直都是共同论题（怀特，1998；霍尔和藤田，2000；霍尔和金，2000；加茂，2000）。这个"致力于发展的国家"参与到政府政策和经济发展的紧密关系之中，这种关系影响了东京。例如，尽管私人部门有制造业国际化的动机，实际上，中央政府的政策支撑着日本制造业的国际化（约翰逊，1982），中央政府支持日本制造业国际化的政策对东京形成全球影响是决定性的。日本的金融体制也是"国家中心的"和"国家指导全国发展一种政策工具"（藤田，2000，p.2201）。当时，使日本经济成功的机制以日本政界、行政机构和商界的紧密联系为基础。这是一个封闭的体制，外界几乎不能插入。这个产生成功经济的组织化了的体制当时也是阻止东京成为世界城市的体制，因为世界城市一定是要与外部世界联系起来的。

日本经济的变化以及东京与它的国家背景的高度相关性意味着，东京在世界城市排名中的顶级位置不再确定。世界城市地位是不稳定的。城市以分层形式居于固定的全球经济系统产生的条件之中，城市在全球的位置是变动的。申（Shin）和汀布莱克（Timberlake，2000）为了研究城市在世界连接排行榜上如何变化，分析了1975年至1997年世界城市间的航空客运状况。东京地位的变化特别明显。1991年，东京在最好世界连接城市排序中位居第五，而到了1997年，东京在最好世界连接城市排序中的位置下降到第十二位，而香港和新加坡逐步改善其地位，1997年，香港和新加坡在最好世界连接城市排序中的位置都高于东京。尽管这仅仅是一个因素，但是，这个研究结果支持了这样一个看法，东京正面临亚太区域内部日益增加的挑战。20世纪90年代期间，东京的开发商游说政府，争取更大程度地放松管制，他们提出，如果不这样做，东京将落后于上海、香港和新加坡（索伦森，2003）。"东京都政府"（TMG）当时还担心，这可能真有其事，需要保持关注亚洲其他城市的兴起，如新加坡和香港。东京都政府使用统计数据说明了东京地位的不确定（TMG，1996b）。例如，统计数据显示，在1989年至1995年期间，东京在世界外汇交易市场上所占份额萎缩，而纽约和伦敦在世界外汇交易市场上所占份额则增加。东京重要的亚洲竞争对手香港地区和新加坡在世界外汇交易市场上所占份额也在增加。在考察过去20年这类考虑如何影响战略规划之前，我们需要概括地说明日本和东京的管理性质。

在这个"资本主义的致力于发展的国家"，公共部门和私人部门之间的紧密联系逐步发展，政府高度集中。经济利益以网络方式组织起来，这些网络既与政客也与有权势的官僚紧密联系在一起。这种方式涵盖了制造业和金融业的组织（藤田，2000）。为了了解日本的管理过程，我们必须提到中央政府和地方政府之间、政客和官僚之间、公共部门和私人部门之间的复杂相互作用网络。对于东京这个案例来讲，认识到东京以多种方式融入国家行政管理体制中是十分重要的（霍尔和金，2000）。

所以，中央政府的政策对城市的影响很大。中央政府在历史上就一直控制着战略性的城市规划过程（参见夏皮拉等人的著作，1994，那里详细介绍了日本的规划体制；索伦森，2003）。中央行政部门编制地方政府要遵循的国家纲要和区域规划。地方政府和中央政府之间在编制城市规划政策上一直都有紧密的合作，它们通常都建立起专家委员会，商议需要考虑的政策观念。虽然中央政府具有主导地位，城市战略规划的编制还是由一个行政部门承担，它在专家间产生出一种共识。"东京都政府"比其他地方政府具有更大自治权，"东京都政府"已经提高了它所占有的地税的比例，它具有一个庞大而有经验的行政管理机构。选举产生的东京都知事从政治上领导东京都政府，在决定城市管理的性质上，东京都知事与中央政府的共同领导一直都是一个重要因素。

东京的行政体制有些复杂，所以，我们需要对东京都作一个界定（齐布馁斯基，1998）。东京都的中心城市覆盖了23个区，包括大约800万人。实际上，东京都政府的主要战略覆盖了中心城市以及作为郊区的多摩地区，多摩地区从中心城市向西延伸至山区，包括大约400万人。如果我们要覆盖整个工作出行区域的话，还需要扩大这个定义范围，再包括三个相邻的县。有时，在规划文件上还使用"大东京都地区"的概念，这个地区覆盖人口达到3200万。在制定区域政策时，中央政府甚至还包括另外一个圈层的县，称之为"国家首都区"，人口约为4000万（图13.1）。东京都政府是一个官方的战略规划管理当局，所以，我们集中考虑东京都的中心城市和郊区。当然，我们已经提到过日本政府的整合的体制，这个体制尤其适用于规划。所以，在研究东京时，我们需要研究中央政府的政策和中央政府的区域规划以及东京都政府的规划。

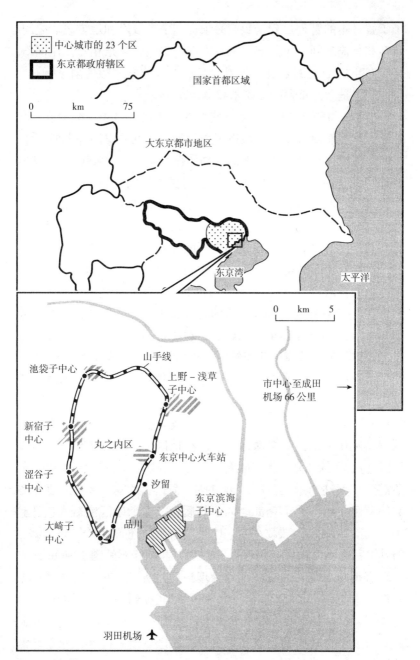

图 13.1 东京

20 世纪 80 年代经济繁荣时期的战略规划

20 世纪 80 年代出现了向新自由主义意识形态转变的倾向。这一点在中曾根内阁（1982~1987）最为明显，中曾根曾经是撒切尔和里根政策的积极支持者（索伦森等，2010）。当时，在有关放松管制、财政限制和减少福利开支方面的政策都有变化。采用这种方式的一个部分就是放松规划控制，毫不奇怪，土地和开发界的利益攸关者都是中曾根康弘（自民党，LDP）的核心支持者。虽然地方政府被授予了更大的规划管理职责，但是，中央政府能够通过放松建筑标准和允许增加许可的建筑密度这样一些具体措施而绕开城市规划（索伦森等，2010）。那时，中央政府表达了它对东京作为世界城市和推进日本经济作用的重视。中央政府的城市区域规划，"首都改造规划"（NLA，1985）和"第四次首都区域发展规划"（NLA，1986），提高了中心东京的重要作用（这个观点一致延续到 1999 年的"第五次首都区域发展规划"）。这些规划提出，中心东京地区应该承载金融、商务、政治、国家象征、国际会议和会展功能（托格，1986）。集各类功能于东京一身的规划战略是对原先规划政策的一个改变，而原先规划政策形成的基础是把制造业置于国家经济的中心。

在东京汇集各类功能的规划战略对东京的城市结构产生了重大影响。例如，办公空间严重短缺、土地价格上涨、社区搬迁甚至驱赶、城市更新项目蓬勃展开，等等。由服务业和全球化了的日本商界领导着城市经济，所以这种经济增长因素很高程度地集中在东京都的中心地区，在那里产生了前所未有的办公空间需求。1985 年，东京中心地区的办公室空置率几乎为零，而房地产价格暴涨。1983~1988 年的 5 年间，商用房地产的平均价格上涨了 4 倍（东京都政府，1994）。这些因素构成了中央政府和城市政府在 20 世纪 80 年代编制一系列战略规划的背景。

同时，中央政府的战略规划提出，把东京的单一中心城市结构调整成为多核城市结构。中央政府试图协调两个似乎具有冲突的政策，对东京所面临的增长压力作出反应。一方面，中央政府要维持东京的全球导向的商务功能，如公司总部和金融业。另一方面，中央政府试图克服商务功能过分集中在东京城市中心的问题，避免负面的连锁效应，如交通拥堵和拥挤的公共交通。随之而来的政策是，把全球经济功能集中在更大范围的东京中心部分，结合迁移那些不对外的办公室，重新在其他地方安排其研发功能（寺西，1991）。

强化东京的政策是由东京都政府的政策制定者提出来的，这项政策也试图把东京的城市结构调整成为一个中心和若干节点的布局形式。1987年，东京都政府编制了它的"第二个长期规划"（东京都政府，1987），确认了中央政府建立的政策纲要。这个规划确定东京都的三个中心区为全球金融和信息中心，优先考虑那里的相关基础设施项目。当然，也提出了围绕铁路内环线主要车站建设若干个子中心，阻止中心商务区（CBD）的进一步扩展。例如，当时期待把新宿建设成为国家公司、内部办公和行政管理中心，而涩谷则成为服装和传媒中心。另外一个子中心是在土地整理基础上建立起来的"东京滨海"子中心。当时设想把"东京滨海"子中心建成全球信息和通信中心。让这些子中心分担围绕东京中央火车站传统中心商务区和"丸之内"区的一部分增长压力。

在这个时期的政策说明中可以看到大量使用了"世界城市"这一术语的倾向。东京都政府的"第二个长期规划"就是一例。"第二个长期规划"在积极意义上使用了全球化的概念，为东京提出了一个乐观的未来前景。它对国际化作了这样的表述：

> 正在进行中的国际化已经给东京以21世纪的方式创造东京美好未来提供了可能性。我们一定要把握住这个黄金机会，把东京建设成为一座具有吸引力的国际城市，让我们的后代，包括我们自己，能够为此而骄傲。（东京都政府，1987，p.50）

在东京都政府的"第二个长期规划"中，"世界城市"这一术语第一次作为官方政策出现。它用以下方式描述了东京的未来：

> 在 21 世纪，作为一个人口超过 1200 万、国际和国内信息交汇于此和国际经济的主要基地的大城市，一个几代人相互接触和支持的生机勃勃的城市，一个由绿色覆盖的和拥有迷人海滨的舒适的城市，一个居住和工作相协调的城市，一个将迈出更大步伐的东京。这是东京作为一个有吸引力的国际城市的形象，即一个世界城市，东京将名副其实地引领世界。（东京都政府，1987）

按照町村信孝（1998）的观点，这些文件中使用的"世界城市"这一术语是非常含糊的，常常是不现实的。在他看来，日本自诩现代化的精英们不加适当分析就把西方观念舶来使用，这是当时在日本使用世界城市这一概念的一个例子。他认为，"世界城市"这一概念的"作用如同一种城市意识，向广大的受众宣传东京在世界经济中的领导地位"（1998，p.187）。尽管经历了 20 世纪 90 年代的变化，国际评论家们依然把东京排列在"三个顶级世界城市"之列，这可以看成是"世界城市"的城市意识成功的证据。当然，使用"世界城市"的标签具有更多的地方目的，尤其为那些因为新商业活动而迅速且常常具有破坏性的城市发展提供一个托词。韦利认为，"国际化那时不过是挂在嘴上的一句话，而不是一个政策，中央政府和都市政府以'世界城市'作为一个强制令，以便开发更多的办公空间"（2000，p.139）。

实际上，在一个弱势的规划体制的条件下，使用这些规划和远景指导那个时期强势开发压力的功能是有限的。从 20 世纪 70 年代石油危机发生之后，新自由主义的因素开始出现。在城市层面上，新自由主义因素导致了鼓励公共项目使用私人资本的"明卡苏（Minkatsu）政策"（斋藤，2003）。1996 年，日本国会通过了《私人参与促进法》，亦称之为"明卡苏法"，鼓励吸收更多私人部门的投资。与此相关的政策包括放松规划管理和出售政府所拥有

的土地。放松规划管制和容易获得私人资本进一步加快了开发的
步伐，扩大了开发的规模（大野耐一和埃文斯，1992；五十岚和
小川，1993）。这样，东京经历了一个城市更新项目的繁荣时期。
新建设起来的建筑空间，尤其是办公空间，稳定进入房地产市场。
例如，1986 年东京完成的新办公空间建筑面积是 1983 年的 2 倍，
到了 1988 年，东京完成的新办公空间建筑面积是 1983 年的 3 倍。

东京子中心之一的"东京滨海子中心"是 20 世纪 80 年代战
略思考的一个关键场地（濑口和马龙，1996；斋藤，2003）。东京
都政府知事铃木当时建议，作为世界城市远景的一个部分，应该使
用东京湾旧的港口区和整理出来土地，把"东京电讯港"建成一
个占地面积 40 公顷的电讯中心。这个建议很快引起了中央政府和
商界的注意，项目规模迅速扩大。1986 年，东京都政府签署了一
个项目建议书，在那里建设一个大的商业中心，包括办公室、会
展中心和住宅。中央政府对此产生兴趣，把这个项目看成减缓过
热房地产市场压力的一种办法，同时，有机会实施"明卡苏"方式。
这个项目揭示了在中央政府、城市政府和私人部门之间的相互作
用下产生的东京管理体制。斋藤详细考察了这个项目（2003），他
提出当私人部门希望在中央政府制定的框架内谋求开发时，东京
都政府如何能够协调这个项目，当然，中央政府具有很大的作用。
东京都政府制定了它有关"东京滨海子中心"的最后版本的发展
大纲，该子中心覆盖了 448 公顷土地面积，包括办公室、全球通
信设施、住宅、娱乐、购物和酒店。当时计划这个子中心的劳动
力达到 11 万，居住人口达到 6 万。

这样，东京在 20 世纪 80 年代经历了一个巨大的房地产繁荣期，
以应对办公空间和服务业的需要。那个时期的规划接受了这个增
长战略，以"世界城市"来提高东京的形象。那些规划还寻求分散，
向特定地区转移一部分开发压力，把增长政策与居民的生活质量
协调起来。不过，在实施这类协调方面，这些规划的能力是有限
的。对于许多居民来讲，对这个时期的印象就是搬迁和较长的上
下班距离（道格拉斯，1993；韦利，2000）。把一部分开发压力扩

散到东京内部的若干子节点上的战略的确产生了一定的效果。对市场具有吸引力的节点成长起来，如新宿和涩谷，然而，另外一些节点始终没有繁荣起来。除了这些规划的节点外，其他一些地方也趁此风潮吸引了一些投资，例如，在汐留和品川一些铁路部门不再使用的场地上开发办公室。尽管这些开发场地并不符合建设子中心的规划政策，但是，开发事实上发生了，原因是开发这些场地的经济利益。虽然存在这类局限性，但是，东京都政府的"第二个长期规划"还是成功地缓解了围绕中央火车站的传统商务中心区的开发压力。这一点可以用"曼哈顿项目"的命运得到说明。这个项目是由三菱商事株式会社在 1988 年 1 月提出的，三菱商事株式会社是这个项目地区最大的土地所有者，它提议在这个传统中心商务区里成片开发若干个高层办公建筑街区。这一计划招致了大量批判，它没有遵循已经存在的战略性城市政策，所以，没有谁理会这个计划。

町村信孝（1992）主持了一项有关东京在 20 世纪 80 年代城市改造期间的管理研究。他发现了一个期待把东京转变成为一个世界城市的城市增长联盟，这个联盟有自民党的背景，由官僚和商界领导组成的网络。虽然这个时期的规划都谈到了生活质量和居民需求问题，但是，世界城市的理念不过被看成是允许商业开发自由地大规模兴起的一个载体。有些人可能说得更远，认为"正是商界领导人决定了城市增长"（齐布馁斯基，1998，p.230）。但是，斋藤（2003）对"东京滨海子中心"的分析显示，城市和全国层面的中央政府依然是那个时期影响战略规划的中心力量。

危机和再全球化：有关东京世界城市角色的态度变化

"失去的 10 年"

20 世纪 90 年代初期，日本经济泡沫破灭了，随之而来的是经济萧条。这场经济萧条的影响对东京的影响远大于日本大部分地区。1989 年以前，东京 GDP 的年度增长率超出全国平均水平，但是，1989 年以后，情况发生了逆转，东京的年度增长率大规模落后于全国平均水平。1991 年至 1994 年期间，东京呈现负增长，而全国平均增长依然是正值（东京都政府，2000a）。经济萧条打击最大的是制造业，按照中央政府的模式，许多东京制造业公司转移到海外生产场地运行。东京也因为在金融活动方面的损失而受到严重打击。例如，在东京股票交易所登记的外国公司数目从 1991 年的 127 个下降到 2001 年的 38 个（町村信孝，2003）。在 1989 年至 1995 年期间，东京所占外汇交易市场的份额从 12.4% 下降到 10.3%，而其他主要市场显示增加。对于东京声称顶级世界城市影响更大的是，一些外国金融机构决定把它们在亚洲的运营转移到香港或新加坡（表 13.1），寻求一个费用较低和更自由的市场（加茂，2000）

公众的情绪也从充满自信转变成为不确定和悲观。20 世纪 90 年代被打上了"失去的 10 年"这样一个标签。这说明了这样一种感觉，解决日本基本问题的机会没有把握住，日本失去了方向。当时存在大量政治上的混乱，缺少清晰的政策。面对自 20 世纪 30 年代大萧条时期以来第一个真正意义上的萧条，日本的政治领导人迷失了方向，不能够提出任何解决办法或可以信赖的未来远景。自民党的传统控制力处于危机状态，腐化问题充斥报章。1996 年，桥本龙太郎首相试图改革体制，但是，很快面临那些与现存体制存在既得利益关系的人的反对。这样，为了努力复苏经济增长，大规模投资公共项目的传统延续下来。那时，地方政府的预算受到税收衰减和中央政府资源收缩的严重影响。这些大气候都对东京产生了影响。

1995 年的新城市知事选举明显表达了这个变化。东京都政府原先的知事铃木主持了东京都政府在整个繁荣时期的工作，他个人与自民党的体制和中央政府联系紧密，而 1995 年选举时，他已经是 84 岁高龄，决定不再参选。然而，令人惊讶的是，选民们没有选择替代他的自民党候选人，而是选择了独立候选人电视剧戏剧演员青岛幸男（Aoshima）。青岛幸男获得了大胜，清晰地表达了

1990 年至 1995 年，离开东京的外国金融机构　　　　表 13.1

迁往新加坡
J.P. 摩根 – 选项处理
德意志银行 – 亚洲总部
法国兴业银行 – 期货部门
所罗门兄弟 – 外汇交易
迁往香港
雷曼兄弟 – 亚洲总部
高盛 – 外汇交易
巴克莱 – 衍生部门

资料来源：东京都政府，1996b

公众对过去政治权利体制不再抱有任何幻想，希望出现新的方式。青岛幸男的主要承诺之一是削减"东京滨海子中心"项目。铃木知事曾经计划在那里举行 1996 年的世博会，称之为"东京世界城市博览会：城市前沿，1996"，所有准备工作都在进行中。这个世博会将成为一个解决城市问题的论坛和展示东京发展的机会。在东京繁荣时期，这个国际博览会显然展示了东京对全球地位的信心。当青岛幸男放弃申办东京世界城市博览会时，气候变化非常明显。

在 20 世纪 80 年代的繁荣时期，铃木知事在他的文献中大量使用"世界城市"这一术语来说明东京动态的和积极的地位。然而，随着经济条件的变化，对"世界城市"的负面解释逐步发展起来。在青岛幸男主持东京都政府时，东京都政府停止使用"世界城市"这一术语。当时，青岛幸男的政治口号是"居住友好的城市"（东京都政府，1996a）。1996 年的"东京都城市白皮书"的副标题是"向创造色彩斑斓的城市环境迈进"，而 1998 年的"东京都城市白皮书"的副标题是"宜居东京的社会资本"（东京都政府，1998）。青岛幸男的东京都政府把提高城市生活质量放在十分重要的地位；但是，人们一般认为，青岛幸男在任的那些年里什么也没有发生。在城市财政严重紧缩、政治联系不足、中央政府努力找到办法解决它自己问题的背景下，青岛幸男在任四年没有制定一个清晰的战略去实施他的主张。正如青岛幸男所说，"大约在 20 世纪 90 年代末，'世界城市'已经过时了，它让东京大多数人不能忘怀那个'疯狂的'泡沫经济和社会"（2003，p.199）。当然，中央政府那时对东京的态度已经有了变化。在"世界城市"概念不再受到欢迎的时期，1996 年，桥本龙太郎行政当局宣布过一个日本版的"大爆炸"政策。这个政策提出，东京应该成为世界经济中心之一，成为一个"自由、公正和全球的金融市场"（加茂，2000，p.2149）。

国家新方向的出现

人们把 1998 年看成日本金融危机达到顶点的一年。大量保障性住宅和商业银行破产，许多日本人十分惊讶，中央政府并没有去拯救这些商业银行和房地产商。这场危机标志着日本政府采用的经营式管理制度可能结束了，在这个日本政府经营式管理制度下，政府倾向于保护民族工业。国家紧急需要经济改革，在这个千年结束时，新的方向正在出现，结束经营式管理制度的看法当时逐步变得清晰起来。

1999 年 3 月，日本首相小渊惠三建立了一个称之为"日本 21 世纪的目标"的委员会，邀请来自不同领域的社会贤达一起讨论未来的方向，鼓励对未来方向展开广泛讨论。2000 年 1 月，这个委员会提交了一份最终报告，其标题为《可及的前沿：个人力量和更好的管理》。这个报告认为，全球化是日本社会变革的一个基本源泉，鼓励国家去适应全球化：

> 全球化不再是一个过程而是一个现实。传媒和市场已经把世界、人、商品、货币、信息和旅行联系在一起，无须顾及国家的边界，从而让全球变得小了。在 21 世纪，这种情况还会加速。所以，需要按照全球标准重新审视和重新评估国家的经济、科学、艺术和教育网络的设施和效率。21 世纪将

是不同制度和标准相互竞争的时代，这种竞争将影响到政治、外交事务、经济和社会生活，改变国家的"封闭系统"。（p.29）

这份报告认识到，旧的体制不能对此做出回答，并非需要一组新的政策，而是需要对政策纲领本身做出调整。在这种新的气候下，包括社会态度和社会价值上的改变，使得人们认为旧的政治体制的封闭性质是一个问题，需要积极地提出全球竞争的问题。这种看法反映到国家政治领域，就是对国家政治领域里沿用的自民党控制的旧方法发起挑战。

持续的经济危机导致日本的中央政府在 2001 年 4 月份提出了一份"经济一揽子紧急计划"，寻求从根本上触及经济问题。作为这个一揽子计划的一个部分，中央政府在内阁里建立了一个委员会，称之为"城市复兴总部"，由首相小泉纯一郎担任主席。以下有一段从这个委员会的审议报告中摘出的文字，强调中央政府所关心的主要问题之一是担心日本城市缺乏竞争性。这个委员会提出：

> 最重要的政策优先选项之一是，增加城市的吸引力和竞争性，城市是 21 世纪国家活力之源。……当然，作为 20 世纪 90 年代以来长期萧条的一个后果，特别是给东京和大阪这类集中指挥功能的城市所带来的后果，与国际城市相比，日本城市的绩效不佳。（2001 年 5 月 18 日新闻通报）

这个冠名"城市复兴政策"的新方式引出了 2002 年的《城市复兴特别法》。人们把这项法律描绘为"是最明确地从顽固的市政府手中夺回规划权的一次努力"（索伦森等，2010，p.570）。中央政府能够提出"复兴地区"，开发商能够提议改动官方规划，而修订分区规划的过程将加速。这种方式的主要倡导者都是最大的房地产开发商，他们使用的论点是推进竞争性的世界城市。这项新的政策表现出重返 20 世纪 80 年代中曾根政府时期提出的意识形态目标，再次包括了放松建筑管理，允许大大提高建筑密度（韦利，2007）。这个新方式的总体目标是把私人部门纳入到城市开发项目中来。

自 21 世纪初以来，东京中心地区增加了相当的大型项目，许多项目占了新的放松规划管理体制的优势。"六本木新城"就是一个典型的案例（韦利，2007）。"六本木新城"项目开始于 20 世纪 80 年代，是东京都政府规划的一个项目，由森喜朗房地产开发公司承担。"六本木新城"混合开发项目包括两幢高层豪华居住楼，豪华商店和办公室，一个电视公司的总部设在此地。在办公楼的顶层还有一个画廊和展览空间，森喜朗房地产开发公司宣称"六本木新城"是东京的文化心脏。韦利（Waley）还描述了在汐留的老铁路编组站场地上更大的开发，那个开发是作为东京都政府土地调整规划项目开始的。汐留老铁路编组站场地也是朝着多功能方向开发的，当然，办公空间开发量要更大一些，并在规划上把那里定位为新的信息和传媒业中心。有趣的是这个项目的部分资金来自一家新加坡政府的公司。按照韦利的看法，这些新开发项目的主要特征是规模巨大，标志了从公私合作开发向私人财团领导开发的方向转变。当然，索伦森（Sorensen）等人揭示出放松规划管制的影响并非仅限于这些名声显赫的大型项目。在 2003 年期间，中央政府通过了进一步放松建筑管制的措施，使得高层建筑开发更容易获得批准，这就导致东京居住区中出现了大量鹤立鸡群的超高层建筑，它们与周边低矮建筑形成了很大反差，同时，它们也不与任何城市政策或城市设计战略相联系（索伦森等，2010）。

东京都政府的反应

全国放松管制的气候是 1999 年东京知事选举的背景，小说作家石原慎太郎（Ishihara）赢得了那场选举。石原慎太郎曾经是自民党的国会议员，但是，在选举时，他以独立于党派和中央政府的身份出现。他的选举宣言的基础是，国家复苏应该从东京开始。他以一个能够阻挡东京和日本衰退的强势领导的面目出现，提出振兴东京，让东京再次成为日本的领导城市和世界舞台上的一个重要角色。

这与青岛幸男的那种亦步亦趋的缓慢方式形成鲜明对比。

在选举后的若干年里，东京都政府的各类城市政策文件纷至沓来。第一部城市政策是"克服危机的战略规划"（东京都政府，1999），接下来的是"东京城市白皮书，2000"（东京都政府，2000a），"东京规划，2000"（东京都政府，2000b）以及更具视觉效果的"东京城市群总体规划"（东京都政府，2000c）。这些文件中频繁出现"竞争"这一词汇，表明国家的气候变化渗透到了有关东京的思考中。例如，"东京城市白皮书，2000"的副标题是"增加东京世界城市的吸引力"，它涉及了全球化世界的竞争方面：

> 不夸张地说，一个城市的未来依赖于它在城市间竞争中的吸引力程度。尤其是与亚洲城市相比，我们有时可以说，东京最近正在丧失掉它的地位。从增加东京作为世界城市吸引力的角度提出东京的城市政策是极端重要的。（东京都政府，2000a，p.5）

"东京城市白皮书，2000"讨论了5个问题：经济活力，高质量生活环境，城市文化和旅游，市民安全和功能性交通网络。"东京城市白皮书，2000"的结论是，这些问题都是建设一个具有国际吸引力的东京的必要条件。这样，"增加吸引力"就成为涉及许多政策领域的城市政策的起点（町村信孝，2000）。

石原慎太郎的第一个正式长期规划，"东京规划，2000"，进一步发展了"增加吸引力"这一基本目标。这个规划"确定了东京成为具有大量到访者的世界城市所必须完成的任务"（东京都政府，2000b）。石原慎太郎委托"东京城市规划咨询委员会"编制一份有关城市结构、形体规划和基础设施开发的报告。这个报告推荐了这样意见，"东京城市规划的目标应该是，建设一个能够在城市间竞争中立于不败之地的具有吸引力的和切实可行的国际城市"（东京都政府，2001a，前言）。这些都表明，东京正在以新的姿态面对外部世界。他们并非简单地假定东京曾经是一个世界城市，他们提出的是，东京需要采取一种积极的方式改善城市的吸引力。当时一些重要的国际公司离开东京，搬到香港和新加坡去了，这一事实强化了东京需要"增加吸引力"这一观点。

这样，在石原慎太郎主政下的东京都政府的第一批规划中，重新出现了"世界城市"这一术语。当人们询问市政府官员"世界城市"这个标签究竟意味着什么时，他们的答复是，"东京应当是日本的领导城市，利用城市功能聚集优势，赢得城市间竞争。东京应当是一个具有经济和文化活力的地方，东京拥有 1200 万人口，这都将使东京成为具有诱惑力和吸引力的'张开双臂拥抱世界的世界城市'"（东京都政府，2001，访谈）。这个回答再次证明，东京明显感觉到了来自其他城市的竞争压力。有些日本城市，如大阪（加茂，2000），已经在大力推广自己，以谋求吸引投资，因此，东京当时的首要任务就是保持住自己在日本的地位。以上反应还明显表达了另外两个论点。第一是鼓励聚集，重新确认的发展重点是东京的中心商务区，第二是通过"张开双臂拥抱世界的世界城市"表达自己更为开放的态度。

这些论点加上竞争的冲动一直是后续规划的中心，如 2006 年的"东京的大变革——10 年规划"。这个规划非常强调东京的城市环境，主张建设更多的绿色空间和景观，强调气候变化，减少交通拥堵和污染。这些措施既有可能改善居民的生活质量，也有可能满足吸引更多游客，从而满足新政策的要求（东京都政府，2001d）。"东京的大变革——10 年规划"的具体政策包括改善滨河地区，关注休闲活动，如举办大型国际事件。这个规划提出了完成三个环线道路的建设，解决城市中心的交通拥堵问题，帮助东京在竞争中承担起新的战略角色。这个规划强调了发展文化产业，包括把"秋叶原"从电器商品区改造成为新媒体和文化区。这项规划的目的是"把东京建立成为亚洲的文化枢纽"。"东京的大变革——10 年规划"还包括了社会问题，如老年人。与其他城市相比，东京的老年人人数正面临较高的增长率，而整个人口正在衰退。无家可归和社会分化等社会问题也在增加，然而，无家可归和社会分化问题至今也没有成为重要的政策论题。

在 2006 年的"东京的大变革——10 年规划"中没有使用"世界城市"这个标签，不过，"竞争"这个字眼反复出现。这个规划的关注点集中在其他亚洲城市。这个规划与竞争 2016 年奥运会有联系，而完成东京环线道路建设正是为了举办奥运会。东京都政府当时试图通过奥运会展示东京的"21 世纪新城市模式"（东京都政府，2006，p.2），尤其是它应对气候变化的技术和政策，东京是作为一个"负碳城市"而展示在世界的面前。

我们将比较详细地探讨东京都政府如何重新提出开发东京中心商务区和滨海区，以此作为对竞争的反应。以前的战略规划中总是把处理交通拥堵作为当务之急，如子中心政策。但是，"东京规划，2000"从不同角度看待交通拥堵问题。这个强调竞争性的新战略关注的是支撑东京商务功能的设施和基础设施问题，东京的商务功能已经落后于其他世界城市（东京都政府，2001a）。"东京规划，2000"提出了在东京核心区聚集商务功能的重要性，主张在东京的传统商务中心（如大手町－丸之内线－有乐町地区）展开大规模城市更新项目。东京一直都对建设"曼哈顿项目"感兴趣，即增加中心商务区的建筑密度，建设 60 幢高度超过 40 层的建筑。为了具有竞争性，新开发需要具有很高的质量，建设具有吸引力和多功能的环境（东京都政府，2001a，p.27）。所以，在大手町－丸之内线－有乐町地区建立了一个公私合作的组织①，把更新项目的重点从提供中心商务区变成"优美商务核心"（OMY，2000）。

这种比较强调城市生活质量的新方式试图通过建设更多的开放空间、滨河开发、娱乐和文化设施，满足比较富裕市民的需要（马尔科图利奥，2003）。东京在历史上就一直缺乏开放空间，建筑环境质量一直都没有成为首要关注点。早期的环境政策集中在

---

①　大手町－丸之内线－有乐町区发展咨询委员会（OMY）由东京都政府、千代田区政府、东日本铁路公司（JR 东日本）和大手町－丸之内线－有乐町区重建计划委员会的代表共同组成。

由迅速增长所引起的污染和环境退化问题上。汞和镉中毒都是当时的主要公共卫生问题。在 20 世纪 70 年代中期，严格的法规使得这类问题受到了控制，以后，环境问题就没有得到很大关注（宇都宫和长谷，2000）。当然，全球环境运动和 1992 年的里约会议把环境问题重新摆到了日本人面前。那时，日本通过了多项新法律，包括 1993 年通过的《环境基本法》，这项法律要求地方政府编制地方环境规划，用来实施综合环境管理。东京都 1997 年编制完成了它的"基础环境规划"，1998 年编制完成了"环境影响评估"，东京现在正在推行污水回用，以帮助清理东京湾。但是，环境政策协调还必须克服中央各部门之间的传统分割（巴雷特，1994，1995）。东京都政府的"环境局"与中央政府的"环境厅"具有联系，而规划的执行则是由不同局承担的，它们各自有它们自己的条条联系。另外一个问题是，环境政策一直倾向于由技术官僚掌握，没有充分地强调比较定性的问题，这些技术干部"过分简化了环境的社会经济问题"（巴雷特，1995，p.316）。

20 世纪 80 年代，东京都政府在"滨海子中心"项目上投入了大量公共资金，但是，这个项目受到了萧条的沉重打击，一直成为东京财政的无底洞。20 世纪 90 年代，房地产价格的下跌和开发暂缓意味着"滨海子中心"项目面临破产，当时，青岛幸男要求停止进一步开发。然而，"滨海子中心"依然具有开发潜力，因为那里距离东京中心地区很近，与都市区的其他地区交通联系方便，而且那里还有很多空置的土地。因为东京都政府已经取消了它的子中心政策，所以，2001 年，东京都政府公布了滨海地区开发的新战略（东京都政府，2001b）。这个战略赋予这个地区 2 个角色，分成 4 个方向开发。第一个角色是，通过提供免除某些规则的分区，提高东京在全球经济中的地位。第二个角色是，通过把握滨海地区的自然景观优势，通过对滨海地区优美环境的进一步投资，在那里建设起一个有吸引力的环境，使得东京在生活、工作和休闲上更具吸引力。在这个基础上，东京都政府给这个地区提出了 4 个功能。4 个功能分别是：首先，使东京港和羽田机场成为运输和国际贸易枢纽；第二，使那里成为21世纪最新前沿产业的所在地，如IT、环境管理和生物技术；第三，与创意产业一道，使那里具有高质量的居住环境；第四，借助那里舒适而有吸引力的海滨，使那里成为休闲空间。虽然这个新战略赋予那里多种功能，但是，滨海地区的政策显然是为了推动东京整体的振兴，滨海地区被看成是提高东京吸引力和竞争性的战略场地。石原慎太郎对这个地区最推崇的项目是赌场。需要注意的是，他之所以提出赌场项目是基于这样一个看法，世界上所有大城市都有赌场。不过，他最终放弃了建设赌场的选择，因为那样他将面临与反对派展开无休止的长期争斗。当时，计划按照奥林匹克运动场馆和媒体中心的设想开发滨海地区。

过去50年以来，中央政府一直在城市地区管理上向地方政府放权，让地方政府承担更多的责任（索伦森，2002），但是，中央政府对东京的规划依然保持强势的影响。自从石原慎太郎担任东京都知事以来，他一直对中央政府发出挑战，特别是在争取参与超出东京都行政边界之外的区域事务上，更是如此（冢本，2010）。中央政府和东京都之间的权力之争始终存在，其中的一个重点是中央政府提议迁移首都功能。1990年，当时的首相提出，新开发地区应该承担中央政府的功能。这个建议产生的背景是，东京的活动过分集中，从而导致交通拥堵和土地价格太高。当时建立了一个"首都搬迁调查委员会"，随后通过了议会决议案和国家法律，对新的首都选址进行了研究（详细情况参见齐布馁斯基，1998，p.227）。即使日本经济崩溃意味着东京所面临的迁都压力已经减少了，但是，首都搬迁一直都是一个未了事宜。当然，石原慎太郎知事和东京都政府反对这个搬迁，并对中央政府的这个提议发起挑战。"东京都市圈总体规划"（东京都政府，2001c）旨在扭转这个分散化的政策。"东京都市圈总体规划"采用了区域方式和相关政策，它寻求证明这个区域能够在东京中心区保留中央政府功能的情况下有效运转。"东京都市圈总体规划"的观点是，东京成其为一个具有竞争性的城市必须聚集活动，首都功能需要包括在东京所聚集的多种活动之中。石原慎太郎知事使用"东京都市圈总体规划"作为一个游说工具劝说中央政府。如果更多的地方政府也在这个"东京都市圈总体规划"上签字，那一定更为有利。提议中的东京环线道路中的 2 条已经不在东京都的行政边界之内。一开始，其他地方政府十分担心东京对他们地域的干涉，所以勉强参与这个"东京都市圈总体规划"，但是，它们最终同意，东京的成功对它们自己的经济未来是必要的。

中央政府与东京的另外一个争斗领域是机场战略，它们之间一直都存在分歧。在全球化时代，一个运转有效率的国际机场是不可或缺的，在成为亚洲区域航空枢纽上，城市间的竞争日益增加，如上海、曼谷、吉隆坡和新加坡。因为东京地区的两大主要机场（成田和羽田）的发展和管理权均在中央政府手中，所以，在石原慎太郎之前的历任东京都知事们都没有任何有关机场的政策。比起其他世界城市的机场，东京的这两大机场能力不足，交通不便，所以，东京对此不能无动于衷。东京都政府感觉到这种状况会妨碍东京在城市间竞争环境中的发展，因此，东京都需要采取更为主动的立场。这样，2000 年，东京都政府发布了它的第一步机场政策，决定游说中央政府提高羽田机场接受国际航班的能力，改善从城市中心到达成田机场的交通，允许横田空军基地（美军空军基地）接受民用飞机（东京都政府，2000c）。

成田机场目前用作日本的首位国际机场，但是，它距离东京市中心 66 公里，衔接不畅。东京都政府的政策之一是建立起新的衔接。另一方面，羽田机场距离东京市中心仅 16 公里。它目前是日本最大的国内机场，连接 46 个城市，每天接受 350 个架次国内航班，国际航班甚少。根据东京都政府的要求，2000 年 12 月，中央政府批准羽田机场接送有限数量的特许国际航班，但是，东京都政府至今还需要羽田机场接受更多的国际航班。东京都政府还进一步提出开发新的跑道和改善交通线，以便扩大机场能力。由于羽田机场距离东京市中心很近，所以，开发羽田机场的项目将能够便利旅客，是东京成为具有吸引商务活动的地方，产生工作岗位，吸引投资。2001 年，中央政府允许更多地使用羽田机场，2010 年，新的候机楼和跑道投入运行。

结论

过去 30 年里，日本在经济上经历了很大的变化，这种变化一直都在影响着东京的战略规划。我们已经说明了东京在作为一个世界城市的态度上如何发生改变，而这种改变意味着在选择规划优先项目上的变化。在这个时期，"世界城市"概念本身也一直处在变化之中。在 20 世纪 80 年代，"世界城市"是东京在经济繁荣时期自信的积极符号。而在"失去的 10 年"那场危机中，"世界城市"的标签与那个时期的所有问题相联系，成为一个不时髦的概念。现在，"世界城市"这个概念重新复活，然而，"世界城市"概念已经今非昔比，具有了不同的内涵，更向亚洲方向倾斜。世界城市与全球化的世界中增强城市竞争力的需要相关，东京能够领导日本巩固其经济地位。我们已经看到，在 20 世纪 80 年代，东京进行了一些期待能成为世界城市的行动，但是，这些活动的主动权和控制权主要归属于中央政府。东京当时的确集中了世界顶级公司和银行，这是因为日本企业的成功，而不是因为东京吸引了外国公司。相类似，城市的形体建设主要由日本建筑企业使用日本自己的资金来完成的。日本商界、政界和行政机构之间的紧密关系意味着外部世界几乎不能插足。这样，那个时期的东京不过是一个日本的城市，它可以接触全球，但并非一个世界城市。当然，町村信孝（1998，2003）提出，在具有许多不利因素的情况下，"世界城市"的标签给迅速的城市变化过程提供了合法性。当东京的成功与日本公司的成功捆绑在一起时，日本公司面临压力，日本经济运行维艰，城门失火，殃及池鱼，东京岂能逃出一劫。城市开发上投机繁荣的坍塌也给日本银行造成了长期的坏账问题。政治上的混乱、金融上的困苦，都要求选择新的城市发展方式。

过去 10 年里，政治变化持续不断，克服新自由主义意识形态基础上产生的经济问题的具体工作一直都在实施中。人们都把东京看成日本的经济重地，放权的措施已经允许房地产开发再次火爆起来。尽管环境问题和生活质量问题已经进入了发展远景目标，但是，房地产的兴旺还是被看作让城市具有竞争性的必不可少的方面。在最近出现的争论中，全球化的竞争方面已经成为讨论的中心。

面对这些经济变化，有关战略规划政策的优先选择和观念也在变化。我们可以把 20 世纪 80 年代的东京都的规划政策反应描述为"容纳增长压力"，保证充分规模的新开发。当时东京都的主要政策旨在建设多核的城市结构，既满足商界也满足居民的需要，缓解交通拥堵的压力。规划处在城市变化的"接收端"。自从石原慎太郎成为东京都知事以来，他采用了更为积极的立场，从"需要引导的"城市规划转变成为"政策引导的"城市发展（东京都政府，2001a）。当时有一个气候变化。在这个新的"政策引导的"战略规划方式下，重点放在通过做强中心商务区和从整体上改善城市吸引力的方向上让东京更具竞争性。这种转变还包括放眼世界，关注来自亚洲的竞争，发展旅游和文化产业。这种针对城市战略的新方式真会导致以更为开放的态度去对待外国开发商或外国对东京的投资吗？的确存在一些信号，一种变化正在发生；当然，改变固有的态度是一个漫长而缓慢的过程。按照卡拉马（Clammer）的观点（2000），日本社会对待外部世界存在一种深层面的文化对抗，这种文化上的对抗使得向全球化开放的过程困难重重。许多日本的政治和官僚既得利益者并不是非常热衷于外部世界的参与。东京至今还没有采用其他一些世界城市在竞争环境下采用的一些政策，如积极地寻求增加外国投资者在日本的投资。对日本投资（和对东京的资本性投资）的比例现在依然很小。东京没有一个机构去推进外国投资者到东京来投资，东京至今也没有采用"出售东京"的战略，而其他世界城市则采用了这种方式。

最后，增强融入全球化过程在多大程度上会引导日本的国家体制发生改革呢？我们已经注意到，在"致力于发展的国家"的方式中，包括了一个强势的中央政府。许多年以来，一直都存在分权，允许城市具有更大的自治性。由于东京的规模在一定时期能够挖掘自己的资源，所以，东京能够发展自己的政策。然而，中央政府始终保留着它在城市和区域政策上的重大影响。因此，这种状况与那种认为全球化会掏空国家的观点是不一致的。当然，我们能够在看到国家各个行政层面之间相互作用上的一定紧张关系和变化，这种状况强化了改革过程已经发生这样一种观点。韦利（2007）曾经提出过这样的看法，过去10年以来，当经济利益已经变得更具支配性时，东京大项目的开发已经显示出国家作用正在减少。韦利把日本的中央政府描绘为一个"啦啦队"，通过弱化规划体制和放松法规的方式监控城市发展。地方政府被排除在外，建设资金已经影响了城市发展。当然，韦利认为，这并不一定支持其他世界城市沿用的"趋同"概念，因为东京是日本人特有的城市。可是，索伦森等人以不同方式解释了这些事件。对他们而言，中央政府是领导，事实上，他们看到了中央政府对地方层面政府的传统重新出现。按照他们的观点，"现在，重新使用'致力于发展的国家'的国家规划法律和权利体制支持提高土地资产价值的战略，而过去，'致力于发展的国家'曾经使用过这种国家规划法律和权利体制来调动国家资源去刺激迅速的经济增长。"（2010，p.578）。在日本体制下，国家行政管理和经济利益之间始终具有紧密的联系，选择这两种解释的哪一个取决于在这个关系中哪一个更重要。资本的利益正在决定发展目标，资本的利益正在决定国家作为一个"啦啦队"来确认它的需要？或者国家还继续在制定给资本利益提供特定机会的法律框架上发挥领导作用？很难回答这个问题，但是，无论从那一角度出发，我们都可以说，国家依然发挥着重要作用，当然，不是直接参与，而是建立政策和发展框架。

有关区域政策的讨论日益扩大，我们能够在其中看到国家安排上的另外一种关系。我们已经看到，石原慎太郎已经就国家对区域政策的控制发起了挑战。冢本（Tsukamoto，2010）曾经提出，权力下放的压力，弱势的经济区域和东京这样的经济重镇之间的区域政策关系，产生了执政的自民党不能解决的层面冲突。自第二次世界大战以来，自民党一直都是执政党，但是，自民党在2009年的大选中失败。中央政府为东京制定区域政策，决定大型基础设施项目和投资政策，这个区域内的地方政府必须服从这个区域政策。自1979年以来，地方政府形成了一个"首都区域峰会"，当然，这个峰会仅限于讨论和游说中央政府而已。2006年，这个峰会向前跨了一步，建立了一个"首都区域论坛"，承认在东京经济可行性中所有地方政府的利益，这种共识导致了更大的合作。我们已经看到，东京都知事石原慎太郎如何在制定"都市圈总体规划"中发挥领导作用，看到他如何挑战中央政府的区域政策。2005年，中央政府通过了《国家土地可持续性法》，这项法律包括一部新的国家规划和一些地区的"大范围区域规划"，包括"大东京"。这些区域规划可以看作是对原先方式的一种转变，它们对新的挑战做出反应，这些新挑战包括人口减少和人口老龄化、国家预算约束、环境压力和日益增加的"跨越国界的区域竞争"。在《国家土地可持续性法》的框架中，中央政府和地方政府领导人2009年制定了新的"东京首都区域规划"。然而，这个规划导致了在所有方都要参与到首都区域规划中来的共识，但是，还是缺乏强势的战略方向。

所以，东京的确在采取某种区域方式上做了不懈的努力，人们已经看到采取区域方式对保证东京在全球背景下具有竞争性是必要的。在城市区域层面上建立一种战略的需要，要求研究和解决跨尺度政治学的问题或不同地域尺度之间的政治学问题。

第十四章

世界城市地位的区域竞争：新加坡、香港、上海和北京的大型项目以及国家主导的远景

在第十二章中，我们提出了影响亚太区域城市政策的一些关键进展。前一章，我们探讨了这些进展如何影响了东京，特别集中考察了让东京向世界城市发展的方式如何影响东京城市政策的制定。这一章，我们将考察亚太区域的其他领跑城市。寻求对亚太区域城市做分类的研究通常按照这些城市的世界城市地位，把东京排在首位，下一个层面的世界城市是香港和新加坡。再往下一个层面走，出现了许多候选城市，包括台北、上海、北京、首尔和吉隆坡。当然，认识到这个层面分类并非固定不变是很重要的。过去20年里，城市在这个区域里的相对重要性已经发生变化。正如我们在上一章所看到的那样，香港和新加坡已经对东京的世界城市支配性地位发起了挑战。

这一章将比较详细地讨论两个城市，新加坡和香港，它们都是与东京争夺世界城市支配性地位的主要对手。与日本相比较，新加坡有着一个国际联系的历史，使用英语作为官方语言。它的城市推广和城市规划方式一直都是很成功的，它的模式引起了其他世界城市的很大关注。作为亚太地区的世界城市，新加坡显而易见是一个候选城市。香港明显是另外一个候选城市，香港一直位居亚太地区世界城市首位。需要注意的是，在涉及相互连接这一指标上时，香港的排位比以公司总部数目计算的排位要高，例如，香港堪称世界上第三个最具有连接性的城市（泰勒，2004）。2008年（6月18日）《时代杂志》封面曾经强调了香港的领导地位，提出了"纽约－伦敦－香港"（Ny-lon-kong）概念，认为"纽约－伦敦－香港"是全球经济的推手。当然，考虑到我们前边提出的观点，没有任何一个位置是不可撼动的，我们需要研究香港1997年回归中国后正在延续的支配地位，中国的其他城市，尤其是上海和北京，

对香港构成强大挑战（道格拉斯，2001）。最近进行的世界城市状况调查提出，近年来最值得关注的变化之一就是上海和北京的迅速崛起，它们已经进入世界城市的前10位（泰勒，2010）。

中国城市从两个方向上受到中国重大背景变化的影响，这两个方向是开放与全球市场的联系和中国内部的政府体制改革。全球化、权力下放和市场化的合力已经引起了国家在国家层面和地方层面作用的变化，包括新的政府间关系和新形式的城市政治。这些变化是否已经让中国产生更多的世界城市呢？许多中国的沿海城市自19世纪中叶以来一直受到外国的影响。直到第二次世界大战，上海随着它的大规模英法租界而成为·个国际城市。20世纪90年代，基于中国的经济增长和与国际市场接轨的新政策，50个城市宣布它们的目标是在今后的10年至20年间成为"国际城市"（周，2002）。当然，由于香港过去的角色，珠三角区域已经率先开始竞争世界城市地位，就亚洲经济磁力中心而言，那里的经济地理位置适当（优素福和吴，2002）。

2001年，中国加入世界贸易组织，随后展开了有关香港特区是否能够维持其地位的讨论。对此现在也没有达成清晰的共识。有人认为，香港特区能够保持它亚洲世界城市的地位（杨等，2008，p.313），有人则认为，中国加入世界贸易组织后，香港特区将遭受痛苦，因为中国不再依靠香港特区获得外国直接投资（沈，2008）。史和哈玛尼特（Hamnett，2002）提出，如果上海和北京打算获得世界城市地位并挑战香港特区的话，需要满足4个条件：中国继续保持其经济增长率，采用国际通行方式，发展私人银行和跨国公司，中国货币成为国际可交换货币。最后一方面是香港特区继续保持其优势的一个主要原因。与其他一些人一致的看法是（如云翼，1996；顾和唐，2002；卡内曼，2009），史和哈玛尼特相信，三个城市应该看作相互促进，而不是那么大的竞争：香港特区是与国际经济的衔接点，上海是中国的金融中心，北京则是那些希望与中央政府保持紧密联系的地方。赵（2003）在有关跨国公司选址的调查中发现，香港特区是亚太区域总部的首选之地，而北京是中国总部的首选之地。上海是在华外国银行最集中的地方、最大的股票交易中心，已经被大力推广为中国的金融中心。当然，北京近年来也努力成为一个金融中心，中央银行（中国人民银行）和与金融规则相关的国家机构的总部也在北京。国内其他商业银行的总部、国家银行和企业的总部也在北京。

赖（2009）进一步探索了这些城市间的差异，寻求了解这些简单联系和体制背后的因素。赖的这项以访谈为基础的有趣研究旨在考察三个城市的社会、文化和政治背景如何影响落脚在那里的金融活动。赖的访谈揭示出，大部分外国银行采取了双重总部的战略：上海办公室处理大部分的商业交易，而北京的办公室则像个"外交使节"，与中国官员进行协商。处理跨国公司事务的金融机构希望在上海，因为许多跨国公司区域总部就在那里，而目标针对国有企业的投资银行则愿意落脚北京。香港特区具有发展完善的法律体制、全球市场专家和不太多的限制，所以，吸引了关注自身国际形象和寻求向海外扩张的国际导向的公司。赖的结论是，不同的历史背景和机构设置，这些城市间互为补充：北京是一个"政治中心，上海是一个商务中心，而香港则是离岸金融中心"（p.11）

但是，有些人（如周，2002）相信，上海影响的增加将以香港为代价，2009年，中央政府宣布，他们计划到2020年把上海发展成为一个国际金融中心。中央政府还通过2008年的奥运会之机大力推广了北京。在决定三个城市及其他们的巨大区域之间关系和协调上，国家的作用是至关重要的。虽然对这三个城市不久未来的地位有所疑问，但是，显而易见的是，上海和北京正在亚太地区提高其重要地位。它们已经以其他区域城市为代价不断地扩大全球联系（泰勒，2006）。这种状况强化了我们这样的看法，对东京构成挑战的最重要城市是新加坡、香港特区、上海和北京。

新加坡：城市－国家和典型的世界城市

作为一个城市国家，新加坡免除了国家和城市之间复杂的政府分层关系。国家对城市政策的影响程度并不是一个问题。这就使得新加坡这个城市国家不受限制地把重点集中到它对世界的作用上。19 世纪早期，英国把新加坡建设成为一个贸易港口，直到1965 年独立，贸易利益支配了这个城市的政府。1965 年，这个新的国家与它的腹地做了划分，当然，它在一些重要资源如水方面仍然依靠它的邻居。为了在如此有限的土地资源上维持经济增长，新加坡创造了一种特殊的发展方式，规划制度在其中发挥了关键作用。这个城市国家致力于寻求在这些非常特殊的条件下的生存战略，从那时起，特殊的国家反应一直维持至今（蔡，1996；林和国，1997；何，2009）。当时，这种反应的重要方面是，在决定这个地域经济发展方向上，国家发挥核心作用和对外开放战略。因为国家规模有限，所以，对外开放是必需的。在独立后的很短时间里，政治家们就形成了这样一个观点，新加坡应该是一个"世界城市"，我们可以说，在"世界城市"这个概念在社会科学文献中出现和流行之前，这个城市国家就"把自己定位为'全球的'城市"（瓦特，1999，p.748）。这个先见之明似乎很好地帮助了这个国家，在1980 年至 1995 年期间，新加坡的人均收入增长了 3 倍（冯·格伦斯温，2000）。按照世界银行 2009 年的排序，新加坡居于当年世界国家 GDP 排序的第 4 位。许多国家都采用了新加坡的城市发展和规划模式（何，2005，2006）。

后殖民时期以来，与监控经济的强势政府相伴的是持续不断的经济增长和国际资本的大规模卷入。在这个时期里，国家领导了国家经济的若干次结构调整。独立之初，新加坡有着很高的失业率，经济以转口贸易为基础。当时，国家决定通过吸引国际资本实施工业化战略，从那时起，国家就有意识地选择与外国资本结盟。的确是天赐良机，当时发达国家的跨国公司正在"新的国际劳动力分工"中寻找低成本的生产场地（瓦特，1999，p.784）。国家致力于为这些跨国公司提供他们所需要的环境，包括适当的基础设施，如工业厂房，强势控制的劳动关系。新的机构体制也建立了起来。"新加坡开发银行"负责吸收、推出和控制流入的外资。"裕廊集团"（JTC）负责新的厂区和工业厂房建设。当时最重要的政府机构之一是"经济发展理事会"（EDB），负责制定吸引可能投资者战略的政府机构。从独立之初开始，新加坡政府就主动地参与决定城市的经济作用和推广城市。这种方式延续至今，新加坡一直能够跟上经济发展的节奏，在面临经济困难时，新加坡能够重新改造自己以适应全球资本主义经济的变化（瓦特，1999，p.784）。

在20世纪80年代，劳动力规模的限度和受到约束的土地面积让政府认识到，在劳动密集型产业上，新加坡正在丧失掉自己的竞争性。于是，新加坡的第二次产业革命开始，试图把制造业引向具有较高附加价值的生产活动上来，工资高于淘汰出局的劳动密集型工业。当然，国际资本几乎对此没有什么反应（冯·格伦斯温，2000），随后出现过一个短时期的萧条。当时建立了一个"经济委员会"，给政府所选择的新方向提供咨询。这个委员会当时做出的结论是，新加坡应该成为一个"完整商务中心"，集中发展服务业。应该努力吸引跨国公司的办公室，发展旅游业、银行业和离岸基础上的活动。政府设立了一个特殊计划，"运行总部项目"，吸引外国公司在东南亚区域的办公室。1990年，新加坡副总理提出，"新加坡寻求成为这个区域和世界在日益增长相互依赖的全球经济中的一个枢纽城市"。那时，重新调整了"完整商务中心"的观念，扩大到把整个新加坡变成"国际商务枢纽"。政府相信，亚洲的金融中心仍在决定中，新加坡有机会去抓住这个角色。东京当时是最大的金融中心，但是，人们认为东京是保守的，而且是国内导向的，香港特区当时日益受到中国大陆的影响（瓦特，1999）。那时，新加坡政府对它的保守的和限制性的金融实践进行了改革，开放市场，以期吸引更多的外国参与者。国际商界的反应认为，这种改革适合于它们的区域扩展计划。

随后，政府看到了它的邻国城市，如雅加达和吉隆坡，也在努力向金融和办公中心方向发展。所以，新加坡政府认为它要抢先一步，把新加坡推广为"智力岛"，集中发展计算机和通信技术。2010年制定的经济战略远景是"新加坡：亚洲的世界城市"（经济战略委员会，2010）。这个战略强调，把新加坡建设成为"设计创新和创意企业的新的亚洲枢纽"、"亚洲的领跑文化首都"（p.68）。这个战略表明新加坡政府已经认识到，如果这个城市国家期待保持其竞争优势的话，它必须吸引和保持丰富的智慧和创意多样性。教育的创新和设计方面将会得到加强。值得注意的是，新加坡在文化部门已经落后于其他世界城市，所以，需要更多地关注艺术设施的开发，包括会展中心和文化区，并让创意企业偿付较低的租赁费用。2010年制定的经济战略把城市规划看作新加坡的一个特殊优势，它为出口咨询服务业提供了后续新加坡公司投资的机会。这样，自从独立以来，新加坡的经济功能非常有意识地按照国家计划实施变更，国家始终追求领先全球经济变化一步的态势。整个经济决策系统一直都是非常集中的（蔡，1996；西蒙等，2003）。

国家决定的经济战略紧密地与土地使用和开发建设规划相联系。"经济发展理事会"对战略性的土地使用规划具有关键性的影响，而政府的"城市再开发局"（URA）负责编制土地使用规划。私人部门也参与土地使用规划编制过程。"城市再开发局"邀请他们在一个委员会里提出自己的观点，而建立这个委员会的目的就是给政府机构提供咨询意见。这样，在编制土地使用规划时，"城市再开发局"要对多个顾问委员会、委员会和政府部门的意见作出反应，在这个过程中，"城市再开发局"的重要工作就是建立起城市发展的远景目标。"城市再开发局"负责把这些政策转换表达为土地使用和开发的具体方案。国家对土地和战略土地使用规划的强势控制承载了这种转换。海拉（Haila）把新加坡（以及中国香港）描绘为一个企业式的"房地产地区"，在这个国家里，房地产开发一直被用来作为国家的发展目标，给国家带来财富。我们可以这样讲，房地产开发存在两个不同的方面。一个是通过公共住宅政策的住宅供应，另一个是中心商务区的安排，以保证期待的世界城市角色所需要的基础设施。在新加坡，"场地出售"项目一直是国家和私人部门在城市开发上紧密合作的核心。这个项目自1967年以来一直都存在，包括政府按照1966年"土地购买法"

购买场地。然后，把这些政府购买的场地合并起来，再卖给私人开发商去开发。通过这个制度，国家利用多种机构能够拥有新加坡 80% 的土地（戴尔，1999）。使用政府的土地拥有权和"场地出售"项目，国家决定开发的类型、区位和规模、土地释放的时间和步骤。由于使用了这个方式，广泛的经济目标和城市形体发展之间一直都具有非常紧密的联系。除开对土地的控制外，国家一直利用与政府联系的公司，通过房地产企业，直接介入开发建设。

　　在新加坡，称之为"概念规划"的战略规划指导"场地出售"项目，这种"概念规划"涉及未来 40~50 年的土地和交通需求。1971 年的第一个"概念规划"包括了新的章宜国际机场、公路网络和"大容量快速交通"。当时，对中心城区的居民和旧建筑进行了清理，准备用于新加坡的新功能。在这个时期，新加坡就启动了向国际商务中心发展的土地供应，政府认识到，这个城市缺乏现代经济所需的银行设施。当时，计划把"金靴"这个新的银行和公司地区与历史的商业区合并起来（蔡，1989）。以后，这个地区成为主要国际公司和多种政府金融机构的所在地。"概念规划"每 10 年编制一次，1991 年的版本清晰明确地表达了吸引商界的取向。

　　1991 年版的"概念规划"涉及"下一轮"。在"下一轮"中，这个城市国家变成一个"具有完整商务能力的世界城市"，提供一个"世界级的生活质量"。这个规划寻求通过"城市改造"确保未来商务所需的设施得到规划，包括交通和通信设施、土地和环境质量。这个规划的新特征之一是使用了导致经济成功的更为广泛的概念，包括高质量的居住条件，优良的环境、娱乐设施和令人愉悦的城市生活（URA，1998）。1991 年版的"概念规划"试图再现其他城市的活力，如悉尼和旧金山。这样，就有了更多与海边相连的低密度住宅和娱乐设施的供应。当旅游业看重环境质量后，环境保护元素也进入了这种规划模式中。但是，人们发现了一个在满足全球商务活动的环境需要和满足当地居民感到具有某种场所意义与地方标志的需要之间存在的两难困境。为了解决这个困境，"城市再开发局"开始进行公共咨询，编制了一系列涉及关键地区的"标志规划"，把培养地方情感与同质的全球面孔结合起来。2001 年版的"概念规划"是最近的一个旧版概念规划，这个版本十分看重社区标志和培育高质量的生活，而 2011 年编制的新版概念规划进一步强化了这一点。环境政策最初是以"美化"新加坡为导向的，例如，在居民区之间和交通走廊沿线建设绿色分区。环境政策与吸引商务的基本目标相联系。从 20 世纪 80 年代开始，反对之声此起彼伏，如来自"自然协会"的呼声，这些反对者十分关切被过去 20 年迅速城市化所摧毁的自然和政府对生态问题的忽视。当然，2009 年，政府发布了"可持续发展蓝图"，这个文件以比较综合的方式看待环境可持续性（新加坡政府，2009）。"可持续发展蓝图"承认这个城市有限的地表水和能源资源，接受以较高密度建设新加坡的需要，当然，较高密度的建设不能以损坏环境可持续性为代价。"可持续发展蓝图"提出了国家、商界和居民要求的多种行动，包括长期的综合规划和增加效益。

给中心商务功能分配充分的土地始终都是把新加坡推广为区域中心的一个主要规划元素。现存的中心商务区坐落在海边，一直都存在通过大规模新的土地整理项目扩大这个地区的可能性。1976 年进行"滨海中心"建设是第一个这类土地整理项目，它扩大了 106 公顷土地。这个地区承担了新的总部功能。到 1998 年，共建设了 36 万平方米的办公空间（包，2001）。许多顶级公司，如花旗银行、高盛和纽约银行都在那里设立的办公室。这个地区包括了许多酒店，如新加坡第一座超豪华 6 星级酒店丽思－卡尔顿酒店，还有大型购物中心和国际表演艺术中心。由世界著名建筑师设计的这个高大且特别的建筑与这个新地区的城市推广相联系，成为当时新加坡提供世界级场所的中心。

这个新开发地区的一个部分用做"新达城"项目，"新加坡国际会展中心"的建设。包（2001）描述了这个项目的投资者，"新达城投资有限公司"以及主要股东，包括许多中国香港商界领袖，如何能够利用他们与顶级政客的关系成功赢得了这个场地的竞标。

这种联系开始于新加坡总理请求中国香港商界更多地在新加坡投资，并与中国香港顶级企业家建立起社会关系。在新达城开发中，参与公司能够获得多项政府优惠，从办公室出售中补偿相当比例的投资（包，2001）。同时，公共官员能够调动具有很高经济实力的商界人物参与新加坡的世界城市增长战略。这一点显示了商界和政界之间紧密的全国网络，这种网络常常有着民族脉系，以及围绕项目成长起来的联盟。全球经济力量通过地方社会关系介入，地方的国家政府在促成和操纵城市开发上具有重要作用。"滨海湾"是新加坡第二个最大的土地整理区，现在整理工作已经完成。这个地区的整理允许中心商务区进一步扩大，形成更多的商业空间，承载娱乐和文化活动，以及高密度高质量的居住开发（黄，2001）。开发这个新街区的目的是建设一个工作、生活和娱乐综合区，重点强调良好的整体生活质量。2027 年后，在丹戎巴葛建设一个新的滨海城的计划已经宣布了，这个新城的规模与"滨海湾"相同，是中心商务区扩展的下一个地区。

最近战略思考强调的是，旅游业和居民及商务访问者的高品质生活。这意味着给休闲活动以很大的关注。2005 年，新加坡总理宣布了建设两个赌场的计划，建设赌场的计划在新加坡还是首次提出，当然使用的词汇是"综合度假胜地"。在新加坡，赌博一直仅限于政府的博彩，所以，这一提议遭到了社会各界的广泛反对，尤其是来自宗教界和社会工作界的反对。总理没有顾及这些强烈的反对情绪，继续推进这一设想，并保证限制赌博业可能产生的社会影响，包括对当地人入场的限制。除开赌场，"综合度假胜地"还包括酒店、餐馆、购物和会议中心、剧场、博物馆和"环球研究主题公园"。这个项目诸项目标之一是，面对马来西亚、泰国和中国香港的竞争，推进新加坡的旅游业发展。当时，计划分别把两个赌场建在"滨海湾"和"圣淘沙岛"；该项目计划已经提供给竞标者，建设应该在 2011 年开始。

新加坡的重要特征是，国家寻求社会凝聚。这个特征显示，国家有可能影响社会不同群体的空间居住模式，从而阻止全球化可能带来的社会分化。新加坡大部分人居住在由国家建设、控制和管理的住宅中，当然，大部分是业主自己居住。国家对住宅建设、控制和管理结合允许国家决定住宅的性质和它们的分配，产生一种业主控股特征。国家一直利用对住宅分配的控制来保证每一个居住区的种族和社会混合。新加坡几乎没有任何居住贫困现象，一直都在避免出现社会分化和高档化。国家在住宅供应上居于主导地位，而这一地位部分源于20世纪60年代消除住宅短缺的一系列政策，以及清除那些有碍新加坡现代形象的破旧地区。当然，其他理由都与国家做出的控制程度相关。新加坡允许比较大的政治干预，使得人口分布跟随经济战略而变（冯格伦斯温，2000）。从1969年起，国家使用住宅分配作为手段，采用了各种族群在新加坡全境分散的政策。这种政策有助于限制有可能出现的不满情绪的聚集效应，改善族群间的相互理解，提供建立有吸引力商业环境所需要的社会稳定（冯格伦斯温，2000）。当然，到了20世纪80年代，当家庭在住宅市场内迁移控制不够时，族群重新聚集又开始明显出现。政府对此的反应是，增加管理，建立每个族群在每个街区或住宅群中的比例限制。鲍姆揭示，在新加坡，没有"萨森和其他人著作中所描绘的那种社会两极分化，但是，新加坡有着职业化和日益成长起来的中等和高收入阶层的聚集倾向"（1999，p.1114）。这种倾向可能与外国公司需要对住宅供应产生的影响有关。从整体上讲，私人建筑业规模在新加坡至今还是很小的，然而，这些年来，私人建筑业已经稳步增长，尤其是在低密度豪华住宅的建设上，私人建筑业增长显著。由于这个国家的土地非常有限，看看未来如何满足这种低密度豪华住宅的需求还是很有趣的。满足比较富裕的外国人的需要而出现第二个住宅部门的现象也反映到了教育体制中。新加坡一直以相对具有吸引力的比例给外籍学校分配土地地块，现在，新加坡有这个区域最大的美国学校和日本学校（何，2000）。

　　作为实际上是一党制的城市国家，新加坡具有特殊的能力以积极和协调的方式发挥这座城市的功能。这一点显然已经发生了。

政府的主要作用一直都在决定这个城市的经济战略，从制造业，到区域总部、金融服务、计算机及其技术，最后到创意产业和旅游业。这些战略始终都是在有意识地理解这个城市与世界的关系中形成的。全球通信和网络一直是一个中心特征，经济情报在这样的战略中都是必不可少的。通过多种咨询机制与商界保持相互作用一直支撑着国家政府发挥其支配性的影响。经济远景一旦确立，期待土地使用和开发战略把这个远景转换成为现实。产生必要的场地和建设必要的基础设施。

何（1998）曾经指出，为了在全球市场中保持竞争性，城市需要有能力尽可能迅速地作出它们的反应，执行它们的战略。新加坡一直都能够做到这一点，新加坡最近的规划都强调了在反应上的"灵活性"。当然，新加坡的发展始终依赖于社会共识和社会对政府政策的认可，实际上，新加坡政府的政策一直受到大众的支持，这一点是新加坡成功的重要因素。在这种决策方式中，地方民主并没有发挥主要作用，政治上的反对意见一直都是受到遏制的："'致力于发展的国家'新加坡表现为一种强势的和独断的国家"（洛，2001，p.433）。当然，当国家政治正在做出那些能够改变特定利益集团经济命运的决策时，维持公众的支持是必不可少的。新加坡政府给予了信息和教育足够的重视，形成了与市民结盟的态度。这个国家避免腐败的能力也支撑着政府的合法性。市民的支持是通过经济繁荣、高质量、补贴的和社会供应而实现的，如住宅和公共交通。做到这一点包括了对社会多方面的干预，如劳动关系、工资水平、住宅供应、私家车注册、征收交通拥堵费和土地所有。国家需要协调经济导向的项目开支和维持社会支持的社会开支。

国家面临的问题之一是，向开放信息时代迈进以及在经济领域更大的革新和创造性是否将会在社会经济方面产生一个效果。新加坡最近规划中的新的文化重点是建立在新加坡的"多元的文化多样性和全球联系"的基础上的（经济战略委员会，2010，p.68）。不过，蔡（1996）曾经指出，新加坡具有不同需要的不同阶层的收入分层一直都在增加，这就使得政府追求合理性的任务更为困难。新加坡一直强力推行亚洲价值观念，把"新加坡的标志"建立在一组共同价值的基础上。这一组共同的价值观念是：国家先于社区，社会先于个人；家庭是社会的基本单元；社区支持个人；求同存异；种族和宗教和谐相处（鲍姆，1999）。日益增加的流入移民、外国天才和资源有可能淡化新加坡政府承诺的对地方文化的保护，导致更高程度的全球化，当然，这些流入的移民、外国天才和资源都是维持新加坡世界地位所需要的，这一点同样反映在对外国劳动力比较自由的国家政策上。"吸引外国天才和产生对所在地的忠诚的双重需要将是新加坡未来所面临的挑战（何，1998，p.300）"。

香港：受到威胁的"门户"？

1997 年，香港回归中国。香港长期国际联系的历史使得它具有发挥世界城市功能的优势。现在，香港在沟通中国内地与新的全球经济联系上发挥着重要的"门户"功能（泰勒，2004）。正如前香港总督彭定康所说，"对于海外华人以及许多外国商人来讲，香港特区是与中国内地做生意放心和安全的地方。在香港签署的合同受到基本法体制和独立法庭的保护"（彭定康，1998，p.92）。除开香港的外部世界联系外，这个城市一直都在发展与周边珠三角地区的联系，珠三角地区已经发展成为一个具有多个功能中心的区域。有些人提出，这个区域将成为中国可以与伦敦和纽约相比的第一个世界城市区域（周，2002）或建立在网络联系基础上的新型巨大城市的样板（博尔哈和卡斯特利斯，1997；霍尔，1999）。自从中国接管香港以来，这些区域联系变得更为重要了。中国本身也一直在发展全球联系，特别是 2001 年中国加入世界贸易组织以来更是如此，中国已经变得不那么依赖于作为"门户"的香港。香港的命运将会更加依赖于中国自身的经济增长。

香港在资本的社会网络集中程度上也具有很大的优势。这些资本的社会网络都是长期形成的，以信用作为基础牢固地联系在一起，这些网络延伸到全球（梅耶，2000，2002）。香港功能的一个重要部分一直是与大陆、香港和台湾商界建立联系的"大中华"网络的基地。"大中华"或海外中国同胞网络对于香港具有特别重要的意义。"大中华网"包括三个层面的关系，亲属关系、地域的和民族的联系，"大中华网"是一种比较松散形式的关系，其基础是教育史、共同事务或社会联系（奥德斯，2001）。萨姆（Sum，1999）曾经把"大中华网"的运行描绘为"一个跨国界的空间"，能够看成全球化的一个明显的特征。这个网络横跨全球、国界和区域界限，能够避免国家和政治问题。即使中国台湾地区、香港特区和周边广东省这些区域之间的政治关系常常出现困难，而作为"大中华网"务实的行动，中国台湾地区、香港特区和周边广东省之间一直存在很大的经济活动流。"大中华网"是由大量中小规模的企业构成，与中国地方上的公共的、半公共的和私人的机构具有紧密的联系，它们使用相同的语言，具有家族关系。唐和刘（2001）发现地方上的房地产开发商比起从香港来的大开发商具有更大的优势，所以，他们以此证明地方联系和知识的重要性。

按照萨姆的统计，大约有 2.5 万个香港制造业企业迁移到周边的珠三角地区，以获得廉价劳动力和低廉的场地费用。20 世纪 90 年代末，香港公司名义下生产的产品中有 3/4 是在珠三角地区生产的（霍尔，1999）。"前店后厂"的模式一直用来描述这种体制，即香港公司的总部在香港，它们执行管理功能，如推销、设计和资金管理，而若干生产性工厂则在香港地区之外。这些企业直接雇佣了 300 万个珠三角地区的工人，这是留在香港的制造业劳动力的 3 倍。这样，香港成为广东省最大的投资者，大约占境外直接投资的 80%。这些公司大部分是出口导向型的，这种工厂的迁移推进了两个地区的转口贸易。20 世纪 90 年代工厂搬迁的第二次高潮包括了熟练工种类的白领工作，如电话中心。大部分重新选址的经济活动已经落脚在经济特区里，这个区域的比较小的居民点，产生了一种扩散的模式，在这种模式下，比较广泛的经济流比起具体的区域位置更重要（卡斯特利斯，1996）。

　　香港本身的规划和开发一直反映着它在全球经济地位上的变化。在 20 世纪 50 年代以后，香港集中在出口导向型制造业上，特别是服装、玩具和电子等出口产品。城市规划在郊区边缘开发了工业用地，在阿伯克龙比（Abercrombie）的香港规划之后，迅速增长的人口被分散到 6 个新城中，新界的乡村环绕着它们（布里斯托，1984；郭，1999）。20 世纪 70 年代，随着全球生产过程的发展和国际资本进入亚太区域，香港的经济方向转向服务、金融和管理。修订的规划把重点放在中心商务区、高层办公建筑、中心城区的土地使用功能调整和新的集装箱码头。到了 20 世纪 80 年代，全球化过程加速，中国重新对外开放。地方企业发展成为跨界公司，以上描述的"前店后厂"过程迅速发展。香港与大陆南北相连的空间趋向变得更为重要了。1989 年公布的新规划反映了这个新的阶段："都市规划"和"港口及机场发展战略"（PADS）。"都市规划"继续把重点放在城市更新和城市中心地区的改造上，而"都市规划"和"港口及机场发展战略"涉及新的国际机场和集装箱码头。这个规划当时确定的目标是，满足新的全球功能的需要，改善全球联系。当时提出了大规模的中心商务区的扩展以及大规模的土地使用功能调整，改善基础设施以解决城市核心区的交通拥堵问题，集中安排高质量的住宅，改善环境和服务。这些目标之一是，通过使用那些更新改造的地区，减少中心地区的拥堵和密度。

　　在香港的早期发展阶段上，政治稳定性是通过分散政策、依靠市民对经济发展的期待和非常巨大的公共住宅项目来管理的。大约在 20 世纪 90 年代，香港有近一半人口居住在公共住宅里。殖民地政府与大企业合作集中关注经济的增长。通过对土地的控制，殖民地政府不仅能够安排大规模公共住宅项目，还能从租赁权的出售中获得其财政收入的 1/3（海拉，2000）。从 20 世纪 80 年代起，鼓励私人部门提供和管理公共住宅，用奖励方式来诱导对城市更新项目的参与（郭，1999；吴等，2001）。经济发展的新阶段带来了中产阶级的扩大和新的社会和政治需求，经济增长并非就是一切。新的规划试图对此作出反应，第一次涉及整个地域。

殖民地政府原先乐于以市场导向的方式加上对土地释放的控制去发展，而这时，它转向城市规划，以此对私人开发商中精英的实力、全球因素的新需求和地方居民日益增长的需要做出政治反应（唐，2003）。城市规划以及它在调解冲突中的作用在寻求新形式政府合理性上发挥部分作用。2000年，香港特区政府第一次提供了改善住宅和城市建筑环境的资源，当然，这种方式遭到了批判，认为这种方式仅仅关注形体，没有适当地强调城市更新也是一个社区问题（吴等，2001）。

　　香港有着建立在公私合作基础上的城市经营的长期历史。最近这些年来，政府、非政府机构和私人部门已经就香港的经济未来和竞争性展开了对话（杰索普和萨姆，2000；萨姆，2002）。20世纪90年代中叶，政府委托编制了两份咨询报告，一份涉及服务业利益，另一份涉及工业利益。这些报告提出了各种可能的城市经营战略，以便把这个城市置于变化的全球和区域经济环境中。在香港回归中国时，发表了这两份报告。在新的政治和体制背景下，香港各界正努力找到新的远景和项目，保证香港的经济未来。这两份报告提出了可供选择的未来概念。第一份报告的名称是"香港的优势"，由哈佛大学经济学院完成，采用的是"波特"方式。一个称之为"远景2047基金"的组织给这份报告提供资助，结合了商业和金融的利益。这个报告注意到了香港制造业的衰退，来自上海、新加坡、台北和悉尼的城市间竞争。在这个报告提出的战略中，给香港的定位是，一个市场导向的"商务－服务－金融"中心，管理全球、区域和地方的生产和交换。香港还是一个物流中心，重点在信息流通上。第二个报告的名称是"香港制造"，由麻省理工学院编制。这个报告提出了一个更加基于区位的战略。制造业和工业公司给予这个项目资助，政府关键行政部门给予支持。这个报告对香港基于组织低成本制造的老制造业功能的前景并不看好。报告提出的适当反应是，香港制造业应当在政府的支持下，实施技术升级，以研究与开发为重点，成为"高端制造业中心"。

　　亚洲经济危机给香港带来了若干挑战。这些挑战包括香港作为中国出口代理的功能随着贸易衰退而受到侵蚀，新的中国港口的开发，过分依赖房地产部门，来自其他城市如新加坡和上海的竞争日益加大，旅游业下降，金融服务和相关服务业受到伤害（萨姆，2002）。在这个背景下，有关两个未来前景的争议浮出水面，两派都在通过进一步的报告继续推广他们自己的观点。这时，地方企业大佬李泽楷和他的公司"太平洋世纪"提出了一个大型"数码港"项目，"旨在推进香港信息服务业发展和提高香港作为亚洲信息和通讯枢纽地位的综合设施"（引自萨姆，2002，p.83）。当时，香港特区政府看到了这个项目能够把两种远景沟通起来的潜力，他们把"技术"这个概念看成协调两派观点的一种方式。这个项目当时就被吸纳到了新的城市发展战略中。香港特区政府拥有土地，控制这个项目，但是，批评者认为，政府没有采用竞标方式，就把技术园区和居住用地交给了李泽楷（梅耶，2002）。这个方案的技术方面随着时间的推移而变得不那么重要了，相反，这个方案在人们眼中倒是房地产开发上的成功和豪华住宅。

　　大约在1999年前后，把香港建设成为"世界级城市"的观点出现了。香港特首提出，"香港不仅仅应该是中国的一个大城市，也能够成为亚洲最大的都市，能够与北美的纽约和欧洲的伦敦并驾齐驱"（引自萨姆，2002，p.88）。但是，这个城市的角色后来重新定位为"亚洲的世界城市，中国的大城市"。"香港战略发展委员会"编制了这个新的战略。"香港战略发展委员会"是由政府、商界、学术界和其他部门的领导人组成的高端顾问团队。这样，香港特区政府即着手建立新的城市利益攸关者的联盟，包括房地产、商业和技术界在内。香港作为国际金融中心的地位是建立在持续土地使用功能整理的基础上的。香港特区政府宣布了新的城市更新项目，"中央海港"，目标是提供承担"亚洲世界城市"的能力。然而，以这种方式建设世界城市使人们产生了对城市中心的高密度开发和市民的生活质量的忧虑。从大量公开争论中已经看出了政府执行方式和民间社会的日益增加的呼声（吴，2006）。一个民间组织因为反对这项城市更新而把政府告上了法庭，并成功地阻止了最初的方案（吴，2008）。这说明香港正面临着如何把从上至下的管理体制与公共参与结合起来的挑战。日益增加的参与把人们对香港角色的不同设想摆在桌面上来了。那时，香港正经受着维持其经济地位的沉重压力，有些人把中心海湾这类项目看成与其他城市竞争所必需建设的项目，如上海（何，2005，2006）。另一方面，民间社会的参与带来了更为广泛的目标，包括环境目标和社会目标。

香港商界当时也开始关注香港的历史文化遗产，单一追逐经济增长和房地产导向的开发已经导致了交通拥堵和污染。年轻人和中产阶级当时正在担心日益增长的收入不平等和两极分化。自20世纪90年代以来，随着世界城市的定向和职业结构的变化，如制造业向周边区域转移，香港一直都经历着就业上的分化和日益扩大的不平等（邱和吕，2004）。2007年，政府编制了"香港2030：规划远景和战略"，努力明确新的条件，再次强调了香港经济竞争性的重要，同时强调了改善生活质量和强化与大陆联系的可持续性问题。

这些社会压力已经产生了香港政府所要面对的各种关系。当然，香港商界领导的变化也让在政策制定上达成共识更为困难。正如邱和吕（2009）提出的那样，殖民体制是建立在"政府和商界之间的默契"基础上的（p.104），但是，1997年香港回归中国后，中国商界的兴起和英国公司的衰落，新的经济利益联盟已经出现，但是，新的国家－商界关系步履维艰。在较慢经济增长的背景条件下，商界团体间的冲突正在增加，从而导致很难在政府和商界之间建立起一个稳定的联盟。地方中国商界团体变得更为强大，它们常常接管或兼并英国公司：李嘉诚集团，李兆基集团，郭氏家族集团，彼得 K.C. 福集团。这些集团都有多种利益，这些利益盘根错节地交织在其中。"数码港"项目可以说明这种状况，当政府青睐一个家族集团就会引起其他商界集团的一阵哗然。这种缺乏凝聚力的增长联盟意味着政府难以做出决定性的经济政策。

在邱和吕（2009）看来，缺乏领导能力和缺少推进革新方式的能力让香港在面对经济改革挑战和与其他亚洲世界城市竞争时处于一种弱势地位。这种情形与新加坡的情形形成鲜明对比。

最近这些年来，对香港最重要的问题也许是它与珠江三角洲地区的关系。正如我们已经看到的那样，在香港作为国际城市的优势正在衰退时，香港一直都在强化与中国大陆的联系。这个区域是按照"一国两制"的方式管理的，包括香港特别行政区和澳门特别行政区，周边则由广东省环绕，包括广州和深圳两个主要城市。广东省一直处于高速经济增长期中，有些人担心香港可能会边缘化。中国的中央政府一直都在推动香港和珠江三角洲地区之间在一定程度上的经济一体化，这样，有些人认为，香港应该看成中国的世界城市（邱和吕，2009）。中国大陆到香港的游客数目大幅增加。从 20 世纪 80 年代以来，权力平衡也在变化中，那时，香港凭借其优越的地理位置而成为中国的"世界窗口"。当珠江三角洲地区逐步发展它的服务业经济时，人们不再把香港和珠江三角洲地区的经济关系描述为"前店后厂"的模式，香港人现在认为在大陆的机会是服务业和专业性部门上。经济关系的变化导致对这个区域的重新认识。

从 1989 年起，广东省政府已经制定了一系列有关珠江三角洲地区的规划（有关细节，请参考徐，2008），但是，效果甚微。这些规划逐步变得重要起来，2004 年的"珠江三角洲地区城市簇团协调发展规划（2004–2020 年）"向前迈进了一步。这个规划的标题是"走向全球都市大区域"。有人曾经把这个规划看成是"中国区域规划原理的重大变化"（徐，2008，p.176）。这个蓝图性质的概念已经向更具有控制性和政策性的方向发展。这个规划虽然有一个有关实施的部分，但是，这个规划不能克服城市间竞争关系，许多城市并不按照这个规划去进行合作。中央政府的部门间也有竞争存在。还有人提出，这个规划给予了广州这个行政首府特权，而地方当局感觉到他们的权力受到省政府的威胁。所以，人们当时认为，需要进一步建立起一种机制，克服区域的行政分割，改善与香港和澳门两个特别行政区的联系。

2005年，广东省和香港政府联合资助了一个称之为"城市协调发展研究"的项目，广东省和香港的规划师们进行了大量的对话。香港政府、澳门政府和广东省政府的规划部门在2009年编制完成了一个报告，"建设协调和可持续发展的世界级城市区域"。这个报告提出，通过空间协调战略，改善区域规划，建立比较好的交通衔接和实施环境保护。空间协调战略旨在在这个区域不同部分间产生协调效应，香港集中建设"亚洲的国际大都市"，澳门成为"世界最具吸引力的旅游和娱乐中心"，这个区域的其他地区发展成为"高端制造业和现代服务业的世界级的基地"。在中国，大家都认为，全球经济竞争现在是发生在城市区域之间的竞争。

2008年，中央政府加入了这个区域的讨论，有力地推进这个已经在进行中的空间协调战略。国家发展与改革委员会公布了"珠江三角洲地区改革与发展规划纲要（2008-2020）"。这个纲要寻求在面对世界经济危机所产生的困难中，改善整个区域的竞争优势。在20世纪80年代，广东区域处在开放政策的前沿，现在，这个新的区域协调发展方式将采用许多立法措施，进一步开放这个区域。同时，这个纲要包括一个规划方面，给那里的大城市建立战略目标，改善基础设施衔接、商务联系、产业合作和环境管理。这个巨大区域战略被认为是一个"双赢"战略。香港日益增加它与内地的联系，它将通过改善与腹地的交通而得到发展和市场扩大。随着消除限制，香港能够吸引更多的企业和人在香港投资和消费。改善交通协调能够有助于两个目标的实现。海外投资者很容易利用香港接近内地市场，从而推进香港的世界城市地位。广东省，包括广州和深圳，正在感觉到来自上海和北京区域的竞争压力，它们在吸引国际资金上相当成功。当然，广东的反应受到它所在区域复杂政府体制的阻碍，这个区域有两个特别行政区（香港和澳门）、两个经济特区（深圳和珠海）、省会城市广州以及许多其他城市。新的"珠江三角洲地区改革与发展规划纲要（2008-2020）"将提供一个机会去克服这个问题。在"一国两制"的安排下，香港和澳门原先是不在国家规划范围内的。但是，"珠江三角洲地区改革与发展规划纲要（2008-2020）"改变了这种情形，把香港和澳门都纳入了共同的规划模式中。我们还能从"珠江三角洲地区改革与发展规划纲要（2008-2020）"中看到，中央政府正在更多地参与到城市发展中来，重新掌握一些它在权力下放中丧失掉的权力。

按照"珠江三角洲地区改革与发展规划纲要（2008-2020）"，广东将更大范围地发展服务业，这将对香港构成威胁，广州能够抢占一些香港的"门户功能"。正如我们在香港 2005 年规划研究中所看到的那样，改善协调关系是在这个特大区域发展中受到支持的。香港已经背离了自由市场的城市发展方式，转为政府更多介入市场的方式发展城市。2009 年的一项政策提出，"与珠江三角洲地区的经济一体化是香港的方向，香港在'软实力'上具有独特的竞争性，包括法制、自由信息流和良好的国际网络"（香港政府，2009，p.126）。香港把注意力放在大陆薄弱的经济部门上。香港已经认定了这样 6 个"新产业"：教育、医疗服务、测试和颁证、环境产业、研究与开发、文化和创意产业。这些是否意味着香港变得不那么是个世界城市，而更是一个特殊的中国城市，尤其是在它的国际功能日益扩散到珠江三角洲地区、上海和北京后？

上海：国家领导的世界城市

自 1990 年以后，上海经历了一个大发展时期，努力成为一个世界城市。1999 年的《时代周刊》曾经给上海打上了"纽约的竞争对手"的标签，这篇文章的题目是《21 世纪的世界中心》（艾耶，1999，p.131）。上海的历史性建筑都不高于 10 层，然而，在这个千年结束时，上海的天际线已经奇迹般地由新开发的 50 层以上的建筑为主导，上海常常用"空间时代"的建筑细部去装饰它们。这次发展是由国家精心策划的，所以，能够看成国家领导的建设世界城市的一个基本案例。人们已经把上海建设成为一个世界城市描述为"一个以战略为基础的国家项目"（吴，2009，p.129）。国家一直都在寻求通过把上海向世界市场开放而实现国家的目标，这样，需要探索的一个论题是这个国家－市场相互作用的属性。与香港一直是在自由市场的历史基础上建设自己不同，上海必须在方向上发生一场激进的改变，一直都在以高速和决定性的方式去实现这一点。

当然，上海也具有一个作为国际城市的历史，经历了一个从19世纪末到1927年的繁荣时期（符，2002）。上海曾经是东方的金融和文化之都，到第二次世界大战时期，上海在世界上排名第七（优素福和吴，2002）。但是，战后，上海切断了外部对它的影响。在1978年新的对外开放政策执行之前，上海是中国的工业重镇。在那个时期，在建筑环境上几乎没有多少投资，城市缺乏交通设施，住房短缺，环境污染。随着改革开放政策的实施，上海一直都在迅速地追赶上来，特别是相对于香港和珠江三角洲区域地区的发展而言，上海一直都在竞争中国顶级大都市的地位。2000年，上海的居住人口已经接近1700万，上海是中国最大的城市，有着最高的增长速度（优素福和吴，2002）。当然，上海过去作为中国主要工业基地的角色意味着它当时是中国其他部分的"钱袋子"（韩，2000），直到20世纪90年代，中央政府一直都没有去改变这种状态。

20世纪80年代期间，上海市政府推行新的经济发展方式。改革前，上海向中央政府上交其政府收入的80%以上，但是，从1988年起，中央政府做出了新的安排，允许上海市留下比较多的地方收入（韩，2000）。不过，对这个城市的发展影响最大的依然还是来自中央政府的政策。1984年，上海成为中央政府指定的14个沿海开放城市之一。在这个城市的边缘地区建立起了特殊的开发区，包括"虹桥经济技术开发区"（ETDZ）、"闵行经济技术开发区"和"漕河泾高科技园区"。每一个经济开发区都有它的专项。地处上海西部边缘的"虹桥经济技术开发区"紧靠虹桥机场，建立于1982年。这个经济技术开发区当时集中了咨询服务、国际贸易中心、酒店、公寓、商业和娱乐设施。"闵行经济技术开发区"在上海的西南部，距离市中心 30 公里，交通便利，那里曾经是上海的第一个工业卫星城，建于 1957 年。1986 年，在这个卫星城里建设了经济技术开发区，到 1994 年，大约有 100 家企业入驻，包括大型跨国公司，如百事可乐、可口可乐、施乐公司和强生公司等。"漕河泾高科技园区"地处上海西南部，建于 1988 年，集中了微电子、计算机、通信、生物工程、航空工程和精密设备等高技术工业企业。

1990 年，这个城市开始了它的增长时期。正是在 1990 年，中国领导人邓小平宣布了开发浦东的决定，浦东地区成为中国最大的经济开发区。"浦东经济开发区的建设标志着中央政府继续坚持改革开放政策"（2000，p.2096）。两年以后，中央政府宣布了这样的政策，通过把上海建设成国际经济、金融和贸易中心，上海应该成为长江中下游地区的"龙头"，这个区域的人口约有 2 亿。中央政府制定了用于浦东经济开发区的一系列特殊政策措施，包括税收减免、允许外国公司在许多项目上投资，保留财政收入以用于这个地区的进一步的发展，而不再上交中央政府（韩，2000）。

过去建设的经济技术开发区都集中在城市西部及虹桥机场附近，所以，浦东经济开发区的建设是上海发展的一个新方向，具有重要意义。浦东提供了实施迅速增长战略所需要的空间。浦东所需要的主要基础设施建设非常依赖于融资，以便使浦东成为除浦西旧城中心和上海西部地区之外的另外一个选择。这笔资金来自中央政府、市政府、亚洲开发银行和世界银行，上海居民购买的、土地出租和土地使用权转让所获得的贷款和发行的债券，在上海股票交易所上市的开发公司和外国投资，等等（叶，1996；奥茨，2001）。上海前市长吴（2009）描述了上海如何通过三个阶段的积累资金而实现高速发展的。每一个阶段相对重要的资金来源有所不同。20 世纪 80 年代中期至 90 年代早期，许多大型基础设施项目的补充资金来自银行的贷款，如亚洲开发银行和世界银行。20 世纪 90 年代中期至 90 年代末期，土地租赁成为主要资金来源，但是，亚洲金融危机在 1997 年发生后，土地租赁收入大幅减少。在最近的这个第三阶段上，通过在国内股票市场上市和使用者收费而建立起来的基金成为重要建设资金来源。自从浦东经济开发区建立以来，外国直接投资的重要性一直都在增加（参见吴，2009）。

　　浦东经济开发区是重新把上海建设成为国际市场的一个重心。除了自由贸易区外，上海还有出口加工区、高技术开发区、新行政管理中心、由日本投资建设的亚洲最大的百货公司和许多新的居住社区。许多名声显赫的国际公司都在上海设立了工厂，如西门子、IBM、索尼、通用汽车公司和飞利浦。与上海成为世界城市的愿望相关，也许最重要的是，浦东包括了陆家嘴这个新的商务中心区，这里吸引了大量的金融机构，包括了 40 家外国银行，上海股票交易市场（中国的两大股票市场之一）。88 层高的"金茂大厦"中的 50 个楼层都是安装了光纤通信设施的办公空间，而顶部 30 层为凯悦酒店所用。这个建筑成为这个浦东新区的建筑标志。

　　陆家嘴地区的大部分新建筑均为外国公司设计（符，2002），而投资则来自香港、台湾和其他外国资源。典型的例子是瞄准世界最高建筑的一幢新建筑。这幢建筑的投资方为日本最大的房地产开发公司，"森林建设有限责任公司"，其公司老板森稔为 1992 年"财富"富人榜世界最富的人。在日本房地产 90 年代早期崩盘以来，森稔一直寻求新的海外开发机会。符（2002）描述了上海市政府如何通过资金上的优惠方式对如此重要投资者的利益作出反应，包括成功地说服了中央政府，迅速清理现存居民所占用的土地。

　　作为新的中心商务区，陆家嘴的开发减少了黄浦江彼岸老城市中心的压力，当然，老城市中心已经开发了大量的办公室、酒店和购物中心。上海的政策是重新安排围绕旧城中心地区的老工业活动和不适宜的住宅，允许在那里开发具有更高价值的活动，改善环境质量。外滩是上海的老金融中心，战前那里聚集了大量国际金融机构，称之为中国的"华尔街"。上海市一直都在推行一个政策，搬迁战后时期占用这些建筑的国家机构，重新恢复这个地区金融和酒店业功能。这一政策再次体现了国家在土地和建筑使用改造上所发挥的积极作用。

1991年，上海市政府完成了浦东的第一部总体规划，安排基础设施，并把这个地区划分成为若干子功能区，陆家嘴为中心商务区。这个总体规划把摩天大楼看成一种必要的符号标志，纽约的曼哈顿、香港中心、东京的新宿和巴黎的拉德芳斯都是陆家嘴地区建设所效仿的模式（奥茨，2001）。上海的规划师努力在世界上征集开发这个地区的规划观念。世界10个顶级外国建筑师均受到了咨询，其中4人被邀请提出规划方案（参见奥茨，2001）。当然，编制期很短，所以无法与地方居民沟通。奥茨曾经提到过这些规划设计方案之一，理查德·罗杰斯的方案，正是这个"纸上建筑"代表了"精英们的乌托邦思考"，显示了建筑文化国际化的不利影响。这个方案"忽略了复杂的国家和地方经济和政治背景"（奥茨，2001，p.229）。但是，对于上海的规划师来讲，这种国际参与是有目的的。虽然，他们最终采用了他们自己的现实的方式，却利用国际参与获得了媒体的注意，提高了可能投资者的信心。这种国际参与有助于让这个地区的规划观念更符合国际标准，在规划师们的宣传中，他们让人们注意到这个中心商务区是"由世界著名专家设计的"。

自改革开放以来，编制城市战略规划（如上海市城市总体规划，1999-2020）反映了市场和提高上海国际竞争力目标之间的新关系。这些规划把基础设施项目置于首选项目中，尤其是支撑世界城市角色的那些基础设施（韩，2000）。黄浦江上已经建起了三座桥梁和两个江底隧道，从而沟通了浦西和浦东地区。1999年，新的上海浦东国际机场启用，2005年和2008年分别启用了第二和第三跑道，现在，上海与世界大多数主要城市都建立了直达航线。新的航站楼和跑道还在规划中。1995年，上海地铁1号线投入运营，现在共有12条地铁线路投入运营，据称，上海地铁的轨道长度世界第一。城市环境改善集中在公园扩建和垃圾处理方面（优素福和吴，2002）。上海现在正在努力从世界卫生组织世界最污染城市名单上除名。

在利用大型事件推进城市发展和提高城市形象方面，上海一直紧随北京。2002 年，上海赢得了举办 6 个月"2010 世博会"的权利。与奥林匹克运动会一样，"2010 世博会"是改善国际交流以及向中国公民展示中国对世界影响的一种方式。"2010 世博会"吸引了 7000 万参观者，大部分参观者为中国民众。参与"2010 世博会"的国家数目也是破纪录的，花费了一定资金建设了中国馆，彰显中国的世界地位。"2010 世博会"的主题是"更好的城市 – 更好的生活"。对于上海来讲，"2010 世博会"是又一次展示这个城市国际城市地位的机会，同时有可能吸收更多的资源来转变这座城市。为了举办"2010 世博会"，上海在改善整个城市上的开支要大于北京为举办奥林匹克运动所在城市改善上的开支。在 2008 年到 2010 年，上海地铁启用了 6 条地铁线路。为了腾出世博会场地，1.8 万户居民和 270 家工厂搬迁，包括拥有万名职工的造船厂。2002 年启动了与世博会相衔接的大型沿江开发项目，旧的仓库和码头被改造成为居住、休闲和商务综合体以及公园（吴，2009）。

住宅改造一直是上海的另外一个优先项目，过去 10 年里，拆除了 260 万平方米的旧住宅，对内城地区 66 万户实施了搬迁（吴，2009）。1986 年，60% 的上海住宅没有自己的厕所。2001 年的上海市总体规划规划了 1 个新城、9 个新城镇和 60 个新的小城镇，整个城市人口大约在 850 万。这些新城镇将吸纳从高密度内城地区搬迁出来的一些人口，当然，搬迁后的人们可能会花费更长的上下班时间。若干新城镇以欧洲国家作为主题，如英国的和德国的，许多富裕的居民在这些居民点里购买了第二住宅（陈，2009）。为了帮助这些住宅改善项目获得资金，1993 年起，上海市实施了若干法规，允许外国投资者开发新的国内居民住宅项目。为了保证开发商的投资回报，地方政府允许这些地区实施混合开发，这样就改变了城市结构。于是，"投资者就把资金投入到新的豪华公寓和别墅型居住项目上"（亚塔斯克，2001，p.28），同时，建设了 70 个购物中心。外资还投入到地铁、酒店和旅游设施。外资原先主要投入工业项目，现在，外资投入到消费环节意味着这些外国投资者更多地参与到了土地和房产市场的交易中来。

当时，越来越多的房地产交易让地方政府期望使用土地和房产吸引外国投资。20世纪90年代，这种方式导致了房产供应过剩和很高的空置率。据说1997年全市房产空置率高达40%，而浦东地区的房产空置率高达70%（海拉，1999b）。然而，不同于西方国家，这些数字并没有导致新项目开工率下降。海拉（Haila，1999b）对此作了这样的解释：那些看到了市场扩大前景的热情的海外投资者，投资动机并不一定基于经济计算，如海外华人，市和区政府从土地租赁和出售建筑权而得到的财政收入，具有"软预算限制"的国有企业的参与以及认为他们一旦失误，自然由国家来救助。吴（1999）也指出，不同城区之间也在投资上存在竞争，如浦东、上海西部的开发区和中心城区，而它们并没有整体的战略优先选项。这种房产过剩表明，决策不是基于市场的逻辑，也没有整体上的战略安排。众多参与者和国家实体之间的竞争导致了决策上各行其是，政出多头，条块分割。这种状况使得对房产供应的战略控制异常困难。

最近这些年来，上海市的社会两极分化和高档化已经日益加大。"到1996年，上海市居民中，10%顶级收入和10%最低收入之间的收入差距翻了两倍（亚塔斯克，2001，p.94）"。这里还不包括流入这个城市的打工者和外国人。新的基础设施和开发项目通常都会包括大规模生活在低劣居住条件下的居民的搬迁。按照吴（2000）的看法，"有证据显示，中低收入的家庭正在搬迁到城市的边缘地区和交通不太便利的地区"（p.1364）。这些搬迁的居民会居住在卫星城市和郊区城镇里的新公寓大楼里，生活设施比原先要好很多。当然，因为城市服务和就业机会都不能与他们原先居住地的情况同日而语，所以，搬迁阻力总是存在的。大约有来自全国各省的300万劳动力涌进这座城市，参加这个世界上前所未有的最大的建设高潮（亚塔斯克，2001，p.26）。这些外省来的劳动力没有上海户籍，他们一般居住在城市边缘地区，那里的房租便宜，而且有可能在郊区的工业开发区里找到工作（吴，2005）。

随着那里原先居住在城市相对比较贫穷社区的人们搬迁到郊区，外来务工人员集中生活在城市边缘地区和中心城区混合开发的高成本住宅中，空间上的两极分化正在出现。高质量商品房的增加与新经济部门高收入就业者人数的上升相一致。这些高质量的商品房常常采取了大院式的管理方式，成为大院式社区。海外公司和合资企业购买了许多这类高质量的公寓，它们倾向于地处城市的一定位置上，如城市中心以西或浦东。所以，社会两极分化日益显现出来，一边是全球导向的训练有素的劳动力，另一边是来自乡村的进城务工人员。当然，正如李和吴（2006）所指出的那样，我们不能简单地认为这种两极分化是经济全球化对西方城市影响的一个翻版。实际上，上海还有其他一些因素在影响着社会两极分化过程，如国有企业的改革和历史遗留的问题。

商业性的高档化同时出现了，在旧城中心以南的太平桥地区，拆除了52万平方米建筑面积的破旧危房，这一旧城改造项目很好地说明了发生在上海的商业性高档化（杨和常，2007）。这一项目的开发商是香港最大建筑公司之一的瑞安集团。当时，瑞安集团希望进入上海房地产市场，他们认为上海的机会要大于香港，因为那里有若干公司控制了开发。现在，瑞安集团在上海设有一个办公室。那时，瑞安集团与卢湾区政府合作编制这个地区的新规划，包括从中心区向外的商业扩张，规划中把那里表述为供公司办公使用的"公司总部"分区，大面积高质量高密度住宅，一个湖面和公园。2006年完工的第一阶段旧城改造工程包括了9.3万平方米的商业和办公建筑面积，18.6万平方米的居住建筑面积。但是，这个规划方案的第一个部分是首先建设新天地的两个地块。最初的开发旨在有意识地提高这个地区的档次，产生一个能够进一步提高项目剩余地区开发价值的良好声誉。第一个改造地块包括了20世纪20年代建设起来的具有历史意义的建筑，小心翼翼地进行了精心更新改造。20世纪20年代，外国公司在当时的外国租界内建设了这些"石库门"式的住宅，供中国居民使用。开发商在这次旧城改造中，把这些建筑看作东西合璧的符号。正如浦东规划

一样，许多外国企业参与了这个规划项目，包括波士顿的"伍德 –
萨帕塔"建筑公司和新加坡的"日建设计国际"负责对历史地区
保护提供咨询，芝加哥的"斯基德莫尔 – 奥因斯和美林（SOM）"
负责整个太平桥地区的总体规划。

当时，对改造完成后的新天地潜在的新使用者进行了仔细的
挑选，为这个地区建立起一种形象，餐馆、户外咖啡，"东星娱乐
综合大楼"（相当于亚洲的好莱坞星球），"沙宣学院"和"星巴克"。
开发商在其宣传册上如是说，"如果你对一杯拿铁咖啡、一个抹着
奶酪的烤面包圈和约翰·格里沙姆新（John Grisham）出版的小说
有兴趣的话，你不能错过新天地。由西式餐厅、酒吧、面包店、
咖啡厅、酒吧和书店环绕着的开放广场是这座城市的时尚的理想
门户"（瑞安集团）。紧靠这个综合体的是一个聚集了精品店和画
廊的地区。具有特殊意义的是，这个地块包括了中国共产党第一
次代表大会的会址，现在是一个历史博物馆。第二个地块主要是
一个六个楼层的现代建筑，包括购物中心、大型食品大厅和娱乐
中心及一个 IMAX 电影院。正如这个地方规划所说，"供青年一代
使用的综合体"。这个项目彰显了上海旧城改造的许多特征：大型
外来开发商与地方区政府紧密合作编制新的规划，把破旧住宅区
改造成为中心商务区和较高价值的住宅，利用项目的第一阶段引
入西方风格的商业活动，立足历史遗产建筑风貌，以此推进整个
地区的旧城改造。

在经济改革前，中央政府控制了大部分城市改造项目的规划
和实施。上海的改革如何揭示出现在国家和市场间的相互作用呢？
不同层面的代表国家的政府部门都在发挥着什么样的作用呢？首
先，尽管已经进行了行政体制改革，但是，中央政府当时在推进
上海面向市场上还是发挥了主要作用。在 20 世纪 70 年代末国家
公共财政困难的背景下，在有关上海能够发挥的作用问题上，中
央政府做出了基本决策。在中央决定采取更为开放的政策之前，
地方政府基本上做不了什么事情（项，1996）。正是中央政府做出
了所有的关键政策，如免税区、浦东开发区、股票市场的选址、

放松政策和提供资金。中央政府当时保留了对大型项目的批准权，在与地方政府发生冲突时具有否决权。所以，中央政府那时控制和指导着整个改革进程。当然，为了实施这些政策，中央政府必须同时推行权力下放的政策，允许市政府具有更大的自主权，挖掘地方资源潜力和控制城市土地的管理。

这样，一旦市政府获得了新增的财政来源，市政府就有可能成为比较具有影响力的一方，反过来能够进一步敦促中央政府的改革力度。当时，市政府在新开发项目的战略规划方面也发挥着重要作用。当然，那时的市政府依然受到中央政府很大约束（杨，1996）。例如，中央政府任命上海市的主要地方官员，在行政体制上，依然沿用集中的行政管理体制（张，2002a）。

市政府单独难以驾驭大量的土地交易和复杂的开发项目，许多房产管理权和规划权都被下放到了区一级（吴，2000）。所以，城市的区一级政府在发展决策上也是十分重要的。它们常常建立区一级的房地产或商业公司，与私人部门合作（张，2002a）。地方政府积极地推进经济发展，对那些与之互动的利益群体提供服务。尤其是在确定发展目标时，地方政府需要听取外国投资者和强势国内经济利益攸关者的观点。那时，原先由政府控制的国有企业已经拥有了自主权去购买它们拥有的土地资产的租赁权和进入市场运作。当时，地方社区群体的影响微乎其微；当然，基层社区现在正在逐步形成新形式的参与制度（张，2002b）。张（2002b）还揭示了市政府如何努力收回一些已经下放了的重要权利，如区一级的开发决策权。要求在市政府批准项目之前听取专家的评审意见。上海的案例揭示出，在那个迅速变化和走向市场的时期，国家各个行政管理层面、民间社会和经济利益攸关者之间都存在着相互作用。这样，国家－市场关系的变化包括了纷繁杂多的关系，它们出现在不同层面的国家行政管理机构上，包括了不同类型的经济活动者，反映着不同的需要。

张（2002a）试图使用城市体制理论去分析这些变化。在他看来，公共部门依然控制着关键资源，如土地，同时，公共部门仍然在增长联盟中担当领导角色。当然，与私人部门之间的合作和关系还在发展中，有关建立这种增长联盟的体制理论是有意义的，不过，在目前阶段，私人部门仍然居于从属地位。张还利用上海三个区的发展说明了各区之间发展条件存在着很大差异（张，2005，2009）。增长联盟并非总有机会，那些没有从"上海奇迹"中获益的城区可能还处于劣势之中。符（2002）从以项目为基础形成的增长联盟出发，认识到了这样一种正在出现的运行模式。市政府都在为吸引投资而竞争，它们都希望建立起一个最好的商务环境和设施。这样做了，就可以带来收入。外边的投资者看好中国巨大的市场潜力，上海当然是他们首选的地方。所以，两者在推进上海的经济增长上具有共同利益。然而，这种开发类型的联盟具有其特征。首先，这种联盟没有包括民间社会，所以，也没有政党、工会和商会。第二，这类联盟只是在项目层面上，而不是城市层面上。第三，这类联盟只是一种意会，具有非正式的属性。国际投资者没有发展起任何一种与国家以联盟方式合作的正式联系或关系。"国际资本虽然很有影响力，但是，它并不以体制化的方式进入中国城市政治"（符，2002，p.199）。杨和常（2007）以太平桥城市改造项目为基础，强调了公私合作关系和正在出现的城市制度的重要性。他们强调区政府在控制土地权转移上的重要作用，这种对土地权转移的控制给它们带来监控不严的额外收入。他们还提出，城市体制理论需要进一步发展，以反映中国的实际情况，尤其需要考虑到中国和西方之间的差别，考虑到中国国家内部存在的多种利益，特别是不同政府层面和行政管理机构的利益。国家安排的上海发展已经在建设承担世界城市角色所必需的基础设施硬件建设上产生了重大影响。然而，必要的软件设施的建设，如法律制度、信息、透明性或法规的强制执行，一直都存在着很大的困难（亚塔斯克，2001，p.28）。当然，有人认为，这些都将在未来发生变化。在对上海是否能够发展成为一个世界城市的评估中，优素福（Yusuf）和吴都（2002）相信，如果中国的经济依然保持目前的发展速度，采取适当的城市政策，那么，上海有可能成为具有全球中心地位的东亚城市（p.1234）。为此，需要的政策包括与香港相等的开放程度、强化市场体制、继续改善能够吸引外国直接投资的社会的和形体的基础设施（魏等，2006）、改善劳动力的训练和生活环境质量（丘，2008）。正如香港和北京一样，人们越来越认识到，上海需要改善与亚太区域的联系，以提高它的全球竞争性。

北京：建设一个"国际城市"

正如我们在第 12 章中所发现的，北京也是中国竞争世界城市地位的城市之一。按照"全球世界城市"所提出的指标（如彼佛斯托克等，1999），北京在国际联系上一直落后于香港和上海，但是，北京一直都在国家的帮助下积极地改善着它在世界城市中的位置。按照魏和于（2006）的看法，北京的努力一直集中在四个主要项目上：吸引外国投资，建设世界级的中心商务区，建设一个"中国硅谷"的研发中心和主办奥林匹克运动会。香港和上海能够在它们国际城市的历史基础上建设它们的世界城市，而北京地处内陆。但是，随着这个区域的迅速发展，现在，我们可以认为北京是包括天津港在内的巨大城市区域中的一部分，天津是中国的第6 大城市，天津中心地区距离北京中心地区仅 117 公里。2005 年，北京市的人口为 1500 万，而天津市的人口为 1000 万，所以，这个巨大城市区域的人口达到 2500 万。为了克服政府分割和编制这个区域的总体规划，已经做过多方努力，但是，经济全球化更进一步需要这个区域的合作（于，2006）。北京至天津的高速火车已经于 2008 年开通，两城之间的旅行时间降至半个小时。公路和高技术节点已经沿着这个交通走廊建设起来（吴和菲尔普斯，2008）。

当然，北京本身是世界城市发展的核心。北京的主要吸引力之一是，因为它在国家中的作用，它是政治权力中心，作为一个区位因素，政治权力中心是特别重要的。除开其他，北京是这个在世界上人口最多国家的首都。1978 年以后，当中国开始实施对外开放政策时，国际经济联系限制在特殊指定的沿海经济开发区。只是到了后来，才重新确定了整个城市的经济角色，如北京。1949 年新中国成立后，中央政府试图把北京转变成为"生产性城市"（罗，1987）。随后许多年里，建设了重工业工厂，这样，北京的主要功能成为了重要的工业和政治中心。20 世纪 90 年代，北京的功能被调整为，在新的国际经济方面发挥作用（巴茨，2005）。从1983 年北京城市总体规划和 1993 年北京城市总体规划中可以看出这些变化；1993 年的北京城市总体规划明确强调，北京应该发展成为一个现代的、国际的城市（唐，2006）。强调成为一个"国际城市"导致了新的城市推广活动，竞争举办国际事件。这种新战略反映到了 1982 年至 2000 年期间的增长中，服务业就业占全部就业劳动力的比例从 32% 增长到 59%，尤其是在银行业、保险业和房地产业的就业人数快速增长（周和洛根，2008）。北京市还努力开发文化产业，设计了许多文化区，有些文化区的规模相当可观。当时，从上至下的行政管理方式，以及地方对最大化税收收入的奖励，不能对创造性和创新性过程的需要给予足够的理解，以致这个政策产生了积极和消极混杂的结果（基恩，2009）。

20 世纪 90 年代，随着购物中心、办公室、酒店、商业住宅、科技园区的迅速发展，北京从形体上发生了变化。在中国加入世界贸易组织和日益增加了对外国直接投资的兴趣之后，这种形体变化进入新的阶段。在过去的 10 年里，海外华人公司承担了许多大型房地产投资，而更多国际公司的参与要求不同形式的协商（唐，2006）。国际公司的参与常常要通过与中国地方开发商合资进行（辛，2006）。由于这个迅速的变化，中国政府决定编制新的规划，并听取许多国际专家的建议。2005 年，这个新的规划公布，把北京的功能定位为，"国家的首都、世界城市、文化城市和宜居城市"。这个新的规划把区域、生态和环境问题包括在发展目标中。在改革开放政策实施前，北京强调发展重工业，例如，在北京近郊有20 个钢铁企业。最近的政策改变了这一点，从发展重工业转移到发展高技术产业，许多老的工业企业已经被搬迁出去。在准备奥

林匹克运动会期间，拥有 12 万职工、距离市中心仅 18 公里的首
都钢铁公司关闭了。这一行动旨在克服空气污染。新的工厂建设
在相邻河北省整理出来的滨海场地上。承办奥林匹克运动会的需
要成为推进如此巨大搬迁的动力（弗莱彻，2008）。

首都钢铁公司的搬迁具体显示了总体分散化的战略，分散
化一直是 20 世纪 90 年代早期"北京城市总体规划，1991-2010"
（BIUPD，1993）采纳的规划政策的一个部分。以后编制的"北
京城市总体规划，2004-2020"进一步推进了这项分散化规划政
策，提出建设 11 个新城，大规模减少核心城区的人口（BIUPD，
2004）。北京一直都在把自己推广为高技术产业中心。北京市有 70
所大学，跨国公司建立的研发机构数目有了很大的增加（魏和于，
2006；库克，2006）。这类研发机构的一个聚集区围绕北京西北地
区的大学群展开，那里建立起了中关村科技园区（有人称"中国
的硅谷"）（魏和于，2006），另外一个是"北京经济技术开发区"，
地处北京东南方向的新城镇亦庄，那里距离北京中心区 17 公里（吴
和菲尔普斯，2008）。

市里的规划师当时还考虑到建设新的中心商务区，以容纳世
界城市功能。20 世纪 80 年代期间，北京曾经有过分散化行政决策
的改革。城市的区一级政府获得自主编制它们自己详细规划和战
略规划的权力，以及与跨国公司协商的权力。城市的区一级政府
还获得了管理土地使用权出售的权力，这一权力让它们有可能推
进高强度开发，以提高区一级政府财政收入。这样一来，各个区
之间在发展新的中心商务区功能上开展了竞争，最终有三个中心
商务区正在建设中。北京市政府 1993 年制定的总体规划（北京城
市规划设计院，1993）包括了建设中心商务区的目标，"作为与上
海竞争的中国的金融中心"（任，2008，p.521）。世界历史遗产紫
禁城坐落在北京的中心，北京的历次规划都寻求保留这个地区低
层建筑的形体特征。所以，计划建设的中心商务区选择建在东部
相邻的朝阳区，这个地区在历史上一直是国际商务和外交使团的
驻地。20 世纪 90 年代早期，这个地区曾经是充满争议的"东方广场"

项目的选址。"东方广场"项目包括了一个购物中心综合体、豪华的公寓住宅、酒店和办公室，当时的市长积极推进这个项目，资金则来自香港。搬迁、试图回避规划程序和市长接受香港投资者的贿赂等等，都使这个项目充满了争议（布鲁德乌，2004）。市长被判16年监禁。1999年，"东方广场"最终完成，被推崇为北京中心商务区的"新地址"和亚洲最大的购物中心（库克，2006）。但是，按照布鲁德乌（Broudehoux）的看法，对于那些反对这个开发项目的人来讲，"当富裕的外来人日益增加了对他们城市转变的决定权时，中国人丧失掉了对他们自己环境的主权"（2004，p.123），"东方广场"正是这种状况的一个缩影。这个项目也显示了政治家和新的房地产利益获得者之间的紧密关系，这些新的房地产利益获得者正在面对"国际城市"功能已经产生的机会。

1999年，中央政府任命前中国建设银行行长担任新的市长，"建设一个金融区，吸引跨国企业到北京，成为新一届政府的基本目标之一"（任，2008，p.522）。紧随上海的榜样，北京市也举行了一场涉及新中心商务区规划的国际竞赛，以此作为载体，来准备新中心商务区的规划。2000年，一家美国公司，约翰逊·费恩，赢得了这个国际竞赛，这个项目包括55幢高层建筑，中心建筑的高度为140层。与上海一样，这些竞争的规划没有一个得到实施，而北京的规划师则结合这个国际竞赛作品所提出的方案，编制了他们自己的规划（任，2008）。自规划编制以来，那个地区建设期许多国际导向的高层办公楼和居民楼，为2008年奥运会而建设的一些新酒店也在那里。

在紫禁城的另一边是西城区，当时，西城区也在推广它自己的中心，"金融街"，当然，这个地区处在规划的低层分区中，区里的规划方案不符合北京总体规划的要求（巴茨，2005）。那时，中国银行决定在那个地区建设自己新的高层建筑作为总部办公楼，而西城区正在寻求吸引外国企业入驻这个地区。按照规划，这个地区是分配给国有金融机构和国务院所属部委使用的，但是，20世纪90年代，曾经提出过一个大型旧城改造项目，该项目涉及

5000个住户的搬迁，建设大约300万平方米的办公空间（巴茨，2005）。2001年，芝加哥的"斯基德莫尔－奥因斯和美林（SOM）"给这个地区设计的新商务中心区规划方案赢得竞赛。这个商务中心区的开发刺激了其他区政府也开始行动，2002年，与西城区相邻的海淀区宣布建设一个"金融走廊"。这样，给地方更大自主性的行政分割一直都致使新的世界城市功能的空间位置在规划上缺乏清晰明确的指示。缺乏训练有素工作人员的低级别地方政府一直都能够与大型外国企业建立合作关系，而这些大型外国企业一般都具有在其他城市建设世界城市项目的经验。这也引起了建筑和开发方式的全球化（任，2008）。

在争办奥林匹克运动会一系列竞争活动中，北京总体规划提出把北京建设成为一个"国际城市"的目标有了新的发展。北京奥运会的标语是"同一个世界，同一个梦想"（克鲁斯等，2007）。奥林匹克运动会主办权竞争宣传"把北京描绘为一个友好的世界城市"（张和赵，2009，p.248）。北京再次利用国际建筑师，花费巨资建设了包括国家体育场（鸟巢）、游泳中心（水立方）、中央电视台媒体中心（国家电视网络的新总部）等在内的宏伟建筑项目。"北京希望改变它古都、封存在传统和繁文缛节中的过时形象，展示一个面向未来的世界大都市的形象"（布鲁德乌，2007，p.385）。北京奥运会正是对北京的一次展示。举办奥运会也给首都国际机场的扩建提供了机会，福斯特事务所设计了一个蛟龙形状的第三航站楼，从而使得首都国际机场的容量增加了一倍。这个一公里长的第三航站楼据说是迄今世界上最大的建筑。但是，按照世界银行的观点，北京在2004年世界最污染城市榜上排名13位，在准备奥运会期间，环境问题是北京所面临的重大挑战（库克，2007）。奥运会期间，北京采取了许多减少污染的临时措施，如关闭工厂和建筑工地，限制道路交通等。有些措施已经产生了持续影响。新的汽车排放标准已经达到欧盟水平，几乎所有的公交汽车都实施了使用生态环保燃料的改造，仅此一项就使北京成为全球的领跑者，禁止使用燃煤锅炉，大规模植树。北京也对地铁建设做了大规模投资，在 2002 年至 2009 年期间，共有 7 条新的地铁线路开通运营，包括沟通首都国际机场第三航站楼的城铁线。尽管北京的空气质量依然低于"世界卫生组织"的标准，但是，奥运会后，北京的空气质量的确有了很大的改善。北京容易发生沙尘暴。现在的私家车拥有量水平还是非常低，而上升趋势明显。拥有私家车是一个重要的社会地位象征，小汽车工业也是国民经济中的一个重要部门。在奥运会后，虽然保留了一些小汽车使用限制，但是，对已经拥堵的道路依然构成巨大的压力，在 2000 年至 2006 年期间，北京的车辆保有量增加了 222%。在世界城市间竞争中，生活质量因素正在变得越来越重要，所以，空气污染和交通拥堵可能都将成为北京提高世界城市地位所要面临的挑战。

最后，让我们讨论北京是否正在经历比较大的社会分化。我们必须承认，中国的住宅供应和分配机制是非常复杂的，包括了大量历史遗留问题。原先的住房制度继续发挥着作用，当然在形式上有了变化，就新的私人住宅和公共住宅的出售而言，城市住房改革导致了住房制度私有化（黄，2005）。城市住房制度改革前，北京的大部分住宅是在工作单位属地范围内，这样，住宅按照职业划分。北京的一些部分为政府活动区，一些部分为大学区，而另外一些则为重工业区。市场导向的住房制度改革已经产生了不同于旧划分模式的新的划分机制。一直以来最显著的城市改造政策之一是清除内城地区大面积的破旧住宅，给新的开发腾出空间，如中心商务区和奥林匹克运动会项目。这样，原先生活在这些中心地区的市民已经搬迁到常常在近郊区的新住宅小区。从 2000 年至 2008 年，大约有 150 万人已经从这些地区搬迁出去（库克，2007）。申（2009a）描绘了北京市如何在奥林匹克运动会开始之前努力清除那些有碍市容的地方，这项行动大约清理了奥林匹克场地周边 171 个外来务工人员聚居的"城中村"。他还分析了这种城市改造机制如何一直都处于变化中（2009b）。20 世纪 90 年代期间，在"危旧房改造项目"下，现存的居民基本上被迁移到与之相联系的新的郊区小区，清理后的场地最大程度地用于商业高层建筑开发，大部分原先的居民在经济上难以承受更新改造后的新住宅价格。但是，2000 年以来，北京已经采取了新的政策，地方政府更大程度地参与危旧房改造项目，在新开发住宅项目中提供一定比例的经济适用房。这就保证了比较高的回迁率，这种举措可以看作是一种比较社会包容的举措。公众支持这类政策，从而使得城市改造项目比较容易实施，旧城改造是准备奥林匹克运动会的一个必要条件。按照申（2009b）的观点，地方政府以企业经营方式来实施旧城改造项目，把原来的居民挤在开发场地的一个小小的部分上，而把剩下的场地交给那些正在内城地区寻找战略位置的开发商去开发。通过这个改造过程，地方政府从房地产和开发税中获得了大量财政收入。当然，整体改造并非北京城市改造的全部。21 世纪初以来，北京确定 25 个历史区和四合院区为整体保护区（申，2010）。地方政府通过为公司或个人投资者编制规划而落实对这些地区的保护。国家负责改善这些地区的基础设施，向市场释放需要更新的住宅。

市场改革已经导致了上千个新的种类繁多的私人住宅区。许多住宅小区面向富裕人群，例如在远郊区开发的豪华的独立别墅和连排别墅。私家车拥有的增加、新道路的建设和总体规划中提出的人口分散政策都推进了这些远郊住宅区的发展（吴和菲尔普斯，2008）。豪华住宅开发也出现在北京中心城区的一些地方，如奥林匹克公园周边和北京经济技术开发区周边。按照黄（2005）的看法，这些小区的住宅非常昂贵，只有外国人、海外华人和最富裕的地方精英能够承担得起。吴（2006）曾经指出，世界城市功能的发展意味着必须给国家工作人员提供适当的住宅。北京已经吸引了很多区域总部、合资企业和高技术企业入驻，高层外国工作人员进入北京也一直呈现上升趋势，他们的消费能力也相对高许多。当然，20 世纪 90 年代以前，这类高管还得住在酒店里，因为没有适当的住宅供他们居住，外国人和房地产公司那时还不能够进入这个市场来满足这些高管的需求。除开高档住宅标准，这些外国人还需要国际学校、医疗中心和西方式的超市。与其他住宅相比，这些精英住宅区都是完全市场化的，通常采取大院式管理。按照吴的看法，这些开发率先步入了比较商品化的住宅市场，购买这些住宅的富裕的国内购买者日益增加。这种新型的大院式社区现在也正在成为豪华生活的一个标志。在住宅市场的另一端，那些质量不高的住宅区成为"流动人口"（估计占北京市总人口的25%）的聚居地，他们从外地来北京工作，他们没有当地居民的住房权。他们通常在城市边缘的村民那里租赁低标准的住宅。

按照多种住宅倾向估计，供低收入群体居住的新住宅主要集中在近郊（70%），少数在远郊（20%），非常小的一部分在中心城区（10%）。供富裕人群居住的别墅，60%在远郊，剩下部分主要在近郊（洛根，2008）。供外来贫穷人口居住的陋室也在近郊的外边缘地带。这种住宅分布的特征之一是，无论是近郊还是远郊，都混合了高收入人群和低收入人群。黄（2005）把这种模式总结为，从宏观层面讲（全城），不同收入人群是混合的，但是，在微观层面讲（街区），富裕小区和贫穷小区的发展同时增加。市场中心能够产生建设供高收入群体居住的大院式居住区，或制度上的规定致使外来务工人员住进村庄陋室。北京的社会空间模式已经随着住宅品质的分化而变得越来越错综复杂（冯等，2008）。

第十五章

规划世界城市

我们已经探索了世界主要城市的战略规划如何在过去 30 年里持续不断地发生着变化。现在，我们需要研究城市在对全球化力量做出反应方面存在相似性的理由。在这个时期里，全世界的城市运程都发生了改变。迅速的城市化已经产生了更大规模的城市，对于这些巨型城市来讲，城市增长带来了非正式的居民区、不适当的基础设施和社会福利供应等独特的问题。在世界城市的建设中，最新的发展来自中国城市的兴起。北美、欧洲和亚太城市区域继续成为金融全球化、发展跨国流网络和联系的领跑中心所在地。东京、纽约和伦敦依然发现它们处在世界城市层级体系的顶部，当然，东京的世界城市顶级地位摇摇欲坠。现在来看，这三个领跑世界城市继续分享经济财富，在战略规划上展示一定程度的相似性。但是，这些领跑世界城市保持其世界城市地位时并非一帆风顺，世界城市的层级体系不是一成不变的。正如我们已经看到的那样，上海和北京正在发出它们世界城市的信号，而香港作为一个独特世界城市的未来大不如前了。中国最近把较大的城市区域看作提高全球竞争性的空间单位。较长时期的地理变化可能支持伊斯坦布尔、莫斯科、孟买或圣保罗宣称其世界城市地位。最近一次"美世有希望城市调查"把中等规模城市，如维也纳、苏黎世和奥克兰放在世界金融中心之上（mercer.com，2010）。生活质量、医疗卫生、安全、中小学校和住宅，都被看作城市生活重要的和令人期待的方面。正如我们已经看到的那样，领跑城市已经得到了有关生活质量的信息，当然，它们在庞大规模条件下呈现的问题不可与较小城市所面对的问题同日而语。当然，领跑城市有能力、资源和文化来吸引新的移民，移民们被认为是最有价值的竞争资产。我们在这一章里讨论有关世界城市竞争观念的变化影响着城市远景设想和战略规划。

我们曾经提出过，全球化之争和超级全球角度的解释都是存在局限性的。我们还提出了这样一种观点，全球化是由许多不同的相互关系组成的，每一种相互关系都有它自己的机制和地理渗透程度。所以，我们假定城市的全球转型将会有不同的途径。资本、人和观念流都对空间产生影响，这些影响的形式通过地方势力的地方解释和面临这些影响的人而得到调整。所以，全球因素不容易与地方因素区分割开来。在第3章中，我们寻求揭示需要小心翼翼地加以解释的世界或全球、城市的基本理论。我们的案例研究确定了有关这种理论全球解释的一些疑问，我们的案例研究支持这样一种观点，全球化是一种"战略，而不是一个无所不包的大口袋"（萨森，2001b，p.351）。

我们在引言中说过，本书通过横跨全球的不同城市，集中关注这些城市在什么程度上容纳、调整、转向和面对经济全球化的力量，集中关注经济全球化力量如何影响战略规划的优先选项。在案例研究中，我们通过已经建立起来的世界城市，详细地探讨了我们所关注的这个问题，而案例研究的重点是城市管理过程。为了进一步讨论这个理论，我们感觉到，有必要详细考察特定的政策领域。我们的战略规划比较研究提供了一个特殊政策领域的证据，我们认为这个政策领域特别值得研究，因为这个政策领域寻求协调全球和地方压力，产生对城市空间特征的新的感觉。正是城市规划和项目确定了全球力量并安排了全球化的空间。在最后这一章里，我们返回到我们最初提出的问题和出现在多种争论中的问题，把前九章在世界城市详细分析中提出的论题集中到一起。

按照横跨世界各国规划专业协会的定义，寻求协调经济效益、社会福利和环境可持续性等目标均是规划的目的。从根本上讲，这些目的之间的协调体现了不同利益攸关群体和游说群体的压力。最终做出的城市规划优先选项，以及城市发展战略政策对此做出的反应，取决于城市政治和管理过程。在第四章中，我们提出，特定的利益关系，如商界的权势、城市社会运动的存在或市民参与的程度，会在不同城市的政策反应上出现差异。领导力也是需要探索的另外一个重要因素，因为市长的形象似乎得到了更多的展示，领导力的教训似乎在城市间是可以借鉴的。市长们和政策制定者本身已经把握了世界城市观念，他们把规划重心一直都是放在中心城区。对于许多城市来讲，建设一个具有城市品质的供金融服务使用的市中心以吸引变动不安的全球精英一直都是一个关键规划目标。有些城市的领导者把他们自己看成一个全球网络的领导者，例如有关全球变化的 C40 全球网。但是，城市不仅需要领导人。我们认为体制理论是一种有可能用来分析利益联盟的方式，似乎需要这些不同利益攸关者形成的联盟来监督城市管理。不言而喻，公共利益和私人利益之间的横向联系是重要的，不过，城市和城市之上各级政府之间的联系也是不能忽略的。我们采纳了这样一种观点，在全球化的条件下，国家正处在调整中，但是，在国家层面继续为规划设立法定的纲领和意识形态指向的地方，中央政府依然重要。在最近的经济危机中，我们也看到一些国家的中央政府表达了对其国家领跑城市命运的新的关切，例如在东京的战略规划中，重新提出了中央政府的作用。管理尺度之间的关系对城市规划有着重要影响。在许多城市，出现了新的机构，规划的战略尺度对许多城市是越来越重要了。横跨我们所研究的三个区域，我们已经看到了对较大城市区域的关注，中央的和中央之下的政府都参与到了规划竞争的世界城市区域中来。

这一章有三个部分。首先，我们提出全球化世界城市管理纲要，总结北美、欧洲和亚太三个核心区域每一个的主要问题。这样一来，我们就可以提出这些问题之间的联系，如经济全球化、国家改革和城市决策之间的各种特殊的相互作用模式。这些问题之间的联系对于特定区域的城市产生什么影响？第二，我们集中到核心问题，关注全球化经济压力的强度。我们探索在区域表达上的差异程度。在这个部分里，我们对三个区域作了比较。美国城市的相对自主性，亚洲"致力于发展的国家"的持续影响和欧洲的福利国家，三者之间存在明显差异。第三，我们研究这些不同背景对世界城市规划的影响。就我们所涉及的城市政策和战略规划来讲，所有的区域发展是否都遵循相同的全球发展途径呢？全球化和竞争压力掩盖了任何地方差异吗？我们探讨发生在大多数城市的共同倾向，我们也强调在战略规划方式上可以找到的变化，提出一些有关未来的指向。

经济全球化、国家改革和三个全球区域的城市管理

北美区域

不同时期出现的美国人城市都被人们表达为一种一般的城市发展模式。从 20 世纪中叶起，芝加哥学派主导了城市研究。萨森的"纽约市"曾经是模范世界城市。城市研究的"洛杉矶学派"把洛杉矶看作一种样板（迪尔，2001a）。从它们的规模和相对成功的经济上讲，它们显然是领跑城市。但是，无论是芝加哥、纽约还是洛杉矶都有其独特的历史、地理和政治（莫伦科夫，2008），就服务业的集中程度和满足世界城市定义的资产而言，纽约明显是一个领跑城市。莫伦科夫（Mollenkopf）注意到，纽约的城市领导人可能更有兴趣与伦敦和上海作比较，而不是洛杉矶（2009，p.245）。但是，迈克·迪尔认为对了解洛杉矶至关重要的那些因素，全球化和经济结构调整，却是研究北美城市倾向的基础。

在北美区域内和针对区域外的国际贸易对于建设"门户"城市无疑是重要的。无论是全球化的市场、对高端服务业的竞争，还是服务业本身的和消费上的变化，变化中的城市经济背景都是至关重要。城市一直都在重新给自己定位，芝加哥定位为"娱乐机器"，多伦多从从东到西的经济定位调整成从北到南的经济定位，墨西哥城定位为墨西哥国民经济的全球衔接点。有些城市，迈阿密和太平洋西北沿岸城市，是通往其他经济区域的门户。20 世纪 90 年代，纽约抓住了比较大的国际旅游经济份额，推动了"新经济"的繁荣。然而，至今未变的是，纽约在金融服务上的支配性地位以及形成世界城市命题核心的那些功能。

我们考察的这些城市的空间尺度是一个重要问题。墨西哥城需要一个超出它城市边界的经济分析。洛杉矶则长期以来被理解为一个规划郊区的集合体，一个没有中心的城市，最近，人们认为洛杉矶是一个更大城市区域的组成部分（斯科特，2001a）。经济竞争性的基础设施，如海港、机场、跨州高速公路和铁路衔接，都是在城市区域尺度上开发的。例如，在这个尺度上，不说其他中等规模的北美城市，芝加哥、墨西哥城、洛杉矶和纽约的机场规划一直都是一个充满争议的问题。但是，城市区域尺度的认识至今也没有带来区域规划。20世纪90年代的"新区域论"当时就是不完整的，受到过一个个地方政府脱离某个区域的严重挑战，这种行动破坏了迈阿密、纽约和洛杉矶可能采用的战略方式。2008年的经济危机和联邦政府对区域和跨区域基础设施的兴趣已经给了区域游说团体新的希望。

在正式的城市－区域合作继续保持弱势的情况下，不同尺度政府之间的其他关系一直都在变动中。例如，不同层面的政府，如安大略省、洛杉矶县或伊利诺伊州，都影响着城市规划。我们看到了围绕多伦多的新的区域规划，看到了美国大都市区联系在一起编制的美国2050年规划。城市的市长如何能够管理好区域联系和政府网络可能是他们城市未来成功的关键。联邦经济复苏基金有助于纽约城市区域"管理的多元主义"，但是，城市和州的预算都一直因为经济的下滑而被削弱，在它们有能力持续对区域基础设施投资之前，联邦经济复苏基金可能是一个权宜之计。在这次经济下滑之前，州和城市的预算削减和财政保守主义限制了城市规划。这种针对税收和公共开支的态度曾经对多伦多政府改革产生过重大影响。自20世纪80年代以来，支配城市政治的保守远景设想限制了社会开支。对于大部分城市来讲，经济发展一直都是优先选项，商界在建设世界城市中保持指导性角色。对城市发展的这种"新自由主义"的态度也支撑了墨西哥城的经济结构调整，其目标是建设新的商务区和推行大院式开发，而把城市的其他地区搁置起来。

世界城市文献的一个重要方向是，关注移民上升和社会分化。移民上升和社会分化也是北美城市的一个重要方面。把这种分析用于其他区域的世界城市还有一些问题，甚至对于北美区域而言，也能提出一定的问题。有人提出，空间分割一直都是纽约的一个特征，这个城市长期以来都是移民的目的地，而不是因为新的世界城市功能才导致移民的涌入。在洛杉矶，人们对移民和社会分化之间关系的看法有所不同。有人认为，洛杉矶的一个形象与一些城市"城堡"和"贫民窟"的两重形象形成鲜明对比，还有人认为，城市给移民带来了经济机会。加拿大比较强势的国家福利传统有助于消除社会差距。但是，在加拿大联邦层面和省层面的政治中，社会开支一直都是受到威胁的，美国和加拿大城市之间的这种差别可能会在长期过程中有所减少。

在北美区域，世界城市规划是在强势的私人部门利益背景下展开的。私人部门的利益常常主导了管理大型场地修订规划的政府开发管理机构，这个区域的领跑城市间存在强大的经济竞争。当然，政治领导通过政党政治或个人的势力和影响发挥重要作用。布隆伯格市长成功地改变了纽约的市长任期制度，赢得了他的第三次市长选举。多伦多市长着力推广他的城市在与应对气候变化中的作用。加拿大在 2009 年哥本哈根大会上对应对气候变化的承诺受到了批评，但是，通过加拿大的能量政策、改造建筑环境和规划新的轻轨线，多伦多市长戴维·米勒还是声称他的城市走在全球领跑行列里（米勒，2009）。芝加哥市长戴利曾经是许多对城市规划感兴趣，尤其是对市中心更新复兴感兴趣的市长之一。北美城市的分量源于市长的取向。但是，正如我们已经指出的那样，其他的利益攸关者，州、联邦政府和始终处于支配地位的私人部门都在北美城市中发挥着作用。政府的发展管理机构、政府层面和私人游说团体构成了一个常常很复杂的管理体制。这些体制的主要弱项是公共财政。

对于一个成功的世界城市来讲，所需要的区域认识已经改变了。洛杉矶 20 世纪 80 年代提出的世界城市项目因为 1992 年的动乱而终止。现在，洛杉矶正在建设一种另类的市中心区。通过文化项目和居住开放，建设一个混合使用、"可以步行的"的市中心区（当然,贫穷的街区依然存在）。纽约把纽约的生活质量看作"推动纽约经济发展的最有力的资产"。布隆伯格市长还重新提出淡忘已久的社会住宅计划，打算建设或更新6.5万套住宅，然而，纽约的经济适用房至今还在流失中。如果娱乐、城市质量和优先选项的新的协调是经济富裕的促进因素的话，那么振兴下曼哈顿和洛杉矶市中心给这些已经建立起来的世界城市新的竞争优势。这些优先选项还需要大规模基础设施投资，需要建设的新地铁和公共交通可能决定这类城市核心改造的未来道路。

欧洲区域

　　欧盟提出了一个实施城市和区域政策的尺度，这是北美和亚太区域所没有的，例如，在环境政策上，欧盟一直发展着它的全球角色，要求城市和国家满足环境质量标准。自20世纪80年代中期以来，欧洲单一市场对欧洲城市产生了深刻的影响。欧盟边界上的城市，地处新交通节点上的城市，都担当起了新的角色。布鲁塞尔已经整合了它的"都城"功能，当然，并非以流行的形象表现出来。"欧洲和欧洲空间发展角度"（ESDP）确定这些城市作为具有全球重要性的城市"五角大楼"，单一市场的影响已经强化了这些城市的经济支配性。中欧边界一直都在改变中。在后社会主义时代之初，柏林、维也纳和赫尔辛基都按照通往新市场的门户来发展自己。新加入欧盟的国家把欧盟门户继续向东推移。中欧和东欧的全球化正处在过渡期，城市和国家都试图统一采纳西欧标准。在2008~2009年期间，欧洲边缘国家的经济疲软爆发。欧洲的"地域凝聚"野心明显还有很长一段路要走。

　　在过去30年里，欧洲城市的角色和定位发生过许多变化。欧洲的世界城市在哪里？"欧洲和欧洲空间发展角度"（ESDP）设想了一个多中心的欧洲，这一设想反映了现存的中等规模城市的城市模式。然而，这个设想与进一步发展支配性世界城市相悖。欧洲国家在历史留下了许多都城遗产，许多这类都城一直都承担着国家的金融功能。有些都城曾经有过帝国史，留下了城市遗产。然而，这些都城一直都没有建立起强有力的全球经济联系。原先被认为是世界城市的柏林至今还在德国内部寻找自己的位置。柏林已经成为中央政府的所在地，也确定了为老东德地区提供服务的功能，但是，柏林一直都没有建立起自己重要的国际角色。法兰克福是欧洲中央银行的所在地，然而，它在规模上和金融角色的重要性上都不如伦敦，法兰克福在世界城市的全球排序中位置较低。显而易见，法兰克福在为德国的国际经济提供服务方面发挥着作用，而其他区域城市，如米兰，也在它们自己的国家背景下提供国际经济服务。但是，法兰克福和米兰缺少伦敦那种高端服务业规模。其他一些潜在的竞争对手，包括圣彼得堡和莫斯科，它们也是国家推广的国际中心。不过，这些城市中没有伦敦那么大体量的金融和商务服务。在南欧，伊斯坦布尔迅速崛起，虽然这个城市很大一部分在亚洲，但是，我们还是能够称它为欧洲最大的城市。伊斯坦布尔当然雄心勃勃地要成为一个世界城市，然而，它面临迅速城市化和非正式居民点所带来的巨大问题。这种状况使巴黎成为伦敦的主要竞争对手。巴黎是法国经济的窗口，是欧洲商务旅行的目的地，也是法语世界的国际中心。不过，巴黎可能在世界城市排名中位居第四，人们都把伦敦看作是欧洲的领跑国际城市。

欧洲的福利国家继续影响着社会政策和它们地域内城市间的资源再分配。尽管许多国家为了应对城市间竞争，把欠发达地区和城市的资源调动到具有竞争潜力的地区和城市，但是，较高层面的政府依然给欠发达城市提供一定的资源，以消除城市间的差距。这种做法的目标是减少全球化和世界城市发展带来的社会分化倾向。在欧洲单一制国家中，中央政府还在决定关键的基础设施投资，同时，强势参与战略规划决策。例如，伦敦市长给中央政府保留了一些规划权，严重制约着市长的财政自主权。在巴黎，中央政府直到最近才把规划权交给了区域政府。法国总统一直都在寻求提高巴黎的国际档次，使巴黎的管理更为有效率。然而，在柏林，相对具有自主权的州政府排除了较高层面当局对区域管理和规划问题干预的可能性。国家背景明显导致城市应对竞争压力方式上的差异。这样，区域、国家和地方层面的政府都在欧洲城市战略制定上发挥作用，当然，国与国之间有所不同。

大部分欧洲城市的一个问题是城市－区域中政府间的合作和协调（萨雷特等，2003）。例如，在米兰、法兰克福和柏林，城市利益与郊区利益之间的差异影响了城市－区域规划的效率。建立大伦敦政府替代了伦敦原先在规划上的分割状态，然而，伦敦的战略规划仅仅延伸到"绿带边界"而已，大伦敦政府与那个城市－区域的其他部分的地方政府几乎没有什么交流。最近这些年，巴黎城市－区域管理一直都是一个重要的政治问题。城市、区域和国家政府都提出了解决经济竞争和社会凝聚问题的方案。建设世界城市对体制改革产生了压力。欧洲城市至今不能摆脱其他层面的政治精英而独立活动。欧洲、国家和国家以下层面都以这种方式或那种方式参与到建设具有竞争性的城市－区域中来。

所以，"多层管理"对整个欧洲都是重要的，然而，国家体制上和政治上的差异依然为城市留下了不同的背景。高度集中的英国中央政府限制了伦敦市长的权利，鼓励商界参与城市管理，同时，"城市公司"借助历史上存在的权力依然保留着其影响力。当然，伦敦人已经能够选择一个政治上独立的市长，对伦敦市长的财政权有所限制，但是，伦敦市长明确地对公平和环境等问题做过强势的承诺。法国有着比较强势的欧洲福利传统，巴黎市长享受宪法赋予的独立性，拥有大规模预算。地方开发政策影响了2001年的体制改革，巴黎人选择了在城市政策上采取比较强势的社会群体的意见，选择了准备做环境政策实验和在全球论坛上代表这个城市的市长。战略规划处在区域、国家和地方管理的交集之中，区域、国家和地方都能够让一个城市在应对经济压力上做出不同反应。

许多欧洲城市在20世纪90年代的经济繁荣都与强势市长的

出现分不开。例如，意大利的地方政府改革引入了市长负责制。巴黎、巴塞罗那和伦敦也反映了这种倾向。希拉克当时极力把巴黎推到全球舞台上，米拉帕斯夸尔成功地改变了巴塞罗那的形象，成为在城市推广上的一个旗手，建立了值得国际社会学习的"巴塞罗那模式"。利文斯通利用他的市长位置，给伦敦提出了一个世界城市优先选项，竞争奥林匹克运动会的主办权。在城市政治中，领导能力和个人魅力都具有很重要的作用。当然，这些市长们不是孤立的，他们都与其他公共机构和／或商界建立了联系。只有通过这种联系，才有可能调动资源，不过，细节上的差异取决于国家政治文化和地方权力平衡。

亚太区域

经济全球化已经明显地影响了亚太区域。发达国家把工业活动分散到劳动力相对低廉的国家，这对于亚太区域城市经济结构调整非常重要。国家在城市经济结构调整中常常发挥主导作用，新加坡是一个显而易见的案例。工业活动的跨国运动也出现在亚太区域内部，日本公司把它们的生产应活动转移到包括中国在内的其他国家。紧随日本，这个过程逐级下传，新工业化经济（NIEs）国家的企业也向这个区域的其他国家转移。这样，一个区域产业网逐步展开，这个网络把亚太区域与发达国家联系起来，同时，强化了本区域内部的经济联系。1997 年经济危机的连锁反应进一步显示了经济联系的程度，以及揭示了全球投资在多大程度上进入了主要城市的房地产市场。对 2008 年经济危机的反应，尤其是中国的反应是，对基础设施进行投资，以支撑未来的经济增长。

最近这些年来，城市一直把它们的战略方向放在吸引全球经济的"总部"功能上。东京给自己定位为包括顶级跨国公司和银行的总部的领跑世界城市。但是，这些公司不过是日本那些已经在全球经济中发挥作用的日本公司，东京是这些全球运营日本公司的一个中心，而不是吸引世界其他国家跨国公司的中心。值得注意的是，香港和新加坡一直集中发展承载世界跨国公司在它们城市运营的功能，并且已经成为大部分跨国公司兴办亚太区域办公室的优先选择的城市。这些城市所具有的外部联系历史和它们使用英语作为国际语言与日本的情况形成对比。以类似的方式看北京，北京是一个经济强势的国家首都，但是，缺少其他世界城市所具有的文化多样性。现在，香港和新加坡正受到其他一些积极发展所在地域战略的城市的威胁，如悉尼或吉隆坡（何，2000）。中国决定向世界经济开放，迅速发展了它的沿海城市，这些举措已经对亚太区域产生了深远的影响。中国正在引领这个区域未来区域城市格局的转向，上海奇迹般的发展很好地说明了这一点。中国的城市化速度和规模在世界范围内是前所未有的，中国大约有 40% 的人口生活在城市地区，中国的城市化过程还有很长的道路要走。上海和北京正在发展成为世界城市，中国也越来越融入世界经济，这样，香港的独特影响正在消褪。有趣的是，中央政府 2009 年对此做出反应，制定了一个珠江三角洲地区的区域战略，把香港吸收到了一个巨大区域的总体规划框架中来。亚太区域存在高度的区域竞争和经济波动，这个区域没有一个区域中心，东京作为世界城市的功能正处在动摇之中，我们能够把亚太区域城市战略的形成看成是对这一背景的反应。

与这个区域内部的经济联系相对比，这个区域的区域合作体制发展一直都是弱势的。这里有部分历史的原因，如日本、中国、韩国和中国台湾这些区域领跑国家或地区之间存在困难的关系。通过"亚太经济合作组织"（APEC）和东南亚联盟所进行的合作至今在范围上或覆盖地区上十分有限。当然，"东南亚联盟（ASEAN）+3"所形成的 APT 提供了一个强化机构联系的基础，反映了亚太区域现存的经济网络。在区域层面上弱势的体制框架下，国家表现得非常强势。基于"致力于发展的国家"这一历史方式，覆盖整个区域，中央政府至今仍然在影响和推进全球化过程，发挥着它们对城市的领导作用。从这个区域的政治领导人到学术界，存在这样一种强势的观点，具有强势国家领导的亚洲方式提供了独特的经济发展方式。这样，有了一场有关最好未来方向的争论，有些人认为，这个区域提供了不同于英美模式的另外一种模式。

毫无疑问，在国家层面和城市层面，政府在影响城市规划优先选项上发挥着主要角色。以强势或弱势形式出现的"致力于发展的国家"都赋予中央政府指导国家经济增长优先选项上的重要角色。这个历史提供了最近国家应对全球化而实施干预的基础。我们在城市政策得以形成的基本战略经济优先选项和全局掌控上，都能够看到中央政府的身影。同时，就我们所探讨的城市而言，整个亚太区域的城市层面都已经获得了决策自主权和在一定程度上下放的权力。这就使得城市能够比较直接地应对竞争的环境，发展自己吸引投资的战略。在中国，这种权力下放意味着，城市的区政府已经具有了在财政上和行政上刺激街区开发的权利，当然，这样做有时会出现弊端。中央政府一直都在努力在一定程度上重新掌控这些过程，"城市－区域规划"正是做到这一点的一个载体。在我们所探讨的所有案例中，世界城市地位的词汇一直都被用来影响着战略规划优先选项。同样，在我们所探讨的所有案例中，我们还能看到城市政府和全球导向的经济利益攸关者之间的紧密合作关系，无论这些经济利益攸关者是基于城市还是基于国际。所有的城市都建立了增长联盟，当然，这种增长联盟不同于美国方式的城市体制，在美国的城市体制下，地方的国家政府发挥着中心作用，而中央政府只是参与。这种结果常常形成一种高度复杂的管理体制，包括不同层面的国家机构，行政管理机构的重要作用和不同类型的经济活动。亚太区域的一个特征是，在决策过程中，公共参与水平比较低，依靠国家的能力，通过推动经济增长而使决策得到认可。缺少参与依然是一个问题，需要新形式的国家立法，在公共政策方面的明显变化和民间社会在未来产生更大的影响。城市规划有可能有能力从纯粹吸纳经济增长的手段发展成为解决冲突和维持社会稳定的中心。

所以，亚太区域的管理过程正在变得越来越复杂，新的巨大区域地理正在导致这种复杂性的增加。覆盖整个亚太区域的强势国家功能意味着，对全球化的其他反应和新形式城市政策有可能出现。

全球必然或区域差异？

我们已经探讨了三个区域每一个区域的倾向，现在，我们提出有关跨区域的比较问题。这些模式在什么程度上具有跨区域的相似性，亦即在什么程度上构成一种全球倾向？而在什么程度上存在关键性的区域差异？

这三个区域主要城市有一点是一致的，那就是这些城市的经济活力。伦敦、纽约和东京重要的金融功能构成它们最大的亮点。但是，其他城市具有强大的和正在发展中的金融功能，同时还兼有传媒和文化中心的经济功能。对经济绩效的关注主导着城市目标的设定，经济和其他优先选项之间的关系构成了这些城市的特征。经济和其他优先选项之间的关系是否存在一种单一的全球不可避免压力的证据呢？在那些追逐经济绩效而损害社会效益的地方，我们可能说，这个城市正表现出受到全球"新自由主义"意识形态的影响（布伦纳和西奥多，2002）。经济的确是重要的，但是，我们的案例强有力地显示出，经济以不同方式表现其重要性，我们不是从全球经济倾向上去观察城市的反应，我们需要考察不同体制背景的作用。

我们也能够看到全球和区域的倾向并非一成不变。在北美区域，增长和萧条时期都有过它们的影响。在亚太区域，20世纪90年代的经济危机导致许多城市改变其方式，例如东京呈现出其独特的世界城市建设的两个阶段。新的移民潮产生了新的跨国联系，对城市规划构成了新的挑战。全球背景正在变化，城市政府都在全球力量中看到了不同的机会。然而，是否存在一种向单一方向运动的证据呢？亚洲城市是否就是简单地"追赶"北美对手？欧洲能够在区域间竞争中维持"地域凝聚性"吗？

我们的结论是，三个区域间存在若干根本差异，不同的历史、不同的国家发展和不同的意识形态。经济自由主义、社会福利和"致力于发展的国家"等三个因素的相对重要性影响着城市发展和规划。主导性的区域管理文化是重要的，但是，管理文化本身也是错综复杂的。正如我们所看到的那样，在一个特定的区域背景下，不同的城市也有可能走不同的道路。例如，欧洲的"社会福利"传统与伦敦发展背后的更为自由的经济意识形态没有多大关系。亚洲城市"致力于发展的国家"的形态迥异。在亚洲，城市发展的步伐从总体上讲远远大于其他区域，中国最为突出，它期待有180个"国际大城市"（吴和马，2006）。在北美区域，加拿大、美国和墨西哥具有不同的干预传统。尽管有这些区别，北美城市明显不同于各类欧洲城市发展模式或亚洲"致力于发展的国家"干预下的城市发展模式。

当我们探索三个区域的政府体制时，我们能够在任何一个区域的子区域、国家和城市尺度上看到大量形形色色的权力关系。当然，共同点是，在这些层面应对全球化影响时，这些权力关系都是处在相互作用之中。我们还看到，国家依然是主导力量，但是，在美国，州政府常常主导城市发展。在欧洲，我们看到的是，欧洲、国家和子国家层面"多层面管理"中复杂的相互作用。除开这种多层面管理之外，多中心城市网络的观点正在出现，多中心城市网络是对地域凝聚和欧洲城市发展未来的一种想象，它引起了对有关许多世界城市构成世界的传统观念的困惑。在欧洲，国家依然影响它们的城市，然而，这种影响的体制背景正在变化中。在欧盟之外，俄罗斯正在大力推广它的未来的世界城市。在亚洲，强势的国家一直都在发展它们的战略性城市资产。城市国家新加坡最清楚不过地反映了这种情况。20 世纪 90 年代出现的观点是，未来将属于城市国家的全球网络，它将替代国家的权力（皮尔斯，1994）。然而，我们的案例显示，城市依然受到国家背景的影响，取决于国家背景。城市可能对它的国际竞争对手非常了解，但是，较高层面的政府也同样非常了解国际竞争对手，在三个区域，我们看到了许多政府都参与到了提高他们城市的世界城市地位的行动中来。正如我们在欧洲案例中看到的那样，较高层面的政府能够调解社会需要和经济需要。欧洲尺度的合作也能够提供发展区域范围战略规划的可能。

　　除开政府体制外，规划的政治背景因城市和区域而存在差异。大部分北美城市的保守政治，例如多伦多的"进步的保守主义"，共和党人领导的洛杉矶和纽约，主张低税收和弱势的社会规划，而巴黎的社会民主党市长主张把社会住宅置于优先选项，二者形成了鲜明对比。我们考察过的许多城市的优先选项，社会的、环境的或经济的，都与城市领导的政治倾向相关。领导力，甚至城市市长的个人好恶，都可以成为解释城市政策的一个重要因素，例如利文斯通对高层建筑充满热情。全球因素与个人好恶相遇。领导的作用打开了做出多种战略政策反应的大门。

　　但是，在这个强势领导公开展示的背后，横跨三个区域，我们都能发现相似的凝聚城市各种利益群体的倾向，在这个过程中，这些领导人与其他利益攸关者合作起来。在伦敦，我们看到了利文斯通所说的"大画面"类型的体制。利文斯通市长紧密地与商界合作编制战略远景计划，一起游说中央政府为世界城市基础设施提供支持。在纽约，与市长商界合作是一个"正常的事务"，包括强大的房地产开发部门在内的众多利益群体，在巴黎，公共部门掌控管理权，具有强城市功能，当然，区域的和国家的政府有时扮演冲突的角色。新加坡曾经打算由国家在商界的咨询下决定经济利益。东京放松规划管理以便让一些私人部门获利。在上海和北京，经济利益群体和地方政府之间的合作可以略见城市体制形式，不过，随着国家层面的关键投入，国家便承担起了领导角色。在所有这些情况下，国际竞争推动着规划，然而，管理机构的特征和混合还是五花八门的。我们在规划中或多或少看到了较高层面政府和私人部门的参与。商界可能以关键机构的形式出现，或者商界利益由公共机构来表达。

　　如果商界或商界的利益在不同城市政府模式下都得到了很好的表达，那么，其他利益攸关者的话语权如何在规划过程中得到体现呢？在伦敦，"倾听郊区的声音"已经被加到了市长与商界的紧密关系中去了。我们在纽约看到了"有史以来最开放和包容的市民建设项目"（怀亚特，2003）。2002 年夏，超过 4000 位纽约市民用了一天的时间讨论下曼哈顿的规划。从那以后，这个过程一直不那么开放了，"管理的多元主义"仅仅包括了这个城市区域的一些利益攸关者。在洛杉矶，有关公共交通和环境问题的新的民间运动被认为十分重要。但是，在我们已经考察的这些城市中，并没有看到对战略规划的公共参与有多么大的发展。尤其是在亚太区域。

　　同样，在探索三个区域的相似性和差异性中，我们能够看的是一个错综复杂的画面。我们在一些方面发现了共同倾向，即使这样，也还有清晰的区域差别，尤其是在调整和管理这些倾向时，方式上的差异十分明显。但是，经济全球化覆盖了所有三个区域，产生相似的压力，并影响了整个语境。经济全球化还通过它所带来的那些发展直接影响城市。在形成城市政策中，城市竞争是一个关键因素；而强势的领导和与商界利益攸关者合作也是必不可少的。现在，在政治目标上的比较广泛的合作变得困难起来。然而，管理和政治模式存在重大变数。管理和政治模式在区域层面表现为国家干预的不同形式，在城市层面则表现为不同形式的城市体制和政治条件。在一种城市体制中，特定的活动者和它们的相对权力能够变化。这种多样性提供了对全球倾向在国家和城市层面上的不同解释。全球压力和地方压力之间的协调能够具有不同的形式，城市领导人和规划师会产生他们对全球因素的不同认识，进而让未来变动不居。在最后这一节里，我们将探讨这种不同的认识如何影响着战略规划方式。

　　这样，在回答我们最初提出的有关三个区域趋同程度的问题时，我们必须承认这个问题的复杂性和含糊性。所有这些区域的城市都在应对经济竞争，都把经济问题置于他们战略规划的高端。强势领导是一个共同特征，与此同时，强势领导常常伴随着与私人部门以特定的城市体制形成合作。在战略性城市规划中，公众参与和市民的参与都是不高的。然而，在这个一般倾向中，全球区域和区域中的城市之间存在变数。因为这些强势领导具有特定的政策观念，城市体制内的形式和协调能够允许不同的影响，或者说，管理的传统和体制提供了不同程度的机会去追逐更为宽泛的政策问题。

过去 30 年的世界城市规划：趋同性还是多样性？

我们已经阐明了全球化的基本理论，发现"世界城市"并不能解释我们已经考察过的城市的不同经验。我们需要增加对国家和城市政治的分析。规划管理显然是重要的。我们已经发现，特定的城市具有独特的规划方式，这些方式影响全球因素，而全球因素也影响规划方式。我们的研究确认了我们对引起相似性和差异性因素进行研究的价值。在最后这一节里，我们把案例研究中有关战略规划的论题集中到一起。毫无疑问，实施规划社会经济背景影响着规划。所以，毫不足怪，我们在最后这一节对推动趋同性因素所做出的结论也对规划方式产生效果。由于同样的原因，政治意识形态和地方城市管理有可能做出不同反应也影响到不同的规划形式。在这些变化的形式中，我们能够觉察出不同的重点。我们要对这些规划目标引起的主要论点做些讨论。

横跨世界城市我们能够注意到的关键倾向之一是，城市管理者们日益认识到他们所处的竞争环境。经济全球化的因素常常被认为是不可抗拒的：如果城市不能在经济上维持下来，那么，它们必须采用与全球经济网络相联系的政策。基于这种观点，规划师必须保证他们的城市对经济具有吸引力。经济利益是全球经济变化的核心。换句话说，超级全球主义者的论点似乎有了一个强有力的支撑点。城市宣传和推广是需要特别关注的问题，而迈克尔·波特有关竞争优势的著作一直都有相当的影响。这种竞争上的必要性产生了我们考察的城市在战略规划上的共同元素。政治家和规划师都渴望保持他们的预见，确保他们的城市能够提供正确的框架去吸引先锋经济部门。对于顶尖城市来讲，全球总部功能和必要的基础设施一直都被认为是这种先锋经济部门，当然，城市活动的范围一直都在扩大。

吸引全球公司和专业服务功能的愿望将引导城市提供用于现代办公室开发所使用的有吸引力的、服务完善的和区位尚佳的场地。在世界城市中，这种愿望已经产生了"炮台公园"、"金丝雀码头"和"东京海滨"这样一些总部经济集聚地，大部分城市都能看到比较小规模的办公集聚区。为了吸引这些从事全球活动的个人，还需要提供豪华住宅、餐饮和娱乐服务。无论是商务旅行还是休闲旅行也成为全球经济中的一个主要经济增长部门。所以，最近的许多城市项目包括了贸易中心、会议中心、酒店、赌场、城市主题公园和体育设施。曼哈顿或好莱坞这类美国模式都是成功的模式，成为其他城市追逐的目标。随着城市建设方式的变化，开发设施资产，如滨水地区和公园，形成标志性建筑形象，都有可能吸引到访者。巴黎把旧工业废弃基础设施改变成为新的绿色资产、纽约的"高线公园"和伦敦的"主教门"都是旧城改造的典范。

在本书的卷首，我们提出，世界城市功能和全球化可能对城市产生剧烈的影响，但是，时间不会太长。总部功能或旅游功能都相对集中在商务区和其他高价分区内。例如，通过"商务改善区"（BIDS）和中心区改造，规划师主动参与创造新的"城市魅力区"和"优质网络空间"。我们能够在欧洲和北美的领跑城市、门户城市和具有区域重要性的城市里，看到相似的规划和项目。巨大项目揭示了类似的过程，它们具有类似的资金来源机制，类似的建筑和规划专业人员以及购买土地的公共权力。新加坡的规划师一直都在给印度和中国提供世界城市建设的咨询业务。还有一些城市间竞争的新方向，如混合使用，具有吸引力的城市中心区等。当然，还有一些人们共同关注的问题，如昂贵的新私人住宅、受到控制的公共空间和"恢复失地的"城市。还存在一种可能性，世界城市将分化为不同的地理空间，一些地段在全球压力下得到了迅速的改变，而另外一些地段则江山依旧。战略规划的共同倾向是集中关注城市中心地区或"世界城市空间"。规划设想在什么程度上重视城市的边缘地区还有很大的变数，规划设想本身是受到地方或国家政治约束的。伦敦远郊最近已经得到了更多的关注，有关"大巴黎"的争议包括了有关把那些缺乏优势的地区包括到世界城市中来的意见。

还有一些在区域层面的空间也受到全球压力的影响。全球导向的场所更为强调交流，包括机场扩建和与战略性办公空间的连接。机场容量建设提出了另外一个重要的体制因素。它显示出围绕世界城市周边的不能令人满意的区域规划。在巴黎，地方、区域和中央政府之间存在冲突。尽管在区域层面推行了体制改革，但是，计划伦敦机场扩建的是中央政府。在机场扩建问题上，东京市政府和中央政府之间有过政治冲突。香港和深圳在海港和机场问题上也有竞争，国家制定的新的巨大区域的战略规划的目标就是努力让这些基础设施安排更为合理。

在展示城市强项和未来前景上，规划还能够起到推广城市形象的作用。推广战略和城市采纳的"远景"对于战略规划优先选择有着很大的影响。正如我们所说，城市管理者们对他们认为是全球化必不可少的因素做出反应，而他们之间的竞争性反应会进一步推进世界城市项目。产生一个城市推广自己的"远景"目的旨在向外界彰显自己城市的吸引特征。这些"远景"的中心是预测一个动态的城市形象。利用运动事件、文化节日和标志性建筑都是这种调整城市方向的共同特征。这样，巴塞罗那利用奥林匹克运动会作为契机，把它这个工业城市转变成为以服务经济主导的城市，同时，在城市旅游上口碑甚佳，毕尔巴鄂通过奇迹般的"古根海姆博物馆"建筑成功地吸引了世界的关注。最近，在争办奥运会的竞争中，吸引了若干领跑世界城市，巴黎、伦敦、纽约、马德里和莫斯科都在争取2012年的奥运会主办权。2016年的争办奥运会的城市有马德里、芝加哥、东京和里约热内卢。里约热内卢最终赢得了2016年的奥运会主办权，同时，里约热内卢还将承办2014年的足球世界杯。里约热内卢明确希望这些体育赛事将提高它的世界城市地位，而这些体育赛事将对这个城市的规划战略产生重大影响。

所以，使用大型公共事件来推广城市的全球形象或促进城市改造是一个一般倾向。当然实施这种战略也显现了地方差异。在竞争奥林匹克运动会主办权的竞争中的优先选项和组织战略都被反映到了不同的规划方式中。在伦敦竞争 2012 年奥林匹克运动会主办权中，暴露出了国家和地方政府的不同。纽约争办奥林匹克运动会主办权是由私人部门领导的，它们希望开放新的地区扩大开发机会，纽约希望使用奥林匹克运动会能够加速推进它们的公共交通规划过程，不过，这个规划过程通常是非常困难的。芝加哥曾经把争办奥林匹克运动会看作引导这个城市走出萧条的最好战略。巴黎的市长更热衷于通过奥林匹克村建设社会公租房，而不是伦敦市长设想的大规模城市更新。随着时间的推移，被认为具有竞争优势的属性一直都在变化，从大规模新商务区的必要性到关注生活质量、消费项目和重新开发市中心的混合使用功能，这种对城市竞争优势的不断认识影响着规划的优先选项。20 世纪 80 年代兴起的以项目为基础的世界城市建设一直都掩盖了对城市质量问题的关注，尤其在北美和欧洲更是如此。

自 20 世纪 80 年代以来，城市领导人和规划师已经认识到以项目为基础的世界城市建设方式的弊端，城市政治家们正在以更为主动的态度和更为自我意识的方式去形成他们的未来的远景。但是，我们还能够看到在全球压力和地方影响下的多样性的发展。全球区域之间的基本差异提供了出现多样性的可能性。管理体制和政治文化传统约束了规划方式。规划在什么程度上能够用来作为实现优先选项之间协调的载体将随着管理体制和政治文化而变。战略远景包括了人们活动的不同领域。欧洲通常采用反映欧洲管理文化的那种合作的、合伙控股的方式。而在亚洲，"致力于发展的国家"这种文化居于主导地位，政府行政管理部门处于领导地位，因此，倾向于从上到下的总体规划方式，这种方式只是目前才受到挑战。在北美区域，商界和增长推动着发展，当然，我们也看到了对较大规模和较长时间规划的新的兴趣。安大略省建设了一个绿带并实施了围绕多伦多区域的增长战略。纽约、洛杉矶和芝加哥编制了较长时期的战略规划，纽约较长时期的战略规划中包括了能源和其他关键基础设施。

规划战略中存在差别的关键领域之一是如何解决环境问题。通过欧洲层面和大部分城市的积极的环境规划政策，欧洲展示了它们把环境问题置于优先选项的倾向。例如，伦敦在垃圾管理方面的合作远胜纽约一筹。在美国，联邦环境项目得到了"美国复苏和再投资法"的一定支持，然而，没有类似欧盟所能提供的资源。环境管理一直都是重要的。伦敦长期因为它没有满足欧盟空气质量标准而受到责难。亚太区域国家主导的经营式的方式领导着城市规划，人们把这些规划看成是经济战略的空间表达，看作是保证正确类型的基础设施和服务的一个载体。中心商务区的扩张和交通设施如机场和新的道路这类令人印象深刻的开发是所有规划的核心特征。在抓住新的休闲和旅游市场方面的竞争正在日益增加。当然，甚至在这些城市里，创造更好环境和提高生活质量的压力也在日益增加。过去，不遗余力的争夺经济投资常常导致忽略了环境问题。但是，衰退的环境、污染和交通拥堵能够造成吸引外国投资方面的困难。为了让环境改善能够满足外部投资的需要，亚太区域的城市政府正在开始更为重视这类问题。新加坡在努力解决增长和环境之间的矛盾方面是一个很好的典范。

政治上的变化能够导致规划战略规划中的不同优先选项，这些优先选项一直都在变化。过去30年，欧洲的规划优先选项有着重大变化。柏林的世界城市建设已经证明是过于昂贵了，柏林在两德统一后一直都在挣扎前行。世界城市战略在形体方面的要求和坚持强有力的社会目标，二者的结合让柏林陷入了严重的财政困境之中。巴黎一直都在不断调整它对世界城市规划的思考。20世纪80年代末期，巴黎为了与欧洲区域其他国际商务中心尤其是伦敦的国际商务中心竞争而希望开发大项目。而到了20世纪90年代，开发大项目的机会不再有了，于是，巴黎的规划师调整了方向，关注生活质量问题，例如伴随旅游压力而开展的地区微观管理，或一系列处理交通拥堵问题的措施。2001年当选的社会民主党市长也重新把社会公租房和改善城市外围边缘地区作为优先选项。伦敦市长编制了一个把提高伦敦国际城市地位作为基本目标的规划，包括强调伦敦中心地区的开发，鼓励在那里建设更多的高层建筑。最近对"伦敦远郊"的转向并没有威胁到伦敦规划的城市中心的立场。

世界城市的增长和改造面临若干实质性的挑战。世界城市的增长方式多种多样，伦敦和巴黎是向上发展和增加建筑密度，或者通过开发二级中心来缓解交通拥堵，如伦敦的"金丝雀码头"开发，或者通过扩展和土地整理来实现增长，如东京和新加坡。解决城市中心交通拥堵一直是一个问题。伦敦所采取的征收交通拥堵费的做法已经得到其他城市的关注，如巴黎的自行车共享项目。每一个地方的规划师都致力于提高他们主要城市的地位。然而，规划师还面临管理高收入和低收入群体之间的分化的任务，为了应对这类挑战，能够产生另外一方面的城市政策。巴黎、伦敦和纽约都共同关注住宅的可负担性，当然，每个城市都采用它自己的方式来提供足够的社会住宅单元。扩大政策目标把相互竞争的需要放置于有限的城市空间上，从而产生了可能的社会冲突。在北美和欧洲，有选择的空间增长目标，如在商业地区中划分出的商务改善区，大院式的社区，产生了新的市民分割形式。国际协议控制着进入城市的权利，然而，地方规则确定了进入城市一定部分的权利。规划的政治明显导致了市民身份变换方面的争论（霍尔斯顿和阿帕杜莱，1999）。当然，有些人认为，对社会分化的传统态度需要重新审视，例如，马尔库塞和范·肯彭（2000）提出，城市分割对少数族群可能有优势。

复杂世界的创造性城市规划

我们了解到了这些城市在城市规划方式上的重要变化和对国际竞争的共同关注。这些城市的规划在未来将如何发展呢？经济全球化的重要性是不能否认的，但是，经济全球化的过程可能会比现在所表现出来的情况要复杂得多。例如，在全球经济的总框架内，存在若干重要的活动子类，如欧盟的特殊安排或侨民的跨国联系。侨民的跨国联系可能产生重要的劳动力流和资金流，例如，香港和台湾对中国大陆地区的投资，或韩国开发基金对洛杉矶的投资。基础设施投资对实现长期规划的目标十分关键。全球经济并非城市的全部事情，其他问题也变得日益重要起来。从纽约到新加坡，大部分城市的规划远景中都涉及了较高的城市质量问题。这种"高质量"意味着更好的建筑环境，以及更为多样的和令人振奋的文化生活。即使在高度网络化的社会，公共场所依然重要。强调城市质量意味着管理城市空间特别重要，在这一点上，战略规划有可能发挥重要作用。在强调城市生活质量上，包括餐饮、文化活动和有吸引力的建筑环境，巴黎一直都走在前列。纽约的哈得逊河滨地区、伦敦的南岸、上海 2010 世博会都是创造良好建筑环境和文化机会的重要场所，它们提供了这种发展倾向的进一步的证据。在考虑外来人如游客或全球精英上，这种方式存在一定程度上的差异。虽然旅游和国际企业员工对提高新加坡环境质量具有主导作用，但是，新加坡本身就极力推崇它的环境质量。

世界城市文献和世界城市管理者的战略都特别关注"总部"活动，如金融和商务服务。我们也看到了，伦敦和纽约显示出了新的关注重点，通过其他部门帮助它们摆脱经济萧条。我们反复强调，全球化是由许多发生在不同时间尺度和地理区域上的不同经济过程组成的。世界城市分析一直十分关注文化产业，例如，它们对大型传媒集团和新型网络的产生进行了研究。这些网络的节点能够集中在特定的城市里。一些城市的经济活力与文化活动的日益增加紧密联系在一起。这种状况能够引起这类城市更大的干预政策，这类城市把重点投向公共行动，公共行动对于推动充满文化活力的环境是必不可少的。对文化产业更为广泛的重视，对于规划提出了更高的要求，需要在城市里合理地安排这些活动。这类规划包括处理污染问题、保护良好的城市景观、建设有吸引力的街区、步行友好的街道、新的公共空间、促进艺术事件或其他特殊事件。我们注意到旅游和会展活动对芝加哥的重要性。芝加哥的市长声称他种植的树木比世界上任何一个市长都多，伦敦的新市长也提出了同样的目标，"绿色基础设施"已经成为许多其他城市的一个优先选项。

所以，我们需要认识全球化所包括的不同过程和它们对城市变化的影响。当然，我们还需要考察不同城市处理它们城市边界内空间分化的方式。我们已经提到过，规划战略如何倾向于集中关注城市中心地区的"世界城市空间"和基础设施，城市如何鼓励不断提高一些地方的档次。在这种情况下，城市的其他地方会发生什么呢？其他地方在战略规划上没有得到适当的关注。例如，人们批评第一个"伦敦规划"对伦敦中心城区有些偏爱，过分关注全球导向的经济活动。有若干信息显示，与伦敦一样，其他城市都开始更多地关注中心城区之外的地区，即使这种关注具有实际的政治原因。在伦敦，新市长选举中的一个主要因素就是"一般"郊区的问题。芝加哥注意到与"娱乐机器"同时存在的社会住宅问题，纽约的布隆伯格市长制定了全城范围的经济适用房计划。

市民们对战略规划产生影响的机会是有限的。"世界城市空间"的政策常常不在地方民主参与的事务范围内。不在正常管理范围内的特殊"快递"安排常常即刻就要得到实施，如城市开发公司、商务改善区、"城市复兴区"或特殊项目的专门机构（如奥林匹克组织机构）。亚洲具有从上至下的决策传统，参与不过是这几年出现的争议之中的事情。现在，新加坡这类城市正在努力解决参与问题，不再只是通过经济增长去实现合法性。也许存在一些信号，地方民主可能正在增加对战略规划的影响，就经济范围而言，任何一种尺度上的扩大都会需要一个更为宽泛的方式，地理上的覆盖范围都将鼓励这样做。比较广泛的市民参与，希望倾听市民声音的独立市长，在应对全球化时，能够产生出更具多样性的方案，更大多样性是战略规划的一种属性。

这本书所传达的信息是，政治与城市相关。城市政府能够影响全球因素，我们通常发现国家政治领导人和国家层面的机构都在影响着他们的城市。规划同样也影响着城市。战略规划解释了全球因素，能够成为管理应对全球化不同空间反应的载体，推进城市全球角色的特定远景。我们已经看到，在北美、欧洲和亚太区域，有通过合伙和城市范围的规划，有在公共利益和私人利益之间做交易而产生的规划，还有从上到下的国家领导的总体规划，不同的文化和政治背景产生了不同的规划方式（桑亚尔，2005）。我们还提到过，在每一个区域的主导规划方式内，依然存在许多差异，这些变化依赖于国家和城市的影响。多伦多的规划方式不同于洛杉矶的规划方式，伦敦的规划方式也不同于巴黎的规划方式。在亚太区域"致力于发展的国家"的方式中，规划方式也是各式各样的，从新加坡的强势规划体制到东京的弹性规划方式。规划能够导致城市协调经济、环境和社会问题上的差异。规划方式能够成为帮助城市影响全球压力、协调全球因素和地方因素的重要工具。甚至与城市间竞争相关，规划引导的城市可能会比市场引导的城市处于更好的位置。从纽约弱势公共规划的角度看，亚洲致力于发展的国家，尤其是中国城市的基础设施投资规模和速度，似乎就是一种竞争威胁。

许多人一直都在谈论在全球尺度上与欧洲统一，欧洲具有弱化了的干预性的社会市场方式，而亚洲必须通过放弃"致力于发展的国家"这种方式，从政治上和经济上"追赶上来"。20年前，美国方式被认为是全球模式，纽约是世界城市的范例。现在，我们很难找到一个特别好的模式，成功的因素散布在世界城市里。中国的城市，发展中国家的巨型城市，其他一些新城市，如迪拜，可能为老的世界城市提供一些经验教训。当然，有些批评家可能不同意，例如，戴维·哈维认为，"如果迪拜的大型城市化工程不是荒谬的犯罪的话，它至少是令人不可思议的"（2008，p.30）。也许，新的城市间竞争已经引起了人们有兴趣去考虑较大尺度的规划，去做长远的思考。这种长远思考必须严肃考虑到基础设施的投资和竞争的环境后果。同时，战略远景目标的制定产生了市民参与和把市民权加入到战略思考过程中来的可能。多伦多、纽约、伦敦和巴黎的城市领导人都在宣称他们的城市对全球具有示范作用。

参考文献

111th Congress of the United States of America (2009) *American Recovery and Reinvestment Act of 2009* (ARRA), adopted on 30 September.

Abu-Lughod, J. L. (1995) Comparing Chicago, New York and Los Angeles: testing some world city hypotheses. In P. Knox and P. Taylor (eds), *World Cities in a World System*. Cambridge: Cambridge University Press.

Abu-Lughod, J. L. (1999) *New York, Chicago, Los Angeles: America's Global Cities*. Minneapolis: University of Minnesota Press.

Agnew, J., Shin, M. and Bettoni, G. (2002) City versus metropolis: the Northern League in the Milan Metropolitan Area. *International Journal of Urban and Regional Research*, 26(2), 266–83.

Aguilar, A. G. (1999) Mexico City growth and regional dispersal: the expansion of largest cities and new spatial forms. *Habitat International*, 23(3), 391–412.

——, Ward, P. and Smith, C. (2003) Globalization, regional development and mega-city expansion in Latin America: analysing Mexico City's peri-urban hinterland. *Cities*, 20(1), 3–21.

Alatas, A. (2001) ASEAN in a globalizing world. *Asia-Pacific Review*, 8(2), 1–9.

Alberts, H., Bowen, J. and Cidell, J. (2009) Missed opportunities: the restructuring of Berlin's airport system and the city's position in International Airline Networks. *Regional Studies*, 43(5), 739–58.

Allmendinger, P. and Haughton, G. (2009) Soft spaces, fuzzy boundaries and metagovernance: the new spatial planning in the Thames Gateway. *Environment and Planning A*, 41(3), 617–33.

Altshuler, A. and Luberoff, D. (2003) *Mega-Projects: The Changing Politics of Urban Public Investment*. Washington, DC: Lincoln Institute of Land Policy.

Amin, A. (1997) Placing globalization. *Theory, Culture and Society*, 14(2), 123–37.

—— and Graham, S. (1997) The ordinary city. *Transactions of the Institute of British Geographers*, 22, 411–29.

Angotti, T. (2008) *New York for Sale*. Cambridge: MIT Press.

Anheier, H., Glasius, M. and Kaldor, M. (2001) Introducing global civil society. In H. Anheier, M. Glasius and M. Kaldor (eds), *Global Civic Society Yearbook 2001*. Oxford: Oxford University Press.

Appadurai, A. (1996) *Modernity at Large: Cultural Dimensions of Globalization*. Minneapolis: University of Minnesota Press.

Applebome, P. (2001) Those little town blues, in old New York? *New York Times*, 29 April.

Arrighi, G. (1994) *The Long Twentieth Century: Money, Power, and the Origins of Our Times*. London and New York: Verso.

—— (1999) Globalization, state sovereignty, and the 'endless' accumulation of capital. In D. Smith, D. Solinger and S. Topik (eds), *States and Sovereignty in the Global Economy*. London: Routledge.

Ashworth, G. and Voogd, H. (1990) *Selling the City*. London: Belhaven Press.

Atkinson, R. (2008) Introduction to Special Issue. *Urban Research & Practice*, 1(3), 217–21.

Bagaeen, S. (2007) Brand Dubai: The Instant City; or the Instantly Recognizable City. *International Planning Studies*, 12(2), 173–97.

Bagli, C. (1998) Deal for largest development site in Times Square falls apart. *New York Times*, 9 December.

—— (2002) Big real estate groups mobilizing against proposed jump in property taxes. *New York Times*, 21 November.

—— (2009) As finance offices empty, developers rethink ground zero. *New York Times*, 15 April.

Bailey, I. (2010) Copenhagen and the new political geographies of climate change. *Political Geography*, 29(3), 127–9.

Baldry, L. (2003) *Chairman's Welcome: Action Plan for Central London*. London: Central London Partnership.

Balducci, A. (2001) New tasks and new forms of comprehensive planning in Italy. In L. Albrechts *et al.* (eds), *The Changing Institutional Landscape of Planning*. Aldershot: Ashgate.

Balibrea, M. P. (2004) Urbanism, culture and the post-industrial city: challenging the 'Barcelona Model'. In T. Marshall (ed.), *Transforming Barcelona*. New York and London: Routledge.

Barber, S. (ed.) (2007) *The Geopolitics of the City*. London: Forum Press.

Barnes, W. R. and Ledebur, L. C. (1997) *The New Regional Economies: The U.S. Common Market and the Global Economy*. Thousand Oaks, CA: Sage Publications.

Barrett, B. (1994) Integrated environmental management - experience in Japan. *Journal of Environmental Management*, 40, 17–32.

——(1995) From environmental auditing to integrated environmental management: local government experience in the United Kingdom and Japan. *Journal of Environmental Planning and Management*, 38(3), 307–31.

Baughman, J. (1993) Take me away from Manhattan: New York City and American mass culture, 1930–1990. In M. Shefter (ed.), *Capital of the American Century* (pp. 117–31). Thousand Oaks, CA and London: Russell Sage Foundation.

Baum, S. (1997) Sydney, Australia: a global city? Testing the social polarisation thesis. *Urban Studies*, 34(11), 1881–901.

—— (1999) Social transformations in the global city: Singapore. *Urban Studies*, 36(7), 1095–117.

Baycan-Levent, T. (2003) *Globalization and Development Strategies for Istanbul: Regional Policies and Great Urban Transformation Projects*, Paper for 39th ISoCaRP Congress.

BBR (Bundesamt für Bauwesen und Raumordnung) (2000) Die neue Konjunktur von Region und Regionalisierung. Special issue of *Informationen zur Raumentwicklung*, 449–57.

Beall, J., Crankshaw, O. and Parnell, S. (2002) *Uniting a Divided City: Governance and Social Exclusion in Johannesburg*. London: Earthscan.

Beauregard, R. A. (1999) Breakdancing on Santa Monica boulevard. *Urban Geography*, 20(5), 396–9.

——(2004) Mistakes were made: rebuilding the World Trade Center, Phase 1. *International Planning Studies*, 9(2/3), 139–53.

——and Body-Gendrot, S. (1999) *The Urban Moment: Cosmopolitan Essays on the Late-20th-century City*. Thousand Oaks, CA and London and Delhi: Sage.

——and Haila, A. (2000) The unavoidable continuities of the city. In P. Marcuse and R. van Kempen (eds), *Globalizing Cities*. Oxford: Blackwell.

——and Pierre, J. (2000) Disputing the global: a sceptical view of locality-based international initiatives. *Policy & Politics*, 28(4), 465–78.

Beaverstock, J. V., Hoyler, M., Pain, K. and Taylor, P. J. (2002) Comparing London and Frankfurt as world cities. A relational study of contemporary urban change. From www.lboro.ac.uk/gawc/.

Beaverstock, J. V., Smith, R. G. and Taylor, P. J. (1999) A roster of world cities. *Cities*, 16(6), 444–58.

——(2000) World-city network: a new meta-geography?, *Annals of the Association of American Geographers*, 90(1), 123–34.

Beavon, K. (1997) Johannesburg. In C. Rakodi (ed.), *The Urban Challenge in Africa: Growth and Management of its Large Cities*. Tokyo: United Nations Press.

Beijing Institute of Urban Planning and Design (1993) *Beijing Urban Master Plan (1991–2010)*. Beijing: BIUPD.

Beijing Institute of Urban Planning and Design, (2004) *Beijing Urban Master Plan (2004–2020)*. Beijing: BIUPD.

Bello, W. (2005) *Deglobalization: Ideas for a New World Economy*. London: Zed Books.

Belsie, L. (2002) Kentucky city doubles in size - overnight. From http://www.csmonitor.com/2002/1010/p03s01-ussc.html.

Benedicto, J. L. L. and Carrasco, J. V. (2007) Barcelona Universal Forum 2004: culture as driver of urban economy. In W. Salet and E. Gualini (eds), *Framing Strategic Urban Projects*. New York and Abingdon: Routledge.

Benit, C. and Gervais-Lambony, P. (2003) La mondialisation comme instrument politique local dans les métropole sud-africaines Johannesburg et Ekhuruleni: les 'pauvres' face aux 'vitrine'. *Annales de Géographie*, 112(634), 628–45.

Berg, B. (2007) *New York City Politics. Governing Gotham*. New Brunswick: Rutgers University Press.

Bernstein, N. (1999) Giuliani to order homeless to work for their shelter. *New York Times,* 26 October 2003. From www.nytimes.com/yr/mo/day/news/national/regional/ ny-homeless-policy.html.

——(2001) New numbers generating debate about efforts to house homeless. 2003, From www.nytimes.corri/2001/08/02/nyregion/02HOME.html.

Berridge, J. (1999) There's no need to sit and wait for a handout. *Globe and Mail,* 7 June.

Berube, A. and Forman, B. (2002) *Living on the Edge: Decentralization within Cities in the 1990s. Census 2000 Matters.* Washington, DC: Brookings Institution.

Bianchini, F. (1994) Milan. In A. Harding, J. Dawson, R. Evans and M. Parkinson (eds), *European Cities in the 1990s: Profiles, Policies and Prospects.* Manchester: Manchester University Press.

Birch, E. and Wachter, S. (2009) The shape of the New American City. *The Annals of the American Academy of Political and Social Science*, 626, 6–10.

Blakely, E. and Snyder, M. G. (1997) *Fortress America: Gated Communities in the United States.* Washington, DC: Brookings Institution.

Blanco, I. (2009) Does a 'Barcelona Model' really exist? Periods, territories and actors in the process of urban transformation. *Local Government Studies*, 35(3), 355–69.

Bloomberg, M. (2001) Electoral address. From www.mikeformayor.org/issues/rebuildnyc.shtm.

Bombay First and McKinsey (2003) *Vision Mumbai: Transforming Mumbai into a World-Class City.* New Delhi: Galaxy Offset.

Borja, J. and Castells, M. (1997) *Local and Global: Management of Cities in the Information Age.* London: Earthscan.

Boston Globe (2002) Paris: viaduc des arts and promenade plantée. From www.bston.com/beyond_bigdig/paris.shtm.

Boudreau, J.-A. and Keil, R. (2000) Seceding from responsibility? Secession movements in Los Angeles. Paper presented at the Urban Affairs Association annual meeting, Los Angeles, May.

——, Keil, R. and Young, D. (2009) *Changing Toronto. Governing Urban Neoliberalism.* Toronto: University of Toronto Press.

Bowie, D. (2010) *Politics, Planning and Homes in a World City.* London: Routledge.

Bowles, J. (2003) Slow down on far west midtown. From www.nycfuture.org.

Boyer, J. C., Decoster, E. and Newman, P. (1998) Les politiques de revitalisation des aires d'ancienne industrie à Londres et en Ile-de-France, *Cahier No. 11,* Institut Français d'Urbanisme.

Branigan, T. (2010) From robot violinists to a giant dandelion, the world takes its wares to Shanghai. *Guardian,* 22 April.

Brenner, N. (1998) Global cities, global states: global city formation and state territorial restructuring in contemporary Europe. *Review of International Political Economy*, 5, 1–37.

——(1999) Globalisation as reterritorialisation. *Urban Studies*, 36(7), 431–51.

——(2000) *Entrepreneurial Cities, 'Glocalizing' States and the New Politics of Scale: Rethinking the Political Geographies of Urban Governance in Western Europe,* Working Paper 76a and 76b. Cambridge, MA: Centre for European Studies, Harvard University.

——(2001) World city theory, globalization and the comparative historical method: reflections on Janet Abu-Lughod's interpretation of contemporary urban restructuring.

GaWC Research Bulletin, Globalization and World Cities Study Group and Network, Loughborough University (http://www.lboro.ac.uk/gawc/rb/rb49.html), 49.

—— (2002) Berlin's transformations: postmodern, postfordist ... or neoliberal? *International Journal of Urban and Regional Research,* 26, 635–42.

—— (2004) *New State Spaces.* New York: Oxford University Press.

—— and Theodore, N. (2002) *Spaces of Neoliberalism. Urban Restructuring in North America and Western Europe.* Oxford: Blackwell.

Bristow, R. (1984) *Land Use Planning in Hong Kong.* Hong Kong: Oxford University Press.

Brookings Institution (2009) *MetroMonitor 1st Quarter 2009.* Washington: Brookings Institution.

Broudehoux, A-M, (2004) *The Making and Selling of Post-Mao Beijing.* Routledge: London.

Broudehoux, A.-M. (2007) Spectacular Beijing: the conspicuous construction of an Olympic Metropolis. *Journal of Urban Affairs,* 29(4), 383–99.

Brown, E., Catalano, G. and Taylor, P. (2002) Beyond world cities: Central America in a global space of flows. *Area,* 34(2), 139–48.

Brown, G. W. (2008) Globalization is what we make of it: contemporary globalization theory and the future construction of global interconnection. *Political Studies Review,* 6(1), 42–53.

Brownill, S. and Carpenter, J. (2009) Governance and 'Integrated' Planning: the case of sustainable communities in the Thames Gateway, England. *Urban Studies,* 46(2), 251–74.

Brunet, R. (1989) *Les villes européennes. Rapport pour la DATAR.* Montpelier: RECLUS.

Buck, N., Gordon, I., Hall, P., Harloe, M. and Kleinman, M. (2002) *Working Capital: Life and Labour in Contemporary London.* London: Routledge.

Bucken-Knapp, G. (2001) Just a train-ride away, but still worlds apart: prospects for the Øresund region as a binational city. *GeoJournal,* 54, 51–60.

Bulkeley, H. and Schroeder, H. (2008) Governing climate change post 2012: the role of global cities. London Working Paper 123. Tyndall Centre for Climate Change Research.

Busch, A. (2000) Unpacking the globalisation debate: approaches, evidence and data. In C. Hay and D. Marsh (eds), *Demystifying Globalization.* London: Palgrave Macmillan.

Calavita, N. and Amador, F. (2000) Behind Barcelona's success story. *Journal of Urban History,* 26, 793–807.

Canclini, N. G. (2001) From national capital to global capital: urban change in Mexico City. In A. Appadurai (ed.), *Globalization* (pp. 253–9). Durham, NC: Duke University Press.

Castells, M. (1996) *The Information Age: Economy, Society & Culture, Volume 1 – The Rise of the Network Society.* Oxford: Blackwell.

—— (1998) *End of Millennium.* Malden, MA: Blackwell Publishers.

—— (2002) Local and global: cities in the network society. *Tijdschrift voor Economische en Sociale Geografie,* 93(5), 548–58.

—— and Hall, P. (1994) *Technopoles of the World: The Making of 21st Century Industrial Complexes.* London: Routledge.

Caygill, H. (1997) The futures of Berlin's Potsdamer Platz. In A. Scott (ed.), *The Limits of Globalization* (pp. 25–44). London: Routledge.

CEC (Commission of the European Communities) (1997) *Towards an Urban Agenda in the European Union,* Communication from the Commission, COM(97)197 final, 6 May 1997. Brussels: CEC.

—— (2000) *White Paper on European Governance, Enhancing Democracy in the European Union,* Work Programme, Commission Staff Working Document, SEC (2000) 1547/7 final. Brussels: CEC.

—— (2001) *European Governance: A White Paper.* Brussels: CEC.

—— (2002) *Towards a Global Partnership for Sustainable Development.* Brussels: CEC.

—— (2007) *State of European Cities Report.* Brussels: CEC.

—— (2010a) Evaluating Regional Policy. *Panorama,* 33. Publications Office Brussels.

—— (2010b) Territorial cohesion: what scales of policy intervention?. Follow up of Green Paper on Territorial Cohesion 2nd TCUM session. Seminar, Brussels, 12 March. From http://ec.europa.eu/regional_policy/conferences/territorial/12032010/index_en.cfm

Chaline, C. (2003) *Les Politiques de la ville*. Paris: Presses Universitaires de France.

Charzet, M. (1998) *Le Paris citoyen. La révolution de la démocratie locale*. Paris: Stock.

Chen, X. (ed.) (2009) *Rising Shanghai: State Power and Local Transformations in a Global Megacity*. Minneapolis and London: University of Minnesota Press.

Chen, X. and Orum, A. (2009) Shanghai as a new global(izing) city: lessons for and from Shanghai. In X. Chen, (ed.), *Rising Shanghai: State Power and Local Transformations in a Global Megacity*. Minneapolis and London: University of Minnesota Press.

Cheung, P. (1996) The political context of Shanghai's economic development. In Y. M. Yeung and S. Yun-wing (eds), *Shanghai: Transformation and Modernization under China's Open Policy*. Hong Kong: The Chinese University Press.

Chevrant-Breton, M. (1997) Selling the world city: a comparison of promotional strategies in Paris and London. *European Planning Studies*, 5(2), 137–62.

Chicago Metropolitan Agency for Planning (2010) Draft Preferred Regional Scenario: An interim product of the GO TO 2040 plan. 6 January. From http://www.goto2040.org/idea-zone/default.aspx?id=17692.

Chiu, R. L. H. (2008) Shanghai's rapid urbanization: how sustainable? *Built Environment*, 34(4), 532–46.

Chiu, S. and Lui, T. (2004) Testing the global city-social polarisation thesis: Hong Kong since the 1990s. *Urban Studies*, 41(10), 1863–88.

Chiu, S. and Lui, T. (2009) *Hong Kong: Becoming a Chinese Global City*. London and New York: Routledge.

Chua, B. H. (1989) *The Golden Shoe: Building Singapore's Financial District*. Singapore: Urban Redevelopment Authority.

—— (1996) Singapore: management of a city-state in Southeast Asia. In J. Rüland (ed.), *The Dynamics of Metropolitan Management in Southeast Asia*. Singapore: Institute of Southeast Asian Studies.

——(1998) World cities, globalisation and the spread of consumerism: a view from Singapore. *Urban Studies*, 35(5–6), 981–1000.

Circle Initiative (2002) The circle initiative. From http://www.londonbids.info/circle/ circle_ faq.asp.

City of Chicago (2001) State reach agreement on Mayor Daley's O'Hare Expansion Plan. Press release, 5 December.

—— (2002) Central area plan to help guide downtown growth *(Planning and Development News*, 2 July). Chicago: Department of Planning and Development.

—— (2003) *Chicago's Central Area in 2020*. Chicago: Department of Planning and Development.

—— (2003) *The Chicago Central Area Plan*. Chicago, IL.: Department of Planning and Development.

City of Johannesburg, (2001) *Johannesburg: An African City in Change*. Cape Town: Zebra Press.

City of Los Angeles (2010) Summary. Downtown L.A. Streetcar Urban Circulator Grant Application. From http://mayor.lacity.org/stellent/groups/electedofficials/@cd14_contrib-utor/documents/classmaterials/lacityp_008859.pdf

City of Los Angeles (2008) *Five-Years Consolidated Plan (Program Years 2008–2013)*. Los Angeles: US department of housing and urban development.

City of New York (2010) *PlaNYC 2030. Progress Report 2010*. New York: City of New York.

City of Paris (2003) *Dossier ville: Le logement social à Paris*. Paris: City of Paris.

City of Toronto (2000) *Toronto's 2008 Olympic and Paralympic Games Bid*. Toronto: Commissioner of Economic Development and Parks.

——(2007) *Toronto Official Plan*. Toronto: City of Toronto.

Civic Alliance (2002) Rebuilding Lower Manhattan for the Creative Age: Implications for the Greater New York Region. From civic-alliance.org.

Clammer, J. (2000) In but not of the world? Japan, globalization and the 'end of history'. In C. Hay and D. Marsh (eds), *Demystifying Globalization*. Basingstoke: Palgrave Macmillan.

Clark, E. (1997) Globalizing cities? In A. Lainevuo (ed.), *Milieu Construction*. Helsinki: University of Technology.

Clark, T. N. (1996) Structural realignments in American city politics. *Urban Affairs Review,* 31(3), 367–403.

——(2000) Will globalization change urban theory in the new millennium? Paper presented at the Urban Affairs Association annual meeting, Los Angeles.

——(2003) *The City as an Entertainment Machine.* San Diego, CA: Elsevier.

——and Hoffman-Martinot, V. (eds) (1998) *The New Political Culture.* Boulder, CO: Westview Press.

——, Lloyd, R., Wong, K. and Jain, P. (2001a) The post-industrial city: what is it and how to get there? Paper presented at the Urban Affairs Association annual meeting, April.

——, Lloyd, R., Wong, K. and Jain, P. (2001b) Amenities drive urban growth. Paper presented at the Urban Politics section on Managing Growth, APSA conference, San Francisco, August.

Clarke, A. (2001) Regeneration and competitiveness: the London finance industry's motives in regeneration. Unpublished MA thesis, University of Westminster, London.

Clarke, S. E. (2002) Spatial concepts and cross-border governance strategies: comparing North American and Northern Europe experiences. Paper presented at the EURA Conference on Urban and Spatial European Policies, Turin, 18–20 April.

—— and Gaile, G. (1997) Local politics in a global era: thinking locally, acting globally. *Annals of the American Academy of Political and Social Science,* 551, 28–43.

Clos, O. (2004) The transformation of Poblenou: the new 22@ District. In T. Marshall (ed.), *Transforming Barcelona.* New York and London: Routledge.

Close, P., Askew, D. and Xu, X. (2007) *Beijing Olympiad – The Political Economy of a Sporting Mega-Event.* Abingdon and New York: Routledge.

CLP (Central London Partnership) (2003) *Action Plan for Central London.* London: CLP.

CMAP (Chicago Metropolitan Agency for Planning) (2010) Draft Preferred Regional Scenario. 6 Jan 2010 http://www.goto2040.org/ideazone/default.aspx?id=17692.

Cochrane, A. (2006) Looking for the South-East. In I. Hardill, P. Benneworth, M. Baker and L. Budd (eds) *The Rise of the English Regions* (pp. 227–24). London: Regional Studies Association/Routledge.

Cochrane, A. and Jonas, A. (1999) Reimagining Berlin: world city, national capital or ordinary place? *European Urban and Regional Studies,* 6(2), 145–64.

COHRE (Centre on Housing Rights and Evictions) (2007) *Fair Play for Housing Rights: Mega-events, Olympic Games and Housing Rights.* Geneva: Centre on Housing Rights and Evictions.

Cole, R., Hissong, R. and Arvidson, E. (1999) Devolution? Where's the revolution? Paper presented at the Urban Affairs Association annual meeting, Louisville, KY.

Commercial Club of Chicago (2002) *Metropolis 2020.* Chicago: Commercial Club.

Conseil de Paris (1996) *Communication sur l'urbanisme.* Paris: Mairie de Paris.

Cook, I. (2006) Beijing as an 'internationalized metropolis'. In F. Wu (ed.) *Globalization and the Chinese City.* London and New York: Routledge.

——(2007) Beijing 2008. In J. R. Gold and M. M. Gold (eds), *Olympic Cities.* London and New York: Routledge.

Corjin, E., Vandermotten, C., Decroly, J. M. and Swyngedouw, E. (2009) Brussels as an international city. *Brussels Studies,* Synopsis No 13.

Corporation of London (1995) *The Competitive Position of London's Financial Services-Final Report.* London: Corporation of London.

Courchene, T. J. (2001) Ontario as a North American region-state, Toronto as a global city-region: Responding to the NAFTA challenge. In A. J. Scott (ed.), *Global City-Regions: Trends, Theory, Policy.* New York: Oxford University Press.

Coutard, O. (2002) 'Premium network spaces': A comment. *International Journal of Urban and Regional Research,* 26(1), 166–74.

Cox, K. (ed.) (1997) *Spaces of Globalization.* London: Longman.

CRA (Community Redevelopment Agency) (2002) Redevelopment agency proposes major overhaul in downtown industrial core. News release, 5 November.

Crankshaw, O. (2008) 'Race, space and post-fordist spatial order of Johannesburg', *Urban Studies,* 45(8), 1692–711.

Crawford, L. (2002) Restless city attempts to redefine its role. *Financial Times Survey,* 12 March.

CRIF (2008) *Report of the Commission: Scenarii pour la métropole Paris-Ile-de-France demain.* Paris: CRIF.

Crot, L. (2006) 'Scenographic' and 'Cosmetic' planning: globalization and territorial restructuring in Buenos Aires. *Journal of Urban Affairs,* 28(3), 227–51.

CSD (Committee on Spatial Development) (1999) *European Spatial Development Perspective.* Tampere, Finland, CSD.

Currid, E. and Williams S. (2010) Two cities, five industries: similarities and differences within and between cultural industries in New York and Los Angeles. *Journal of Planning Education and Research,* 29(3), 322–35.

Cybriwsky, R. (1998) *Tokyo.* Chichester: Wiley.

Dale, J. (1999) *Urban Planning in Singapore: The Transformation of a City.* Singapore: Oxford University Press.

Davey, M. (2009a) Recession shadowing Chicago bid for Games. *New York Times,* 27 July.

—— (2009b) Second city absorbs its latest defeat. 4 October, http://www.nytimes.com/2009/10/04/us/04chicago.html?_r=1&emc=tnt&tntemail1=y.

Davis, J. (1988) *Reforming London: The London Government Problem, 1855–1900.* Oxford: Oxford University Press.

Davis J. and Thornley, A. (2010) Urban regeneration for the London 2012 Olympics: Issues of land acquisition and legacy. *City, Culture and Society,* 1(2), 89–98.

Davis, M. (1990) *City of Quartz: Excavating the Future in Los Angeles.* London: Verso.

DCMS (Department for Culture, Media and Sport) (2009) Liverpool's year as European Capital of Culture 2008 was an outstanding success. From http://www.culture.gov.uk/what_we_do/communities_and_local_government/3235.aspx.

Deacon, B., Castle-Kanerova, M., Manning, N., Millard, F., Orosz, E. and Szalai, J. (1992) *The New Eastern Europe: Social Policy, Past Present and Future.* London: Sage.

Dear, M. J. (2001a) The L.A. School. A personal introduction. In M. Dear (ed.), *From Chicago to LA: Making Sense of Urban Theory* (pp. 423–6). London: Sage.

—— (ed.) (2001b) *From Chicago to LA: Making Sense of Urban Theory.* Thousand Oaks, CA and London: Sage.

—— (2001c) *Sprawl Hits the Wall: Confronting the Realities of Metropolitan Los Angeles.* Los Angeles: Southern California Studies Center of the University of Southern California.

—— (2002) Los Angeles and Chicago School: Invitation to debate. *City and Community,* 1(1), 5–32.

—— and Flusty, S. (1997) The iron lotus: Los Angeles and postmodern urbanism. In D. Wilson (ed), *Globalization and the Changing US City. Annals of AAPSS,* 551, 151–63.

—— (1998) Postmodern urbanism. *Annals of American Association of Geographers,* 88, 50–72.

—— (2001) The resistible rise of the L.A. School. In M. Dear (ed.), *From Chicago to L.A.: Making Sense of Urban Theory* (pp. 3–16). London: Sage.

Dearlove, J. (2000) Globalization and the study of British politics. *Politics,* 20(2), 111–18.

de Chenay, C. (2002) Sur la Zac Rive Gauche, des projets contestés de grate-ciel. *Le Monde,* 6 November, p. 13.

Delanoë, B. (2001) Renouvellement urbain à Paris: pour un élan partagé. Communication du maire au Conseil de Paris le 22/10/2001. From www.paris.fr/FR/Urbanisme/PLU.

—— (2003) Un entretien avec Bertrand Delanoë. *Libération,* 25 April.

Delanty, G. (2000a) *Citizenship in a Global Age: Society, Culture, Politics.* Philadelphia, PA: Open University Press.

—— (2000b) The resurgence of the city in Europe. In E. Isin (ed.), *Democracy, Citizenship and the Global City* (pp. 79–92). London and New York: Routledge.

Department of City Planning (1995) *A Critical Analysis of the Role of the Port Authority of New York and New Jersey.* New York: Department of City Planning.

—— (1999) *Strategic Policy Statement.* New York: Department of City Planning.

Department of Planning (1995) *Cities for the 21st Century.* Sydney: Department of Planning.

Department of Urban Affairs and Planning (1997) *A Framework for Growth and Change.* Sydney: Department of Urban Affairs and Planning.

Derudder, B. *et al.* (2009) Pathways of growth and decline: connectivity changes in the world city network, 2000–2008. *GaWC Research Bulletin*, 310.

Derudder, B., Timberlake, M. and Witlox, F. (2010) Introduction: mapping changes in urban systems. *Urban Studies*, 47(9), 1835–41.

Dick, H. W. and Rimmer, P. J. (1998) Beyond the third world city: the new urban geography of South-east Asia. *Urban Studies*, 35(12), 2303–21.

Dicken, P., Peck, J. A. and Tickell, A. (1997) Unpacking the global. In R. Lee and J. Wills (eds), *Geographies of Economies* (pp. 158–66). London: Edward Arnold.

DiGaetano, A. and Strom, E. (2003) Comparative urban governance. an integrated approach. *Urban Affairs Review*, 38(3), 356–95.

Ding, X. L. (1994) Institutional amphibiousness and the transition from Communism: the case of China. *British Journal of Political Science*, 24(1), 293–318.

Doig, J. W. (2001) *Empire on the Hudson. Entrepreneurial Vision and Political Power at the Port of New York Authority.* New York: Columbia University Press.

Douglass, M. (1993) The 'new' Tokyo story: restructuring space and the struggle for place in a world city. In K. Fujita and R. C. Hill (eds), *Japanese Cities in the World Economy.* Philadelphia, PA: Temple University Press.

—— (1994) The 'developmental state' and the newly industrialised economies of Asia. *Environment and Planning A*, 26, 543–66.

——(1997) Urbanization and social transformations in East Asia. In W. B. Kim, M. Douglass, S. L. Choe and K. C. Ho (eds), *Culture and the City in East Asia.* Oxford: Clarendon Press.

—— (1998) World city formation on the Asia Pacific Rim: poverty, everyday forms of civil society and environmental management. In M. Douglass and J. Friedmann (eds), *Cities for Citizens: Planning and the Rise of Civil Society in a Global Age* (pp. 107–37). London: John Wiley.

—— (2000) Mega-urban regions and world city formation: globalization, the economic crisis and urban policy issues in Pacific Asia. *Urban Studies*, 37(12), 2315–35.

—— (2001) Intercity competition and the question of economic resilience: globalization and crisis in Asia. In A. J. Scott (ed.), *Global City-Regions.* Oxford: Oxford University Press.

——(2005/6) Local city, capital city or world city? Civil society, the (Post-) developmental state and the globalization of urban space in Pacific Asia. *Pacific Affairs*, 78(4), 543–58.

Dowding, K. (2001) There must be an end to confusion. *Political Studies*, 49, 89–105.

Dreier, P., Mollenkopf, J. and Swanstrom, T. (2001) *Place Matters. Metropolitics for the Twenty-first Century.* Lawrence, KS: University of Kansas Press.

DREIF (1994) *Ile-de-France 2015. Schéma directeur.* Paris: Direction Régionale de l'Equipement d'Ile-de-France.

Dryzek, J., Hunold, C. and Schlosberg, D. (2002) Environmental transformation of the state: the USA, Norway, Germany and the UK. *Political Studies*, 50, 659–82.

Eckersley, R. (2004) *The Green State: Rethinking Democracy and Sovereignty.* Cambridge MA: MIT Press.

Economic Strategies Committee (2010) Subcommittee on Making Singapore a Leading Global City. Singapore Government. www.esc.gov.sg. Accessed 29th May 2010.

Economist (2008) Masdar Plan. 6 December.

——(2009) A new World; Dubai. 25 April.

Edralin, J. S. (1998) Metropolitan governance and planning in transition: a synthesis of research findings. In J. S. Edralin (ed.), *Metropolitan Governance and Planning in Transition: Asia Pacific Cases* (Vol. 31, pp. 3–16). Nagoya: UNCRD.

Edwards, M. and Gaventa, J. (2001) *Global Citizen Action.* London: Earthscan.

Eeckhout, B. (2001) The 'Disneyfication' of Times Square: back to the future? *Critical Perspectives on Urban Redevelopment*, 6, 379–428.

Eisinger, P. (1998) City politics in an era of federal devolution. *Urban Affairs Review*, 33(3), 308–25.

—— (2002) City politics in an era of federal devolution. In D. Judd and P. Kantor (eds), *The Politics of Urban America* (pp. 365–77). New York: Longman.

El-Shakhs, S. and Shoshkes, E. (1998) Islamic cities in the world system. In F. Lo and Y. Yeung (eds), *Globalization and the World of Large Cities.* Tokyo: United Nations University Press.

Ellger, C. (1992) Berlin: legacies of division and problems of unification. *The Geographical Journal,* 158(1), 40–6.

Ergun, N. (2004) Gentrification in Istanbul. *Cities,* 21(5), 391–405.

Erie, S. (2001) Los Angeles as a developmental city-state. In M. J. Dear (ed.), *From Chicago to L.A.: Making Sense of Urban Theory* (pp. 131–60). Thousand Oaks, CA and London: Sage.

——and MacKenzie, S. (2009) The L.A. School and politics noir: bringing the local state back. *Journal of Urban Affairs,* 31(5), 537–57.

Erkip, F. (2000) Global transformations versus local dynamics in Istanbul. *Cities,* 17(5), 371–7.

Ernst & Young (1997) *How Regional Governments Work with Business,* Report for the London Chamber of Commerce and Industry. London: Ernst & Young.

Esping-Anderson, G. (1990) *The Three Worlds of Welfare Capitalism.* Cambridge: Polity Press.

——(1996) *Welfare States in Transition.* London: Sage.

Eurocities (2009) *Eurocities in 2009. Annual Report.* Brussels: Eurocities.

European Convention (2003) Draft text of the treaty establishing a constitution for Europe. From www.european-convention.eu.int/DraftTreaty.

Fainstein, S. S. (1994) *The City Builders: Property, Politics, and Planning in London and New York.* Cambridge, MA: Blackwell.

—— (2000) Globalization, the transfer of ideas, and local democracy. Paper presented at the Urban Affairs Association annual meeting, Los Angeles, 4 May.

——(2001) *The City Builders: Property Development in New York and London 1980–2000,* 2nd edn. Lawrence: University of Kansas Press.

——(2002) One year on. Reflections on September 11th and the 'War on Terrorism': regulating New York City's visitors in the aftermath of September 11th. *International Journal of Urban and Regional Research,* 26(3), 591–5.

—— (2009) Mega Projects in New York, London and Amsterdam. *International Journal of Urban and Regional research.* 32(4), 768–85.

—— and Judd, D. R. (1999) Cities as places to play. In D. Judd and S. S. Fainstein (eds), *The Tourist City* (pp. 261–71). New Haven, CT: Yale University Press.

—— and Stokes, R. J. (1998) Spaces for play: the impacts of entertainment development on New York City. *Economic Development Quarterly,* 12(2), 150–65.

——, Gordon, I. and Harlow, M. (eds) (1992) *Divided Cities: New York and London in the Contemporary World.* Oxford: Blackwell.

Faludi, A. (2002) Positioning European spatial planning. *European Planning Studies,* 10(7), 897–909.

—— (2003) Territorial cohesion: old (French) wine in new bottles? Paper presented at the ACSP/AESOP Joint Congress, Leuven.

——(ed.) (2007) *Territorial Cohesion and the European Model of Society.* Cambridge: Lincoln Institute.

Feng, J., Wu, F. and Logan, J. (2008) From homogenous to heterogeneous: the transformation of Beijing's socio-spatial structure. *Built Environment,* 34(4), 482–98.

Fernandez, M. (2009) As city adds housing for poor, market subtracts it. *New York Times,* 15 October.

Final Report of the Commission on Japan's Goals for the 21st Century – entitled 'The frontier within: individual empowerment and better governance in the new Millennium', published Jan 2000.

Fitch, R. (1993) *The Assassination of New York.* London and New York: Verso.

Fletcher, M. (2008) Giant steelworks' leap lets Beijing breathe in time for the Olympics. *The Times,* 19 July.

Florida, R. (2000) *Competing in an Age of Talent.* Pittsburgh, PA: R.K. Mellon Foundation/ University of Pittsburgh.

—— (2002) Rebuilding Lower Manhattan for the creative age: implications for the Greater New York region (pp. 1–18). From www.civicalliance.org.

Forbes, D. (1997) Regional integration, internationalisation and the new geographies of the Pacific Rim. In R. F. Watters and T. G. McGee (eds), *Asia Pacific: New Geographies of the Pacific Rim.* London: Hurst and Co.

Freeman, J. (2000) *Working-Class: New York Life and Labor Since World War II.* New York: The New Press.

Frick, D. (1991) City development and planning in the Berlin conurbation. *Town Planning Review*, 62(1), 37–49.

Friedmann, J. (1986) The world city hypothesis. *Development and Change,* 17(1), 69–83.

——(1995) Where we stand: a decade of world city research. In P. L. Knox and P. J. Taylor (eds), *World Cities in a World System* (pp. 21–47). Cambridge: Cambridge University Press.

——(1997) World city futures: the role of urban and regional policies. Paper presented at the 4th Asian Planning Schools Congress, Bandung, Indonesia, 2–4 September.

——(2000) The good city: in defense of utopian thinking. *International Journal of Urban and Regional Research,* 24(2), 460–72.

——(2001) World cities revisited: a comment. *Urban Studies,* 38(13), 2535–6.

——(2002a) Placemaking as project? Habitus and migration in transnational cities. In J. Hillier and E. Rooksby (eds), *Habitus: A Sense of Place* (pp. 299–316). Aldershot: Ashgate.

——(2002b) *The Prospect of Cities.* Minneapolis: University of Minnesota Press.

——(2005) *China's Urban Transition.* Minneapolis: University of Minnesota Press.

——(2008) Book Review: World City: Doreen Massey, 2007. *Urban Studies,* 45 (9), 1997–99.

——and Wolff, G. (1982) World city formation. An agenda for research and action. *International Journal of Urban and Regional Research,* 6, 309–44.

Frisken, F. (2001) The Toronto story: sober reflections on fifty years of experiments with regional governance. *Journal of Urban Affairs,* 23(5), 513–41.

Fu, Z. (2002) The state, capital, and urban restructuring in post-reform Shanghai. In J. R. Logan (ed.), *The New Chinese City: Globalization and Market Reform.* Oxford and Malden, MA: Blackwell.

Fujita, K. (1991) A world city and flexible specialisation: restructuring the Tokyo metropolis. *International Journal of Urban and Regional Research,* 15, 269–84.

—— (2000) Asian crisis, financial systems and urban development. *Urban Studies,* 37(12), 2197–216.

—— (2003) Neo-industrial Tokyo: urban development and globalisation in Japan's state-centred developmental capitalism. *Urban Studies,* 40(2), 249–81.

—— and Hill, R. C. (eds) (1993) *Japanese Cities in the World Economy.* Philadelphia, PA: Temple University Press.

Fukukawa, S. (2001) Sea change in Japan's values. *The Japan Times,* 28 May.

Gamble, A. (2010) The political consequences of the crash. *Political Studies Review,* 8(1), 3–14.

García, M. (2003) The case of Barcelona. In W. Salet, A. Thornley and A. Kreukels (eds), *Metropolitan Governance and Spatial Planning.* London and New York: Spon.

García-Ramon, M. D. and Albet, A. (2000) Commentary. Pre-Olympics and post-Olympics Barcelona, a 'model' for urban regeneration today? *Environment and Planning A,* 32, 1331–4.

Garreau, J. (1991) *Edge City. Life on the New Frontier.* New York: Doubleday.

Garza, G. (1999) Global economy, metropolitan dynamics and urban policies in Mexico. *Cities,* 16(3), 149–70.

Gaubatz, P. (2005) Globalization and the development of new central business districts in Beijing, Shanghai and Guangzhou. In J. C. Ma and F. Wu (eds), *Restructuring the Chinese City.* London and New York: Routledge.

Gdaniec, C. (2000) Cultural industries, information technology and the regeneration of post-industrial urban landscapes. Poblenou in Barcelona – a virtual city? *Geojournal,* 50, 379–87.

Geniş, Ş. (2007) Producing elite localities: the rise of gated communities in Istanbul. *Urban Studies,* 44(4), 771–98.

Gibb, M. (2007) Cape Town, a secondary global city in a developing country. *Environment and Planning C: Government and Policy,* 25(4), 537–52.

Giddens, A. (1994) *Beyond Left and Right: The Future of Radical Politics.* Cambridge: Polity.

—— (1997) *Modernity and Its Futures: The LSE Director's Lectures, 1997–1998.* London: LSE.

—— (1998) *The Third Way: The Renewal of Social Democracy.* Oxford: Polity Press.

—— (2000) *The Third Way and Its Critics.* Cambridge: Polity Press.

—— (2009) *The Politics of Climate Change.* Cambridge: Polity Press.

Gillespie, A. (2003) Waterfront park plan in danger, *Toronto Star,* 14 January.

Ginsburg, N., Koppel, B. and McGee, T. G. (eds) (1991) *The Extended Metropolis: Settlement Transition in Asia.* Honolulu: University of Hawaii Press.

Giuliani, R. (2002) *Leadership.* New York: Miramax Books.

Glaeser, E. and Shapiro, J. (2001) Cities and warfare: the impact of terrorism on urban form. From www.post.economics.harvard.edu.

Glasius, M. and Kaldor, M. (2002) The state of global civil society: before and after September 11. In H. Anheier, M. Glasius and M. Kaldor (eds), *Global Civic Society Yearbook 2002.* Oxford: Oxford University Press.

GLB-B (Gemeinsame Landesplanungsabteilung Berlin-Brandenburg) (1998) *Joint Planning for Berlin-Brandenburg.* Potsdam: Joint Berlin-Brandenburg Planning Department.

—— (2006) *Model Capital Region Berlin-Brandenburg.* Potsdam: Joint Berlin-Brandenburg Planning Department.

Godfrey, B. J. (2000) Redeveloping the Manhattan Waterfront. In I. M. Miyares, M. Pavlovskaya and G. A. Pope (eds), *From the Hudson to the Hamptons: Snapshots of the New York Metropolitan Area* (pp. 49–60). New York: Association of American Geographers.

Gold, J. R. and Gold, M. M. (eds) (2007) *Olympic Cities.* London and New York: Routledge.

Gold, J. R. and Ward, S. V. (eds) (1994) *Place Promotion: The Use of Publicity and Marketing to Sell Towns and Regions.* Chichester: John Wiley and Sons.

Goldman, T. and Deakin, E. (2000) Regionalism through partnerships? Metropolitan planning since ISTEA. *Berkeley Planning Journal,* 14, 46–75.

Goldsmith, S. (2003) Rejoinder to ideology and inner city redevelopment: conservative activism. *Journal of Urban Affairs,* 25(1), 26–32.

Golubchikov, O. (2010) World-city-entrepreneurialism: globalist imaginaries, neoliberal geographies, and the production of a new St Petersburg. *Environment and Planning A,* 42(3), 626–43.

Gómez, M. V. (1998) Reflective images: the case of urban regeneration in Glasgow and Bilbao. *International Journal of Urban and Regional Research,* 22(1), 106–21.

Gómez. V. and Gonzalez, S. (2001) A reply to Beatriz Plaza's 'The Guggenheim-Bilbao Museum Effect'. *International Journal of Urban and Regional Research,* 25(4), 898–900.

Gopnik, A. (2002) Saving paradise. *The New Yorker,* 22 and 29 April, pp. 76–86.

Gordon, D. L. A. (1997) *Battery Park City. Politics and Planning on the New York Waterfront.* Amsterdam: Gordon and Breach.

Gordon, I. R. (1999) Internationalisation and urban competition. *Urban Studies,* 36(5/6), 1001–16.

—— (2002) The competitiveness of cities. *Cahiers de L'IAURIF,* 135, 33–41.

—— (2004) A disjointed dynamo: the South East and inter-regional relationships. *New Economy,* 11(3), 40–4.

——, Travers, T. and Whitehead, C. (2003) *London's Place in the UK Economy 2003.* London: Corporation of London.

Gordon, P. and Richardson, H. W. (1999) Review essay: Los Angeles, city of angels? No, city of angles. *Urban Studies,* 36(3), 575–91.

Gornig, M. and Häussermann, H. (2002) Berlin: economic and spatial change. *European Urban and Regional Studies,* 24(4), 331–41.

Gottmann, J. (1961) *Megalopolis: The Urbanized Northeastern Seaboard of the United States.* New York: The Twentieth Century Fund.

—— (1987) *Megalopolis Revisited: 2 Years Later.* College Park, MD: Institute for Urban Studies, University of Maryland.

Government Office for London (GOL) (2006) *Building on Success: London's Challenge for 2012.* London: GOL.

Grady, W. (2003) Suburbs call plan for area flawed. From www.chicagotribune.com/ news/ local.

Graham, S. (2000) Constructing premium network spaces: reflections on infrastructure networks in contemporary urban development. *International Journal of Urban and Regional Research,* 24(1), 183–200.

Gratz, R. B. and Mintz, N. (1998) *Cities Back from the Edge: New Life for Downtown.* New York: Wiley.

Gray, J. (1998) *False Dawn: The Delusions of Global Capitalism.* London: Granta Books.

Greater Toronto Area Task Force (1996) *Greater Toronto* (Golden Report). Toronto: Greater Toronto Area Task Force.

Gross, J. (2003) High technology and local economic development: the case of 'Digital NYC: wired to the world'. Mimeo.

—— (2008) New York tourism: dual markets, duel agendas. In R. Maitland and P. Newman (eds), *World Tourism Cities* (pp. 22–42). Abingdon: Routledge.

——, Newman, P. (2005) *Local Development and Political Opportunity in London and New York.* ISA Research Committee 21, Conference, Paris, June.

Group of 35 (2001) *Final Report. Preparing for the Future: A Commercial Development Strategy for New York City.* New York: Group of 35.

Gu, C., Shen, J., Wong, K. and Zhen, F. (2001) Regional polarization under the socialist-market system since 1978: a case study of Guangdong province in south China. *Environment and Planning A,* 33, 97–119.

Gu, F. R. and Tang, Z. (2002) Shanghai: reconnecting to the global economy. In S. Sassen (ed.), *Global Networks, Linked Cities* (pp. 273–307). New York and London: Routledge.

Gugler, J. (ed.) (2004) *World Cities Beyond the West.* Cambridge: Cambridge University Press.

Guiraudon, V. and Schain, M. (2002) The French political 'earthquake' and extreme right in Europe. *European Studies Newsletter,* XXXII(1/2), 1, 3–5.

Gummer, J. (1996) Celebrate London's success – don't knock it. Paper presented at the *Evening Standard*/Architectural Foundation Debate on the Future of London, London, January.

Hackworth, J. (2007) *The Neoliberal City.* Ithaca: Cornell University Press.

Haila, A. (1999a) City building in east and west. *Cities,* 16(4), 259–67.

—— (1999b) Why is Shanghai building a giant speculative property bubble? *International Journal of Urban and Regional Research,* 23, 583–8.

—— (2000) Real estate in global cities: Singapore and Hong Kong as property states. *Urban Studies,* 37(12), 2241–56.

—— (2007) The market as the new emperor. *International Journal of Urban and Regional Research,* 31(1), 3–20.

—— (2009) Chinese alternatives. *International Journal of Urban and Regional Research,* 33(2), 572–5.

Hall, P. (1966) *The World Cities.* London: Weidenfeld & Nicolson.

—— (1977) *The World Cities,* 2nd edn. London: Weidenfeld & Nicolson.

—— (1984) *The World Cities,* 3rd edn. London: St Martin's Press.

—— (1998) *Cities in Civilization.* London: Weidenfeld & Nicholson.

—— (1999) Planning for the mega-city: a new eastern Asian urban form? In J. Brotchie, P. Newton, P. Hall and J. Dickey (eds), *East West Perspectives on 21st Century Urban Development* (pp. 3–123). Ashgate: Aldershot.

—— (2002) Blind spots in grand London vision. *Regeneration and Renewal,* 12, 28 June.

—— and Pfeiffer, U. (2000) *Urban Future 21.* London: Spon.

—— and Pain, K. (2006) *The polycentric metropolis: learning from mega-city regions in Europe.* London: Earthscan.

Hall, T. and Hubbard, P. (eds) (1998) *The Entrepreneurial City.* Chichester: John Wiley & Sons.

Hamnett, C. (1991) The blind man and the elephant: towards a theory of gentrification. *Transactions of the Institute of British Geographers,* 16, 173–89.

—— (1994) Social polarisation in global cities, *Urban Studies,* 31(3), 401–24.

—— (1996) Social polarisation, economic restructuring and welfare state regimes, *Urban Studies,* 33(8), 1407–30.

—— (2003) *Unequal City: London in the Global Area.* London and New York: Routledge.

Han, S. S. (2000) Shanghai between state and market in urban transformation. *Urban Studies,* 37(11), 2091–112.

Hannigan, J. (1998) *Fantasy City.* London and New York: Routledge.

Hansen, A., Andersen, H. and Clark, E. (2001) Creative Copenhagen: globalization, urban governance and social change. *European Planning Studies,* 9(7), 851–69.

Harding, A. (1994) Urban regimes and growth machines. *Urban Affairs Quarterly,* 29(3), 356–82.

—— (1995) Elite theory and growth machines. In D. Judge, G. Stoker and H. Wolman (eds), *Theories of Urban Policies.* Thousand Oaks, CA, London and Delhi: Sage.

——, Wilks-Heeg, S. and Hutchins, M. (2000) Business, government and the business of government. *Urban Studies,* 37, 5–6.

Harvey, D. (1982) *The Limits to Capital.* Oxford: Blackwell.

—— (1989a) *The Condition of Postmodernity.* Oxford: Blackwell.

—— (1989b) From managerialism to entrepreneurialism: the transformation in urban governance in late capitalism. *Geografiska Annaler,* 71B, 3–17.

—— (2000) *Spaces of Hope.* Edinburgh: Edinburgh University Press.

—— (2008) The right to the city, *New Left Review,* 53, 23–40.

Häussermann, H. (1999) Economic and political power in the new Berlin: a response to Peter Marcuse. *International Journal of Urban and Regional Research,* 23, 180–4.

—— (2003) Berlin. In W. Salet, A. Thornley and A. Kreukels (eds), *Metropolitan Governance and Spatial Planning.* London and New York: Spon.

—— and Strom, E. (1994) Berlin: the once and future capital. *International Journal of Urban and Regional Research,* 18(2), 334–46.

Hauswirth, I., Herrschel, T. and Newman P. (2003) Incentives and disincentives to city-regional cooperation in the Berlin-Brandenburg conurbation. *European Urban and Regional Studies,* 10(2), 119–34.

Hay, C. and Marsh, D. (2000) *Demystifying Globalization.* London: Macmillan and New York: St Martin's Press.

Hebbert, M. (1992) Governing the capital. In A. Thornley (ed.), *The Crisis of London.* London: Routledge.

Heinz, W. (1994) *Partenariat public-privé dans l'aménagement urbain.* Paris: l'Harmattan.

—— (1998) Co-operative approaches between core cities and their environs. Occasional Papers of Deutsches Institut für Urbanistik (DIFU). Berlin: DIFU.

Held, D. (2008) Global challenges: accountability and effectiveness. From www.policy-network.net.

Held, D. and McGrew, A. G. (2000) *The Global Transformations Reader: An Introduction to the Globalization Debate.* Malden, MA: Polity Press.

Held, D., McGrew, A., Goldblatt, D. and Perraton, J. (1999) *Global Transformations: Politics, Economics and Culture.* Cambridge: Polity Press.

Herrschel, T. and Newman, P. (2002) *Governance of Europe's City Regions.* London: Routledge.

Hettne, B. (1998) The double movement: global market versus regionalism. In R. W. Cox (ed.), *The New Realism: Perspectives on Multilateralism and World Order.* Tokyo: United Nations Press.

Higgott, R. (1999) The political economy of globalisation in East Asia: the salience of 'region building'. In K. Olds, P. Dicken, P. F. Kelly, L. Kong and H. W. Yeung (eds), *Globalisation and the Asia-Pacific.* New York and London: Routledge.

Hill, R. C. and Fujita, K. (1995) Osaka's Tokyo problem. *International Journal of Urban and Regional Research,* 19, 181–91.

—— (2000) State restructuring and local power in Japan. *Urban Studies,* 37(4), 673–90.

Hill, R. C. and Kim, J. W. (2000) Global cities and developmental states: New York, Tokyo and Seoul. *Urban Studies,* 37, 2167–95.

—— (2001) Reply to Friedmann and Sassen. *Urban Studies,* 38(13), 2541–42.

Hirst, P. (2001) BBC Radio, Analysis, global civil society. From http://news.bbc.co.uk/analysis/transcripts/society.txt.

Hirst, P. Q. and Thompson, G. (1996) *Globalization in Question: The International Economy and the Possibilities of Governance.* Cambridge: Polity Press.

—— (1999) *Globalization in Question: The International Economy and the Possibilities of Governance,* 2nd edn. Cambridge: Polity Press.

Ho, K. C. (1998) Globalisation and the social fabric of competitiveness. In M. H. Toh and K. Y. Tan (eds), *Competitiveness of the Singapore Economy.* Singapore: Singapore University Press.

—— (2000) Competing to be regional centres: a multi-agency, multi-locational perspective. *Urban Studies,* 37(12), 2337–56.

—— (2005/6) Globalization and Southeast Asian capital cities. *Pacific Affairs,* 78(4), 535–41.

—— (2009) Competitive urban economic policies in global cities: Shanghai through the lens of Singapore. In X. Chen (ed.), *Rising Shanghai: State Power and Local Transformations in a Global Mega-City.* Minneapolis: University of Minnesota Press.

Hodos, J. I. (2002) Globalization regionalism and urban restructuring: the case of Philadelphia. *Urban Affairs Review,* 37(3), 358–79.

Ho-Fung, H. (2009) America's head servant? The PRC's dilemma in the global crisis. *New Left Review,* 60, 5–25.

Holliday, I. (2000) Productivist welfare capitalism: social policy in East Asia. *Political Studies,* 48, 706–23.

Holston, J. and Appadurai, A. (1999a) Introduction. In J. Holston (ed.), *Cities and Citizenship* (pp. 1–18). Durham, NC and London: Duke University Press.

Holston, J. and Appadurai, A. (1999b) Cities and citizenship. In J. Holston (ed.), *Cities and Citizenship.* Durham, NC and London: Duke University Press.

Holton, R. J. (1998) *Globalization and the Nation-state.* London: Macmillan.

Hong Kong Government (2009) *2009–10 Policy Address.* www.policyaddress.gov.hk/09–10. Accessed 24 May 2010.

Honma, Y. (1996) *Doboku Kokka no Shiso* [The Philosophy of Public Work State]. Tokyo: Nihon Keizai Hyoron Sha.

House of Commons (2007) *The Thames Gateway: Laying the Foundations.* 62nd Report of Session 2006–07, 10 October. London: House of Commons.

Hsing, Y. (2006) Global capital and local land in China's urban real estate development. In F. Wu (ed.), *Globalization and the Chinese City.* London and New York: Routledge.

Huang, Y. (2005) From work-unit compounds to gated communities: housing inequality and residential segregation in Transitional Beijing. In J. C. Ma and F. Wu (eds), *Restructuring the Chinese City.* London and New York: Routledge.

Huat, C. B. (1999) Global economy/immature polity: current crisis in Southeast Asia. *International Journal of Urban and Regional Research,* 23(4), 782–95.

HUD (U.S. Department of Housing and Urban Development) (1995) *Empowerment: A New Covenant with America's Communities. President Clinton's National Urban Policy Report.* Washington, DC: HUD, Office of Policy Development and Research.

—— (1997) *The State of the Cities.* Washington, DC: HUD.

Hume, C. (2002) A city on the verge of a building boom. *Toronto Star,* 28 December.

Hunter, R. (2007) Johannesburg. In K. Segbers, (ed.), *The Making of Global City Regions: Johannesburg, Mumbai/Bombay, São Paulo, and Shanghai.* Baltimore: The Johns Hopkins University Press.

Hutton, W. (1995) *The State We're In.* London: Cape.

IAURIF (2003) *Note rapide sur les finances locales No. 19.* Paris: Institut d'Amenagement et d'Urbanisme de la Region d'Ile de France.

—— (2010) Chiffres- Clés de la région Ile-de France 2010. From http://www.iau-idf.fr/nos-etudes/detail-dune-etude/etude/chiffres-cles-2010.html

Ichimura, S. and Morley, J. W. (1999) The varieties of Asia-Pacific experience. In J. W. Morley (ed.), *Driven by Growth: Political Change in the Asia-Pacific Region.* Armonk, NY: M. E. Sharpe.

Igarashi, T. and Ogawa, A. (1993) *Toshi Keikaku: Riken no Kouzu wo Koete* [Urban Planning: Beyond the Interest Group Politics]. Tokyo: Iwanami Shoten.

Indergaard, M. (2001) Innovation, speculation, and urban development: the new media market brokers of New York City. *Critical Perspectives on Urban Redevelopment*, 6, 107–46.

——(2009) What to make of New York's new economy? The politics of the creative field. *Urban Studies*, 46(5/6), 1063–93.

Ingallina, P. and Park, Y. (2009) Tourists, urban projects and spaces of consumption in Paris and Ile-de-France. In R. Maitland and P. Newman (eds) *World Tourism Cities*. London: Routledge.

Inglehart, R. (1997) *Modernization and Postmodernization: Cultural, Economic, and Political Change in 43 Societies*. Princeton, NJ: Princeton University Press.

Inwood, S. (2005) *City of Cities*. London: Macmillan.

Isin, E. F. (2000) *Democracy, Citizenship and the Global City*. London and New York: Routledge.

Iyer, P. (1999) When centuries collide. *Time*, 31 December, p. 131.

Jacobs, A. (2005) Has central Tokyo experienced uneven development? *Journal of Urban Affairs*, 27(5) 521–55.

Jessop, B. (1999) Reflections on globalisation and its (il)logic(s). In K. Olds, P. Dicken, P. F. Kelly, L. Kong and H. W. Yeung (eds), *Globalisation and the Asia-Pacific*. New York and London: Routledge.

——(2000) The crisis of the national spatio-temporal fix and the ecological dominance of globalizing capitalism. *International Journal of Urban and Regional Research*, 24(2), 323–60.

——and Sum, N. (2000) An entrepreneurial city in action: Hong Kong's emerging strategies in and for (inter-)urban competition. *Urban Studies*, 37(12), 2290–315.

John, P. (2001) *Local Governance in Western Europe*. London: Sage.

Johnson, C. (1982) *MITI and the Japanese Miracle*. Stanford, CA: Stanford University Press.

Jonas, A. (2002) Local territories of government: from ideals to politics of place and scale. In J. A. Agnew and J. M. Smith (eds), *American Space/American Place: Geographies of the Contemporary United States*. Edinburgh: Edinburgh University Press.

——and Ward, K. (2007) Introduction to a debate on city-regions: new geographies of governance, democracy and social reproduction. *International Journal of Urban and Regional Research*, 31(1), 169–78.

Jones, G. and Moreno-Carranco, M. (2007) Megaprojects. *City*, 11(2), 144–64.

Joraysky, B. (2002) Planner on five. *Planning*, 68(1), 12–15.

Jouve, B. (2007) Urban societies and dominant political coalitions in the internationalization of cities. *Environment and Planning C: Government and Policy*, 25(3), 374 –90.

——and Lefèvre, C. (2002) Urban power structures: territories, actors and institutions in Europe. In B. Jouve and C. Lefèvre (eds), *Local Power, Territory and Institutions in European Metropolitan Regions*. London: Frank Cass.

Judd, D. R. (1999) Constructing the tourist bubble. In D. Judd and S. S. Fainstein (eds), *The Tourist City* (pp. 35–53). New Haven, CT: Yale University Press.

——(2000) Strong leadership. *Urban Studies*, 37(5/6), 951–61.

——and Kantor, P. (eds) (2002) *The Politics of Urban America*. New York: Longman.

——and Fainstein, S. S. (eds) (1999) *The Tourist City*. New Haven, CT. and London: Yale University Press.

Kalinowski, T. (2010) Metrolinx negotiations signal green light for Transit City. *Thestar.com*, 12 April.

Kamo, T. (1988) *Toshi No Seijigaku* [Politics of Cities]. Tokyo: Jichitai Kenkyu-sha.

——(1992) The Tokyo problem as a 'Japan Problem': world city formation in the context of Japanese political structures. *Hogaku Zasshi* [Journal of Law and Political Science, Osaka City University], 38(3/4), 1–12.

——(2000) An aftermath of globalisation? East Asian economic turmoil and Japanese cities adrift. *Urban Studies*, 37(12), 2145–65.

Kantor, P. (2002a) Terrorism and governability in New York City. Old problem, new dilemma. *Urban Affairs Review*, 38(1), 120–7.

——(2002b) The local polity as a pathway for public power: taming the business tiger during New York City's industrial age. *International Journal of Urban and Regional Research*, 26(1), 80–98.

—— (2006) Regionalism and reform. A comparative perspective on Dutch urban politics. *Urban Affairs Review*, 41(6), 800–29.

—— (2008) Varieties of city regionalism and the quest for political cooperation: a comparative perspective. *Urban Research and Practice*, 1(2), 1–19.

—— (2009) Globalisation and governance in the New York region: managed pluralism. *Progress in Planning*, 73(1), 34–8.

Karreman, B. and van der Knaap, B. (2009) The financial centres of Shanghai and Hong Kong: competition or complimentarity. *Environment and Planning A*, 41(3), 563–80.

Katz, B. (2000) *Reflections on Regionalism*. Washington, DC: Brookings Institution.

—— (2003) American cities: federal neglect imperils their rise. *The Baltimore Sun*, 9 January.

—— and Berube, A. (2002) Cities rebound – somewhat. *Nation*, June, p. 47.

—— and London School of Economics and Political Science, Centre for Analysis of Social Exclusion (2002) *Smart Growth: The Future of the American Metropolis?* London: LSE.

Keane, M. (2009) The capital complex: Beijing's new creative clusters. In L. Kong, and J. O'Connor, J. (eds), *Creative Economies, Creative Cities*. London and NY: Springer.

Keating, M. (1998) *The New Regionalism in Western Europe*. Aldershot: Edward Elgar.

—— (2000) Governing cities and regions: territorial restructuring in a global age. In A. J. Scott (ed.), *Global City-Regions: Trends, Theory, Policy*. New York: Oxford University Press.

Keeling, D. (1995) Transport and the world city paradigm. In P. L. Knox and P. J. Taylor (eds), *World Cities in a World System*. Cambridge: Cambridge University Press.

Keil, R. (1998a) Globalization makes states: perspectives of local governance in the age of the world city. *Review of International Political Economy*, 5, 616–46.

—— (1998b) *Los Angeles*. Chichester: Wiley.

—— (2002) 'Common-sense' neoliberalism: progressive conservative urbanism in Toronto, Canada. In N. Brenner and N. Theodore (eds), *Spaces of Neoliberalism* (pp. 230–53). Oxford: Blackwell.

—— (2009) The urban politics of roll-with-it neoliberalization, *City*, 13(2), 230–45.

—— and Desfor, G. (1996) Making local environmental policy in Los Angeles. *Cities*, 13(5), 303–13.

—— and Mahon, R. (eds) (2010) *Leviathan Undone: Towards a Political Economy of Scale*. Vancouver: University of British Columbia Press.

—— and Young, D. (2008) Transportation: the bottleneck of regional competitiveness in Toronto. *Environment and Planning C: Government and* Policy, 26(4), 728–51.

Kelly, P. F. and Olds, K. (1999) Questions in a crisis: the contested meanings of globalisation in the Asia-Pacific. In K. Olds, P. Dicken, P. F. Kelly, L. Kong and H. W. Yeung (eds), *Globalization and the Asia-Pacific*. New York and London: Routledge.

Kelly, R. (2009) Disappearing acts: Harlem in transition. In J. Hammett and K. Hammett (eds), *The Suburbanization of New York*. New York: Princeton Architectural Press.

Keohane, R. (1995) Hobbes's dilemma and institutional change in world politics: sovereignty in international society. In H. Holm and G. Sorensen (eds), *Whose World Order? Uneven Globalization and the End of the Cold War*. Boulder, CO: Westview Press.

Ker, L. T. (1997) Towards a tropical city of excellence. In O. G. Ling and K. Kwok (eds), *City and the State: Singapore's Built Environment Revisited*. Singapore: Oxford University Press.

Keyder, C. (2005) Globalization and social exclusion in Istanbul. *International Journal of Urban and Regional Research*, 29(1), 124–34.

Kim, W. B. (1997) Culture, history, and the city in East Asia. In W. B. Kim, M. Douglass, S. L. Choe and K. C. Ho (eds), *Culture and the City in East Asia*. Oxford: Clarendon Press.

King, A. D. (1995) Re-presenting world cities: cultural theory/social practice. In P. L. Knox and P. J. Taylor (eds), *World Cities in a World-system* (pp. 215–31). Cambridge: Cambridge University Press.

Kipfer, S. and Keil, R. (2002) Toronto Inc? Planning the competitive city in the New Toronto. *Antipode*, 34(2), 227–64.

Kleinman, M. (2001) The business sector and the governance of London. Paper presented at the European Urban Research Association Conference, Paris.

Knapp, W. (2002) Regional governance in functional urban regions. *Cahiers de l'IAURIF,* No. 135, *Economic Performance of European Regions,* pp. 115–23.

Knieling, J. and Othengrafen, F. (eds) (2009) *Planning Cultures in Europe,* Aldershot: Ashgate.

Knox, P. (1997) Globalization and urban economic change. *Annals of the American Academy of Political and Social Science,* 551, 17–27.

Kolbert, E. (2001) The long campaign. *The New Yorker,* 22 October, pp. 28–32.

Koolhaas, R. (1996) Regrets? See forty-second street in its prime. 2003, From www.voyagerco.com/gs/gs57/koolhaas.html.

Koval, J., Bennett, L., Bennett, M., Demissie, F., Garner, R. and Kiljoong Kim, K. (eds) (2006) *The New Chicago: A Social and Cultural Analysis.* Temple, PA: Temple University Press.

Krasner, S. D. (1995) Compromising Westphalia. *International Security,* 20(3), 115–51.

——(1999) Globalization and sovereignty. In D. A. Smith, D. J. Solinger and S. C. Topik (eds), *States and Sovereignty in the Global Economy.* London and New York: Routledge.

Krätke, S. (2003) Global media cities in a world-wide urban network. *European Planning Studies,* 11(6), 605–28.

Kreukels, A. (2003) Rotterdam and the south wing of the Randstad. In W. Salet, A. Thornley and A. Kreukels (eds), *Metropolitan Governance and Spatial Planning: Comparative Case Studies of European City-regions.* London: Spon.

Krugman, P. (1994) The myth of Asia's miracle. *Foreign Affairs,* Nov/Dec, 62–78.

——(1996) *Pop Internationalism.* Cambridge, MA: MIT Press.

——(1998) Asia: what went wrong. *Fortune,* 2 March.

Kunstler, J. (2001) *The City in Mind.* New York: The Free Press.

Kunzman, K. R. (1992) Zur Entwicklung der Stadtsysteme in Europa. *Mitteilungen der Österreichischen Geographischen Gesellschaft,* 134, 25–50.

Kwok, R. Y. (1999) Last colonial spatial plans for Hong Kong: global economy and domestic politics. *European Planning Studies,* 7(2), 207–29.

Lafsky, M. (2010) Could high speed rail stall completely in the U.S.?. *The infrastructurist,* 12 May.

Lagrou, E. (2003) Brussels. In W. Salet *et al.* (eds), *Metropolitan Governance and Spatial Planning.* London: Spon.

Lai, K. P. Y. (2009) Global cities in competition? A qualitative analysis of Shanghai, Beijing and Hong Kong as financial centres. *GaWC Research Bulletin,* 313. www.lboro.ac.uk/gawc.

Lamy, P (2010) Lamy says trade can have a positive impact on job creation during economic downturn. Speech 24th February. European Policy Centre, Brussels. From http://www.wto.org/english/news_e/sppl_e/sppl148_e.htm.

Lane, J. E. (2006) *Globalization and Politics: Promises and Dangers.* Aldershot: Ashgate.

Lang, R. E. (2003) *Edgeless Cities: Exploring the Elusive Metropolis.* Washington, DC: Brookings Institution Press/Brookings Metro Series.

Lasch, C. (1995) *The Revolt of the Elites: And the Betrayal of Democracy.* New York: W.W. Norton.

Lash, S. and Urry, J. (1994) *Economies of Signs and Spaces.* London: Sage.

Lauria, M. (ed.) (1997) *Restructuring Urban Regime Theory.* Thousand Oaks, CA: Sage.

LBS (London Borough of Southwark) (1995) *The Unitary Development Plan.* London: LBS.

LDP (1998a) *LDP Bulletin.* London: London Development Partnership.

——(1998b) *Preparing for the Mayor and the London Development Agency.* London: London Development Partnership.

——(2000) *Draft Economic Development Strategy,* 20 January. London: London Development Partnership.

Leaf, M. (2005)Modernity confronts tradition: the professional planner and local corporatism in the rebuilding of China's cities. In Sanyal, B. (ed.) *Comparative Planning Cultures.* New York and London: Routledge.

Lecomte, D. (2002) The economic positioning of metropolitan areas in North Western Europe. *Cahiers de L'IAURIF,* 135, 73–85.

Lee, Y. F. (1997) Facing the urban environmental challenge. In R. F. Watters and T. G. McGee (eds), *Asia-Pacific: New Geographies of the Pacific Rim.* London: Hurst & Co.

Lees, L., Slater, T. and Wyly, E. (eds) (2010) *The Gentrification Reader.* Abingdon and New York: Routledge.

Lefèvre, C. (1998) Metropolitan governance in western countries: a critical review. *International Journal of Urban and Regional Research,* 22(1), 9–25.

—— (2009) *Gouverner les Métropoles.* Paris: Lextenso Editions.

Le Galès, P. (2002) *European Cities: Social Conflicts and Governance.* Oxford: Oxford University Press.

Lehto, J. (2000) Different cities in different welfare states. In A. Bagnasco and P. Le Galès (eds), *Cities in Contemporary Europe.* Cambridge: Cambridge University Press.

Lemanski, C. (2007) Global cities in the south: deepening social and spatial polarisation in Cape Town, *Cities,* 24(6), 448–61.

Le Monde (1996) Les socialistes parisiens réclament une révision du projet de la ZAC Seine-Rive Gauche. 17 January, p. 9.

—— (2002a) Bertrand Delanoë retouche la ZAC Paris-Rive Gauche. *Le Monde,* 19 June, p. 5.

—— (2002b) Paris travaille à une candidature aux Jeux Olympiques 2012. *Le Monde,* 13 January.

—— (2003) Paris est officiellement candidate aux Jeux Olympiques de 2012. *Le Monde,* 21 May.

Levine, M. (2002) Government policy, inner-city revitalizaton and gentrification: the case of Prenzlauer Berg (Berlin) Germany. Paper presented at the UAA Conference, Boston, MA.

Lewis, P. and Neiman, M. (2009) *Custodians of Place.* Washington DC: Georgetown University Press.

Ley, D. (1986) Alternative explanations for inner-city gentrification. *Annals of the Association of American Geographers,* 76, 521–35.

Leyshon, A. and Thrift, N. (1997) *Money/Space: Geographies of Monetary Transformation.* London and New York: Routledge.

Li, Z. and Wu, F. (2006) Socioeconomic transformations in Shanghai (1990–2000): Policy impacts in global-national-local contexts. *Cities,* 23(4), 250–68.

Light, I. (2002) Immigrant place entrepreneurs in Los Angeles, 1970–99. *International Journal of Urban and Regional Research,* 26(2), 215–28.

—— (2006) *Deflecting Immigration.* New York: Russell Sage Foundation.

Ling, O. G. and Kwok, K. (1997) *City and the State: Singapore's Built Environment Revisited.* Singapore: Oxford University Press.

Livingstone, K. (2000) Mayor's manifesto – a new style of politics – a new kind of governance. www.london.gov.uk/man2.htm.

—— (2008) Yes, I lost. But still Labour must learn from London. *The Guardian.* 9 May, p. 37.

Llewelyn-Davies (1996) *Four World Cities: A Comparative Study of London, Paris, New York and Tokyo.* London: Llewelyn Davies.

LMDC (2002) *Press release, 26 September.* New York: Lower Manhattan Development Corporation.

Lo, C. P. (1987) Socialist ideology and urban strategies in China. *Urban Geography,* 8(5), 440–58.

Lo, D. (1999) The East Asian phenomenon: the consensus, the dissent, and the significance of the present crisis. *Capital and Class,* 67(Spring), 1–23.

Lo, F. and Yeung, Y. (eds) (1996) *Emerging World Cities in Pacific Asia.* Tokyo: United Nations University Press.

—— and Marcotullio, P. (2000) Globalisation and urban transformations in the Asia-Pacific region: a review. *Urban Studies,* 37(1), 77–111.

Logan, J. R. (2000) Still a global city: the racial and ethnic segregation of New York. In P. Marcuse and R. van Kempen (eds), *Globalizing Cities: A New Spatial Order?* Oxford and Malden, MA: Blackwell.

—— (2002a) Three challenges for the Chinese city: globalization, migration, and market reform. In J. R. Logan (ed.), *The New Chinese City: Globalization and Market Reform* (pp. 3–21). Oxford and Malden, MA: Blackwell.

—— (ed.) (2002b) *The New Chinese City: Globalization and Market Reform.* Oxford and Malden, MA: Blackwell.

——(ed.) (2008) *Urban China in Transition.* Oxford: Blackwell.

——and Molotch, H. L. (1987) *Urban Fortunes: The Political Economy of Place.* Berkeley, CA: University of California Press.

—— and Fainstein, S. S. (2008) Introduction: Urban China in comparative perspective. In J. R. Logan (ed.), *Urban China in Transition.* Oxford: Blackwell.

London Business Board (undated) *The Business Manifesto for the Mayor and the Greater London Authority.* London: London Business Board.

London First (2004). *Who is Responsible for London?* London: London First.

Los Angeles City Planning Department (1996) *The Citywide General Plan Framework and Element of the City of Los Angeles* (General Plan). Los Angeles: Los Angeles City Planning Department.

LACEDC (Los Angeles County Economic Development Corporation) (2009) Los Angeles County Strategic Plan for Economic Development 2010–14. From http://www.lacountys-trategicplan.com/documents/LACountyStrategicPlanforED.pdf.

Los Angeles Mayor's Task Force (2001) *Los Angeles Economic Impact Task Force* (Executive Summary). City of Los Angeles: Mayor's Office.

Los Angeles Times (1999) Raucous protesters denounce proposal to raise bus fares. Retrieved 12 July 1999, from latimes.com/HOME?NEWS/Politics.

——(2000) Staples owners propose huge new project. *Los Angeles Times*, p. 1.

—— (2002a) $2.4-billion downtown LA renewal plan OKd. Retrieved 14 May 2002. From http://www.latimes.com/news/local/la-050902downtown.story.

—— (2002b) LA secede story. Retrieved 28 May 2002. From http://www.latimes.com/news/local/la-052302secede.story.

—— (2003) Report finds pluses in LAX plan. From www.latimes.com/news/local/la-melax13jul13/.

Lovering, J. (2009) The recession and the end of planning as we have known it. *International Planning Studies*, 14(1), 1–6.

Low, L. (2001) The Singapore developmental state in the new economy and polity. *The Pacific Review*, 14(3), 411–41.

LTB and LFC (2000) *Promoting the World City: Memorandum for the Mayor and GLA.* London: London Tourist Board and London First Centre.

Ma, L. J. C. and Wu, F. (eds) (2005) *Restructuring the Chinese City.* London and New York: Routledge.

——. (2005) Restructuring the Chinese city: diverse processes and reconstituted spaces. In L. J. C. Ma and F. Wu (eds) *Restructuring the Chinese City: Changing Society, Economy and Space.* London and New York: Routledge.

—— (2005) Towards theorizing China's urban restructuring. In L. J. C. Ma and F. Wu (eds) *Restructuring the Chinese City: Changing Society, Economy and Space.* London and New York: Routledge.

Maantay, J. (2000) Race and waste: options for equity planning in New York City. From www.plannersnetwork.org/01_jan-feb/maantay.html.

Mabin, A. (2007) Johannesburg: (South) Africa's aspirant global city. In K. Segbers (ed.) *The Making of Global City Regions: Johannesburg, Mumbai/Bombay, São Paulo, and Shanghai.* Baltimore: The Johns Hopkins University Press.

Machimura, T. (1992) The urban restructuring process in Tokyo in the 1980s: transforming Tokyo into a world city. *International Journal of Urban and Regional Research*, 16(1), 114–28.

——(1994) *Sekai Toshi Tokyo no Kouzou Tenkan* [Restructuring of Global City Tokyo]. Tokyo: Tokyo University Press.

—— (1997) Building a capital for emperor and enterprise: the changing urban meaning of central Tokyo. In W. B. Kim, M. Douglass, S. L. Choe and K. C. Ho (eds), *Culture and the City in East Asia.* Oxford: Clarendon Press.

——(1998) Symbolic use of globalization in urban politics in Tokyo. *International Journal of Urban and Regional Research*, 22(2), 183–94.

—— (2000) Saikanetu Ideorogii toshiteno Globalisation [Globalisation as reinvigorating ideology]. *Gendai Shisou*, 28(2), 62–79.

—— (2003) Narrating a 'global city' for 'new Tokyoites'. In H. Dobson and G. D. Hook (eds), *Japan and Britain in the Contemporary World*. London and New York: RoutledgeCurzon.

MacLeod, G. (2002) From urban entrepreneurialism to a 'revanchist city'? In N. Brenner and N. Theodore (eds), *Spaces of Neoliberalism* (pp. 254–76). Oxford: Blackwell.

Mahadevia, D. and Narayanan, H. (2008) Shanghaing Mumbai – politics of evictions and resistance in slum settlements. In D. Mahadevia (ed.), *Inside the Transforming Urban Asia: Processes, Policies and Public Actions*. New Delhi: Concept Publishing Company.

Mahler, J. (2009) After the Bubble. *New York Times*, 15 March.

Maldonado, J. L. (2003) Metropolitan government and development strategies in Madrid. In W. Salet, A. Thornley and A. Kreukels (eds), *Metropolitan Governance and Spatial Planning: Comparative Case Studies of European City-regions*. London: Spon.

Mann, M. (1997) Has globalization ended the rise and rise of the nation-state? *Review of International Political Economy*, 4(3), 472–96.

Marcotullio, P. (2000) *Globalization and Urban Sustainability in the Asia Pacific Region*. Tokyo: United Nations University/Institute of Advanced Studies.

—— (2003) Globalisation, urban form and environmental conditions in Asia-Pacific cities. *Urban Studies*, 40(2), 219–47.

Marcuse, P. (2002) Urban form and globalization after September 11th: the view from New York. *International Journal of Urban and Regional Research*, 26(3), 590–606.

—— and Kempen, R. van (2000) *Globalizing Cities: A New Spatial Order?* Oxford and Malden, MA: Blackwell.

Marshall, R. (2003) *Emerging Urbanity: Global Urban Projects in the Asian Pacific Rim*. London and New York: Spon Press.

Marshall, T. (2000) Urban planning and governance: is there a Barcelona model?. *International Planning Studies*, 5(3), 299–319.

Marshall, T. (ed.) (2004) *Transforming Barcelona*. New York and London: Routledge.

Masselos, J. (2007) Formal and informal structures of power in Mumbai. In K. Segbers (ed.), *The Making of Global City Regions: Johannesburg, Mumbai/Bombay, São Paulo, and Shanghai*. Baltimore: The Johns Hopkins University Press.

Mayer, M. (1999) Urban movements and urban theory in the late-20th-century city. In R. A. Beauregard and S. Body-Gendrot (eds), *The Urban Moment*. Thousand Oaks, CA, London and Delhi: Sage.

Mayor of London (2000) *The Mayor and Relations with the Business Community*. London: Greater London Authority Mayor's Office.

—— (2001) *Towards the London Plan*. London: Greater London Authority.

—— (2002) *The Draft London Plan*. London: Greater London Authority.

—— (2004) *The London Plan: Spatial Development Strategy for Greater London*. London: Greater London Authority.

—— (2008a) *The London Plan (consolidated and with alterations since 2004)*. London: Greater London Authority.

—— (2008b) *Planning for a Better London*. London: Greater London Authority.

—— (2009a) *Rising to the Challenge: Proposals for the Mayor's Economic Development Strategy for Greater London*. London: GLA.

—— (2009b) *A New Plan for London. Proposals for the Mayor's London Plan*. London: GLA.

—— (2010) *The Mayor of London's Proposals for Devolution*. London: GLA.

Mayor of London / London Councils (2009) *London City Charter*. London: Greater London Authority.

McDonald, J. (2007) *Urban America: Growth, Crisis and Rebirth*. Armonk, NY: M.E. Sharpe.

McGee, T. G. (1967) *The Southeast Asian City*. London: Bell.

—— and Robinson, I. M. (eds) (1995) *The Mega-Urban Regions of Southeast Asia*. Vancouver: UBC Press.

——, Lin, G. C. S., Marton, A. M., Wang, M. Y. L. and Wu, J. (2007) *China's Urban Space: Development under Market Socialism*. London and New York: Routledge.

McGovern, S. (2003) Ideology, consciousness and inner-city redevelopment: the case of Stephen Goldsmith's Indianapolis. *Journal of Urban Affairs*, 25(1), 1–26.

Mckay, M. and Plumb, C. (2001) *Reaching Beyond Gold:* London: LaSalle Investment Management Global Insights.

Mckinsey & Co. (2002) *Cultural Capital. Investing in New York's Economic and Social Health.* New York: Alliance for the Arts.

McNeill, D. (2001) Embodying a Europe of the cities: geographies of mayoral leadership. *Area*, 33(4), 353–9.

—— (2002)The mayor and the world city skyline: London's tall buildings debate. *International Planning Studies*, 7(4), 325–34.

—— (2003) Mapping the European urban left: the Barcelona experience. *Antipode*, 35(1) 74–94.

Mercer.com 2010 Quality of Living worldwide city rankings 2010 – Mercer survey, http://www.mercer.com/qualityoflivingpr

Metropoolregio Amsterdam (2008) From http://www.noordvleugel2040.nl/background.html.

Meyer, D. R. (2000) *Hong Kong as a Global Metropolis.* Cambridge: Cambridge University Press.

—— (2002) Hong Kong: global capital exchange. In S. Sassen (ed.), *Global Networks, Linked Cities.* London and New York: Routledge.

Miller, D. (2009) Toronto is acting on climate change. Letters. *The Guardian*, 3rd December, p. 31.

Ministry of Land, Infrastructure and Transport (2006) *The New National Land Sustainability Plan.* From: http://www.mlit.go.jp/english/2006/b_n_and_r_planning_bureau/01_duties/New_NLSP_060515.pdf [Accessed 16 June 2010].

Mittelman, J. H. (1999) Resisting globalisation: environmental politics in Eastern Asia. In K. Olds, P. Dicken, P. F. Kelly, L. Kong and H. W. Yeung (eds), *Globalisation and the Asia-Pacific.* New York and London: Routledge.

Mohan S (2006) Issues, challenges and the changing sites of governance: self organising networks in Mumbai. *Journal of Governance and Public Policy*, 1(1), 25–40.

—— (2009) Challenges of globalisation in urban local governance. In S. Prakash and H. Lofgren (eds), *Globalisation and Politics: Indo-Australian Perspectives.* New Delhi: Social Sciences Press.

Mollenkopf, J. H. (1994) *A Phoenix in the Ashes. The Rise and Fall of the Koch Coalition in New York City Politics.* Princeton, NJ: Princeton University Press.

—— (2008) School is out: the case of New York City. *Urban Affairs Review*, 44(2), 239–65.

—— and M. Castells (1991) *Dual City: Restructuring New York.* New York: Russell Sage Foundation.

Molotch, H. (1976) The city as a growth machine. *American Journal of Sociology*, 82(2), 309–32.

—— (1996) LA as design product. In A. Scott and E. Soja (eds), *The City: Los Angeles and Urban Theory at the End of the Twentieth Century.* Berkeley: University of California Press.

—— (1999) Growth machine links: up, down, and across. In A. E. G. Jonas and D. Wilson (eds), *The Urban Growth Machine: Critical Perspectives Two Decades Later.* Albany: University of New York Press.

—— and Treskon, M. (2009) Changing art: SoHo, Chelsea and the dynamic geography of galleries in New York City. *International Journal of Urban and Regional Research.* 33(2), 517–41.

Monclús, F. J. (2003) The Barcelona model: an original formula? From 'reconstruction' to strategic urban projects. *Planning Perspectives*, 18, 399–421.

Moody, K. (2007) *From Welfare State to Real Estate: Regime Change in New York City.* New York: New Press.

Muller, P. (1997) The suburban transformation of the globalizing American city. *Annals of the American Academy of Political and Social Science*, 551, 44–58.

Naik-Singru, R. (2008) Democracy, Competitive Governance and Spatial Transformation in 'Globalising' Mumbai. Paper presented to International Sociology Association First World Forum of Sociology, Barcelona, September 5–8.

National Audit Office (2007) *The Thames Gateway: Laying the Foundations* (http://www.nao. org.uk/publications/nao_reports/06–07/0607526es.pdf).

National Competitiveness Council (NCC) (2009) *Our Cities: Drivers of National Competitiveness*. Dublin: NCC:

New York City Department of Housing Preservation and Development (NYCDHPD) (2003) *The New Housing Market Place: Creating Housing for the Next Generation 2004–13*. New York: City of New York.

New York Observer (1996) Times Square monoploy: Tishman bobbles hotel, ESPN shoves out Sega, 29 July, p. 1.

New York Times (2001) Giuliani to ask city agencies for broad cuts. 2001, From www.nytimes. com/2001/10/09/nyregion/09BUDG.htm.

—— (2002a) NYC makes the cut in Olympic bid. *New York Times,* 28 August.

—— (2002b) Economic anguish of 9/11 is detailed by comptroller. 2002, From www.nytimes. com/20...temail10.

—— (2009a) Minorities affected most as New York foreclosures rise. 2009, From http://www. nytimes.com/2009/05/16/nyregion/16foreclose.html

—— (2009b) A new Paris, as dreamed by planners. 17 March.

—— (2010) After years of controversy, ceremonial shovels come out. *New York Times,* 12 March.

Newman, P. (2007) "Back the Bid": The 2012 Olympics and the Governance of London. *Journal of Urban Affairs*, 29(3), 255–67.

—— and Thornley, A. (1995) Euralille. Boosterism at the centre of Europe. *European Urban and Regional Planning Studies,* 2(3), 237–46.

—— (1996) *Urban Planning in Europe: International Competition, National Systems and Planning Projects*. London and New York: Routledge.

—— (1997) Fragmentation and centralisation in the governance of London: influencing the urban policy and planning agenda. *Urban Studies,* 34(7), 967–88.

—— and Smith, I. (2000) Cultural production, place and politics on the South Bank of the Thames. *International Journal of Urban and Regional Research,* 24(1) 9–24.

—— and Tual, M. (2002) The Stade de France. The last expression of French centralism? *European Planning Studies,* 10(7), 831–43.

Ng, M. K. (2006) World-city formation under an executive-led government. *Town Planning Review,* 77(3), 311–37.

—— (2008) From government to governance? Politics of planning in the first decade of the Hong Kong Special Administrative Region. *Planning Theory and Practice,* 9(2), 165–85.

—— and Hills, P. (2003) World Cities or great cities? A comparative study of five Asian metropolises. *Cities,* 20(3), 151–65.

Ng, M. K., Cook, A. and Chui, E. W. T. (2001) The road not travelled: a sustainable urban regeneration strategy for Hong Kong. *Planning Practice and Research,* 16(2), 171–83.

Nijman, J. (1997a) Globalization to a Latin beat: the Miami growth machine. In D. Wilson (ed.), *Globalization and the Changing US City. Annals of the American Academy of Political and Social Science,* 551, 164–77.

—— (1997b) Entre le nord et le sud: l'internationalisation de Miami. In P. Claval and A.-L. Sanguin (eds), *Métropolisation et politique* (pp. 83–94). Paris: l'Harmattan.

NLA (National Land Agency) (1985) *Capital Reconstruction Plan*. Tokyo: NLA.

—— (1986) *The 4th Capital Region Development Plan*. Tokyo: NLA.

Norris, D. (2001) Prospects for regional governance under the new regionalism: economic imperatives versus political imperatives. *Journal of Urban Affairs,* 23(5), 557–71.

Novy, J. and Huning, S. (2009) New tourism (areas) in the 'New Berlin'. In R. Maitland and P. Newman (eds), *World Tourism Cities*, London: Routledge.

Nugent, N. (1989) *The Government and Politics of the European Community*. London: Macmillan.

ODPM (Office of the Deputy Prime Minister) (2005) *Creating Sustainable Communities: Delivering the Thames Gateway* (http://www.communities.gov.uk/documents/thamesgateway/pdf/146679).

OECD (1999) *Draft Principles of Metropolitan Governance.* Paris: Organization for Economic Cooperation and Development.

——(2006a) *Territorial Reviews: Competitive Cities in the Global Economy.* Paris: Organization for Economic Cooperation and Development Publishing.

——(2006b) *OECD Territorial Reviews: Istanbul, Turkey.* Paris: OECD.

Office of the Mayor of New York (2009) *Statement Of Mayor Bloomberg On City Planning's 100th Re-Zoning Plan Adopted Under Bloomberg Administration,* 28 October. From http://www.nyc.gov/portal/site/nycgov/menuitem.c0935b9a57bb4ef3daf2f1c701c789a0/index.jsp?pageID=mayor_press_release&catID=1194&doc_name=http%3A%2F%2Fwww.nyc.gov%2Fhtml%2Fom%2Fhtml%2F2009b%2Fpr474-09.html&cc=unused1978&rc=1194&ndi=1FirefoxHTML\Shell\Open\Comm.

O'Hara, K. (2003) *Affordable Housing Production. Comparing the Expenditure of Six US Cities.* City of Los Angeles: Southern California Association of Non Profit Housing/Housing Department, City of Los Angeles.

Ohmae, K. (1990) *The Borderless World.* New York: Harper Business.

——(1995) Putting global logic first. *Harvard Business Review,* January/February, 119–25.

Ohno, T. and Evans, R. (1992) *Tohi Kaihatu wo Kangaeru* [Thinking about Urban Development]. Tokyo: Iwanami Shoten.

Olds, K. (2001) *Globalization and Urban Change: Capital, Culture, and Pacific Rim Mega-Projects.* New York: Oxford University Press.

——Dicken, P., Kelly, P. F., Kong, L. and Yeung, H. W. (eds) (1999) *Globalisation and the Asia-Pacific.* New York and London: Routledge.

OMY (Otemachi/Marunouchi/Yurakuchou Districts Planning Discussion Group) (2000) *Otemachi/Marunouchi/Yurakuchou Machidsukuri Gaidorain* [Otemachi/Marunouchi/Yurakuchou Districts Planning Guideline]. Tokyo: OMYPF.

Orr, M. and Johnson, V. (2008) *Power in the City.* Lawrence: University Press of Kansas.

Ostrom, E. (1990) *Governing the Commons: The Evolution of Institutions for Collective Action.* Cambridge: Cambridge University Press.

Pacione, M. (2005) City profile: Dubai. *Cities,* 22(3), 255–65.

——(2006) City profile: Mumbai. *Cities,* 23(3), 229–38.

Pagonis, T. and Thornley, A. (2000) Urban development projects in Moscow: market/state relations in the new Russia. *European Planning Studies,* 8(6), 751–66.

Palais, J. B. (1984) Confusianism and the aristocratic/bureaucratic balance in Korea. *Harvard Journal of Asiatic Studies,* 44, 427–68.

Parkinson, M., Bianchini, F., Dawson, J., Evans, R. and Harding, A. (1992) *Urbanisation and the Functions of Cities in the European Community.* Brussels: European Commission (DGXVI).

Parnell, S. (2007) Politics of transformation: defining the city strategy in Johannesburg. In K. Segbers (ed.), *The Making of Global City Regions: Johannesburg, Mumbai/Bombay, São Paulo, and Shanghai.* Baltimore: The Johns Hopkins University Press.

——and Robinson, J. (2006) Development and urban policy: Johannesburg's city development strategy. *Urban Studies,* 43(2), 337–55.

Parnreiter, C. (2002) Mexico: the making of a global city. In S. Sassen (ed.), *Global Networks, Linked Cities* (pp. 145–82). New York and London: Routledge.

——(2003) Global city formation in Latin America: socioeconomic and spatial transformations in Mexico City and Santiago de Chile. 2003, From www.lboro.ac.uk/gawc/rb/rb103.html.

Pastor, M., Dreier, P., Grigsby III, E. and Lopez-Garza, M. (2000) *Regions That Work: How Cities and Suburbs Can Grow Together.* Minneapolis: University of Minnesota Press.

Pastor, M. Jr, (2001) Common ground at ground zero? The new economy and the new organizing in Los Angeles. *Antipode,* 33(2), 260–89.

Patel, S. (2004) Bombay/Mumbai: globalization, inequalities, and politics. In J. Gugler (ed.), *World Cities Beyond the West.* Cambridge: Cambridge University Press.

——(2007) Mumbai: the mega-city of a poor country. In K. Segbers (ed.), *The Making of Global City Regions: Johannesburg, Mumbai/Bombay, São Paulo, and Shanghai*. Baltimore: The Johns Hopkins University Press.

Patten, C. (1998) *East and West*. London: Macmillan.

Peck, J. and Tickell, A. (1994) Jungle law breaks out: neoliberalism and global-local disorder. *Area*, 26(4), 317–26.

Penelas, A. (2001) *Address to Beacon Council*. Press release. Miami-Dade: Office of the Executive Mayor.

Pengfei, N. and Kresl, P. K. (2010) *The Global Competitiveness Report 2010*. Cheltenham: Edward Elgar.

Petit, T. (2002) The socio-economic profile of Paris. *Cahiers de l'IAURIE: Economic Performance of the European Regions*, 135, 44–8.

Phatak, V. (2007) Mumbai/Bombay. In K. Segbers (ed), *The Making of Global City Regions: Johannesburg, Mumbai/Bombay, São Paulo, and Shanghai*. Baltimore: The Johns Hopkins University Press.

Philo, C. and Kearns, K. (eds) (1993) *Selling Places: The City as Cultural Capital, Past and Present*. Oxford: Pergamon Press.

Pierce, N. R., Hall, J. S. and Johnson, C. W. C. (1994) *Citistates: How Urban America Can Prosper in a Competitive World*. Princeton, NJ: Seven Locks.

Pierson, P. (2000) Increasing returns, path dependence, and the study of politics. *American Political Science Review*, 94(2), 251–66.

Pimlott, B. and Rao, N. (2002) *Governing London*. Oxford: Oxford University Press.

Piven, F. (1995) Is it global economics or neo-laissez-faire? *New Left Review*, 213, 107–14.

Plaine Commune (2001) La Politique de la ville naturellement intercommunale. *Les Assises de Plaine Commune*, p. 14. Saint-Denis: Plaine Commune.

——(2002) *Les Assises de Plaine Commune*. Saint-Denis: Plaine Commune.

——(2010) *L'Eco de Plaine Commune Numero Special*. From http://www.plainecommune.fr/gallery_files/site_1/739/Leco_special_2010.pdf

Planning Report (2003) Superior court voids LA CRA's Central Redevelopment Plan. *Planning Report*, XVI, 1–3.

Plaza, B. (1999) The Guggenheim-Bilbao Museum effect: a reply. *International Journal of Urban and Regional Research*, 23(3), 589–92.

——(2000) Evaluating the influence of a large cultural artifact in the attraction of tourism: the Guggenheim Museum Bilbao case. *Urban Affairs Review*, 36(2), 264–74.

Polidano, C. (2001) Don't discard state autonomy: revisiting the East Asian experience of development. *Political Studies*, 49, 513–27.

Port Authority of New York and New Jersey (1993) *The Arts as an Industry*. New York: Alliance for the Arts, New York City Partnership and Partnership for New Jersey.

Porter, M. (1990) *The Competitive Advantage of Nations*. New York: Free Press.

Pow, C. P. (2001) Urban entrepreneurialism and downtown transformation in Marina Centre, Singapore: a case study of Suntec City. Paper presented at the RC 21 Conference, Amsterdam, 15–17 June.

Présidence de la République (2009) *Le Grand Paris. Dossier de Presse*. Cité de l'architecture et patrimoine Paris, 29 April.

Prime Minister's Strategy Unit (2004) *London Project Report*. London: Cabinet Office.

Pristin, T. (2000) Internet spurs huge job growth in the New York area. *New York Times*, 29 February.

Ramachandran, V., Rueda-Sabater, E. and Kraft, R. (2009) Rethinking fundamental principles of global governance: How to represent states and populations in multilateral institutions. *Governance*, 22(3), 341–51.

Rao, N. (2003) The politics of mayoral governance: first years of the GLA. Paper presented at the London Seminar, LSE, London, March.

——(2007) *Cities in Transition*. London: Routledge

Rast, J. (1999) *Remaking Chicago: The Political Origins of Urban Industrial Change*. DeKalb, IL: Northern Illinois University Press.

Rath, J. (2002) *Unravelling the Rag Trade: Immigrant Entrepreneurship in Seven World Cities.* Oxford: Berg.

Reese, E., Deverteuil G. and Thach, L. (2010) 'Weak-Center' gentrification and the contradictions of containment: deconcentrating poverty in downtown Los Angeles. *International Journal of Urban and Regional Research*, 34(2), 310–27.

Regional Plan Association (2006) *America 2050: A Prospectus.* New York.

Reichl, A. J. (1999) *Reconstructing Times Square: Politics and Culture in Urban Development.* Lawrence, KS: University Press of Kansas.

Ren, X. (2008) Architecture as branding: mega project development in Beijing. *Built Environment*, 34(4), 517–31.

Ren, Y. (2006) Globalization and grassroots practices: community development in contemporary urban China. In F. Wu (ed.), *Globalization and the Chinese City.* London and New York: Routledge.

Riccio, L. (2002) Make no little plans. *New York Times,* 23 June.

Rigby, D. (2002) Urban and regional restructuring in the second half of the twentieth century. In J. A. Agnew and J. M. Smith (eds), *American Space/American Place: Geographies of the Contemporary United States* (pp. 150 83). Edinburgh: Edinburgh University Press.

Rimmer, P. J. (1986) Japan's world cities: Tokyo, Osaka, Nagoya or Tokaido megalopolis? *Development and Change*, 17(2), 121–58.

—— (1996) International transport and communications interactions between Pacific Asia's emerging world cities. In F. Lo and Y. Yeung (eds), *Emerging World Cities in Pacific Asia.* Tokyo: United Nations University Press.

Robin Thompson Associates (2008) *Approaches to Growth. Study of Sub-regions, Growth Proposals and Coordination in and around London, Final Report March.* London: Robin Thompson Associates.

Robins, K. and Aksoy, A. (1995) Istanbul rising: returning the repressed to urban culture. *European Urban and Regional Studies*, 2(3), 223–35.

Robinson, J. (2002) Global and world cities: a view from off the map. *International Journal of Urban and Regional Studies*, 26(3), 531–54.

—— (2006) *Ordinary Cities: Between Modernity and Development.* Abingdon and New York: Routledge.

Robson, W. (1948) *The Development of Local Government: Revised and Enlarged Edition with a New Prologue on the Crisis in Local Government.* London: George Allen & Unwin.

Rochon, L. (2002) Take back the waterfront. *Globe and Mail,* 24 October, p. 7.

Rhodes, G. (1970) *The Government of London: The Struggle for Reform.* London: London School of Economics.

Rodríguez-Pose, A. (1998) *Dynamics of Regional Growth in Europe: Social and Political Factors.* New York: Clarendon Press.

Rogowsky, E. and Gross, J. (2000) Business improvement districts and economic development in New York City. In T. J. F. Wagner and A. Mumphrey (eds), *Managing Capital Resources for Central City Revitalization.* New York: Garland Publishing.

Ross, B. and Levine, M. (2001) *Urban Politics.* Itasca IL.: F. E. Peacock.

—— (2006) *Urban Politics. Power in Metropolitan America*, 7th edition. Belmont, CA: Thompson.

Roy, A. (2008) Global norms and planning forms: the millennium development goalsl. *Planning Theory & Practice*, 9(2), 251–74.

—— (2009) The 21st-century metropolis: new geographies of theory. *Regional Studies*, 43(6), 819–30.

Rucht, D (2009) The transnationalization of social movements: trends, causes, problems. In D. Della Porta, H. Kriesi, D. Rucht (eds) *Social Movements in a Globalising World* (pp. 206–22). Palgrave.

Rydin, Y., Thornley, A., Scanlon, K. and West, K. (2004) The GLA – a case of conflict of cultures? Evidence from the planning and environmental policy domains. *Environment and Planning C,* 22, 55–76.

Rzepecki, S. (2007) The high line. *Urban Review,* 5(3), 11.

Saito, A. (2003) Global city formation in a capitalist developmental state: Tokyo and the waterfront sub-centre project. *Urban Studies,* 40(2), 283–308.

Salet, W. (2003) Amsterdam and the north wing of the Randstad. In W. Salet, A. Thornley and A. Kreukels (eds), *Metropolitan Governance and Spatial Planning: Comparative Case Studies of European City-regions.* London: Spon.

——, Thornley, A. and Kreukels, A. (eds) (2003) *Metropolitan Governance and Spatial Planning: Comparative Case Studies of European City-regions.* London: Spon.

Samers, S. (2002) Immigration and the global city hypothesis: towards an alternative research agenda. *International Journal of Urban and Regional Research,* 26(2), 389–402.

Sanyal, B. (ed.) (2005) *Comparative Planning Cultures.* New York and London: Routledge.

Sassen, S. (1991) *The Global City: New York, London, Tokyo.* Princeton, NJ: Princeton University Press.

—— (1996) *Losing Control? Sovereignty in an Age of Globalization.* New York: Columbia University Press.

—— (1999) *Guests and Aliens.* New York: The New Press.

—— (2001a) Impacts of information technologies on urban economies and policies. Paper presented at the RC21, Amsterdam.

—— (2001b) *The Global City: New York, London, Tokyo,* 2nd edn. Princeton, NJ: Princeton University Press.

—— (2001c) Global cities and developmentalist states: How to derail what could be an interesting debate: A response to Hill and Kim. *Urban Studies,* (38), 2537–40.

—— (2002a) Global cities and diasporic networks: microsites in global civil society. In H. Anheier, M. Glasius and M. Kaldor (eds), *Global Civic Society Yearbook 2002.* Oxford: Oxford University Press.

—— (ed.) (2002b) *Global Networks, Linked Cities.* London and New York: Routledge.

—— (2008) Cities in today's global age. Paper 1. Metropoliscongress2008.com.

—— and Roost, F. (1999) The city: strategic site for the global entertainment industry. In D. R. Judd and S. S. Fainstein (eds), *The Tourist City.* New Haven, CT: Yale University Press.

Savage, V. (1997) Singapore's Garden City: translating environmental possibilism. In O. G. Ling and K. Kwok (eds), *City and the State: Singapore's Built Environment Revisited.* Singapore: Oxford University Press.

Savitch, H. V. (1988) *Post-industrial Cities: Politics and Planning in New York, Paris and London.* Princeton, NJ: Princeton University Press.

—— (1999) La transformation des villes américaines. In O. Gabriel and V. Hoffman-Martintot (eds), *Democraties Urbaines* (pp. 375–95). Paris: l'Harmattan.

—— and Vogel, R. (1996) Regional politics. America in a Post-City Age. *Urban Affairs Review* 45. Thousand Oaks, CA: Sage.

—— and Vogel, R. (2004) Suburbs without a city. *Urban Affairs Review,* 39(6), 758–90.

—— and Kantor P. (2002) *Cities in the International Marketplace: The Political Economy of Urban Development in North America and West Europe.* Princeton, NJ: Princeton University Press.

Schill, M. H. (1999) Introduction. In M. H. Schill (ed.), *Housing and Community Development in New York: Facing the Future* (pp. 1–10). New York: State University of New York Press.

Schirm, S. (2002) *Globalization and the New Regionalism.* Cambridge: Polity Press.

Schlosberg, D. (1999) *Environmental Justice and the New Pluralism: The Challenge of Difference for Environmentalism.* New York: Oxford University Press.

Scholte, J. A. (2000) *Globalization: A Critical Introduction.* Basingstoke: Palgrave Macmillan.

Schwartz, A. and Vidal, A. (1999) Between a rock and a hard place: the impact of federal and state policy changes on housing in New York City. In M. H. Schill (ed.), *Housing and Community Development in New York: Facing the Future* (pp. 233–59). New York: State University of New York Press.

Schwieterman, J. (2002) Stormy skies. *Planning,* 68(1), 16–21.

Scott, A. J. (2001a) Introduction. In A. J. Scott (ed.), *Global City-Regions: Trends, Theory, Policy.* New York: Oxford University Press.

—— (ed.). (2001b) *Global City-regions: Trends, Theory, Policy.* New York: Oxford University Press.

—— (2008) Resurgent metropolis: economy, society and urbanization in an interconnected world. *International Journal of Urban and Regional Research*, 32(3), 548–64.

Searle, G. (1996) *Sydney as a Global City*. Sydney: Department of Urban Affairs and Planning and Department of State and Regional Development.

—— and Bounds, M. (1999) State powers, state land and competition for global entertainment: the case of Sydney. *International Journal of Urban and Regional Research*, 23, 165–72.

Segbers, K. (ed.) (2007) *The Making of Global City Regions – Johannesburg, Mumbai/Bombay, São Paulo and Shanghai*. Baltimore: Johns Hopkins University Press.

Seguchi, T. and Malone, P. (1996) Tokyo: waterfront development and social needs. In P. Malone (ed.), *City, Capital and Water*. London and New York: Routledge.

SEMAPA (*Sociétés d'Economie Mixte d'Aménagement de la Ville de Paris*) (2003) Paris Rive Gauche Magazine. 1 February.

Shapira, P., Masser, I. and Edgington, D. (eds) (1994) *Planning for Cities and Regions in Japan*. Liverpool: Liverpool University Press.

Shatkin, G. (2007) Global cities of the south: emerging perspectives on growth and inequality. *Cities*, 24(1), 1–15.

Shaw, A. and Satish, M. K. (2007) Metropolitan restructuring in post-liberalized India: separating the global and the local. *Cities*, 24(2), 148–63.

Shefter, M. (1985) *Political Crisis/Fiscal Crisis: The Collapse and Revival of New York City*. New York: Basic Books.

Shen, J. F. (2008) Hong Kong under Chinese sovereignty: economic relations with Mainland China 1978–2007. *Eurasian Geography and Economics*, 49(3), 326–40.

Shi, Y. and Hamnett, C. (2002) The potential and prospect for global cities in China: in the context of the world system. *Geoforum*, 33, 121–35.

Shin, H. B. (2009a) Life in the shadow of mega-events: Beijing Summer Olympiad and its impact on housing. *Journal of Asian Public Policy*, 2(2), 122–41.

—— (2009b) Residential redevelopment and the entrepreneurial local state: the implications of Beijing's shifting emphasis on urban redevelopment policies. *Urban Studies*, 46(13), 2815–39.

—— (2010) Urban conservation and revalorisation of dilapidated historic quarters: the case of Nanluoguxiang in Beijing. *Cities*, 27, 43–54.

Shin, K. and Timberlake, M. (2000) World cities in Asia: cliques, centrality and connectedness. *Urban Studies*, 37(12), 2257–85.

Short, J. R. and Kim, Y. H. (1999) *Globalization and the City*. Harlow and New York: Longman.

Short, J. R., Kim, Y., Kuus, M. and Wells, H. (1996) The dirty little secret of world city research: data problems in comparative analysis. *International Journal of Urban and Regional Research*, 20(4), 697–717.

Short, J. R., Breitbach, C., Buckman, S. and Essex, J. (2000) From world cities to gateway cities. *City*, 4(3), 317–40.

Shui On Group (n.d.) *Where Yesterday Meets Tomorrow in Shanghai Today: Heritage-Culture-Entertainment*. Shanghai: Shui On Group.

Siegel, F. (2002) The death and life of America's cities. www.thepublicinterest.com, Summer, 9.

Sim, L., Ong, S., Agarwal, A., Parsa, A. and Keivani, R. (2003) Singapore's competitiveness as a global city: development strategy, institutions, and business environment. *Cities*, 20(2), 115–27.

Simon, D. (1995) The world city hypothesis: reflections from the periphery. In P. Knox and P. Taylor (eds) *World Cities in a World System*. London: Routledge.

Simons, K. and Häussermann, H. (2000) The New Berlin: growth scenarios and local strategies. From www.ifresi.univ-lille.fr/PagesHTML/URSPIC/Cases2/Berlin/ BERLIN2.htm.

Simpson, D., Adeoye, O., Feliciano, R. and Howard, R. (2002) Chicago's uncertain future since September 11, 2001. *Urban Affairs Review*, 38(1), 128–34.

Singapore Government (2009) Sustainable Development Blueprint. http://app.mewr.gov.sg/web/Contents/ContentsSSS.aspx?Contld=1034. Accessed 29th May 2010.

Sites, W. (1997) The limits of urban regime theory: New York City under Koch, Dinkins and Giuliani. *Urban Affairs Review,* 32(4), 536–57.

—— (1998) 'Primitive globalization' and urban politics in New York. Paper to International Sociological Association Meeting, Montreal.

Sklair, L. (2001) *The Transnational Capitalist Class.* Oxford: Blackwell.

Smith, A. (2010) The development of 'Sports-City' zones and their potential value as tourism resources for urban areas. *European Planning Studies,* 18(3), 385–410.

Smith, D. A., Solinger, D. J. and Topik, S. C. (eds) (1999) *States and Sovereignty in the Global Economy.* London and New York: Routledge.

Smith, M. P. (1999) Transnationalism and the city. In R. A. Beauregard and S. Body-Gendrot (eds), *The Urban Moment: Cosmopolitan Essays on the Late-20th-Century City.* Thousand Oaks, CA, and London: Sage.

—— (2001) *Transnational Urbanism: Locating Globalization.* Malden, MA and Oxford: Blackwell.

Smith, N. (1996) *The New Urban Frontier: Gentrification and the Revanchist City.* London: Routledge.

Smith, R. (2003) World city topologies. *Progress in Human Geography,* 27(5), 561–82.

Smithsimon, G. (2010) Inside the Empire: ethnography of a global citadel in New York. *Urban Studies,* 47(4), 699–724. Originally published online 12 January 2010.

Soja, E. W. (2000) *Postmetropolis: Critical Studies of Cities and Regions.* Oxford and Malden, MA: Blackwell Publishers.

—— and Scott, A. J. (1996) Introduction to Los Angeles. City and region. In A. J. Scott and E. W. Soja (eds), *The City: Los Angeles and Urban Theory at the End of the Twentieth Century.* Los Angeles, CA: University of California Press.

Sorensen, A. (2000) Subcentres and satellite cities: Tokyo's 20th century experience of planned polycentrism. *International Planning Studies,* 6(1), 9–32.

—— (2002) *The Making of Urban Japan.* New York and London: Routledge.

—— (2003) Building world city Tokyo: globalization and conflict over urban space. *Annals of Regional Science,* 37(3), 519–31.

——, Okata, J. and Fujii, S. (2010) Urban renaissance as intensification: building regulation and the rescaling of place governance in Tokyo's high-rise Manshon Boom. *Urban Studies,* 47(3), 556–83.

State of New York (1998) An Act in relation to creating the Hudson River Park and the Hudson River Park Trust, No. 592.

Stimson, R. (1995) Processes of globalization, economic restructuring and the emergence of a new space economy of cities and regions in Australia. In J. Brochie, M. Batty, E. Blakely, P. Hall and P. Newton (eds), *Cities in Competition: Productive and Sustainable Cities for the 21st Century.* Melbourne: Longman.

Stoker, G. (1995) Regime theory and urban politics. In D. Judge, G. Stoker and H. Wolman (eds), *Theories of Urban Politics.* Thousand Oaks, CA, London and Delhi: Sage.

—— (2000) Urban political science and the challenge of urban governance. In J. Pierre (ed.), *Debating Governance: Authority, Steering, and Democracy* (pp. 91–109). Oxford: Oxford University Press.

—— and Mossberger, K. (1994) Urban regime theory in comparative perspective. *Environment and Planning C: Government and Policy,* 12(2), 195–212.

Stone, C. N. (1989) *Regime Politics: Governing Atlanta, 1946–1988.* Lawrence, KS: University Press of Kansas.

—— (2002) Urban regime analysis: the next generation. Paper presented at the LSE Seminar, London.

Storm, E. (2006) Randstad Holland: synergy in perspective. Position and history, ambition and policy. In W. Salet (ed.) *Synergy in Urban Networks?* Den Haag: Sdu Publishers.

Storper, M. (1997) *The Regional World: Territorial Development in a Global Economy.* New York: Guilford Press.

Strange, S. (1996) *The Retreat of the State: The Diffusion of Power in the World Economy.* Cambridge: Cambridge University Press.

Strom, E. (2001) *Building the New Berlin: The Politics of Urban Development in Germany's Capital City*. Oxford: Lexington Books.

Stubbs, R. (1999) States, sovereignty and the response of Southeast Asia's 'miracle' economics to globalization. In D. A. Smith, D. J. Solinger and S. C. Topik (eds), *States and Sovereignty in the Global Economy*. London and New York: Routledge.

Subra, P. (2009) *Le Grand Paris*. Paris: Armand Colin.

—— and Newman, P. (2008) Governing Paris – planning and political conflict in Île-de-France'. *European Planning Studies*, 16(4), 521–35.

Sum, N. (1999) Rethinking globalization: re-articulating the spatial scales and temporal horizons of trans-border spaces. In K. Olds *et al.* (eds), *Globalization and the Asia-Pacific*. London: Routledge.

—— (2002) Globalization and Hong Kong's entrepreneurial city strategies: contested visions and the remaking of city governance in (post-)crisis Hong Kong. In J. R. Logan (ed.), *The New Chinese City: Globalization and Market Reform*. Oxford: Blackwell.

Swyngedouw, E. (1997) Neither global nor local: 'glocalization' and the politics of scale. In K. Cox (ed.), *Spaces of Globalization* (pp. 137–66). London: Longman.

—— (2009) The antinomies of the postpolitical city: in search of a democratic politics of environmental production. *International Journal of Urban and Regional Research*, 33(3), 601–20.

—— and Baeten, G. (2001) Scaling the city: the political economy of 'glocal' development - Brussels' conundrum. *European Planning Studies*, 9(7), 827–49.

Tang, B. S. (2003) Cities in transition: urban planning and property development in Hong Kong and Guangzhou, 1978–1997. Unpublished PhD Dissertation submitted to the University of London (LSE).

Tang, B. and Liu, S. (2001) City builders in mainland China: competitive strategy and performance of Hong Kong developers. Paper presented at the World Planning Schools Congress, Shanghai, China, 11–15 July.

Tang, W. S (2006) Planning Beijing strategically; 'one world, one dream'. *Town Planning Review*, 77(3), 257–82.

Taylor, P. J. (1997) Is the United Kingdom big enough for both London and England? *Environment and Planning A*, 29, 766–70.

—— (2000) World cities and territorial states under conditions of contemporary globalization. *Political Geography*, 19(1), 5–32.

—— (2003) European cities in the World City network. Retrieved 13 May, 2003. From www.lboro.ac.uk/gawc/rb/rb105.html.

—— (2004) *World City Network: A Global Urban Analysis*. London and New York: Routledge.

—— (2006) Shanghai, Hong Kong, Taipei and Beijing within the world city network: positions, trends and prospects. *GaWC Research Bulletin*, 204. www.lboro.ac.uk/gawc.

—— (2010) Advanced producer service centres in the world economy. In P. J. Taylor, P. Ni, B. Derudder, M. Hoyler, J. Huang. and F. Witlox. *Global Urban Analysis: A Survey of Cities in Globalization*. London: Earthscan.

—— and Hoyler, M. (2000) The spatial order of European cities under conditions of contemporary globalistion. *Tijdschrift voor Economische en Sociale Geografie*, 91(2), 176–89.

——, Doel, M. A., Hoyler, M., Walker, D. R. F. and Beaverstock, J. V. (2000) World cities in the Pacific Rim: a new global test of regional coherence. *Singapore Journal of Tropical Geography*, 21(3), 233–45.

Teranishi, S. (1991) Sekai Toshi to Tokyo Mondai [World City and Tokyo Problem]. *Economic Studies* (published by Hitotsubashi University), 32, 161–213.

The Banker (2002) Milan's fashion for finance. Accessed 2003. From www.thebanker.com/art2nov02.htm.

The Economist (2002) Immigrants in the Netherlands: fortunism without fortune. 30 November, p. 29.

The Guardian (2010a) Special loans units left country with ghost estates and another bail out bill. 31 March, p. 27.

—— (2010b) Church of England loses £40m on Manhattan property gamble. 26 January, p. 23.

Thompson, G. F. (2010) 'Financial Globalisation' and the 'Crisis': a critical assessment and 'What is to be Done'?. *New Political Economy*, 15(1), 127–45.

Thompson, J. P. (2009) Race in New Orleans since Katrina. In P. Marcuse, J. Connolly, J. Novy, I. Olivo, C. Potter and J. Steil (eds) *Searching for the Just City. Debates in Urban Theory and Practice*. Routledge: London.

Thornley, A. (1993) *Urban Planning under Thatcherism: The Challenge of the Market*. London: Routledge.

——, Rydin, Y., Scanlon, K. and West, K. (2002) *The Greater London Authority: Interest Representation and the Strategic Agenda*. LSE London Discussion Paper No. 8. London: LSE London, Metropolitan and Urban Research Centre.

——and West, K. (2004) Urban policy integration in London: the impact of the elected mayor. In R. C. Johnstone and M. Whitehead (eds), *New Horizons in British Urban Policy*. London: Routledge.

Thrift, N. (1989) Geography of international economic disorder. In R. J. Johnston and P. J. Taylor (eds), *A World in Crisis? Geographical Perspectives*. Oxford: Blackwell.

—— (1997) Cities without modernity, cities with magic. *Scottish Geographical Magazine*, 113, 138–49.

—— (1999) The globalisation of the system of business knowledge. In K. Olds *et al.* (eds), *Globalization and the Asia-Pacific*. London and New York: Routledge.

—— (2000) State sovereignty, globalization and the rise of soft capitalism. In C. Hay and D. Marsh (eds), *Demystifying Globalization*. Basingstoke: Palgrave Macmillan.

Tilly, C. (1984) *Big Structures, Large Processes, Huge Comparisons*. New York: Russell Sage Foundation.

Times Square BID (1998) *Economic Indicators/Annual Report*. New York: Times Square Business Improvement District.

TMG (Tokyo Metropolitan Government) (1987) *The 2nd Long Term Plan*. Tokyo: TMG.

—— (1994) *Tokyo no Tochi* [Land of Tokyo]. Tokyo: TMG.

—— (1996a) *Tokyo no Miryoku to Katsuryoku* [Attractiveness and the Vitality of Tokyo]. Tokyo: TMG.

—— (1996b) *Tokyo to Toshi Hakusho 1996 – Yutakana Toshikuukan no Souzou ni Mukete* [Urban White Paper of Tokyo 1996 – Towards the Creation of a Rich Urban Environment]. Tokyo: TMG.

—— (1998) *Tokyo to Toshi Hakusho 1998* [Urban White Paper of Tokyo 1998 – Social Capital for a Liveable Tokyo]. Tokyo: TMG.

—— (1999) Kikitoppa Senryaku Plan – 21 Seiki keno Daiichi Suteppu [The Strategic Plan to Overcome the Crisis – The First Step to the 21st Century]. Tokyo: TMG.

—— (2000a) *Tokyo to Toshi Hakusho 2000 – Kokusai Toshi Tokyo no Miryoku wo Takameru* [Urban White Paper of Tokyo 2000 – Increasing the attractiveness of World City Tokyo]. Tokyo: TMG.

—— (2000b) *Tokyo Kousou 2000* [Tokyo Plan 2000]. Tokyo: TMG.

—— (2000c) *Kouku Kihon Seisaku* [Basic Aviation Policy]. Tokyo: TMG.

—— (2001a) *Shakai Jousei no Henka wo Fumaeta Tokyo no Atarashii Toshidtukuri no Arikata* [New Policy for Urban Planning in Response to the Changing Socio-economic Conditions]. Tokyo: TMG.

—— (2001b) *Tokyo Bei Eria 21* [Tokyo Bay Area 21]. Tokyo: TMG.

—— (2001c) *Tokyo Megalopolis Concept*. Tokyo: TMG.

—— (2001d) *Tourism Promotion Plan*. Tokyo: TMG.

—— (2002) *Planning of Tokyo*. Tokyo: Bureau of City Planning, Tokyo Metropolitan Government.

—— (2006) *Tokyo's Big Change – The 10-year Plan*. Tokyo: TMG.

Togo, H. (1986) *Toshiseisaku no Tenkai* [Progress in Urban Policy]. Tokyo: Kajima Shuppan Kai.

Tomioka, N. (2001) Causes of the Asian crisis, Asian-style capitalism and transparency. *Asia-Pacific Review*, 8(2), 47–65.

Toronto Urban Development Services (2002) *Official Plan Summary: A Citizen's Guide to Toronto's New Official Plan.* Toronto: City of Toronto.

Transition Team (1997) *1997 New City, New Opportunities. Interim Report.* Toronto: City of Toronto.

Travers, T. (2004) *The Politics of London: Governing an Ungovernable City.* Basingstoke and New York: Palgrave Macmillan.

Tsukamoto, T. (2010) Tokyo's regionalism politics: glocalisation of a Japanese developmental state. *Progress in Planning*, 73(1), 44–9.

Turner, R. and Rosentraub, M. (2002) Tourism, sports and the centrality of cities. *Journal of Urban Affairs*, 24(5), 487–92.

UN Habitat (2009) *Global Report on Human Settlements 2009: Planning Sustainable Cities: Policy Directions.* Nairobi: United Nations Human Settlements Programme (UN-Habitat).

URA (Urban Redevelopment Authority) (1991) *Living the Next Lap.* Singapore: Urban Redevelopment Authority.

—— (1998) *Towards a Tropical City of Excellence.* Singapore: Urban Redevelopment Authority.

—— (2001) *Towards a Thriving World Class City in the 21st Century.* Singapore: Urban Redevelopment Authority.

Urban Task Force (2000) *Towards an Urban Renaissance.* London: E & FN Spon.

Urry, J. (2002) *Global Complexity.* Cambridge: Polity.

Utsunomiya, F. and Hase, T. (2000) Japanese urban policy: challenges of the Rio Earth Summit. In N. Low, B. Gleeson, I. Elander and R. Lidskog (eds), *Consuming Cities.* London and New York: Routledge.

van den Berg, L., Braun, E. and van der Meer, J. (1998) *National Urban Policies in the European Union.* Aldershot: Ashgate.

——. (eds) (2007) *National Policy Responses to Urban Challenges in Europe.* Aldershot: Ashgate.

van der Merwe, I. J. (2004) The global cities of sub-Saharan Africa: fact or fiction?. *Urban Forum*, 15(1), 36–47.

van Grunsven, L. (2000) Singapore: the changing residential landscape in a winner city. In P. Marcuse and R. van Kempen (eds), *Globalizing Cities: A New Spatial Order.* Oxford: Blackwell.

Vazquez-Castillo, M. T. (2001) Mexico-US bilateral planning: institutions, planners and communities. *European Planning Studies*, 9(5), 649–62.

Verpraet, G. (1992) Le dispositif partenarial des projets intégrés. *Les Annales de la Recherche Urbaine*, 51, 103–11.

Vicari, S. and Molotch, H. (1990) Building Milan: alternative machines of growth. *International Journal of Urban and Regional Research*, 14(4), 602–24.

Vidal, J. (2010) UN report: World's biggest cities merging into 'mega-regions'. *The Guardian*, 22 March.

Waley, P. (2000) Tokyo: patterns of familiarity and partitions of difference. In P. Marcuse and R. van Kempen (eds), *Globalizing Cities: A New Spatial Order?* Oxford: Blackwell

—— (2007) Tokyo-as-World-City: Reassessing the Role of Capital and the State in Urban Restructuring. *Urban Studies*, 44(8), 1465–90.

Walks, A. (2001) The social ecology of the post-Fordist/global city? Economic restructuring and socio-spatial polarisation in the Toronto urban region. *Urban Studies*, 38(3), 407–47.

Wallerstein, I. M. (1984) *The Politics of the World Economy: The States, the Movements and the Civilisations.* Cambridge: Cambridge University Press.

Ward, M. (2003) A talk given by Chief Executive of LDA. Paper presented at City Growth Strategies, Café Royal, London, 8 October.

Ward, P. (1998) Future livelihoods in Mexico City: a glimpse into the new millennium. *Cities*, 15(2), 63–74.

Waterhout, B. (2002) Polycentric development: what is behind it? In A. Faludi (ed.), *European Spatial Planning* (pp. 83–104). Cambridge: Lincoln Institute of Land Policy.

Waters, M. (1995) *Globalization.* London: Routledge.

Webber, D. (2001) Two funerals and a wedding? The ups and downs of regionalism in East Asia and Asia-Pacific after the Asian crisis. *The Pacific Review*, 14(3), 339–72.

Wei, Y. D., Leung, C. K. and Luo, J. (2006) Globalizing Shanghai: foreign investment and urban restructuring. *Habitat International*, 30, 231–44.

Wei, Y. D. and Yu, D. (2006) State policy and the globalization of Beijing: emerging themes. *Habitat International*, 30(3), 377–95.

Weikhart, L. A. (2001) The Giuliani administration and the New Public Management in New York City. *Urban Affairs Review*, 36(3), 359–81.

Weiss, L. (1997) Globalization and the myth of the powerless state. *New Left Review*, 225 (Sept/Oct), 3–27.

—— (2000) Developmental states in transition: adapting, dismantling, innovating, not 'normalising'. *The Pacific Review*, 13(1), 21–55.

West, K., Scanlon, K., Thornley, A. and Rydin, Y. (2003) The Greater London Authority: problems of strategy integration. *Policy and Politics*, 31(4), 479–96.

White, J. W. (1998) Old wine, cracked bottle? Tokyo, Paris, and the global city hypothesis. *Urban Affairs Review*, 33(4), 451–77.

White, M. J., Wu, F. and Chen Y. P. (2008) Urbanisation, institutional change, and sociospatial inequality in China, 1990–2001. In J. R. Logan (ed.), *Urban China in Transition*. Oxford: Blackwell.

Wial, H. and Friedhoff, A. (2010) *MetroMonitor, Tracking Economic Recession and Recovery in America's 100 Largest Metropolitan Areas*. Metropolitan Policy Program at Brookings Institution, March.

Wigle, J. (2008) Shelter, location, and livelihoods: exploring the linkages in Mexico City. *International Planning Studies*, 13(3), 197–222.

Wilks-Heeg, S., Perry, B. and Harding, A. (2003) Metropolitan regions in the face of the European dimension: regimes, re-scaling or repositioning? In W. Salet, A. Thornley and A. Kreukels (eds), *Metropolitan Governance and Spatial Planning: Comparative Case Studies of European City-regions*. London: Spon.

Wiseman, J. (1998) *Global Nation?* Melbourne: Cambridge University Press.

Wofson, J. and Frisken, F. (2000) Local response to the global challenge: comparing local economic development policies in a regional context. *Journal of Urban Affairs*, 22(4), 361–84.

Wong, T. (2001) The transformation of Singapore's central area: from slums to a global business hub. *Planning Practice and Research*, 16(2), 155–70.

World Bank (1993) *The East Asian Miracle, Economic Growth and Public Policy*. New York: Oxford University Press and the World Bank.

—— (2009) *Systems of Cities: The World Bank Urban and Local Government Strategy*. New York: World Bank Urban Development Unit.

Wu, F. (2000) The global and local dimensions of place-making: remaking Shanghai as a world city. *Urban Studies*, 37(8), 1359–77.

—— (2002a) China's changing urban governance in the transition towards a more market-oriented economy. *Urban Studies*, 39(7), 1071–93.

—— (2002b) Real estate development and the transformation of urban space in China's transitional economy, with special reference to Shanghai. In J. R. Logan (ed.), *The New Chinese City: Globalization and Market Reform* (pp. 153–66). Oxford and Malden, MA: Blackwell.

—— (2006a) Globalization and China's new urbanism. In F. Wu (ed.), *Globalization and the Chinese City*. London and New York: Routledge.

—— (2006b) Transplanting cityscapes: townhouse and gated community in globalization and housing commodification. In F. Wu (ed.) *Globalization and the Chinese City*. London and New York: Routledge.

—— (2009) Globalization, the changing state, and local governance in Shanghai. In X. Chen, (ed.), *Rising Shanghai: State Power and Local transformations in a Global Megacity*. Minneapolis and London: University of Minnesota Press.

—— and Ma, L. (2005), The Chinese city in transition. In L. J.C. Ma and F. Wu (eds), *Restructuring the Chinese City: Changing Society, Economy and Space*. London and New York: Routledge.

——and Ma, L. J. C. (2006) Transforming China's globalizing cities. *Habitat International*, 30(2), 191–8.

——and Phelps, N. (2008) From suburbia to post-suburbia in China? Aspects of the transformation of the Beijing and Shanghai global city regions. *Built Environment*, 34(4), 464–81.

——, Xu, J. and Yeh, A. G. (2007) *Urban Development in Post-Reform China: State, Market and Space*. London and New York: Routledge.

Wu, F. and Zhang, F. (2008) Planning the Chinese city: governance and development in the midst of transition. *Town Planning Review*, 79 (2–3), 149–56.

——(2010) China's emerging city region governance: towards a research framework. *Progress in Planning*, 73(1), 60–3.

Wu, W. (1999) City profile: Shanghai. *Cities*, 16(3), 207–16.

——(2005) Migrant residential distribution and metropolitan spatial development in Shanghai. In L. J.C. Ma and F. Wu (eds) *Restructuring the Chinese City: Changing Society, Economy and Space*. London and New York: Routledge.

Wyatt, E. (2003) Ground zero plan seems to circle back. *New York Times*, 13 September.

Xu, J. (2008) Governing city-regions in China. *Town Planning Review*, 79(2–3), 157–85.

——and Yeh, A. (2009) Decoding urban land governance: state reconstruction in contemporary Chinese cities. *Urban Studies*, 46(3), 559–81.

——(2010) Planning mega-city regions in China: rationales and policies. *Progress in Planning*, 73(1), 17–22.

——and Wu, F. (2009) Land commodification: New land development and politics in China since the Late 1990s. *International Journal of Urban and Regional Research*, 33(4), 890–913.

Xuequan, M. (2010) Milan mayor outlines World Expo 2015 master plan. *Xinhuanet.com*, 27 April. From http://news.xinhuanet.com/english2010/china/2010-04/27/c_13268418.htm.

Yahagi, H. (2002) Tokyo no Risutorakuchalingu to 'Sekai-toshi' no Yume Futatabi [Restructuring of Tokyo and the dream of world city again]. In T. Kodama (ed.), *Daitoshiken heno Kousou* [New Strategy for Metropolitan Restructuring]. Tokyo: University of Tokyo Press.

Yalcintan, M. and Erbas, A. (2003) Impacts of 'gecekondu' on the electoral geography of Istanbul. *International Labor and Working-Class History*, 64, 91–111.

Yan, X., Jia, L., Li, J. and Weng, J. (2002) The development of the Chinese metropolis in the period of transition. In J. R. Logan (ed.), *The New Chinese City: Globalization and Market Reform* (pp. 37–55). Oxford and Malden, MA: Blackwell.

Yang, Y. and Chang, C. (2007) An urban regeneration regime in China: a case study of urban redevelopment in Shanghai's Taipingqiao area. *Urban Studies*, 44(9), 1809–26.

Yaro, R. (1999) Growing and governing smart: a case study of the New York region. In B. Katz (ed.), *Reflections on Regionalism* (pp. 43–77). Washington, DC: Brookings Institution.

——(2002) Epilogue. Implications for American planners. In A. Faludi (ed.), *European Spatial Planning* (pp. 209–16). Cambridge: Lincoln Institute of Land Policy.

——and Hiss, T. (1996) *A Region and Risk: The Third Regional Plan for the New York-New Jersey-Connecticut Metropolitan Areas*. Washington, DC: Island Press.

Yatsko, P. (2001) *New Shanghai: The Rocky Rebirth of China's Legendary City*. Singapore: John Wiley & Sons.

Yeh, A. G. O. (1996) Pudong: remaking Shanghai as a world city. In Y. M. Yeung and S. Yunwing (eds), *Shanghai: Transformation and Modernization under China's Open Policy*. Hong Kong: The Chinese University Press.

——and Wu, F. (1999) The transformation of the urban planning system in China from a centrally-planned to transitional economy. *Progress in Planning*, 51(3), 1–78.

——and Xu, J. (2008) Regional cooperation in the Pan-Pearl River Delta: a formulaic aspiration or a new imagination? *Built Environment*, 34(4), 408–26.

Yeoh B. (2005) The global cultural city? Spatial imagineering and politics in the (multi)cultural marketplaces of South-East Asia. *Urban Studies*, 42(5/6), 959–84.

——and Kong, L. (1994) Urban conservation in Singapore: a survey of state policies and popular attitudes. *Urban Studies*, 31(2), 247–65.

Yeung, Y. (1995) Pacific Asia's world cities in the new global economy. *Urban Futures*, 19, 81–7.

—— and Lo, F. (1996) Global restructuring and emerging urban corridors in Pacific Asia. In F. Lo and Y. Yeung (eds), *Emerging World Cities in Pacific Asia*. Tokyo: United Nations University Press.

—— and Lo, F. (1998) Globalization and world city formation in Pacific Asia. In F. Lo and Y. Yeung (eds), *Globalization and the World of Large Cities*. Tokyo: United Nations University Press.

—— and Yun-wing, S. (eds) (1996) *Shanghai: Transformation and Modernization under China's Open Policy*. Hong Kong: The Chinese University Press.

——, Lee, J. and Kee, G. (2008) Hong Kong and Macao under Chinese sovereignty. *Eurasian Geography and Economics*, 49(3), 304–25.

Young, K. (2006) Postscript: back to the past? *Local Government Studies*, 32(3), 373–80.

Yu, T. (2006) Structure and restructuring of Beijing-Tianjin-Hebei Megalopolis in China. *Chinese Geographical Science*, 16(1), 1–8.

Yun-wing, S. (1996) 'Dragon head' of China's economy?. In Y. M. Yeung and S. Yun-wing (eds), *Shanghai: Transformation and Modernization under China's Open Policy*. Hong Kong: The Chinese University Press.

Yusuf, S. and Wu, W. (2002) Pathways to a world city: Shanghai rising in an era of globalisation. *Urban Studies*, 39(7), 1213–40.

Zhang, J. X. and Wu, F. (2006) China's changing economic governance: administrative annexation and the reorganization of local governments in the Yangtze River Delta. *Regional Studies*, 40(1), 3–21.

Zhang, L. (2005) Migrant enclaves and impacts of redevelopment policy in Chinese cities. In L. J. C. Ma and F. Wu (eds), *Restructuring the Chinese City: Changing Society, Economy and Space*. London and New York: Routledge.

—— and Zhao, S. X. (2009) City Branding and the Olympic effect: a case study of Beijing. *Cities*, 26, 245–54.

Zhang, T. (2002a) Urban development and a socialist pro-growth coalition in Shanghai. *Urban Affairs Review*, 37(4), 475–99.

—— (2002b) Decentralization, localization, and the emergence of a quasi-participatory decision-making structure in urban development in Shanghai. *International Planning Studies*, 7(4), 303–23.

—— (2005) Uneven development among Shanghai's three urban districts. In L. J. C. Ma and F. Wu (eds) *Restructuring the Chinese City: Changing Society, Economy and Space*. London and New York: Routledge.

—— (2009) Striving to be a global city from below: the restructuring of Shanghai's urban districts. In X. Chen (ed.), *Rising Shanghai: State Power and Local Transformations in a Global Megacity*. Minneapolis and London: University of Minnesota Press.

Zhao, P. (2010) Implementation of the metropolitan growth management in the transition era: evidence from Beijing. *Planning Practice and Research*, 25 (1), 77–93.

Zhao, S. X. B. (2003) Spatial restructuring of financial centres in mainland China and Hong Kong – A geography of finance perspective. *Urban Affairs Review*, 38(4), 535–71.

Zhao, S. X. B. and Zhang, L. (2007) Foreign direct investment and the formation of global city-regions in China. *Regional Studies*, 41(7), 979–94.

Zhao, S. X. B., Chan, R. C. K., and Sit K. T. O. (2003) Globalization and the dominance of large cities in contemporary China. *Cities*, 20(4), 265–78.

Zhou, Y. (2002) The prospect of international cities in China. In J. R. Logan (ed.), *The New Chinese City: Globalization and Market Reform* (pp. 59–73). Oxford and Malden, MA: Blackwell.

Zhou, Y. and Logan, J. (2008) Growth on the edge, the New Chinese Metropolis. In J. Logan (ed), *Urban China in Transition*. Oxford: Blackwell.

Zhu, J. (2000) Urban physical development in transition to market. *Urban Affairs Review*, 36(2), 178–96.

——(2009) Anne Haila's 'The Market as the New Emperor'. *International Journal of Urban and Regional Research*, 33(2), 555–7.

Zonneveld, W. (2005) Expansive spatial planning: the new European transnational spatial visions. *European Planning Studies*, 13(1), 137–56.

Zukin, S. (1982) *Loft Living. Culture and Capital in Urban Change*. New Brunswick, NJ: Rutgers University Press.

——(1995) *The Cultures of Cities*. Oxford: Blackwell.

——(1998) Urban lifestyles: diversity and standardisation in spaces of consumption. *Urban Studies*, 35, 825–39.